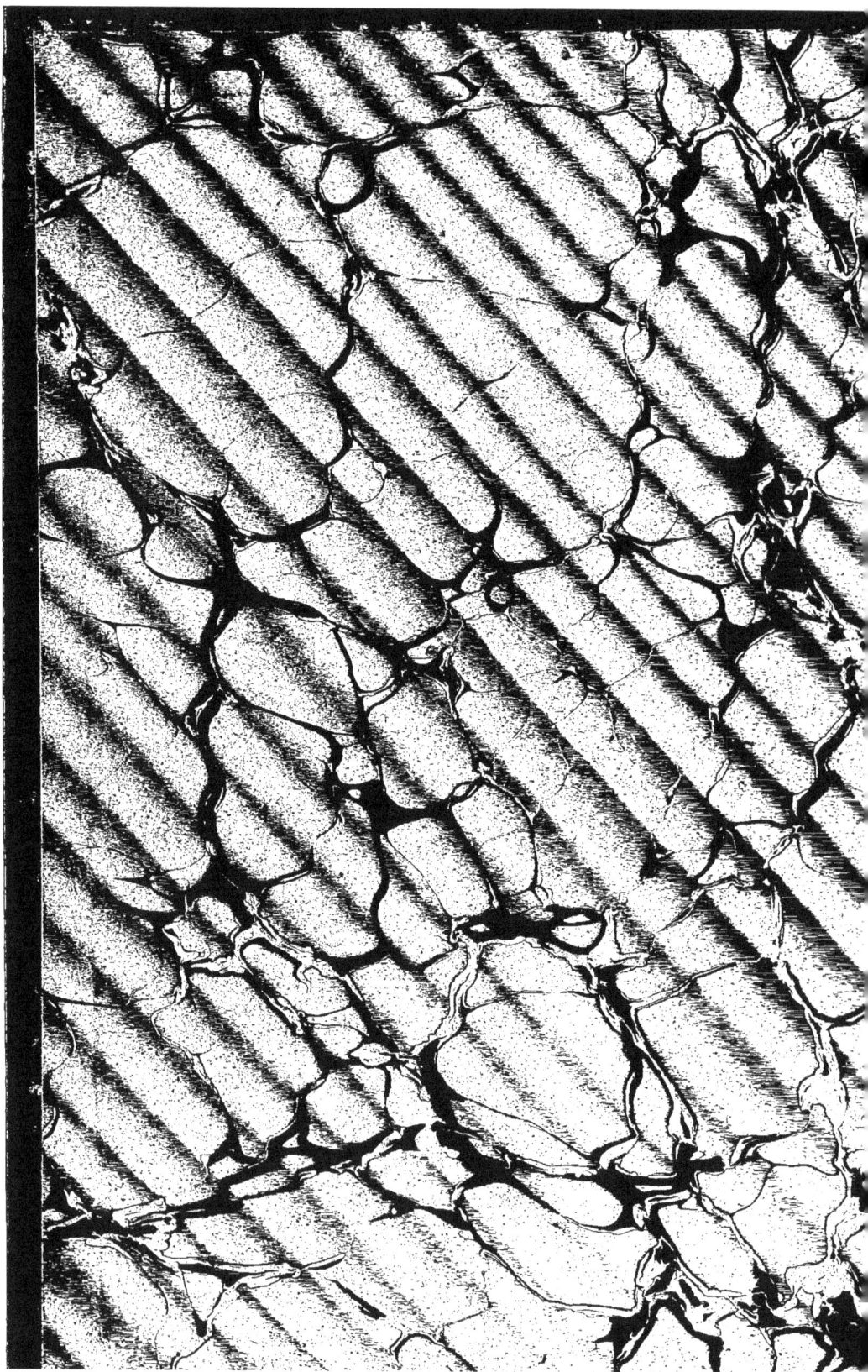

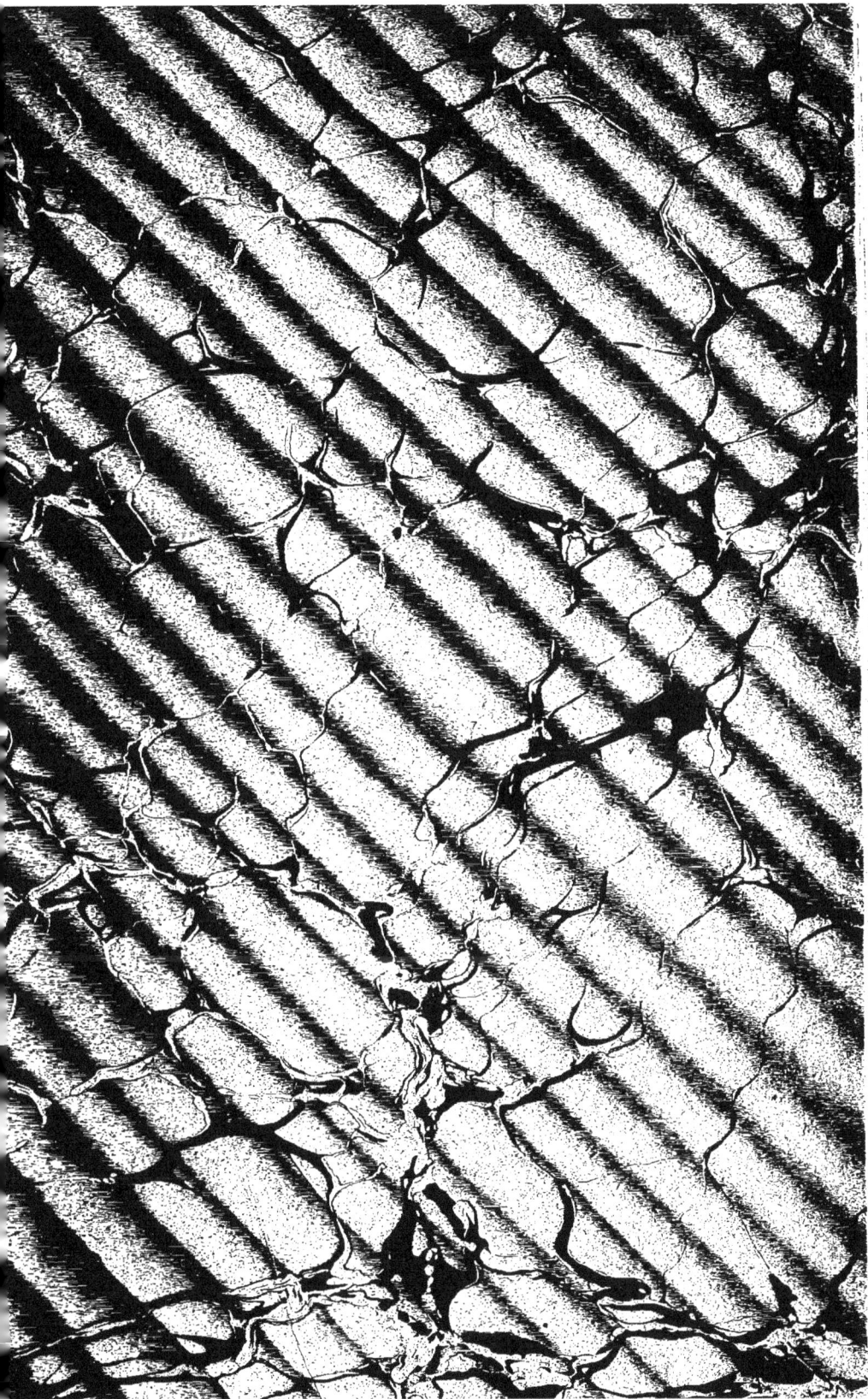

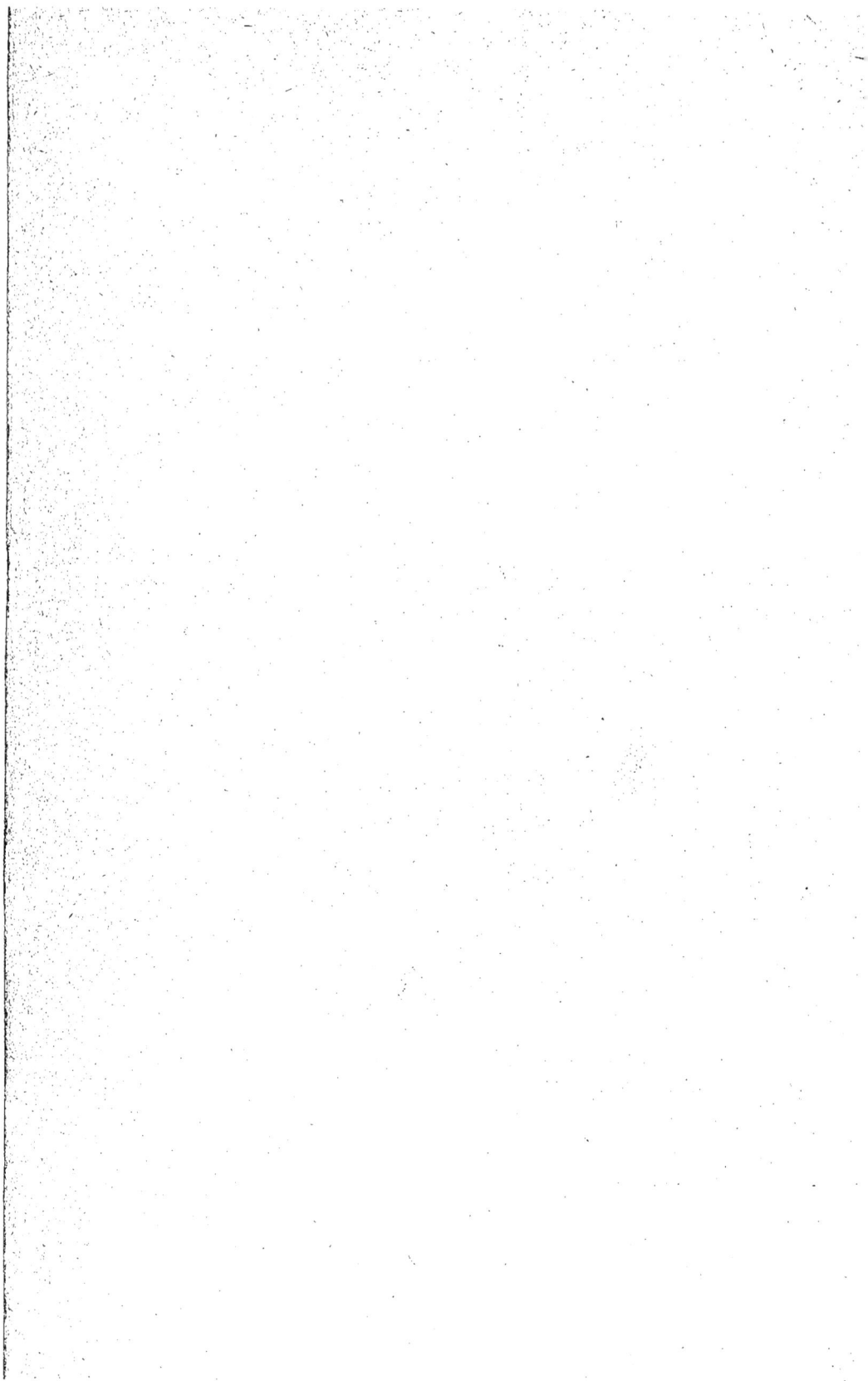

LES APPLICATIONS

DE

LA CHALEUR

AVEC UN EXPOSÉ

DES

MEILLEURS SYSTÈMES DE CHAUFFAGE ET DE VENTILATION

PAR

H. VALÉRIUS

PROFESSEUR À L'UNIVERSITÉ DE GAND

TROISIÈME ÉDITION

REVUE, CORRIGÉE ET CONSIDÉRABLEMENT AUGMENTÉE

PARIS,

GAUTHIER-VILLARS, IMPRIMEUR-LIBRAIRE

DU BUREAU DES LONGITUDES, DE L'ÉCOLE POLYTECHNIQUE,

SUCCESSEUR DE MALLET-BACHELIER,

Quai des Augustins, 55.

1879

LES APPLICATIONS

DE

LA CHALEUR

Les exemplaires voulus par la loi ont été déposés. — Tout exemplaire non revêtu de notre signature est incomplet et contrefait. Le contrefacteur sera poursuivi avec toute la rigueur des lois.

Gand, imp. C. Annoot Braeckman.

LES APPLICATIONS

DE

LA CHALEUR

AVEC UN EXPOSÉ

DES

MEILLEURS SYSTÈMES DE CHAUFFAGE ET DE VENTILATION

PAR

H. VALÉRIUS

PROFESSEUR A L'UNIVERSITÉ DE GAND

107,247

TROISIÈME ÉDITION

REVUE, CORRIGÉE ET CONSIDÉRABLEMENT AUGMENTÉE

PARIS,

GAUTHIER-VILLARS, IMPRIMEUR-LIBRAIRE

DU BUREAU DES LONGITUDES, DE L'ÉCOLE POLYTECHNIQUE,

SUCCESSEUR DE MALLET-BACHELIER,

Quai des Augustins, 55.

1879.

AVANT-PROPOS.

Ce livre, qui est le résumé du Cours de physique industrielle que je fais à l'École spéciale du Génie civil de Gand, a pour objet les principes généraux relatifs à la construction des appareils de chauffage.

Il est divisé en six sections.

La première traite des propriétés des combustibles, de leur puissance calorifique et de leur température de combustion. Je résous cette dernière question d'une manière aussi complète que le permet l'état actuel de nos connaissances sur le phénomène de la dissociation.

On trouve dans la même section une classification générale des appareils de chauffage et la description des divers foyers à gaz.

La deuxième section est relative à la théorie des cheminées et aux ventilateurs. A l'exemple du Général Morin, je détermine les lois des mouvements de l'air chaud en m'appuyant seulement sur le principe des forces vives. Il me semble que le moment n'est pas encore venu d'appliquer à la détermination de ces lois les principes de la théorie mécanique de la chaleur, cette méthode n'ayant conduit jusqu'ici qu'à des formules compliquées et sans véritable utilité pratique.

Dans la troisième section, consacrée aux foyers ordinaires, je décris, sous sa forme actuelle, le foyer de locomotive de M. l'Ingénieur Belpaire, foyer qui rend de si grands services dans l'exploitation des nombreuses lignes de chemins de fer sur lesquelles il est employé. Si je ne me trompe, c'est la première fois que cette description est publiée.

La quatrième section contient, outre ce qui se rapporte à la transmission de la chaleur, les principes de la construction des appareils de vaporisation, de distillation, d'évaporation et de séchage, ainsi que la description des appareils qui servent au chauffage des lieux habités et des serres.

Enfin, dans les cinquième et sixième sections, je m'occupe de la question si importante de la ventilation des locaux habités et de l'assainissement des usines insalubres.

H. VALÉRIUS.

Gand, Février, 1879.

COURS

DE PHYSIQUE INDUSTRIELLE

DE

L'ÉCOLE DU GÉNIE CIVIL DE GAND.

LES

APPLICATIONS DE LA CHALEUR.

1. Problème des applications de la chaleur. — Le problème des applications de la chaleur aux opérations industrielles peut être énoncé comme suit : *Étant donné un effet calorifique à produire, déterminer la nature du combustible à employer pour le réaliser, le mode de combustion, ainsi que la forme et les dimensions de l'appareil de chauffage.*

Le nombre de leçons dont nous disposons est beaucoup trop restreint pour que nous puissions traiter ce problème dans toute sa généralité. Nous nous bornerons donc à l'examen des points les plus importants, en insistant spécialement sur les appareils de chauffage et de ventilation des lieux habités. Nous terminerons par quelques indications sur l'assainissement des usines insalubres.

2. Parties d'un appareil de chauffage. — Un appareil de chauffage se compose en général de quatre parties, qui sont quelquefois confondues quant à l'espace, mais jamais quant à leurs fonctions. Ces parties sont : 1° *le foyer* ou *chauffe;* 2° *le laboratoire,* c'est-à-dire le lieu où se trouve disposé le *récepteur* ou *utilisateur* qui doit absorber la chaleur produite dans le foyer; 3° l'appareil qui sert à verser sur le combustible la quantité d'air nécessaire à la combustion. Cet appareil est une *cheminée* et, dans certains fourneaux, une *machine soufflante;* et 4° l'appareil qui rejette dans l'atmosphère les produits de la combustion. Cet appareil est toujours une *cheminée.*

3. **Division du cours**. — Il résulte de ce qui précède que nous aurons à nous occuper successivement : 1° des combustibles ; 2° des cheminées et des machines soufflantes ; 3° des foyers ; 4° des principaux appareils de chauffage ; 5° du chauffage et de la ventilation des lieux habités ; et 6° des appareils pour l'assainissement des usines insalubres.

SECTION PREMIÈRE.

DES COMBUSTIBLES.

4. **Définition des combustibles**. — Dans le langage ordinaire, le mot *combustibles* s'applique exclusivement à une classe de corps qu'on emploie pour produire de la chaleur ou de la lumière, en les brûlant par l'oxygène atmosphérique et exceptionnellement par le gaz oxygène pur. Tous renferment beaucoup de carbone et des quantités d'hydrogène, d'oxygène et d'azote variables avec la nature du combustible.

On utilise les combustibles à l'état solide, liquide ou gazeux. Les combustibles gazeux servent, suivant leur nature, à produire de la lumière ou de la chaleur. Ils résultent toujours d'une transformation préalable, partielle ou totale, des combustibles solides ou liquides en gaz.

Les combustibles liquides ne sont guère utilisés que pour l'éclairage. Cependant, dans ces derniers temps, on a fait quelques essais pour employer l'huile de pétrole au chauffage des chaudières à vapeur.

Les combustibles solides les plus fréquemment employés sont le bois, le charbon de bois, le bois torréfié, la houille, le coke, les lignites, la tourbe, le charbon de tourbe et les divers combustibles *agglomérés* ou *comprimés*, que l'on fabrique maintenant sur une grande échelle, les premiers, avec des menus de houille, du poussier de charbon de bois, des lignites pulvérulents, etc., et les seconds, à l'aide de combustibles légers et poreux, tels que les tourbes, dont on augmente simplement la densité par voie de compression.

Parmi les combustibles gazeux, l'hydrogène, le gaz d'éclairage, le protocarbure d'hydrogène (gaz des marais), le bicarbure d'hydrogène (gaz oléfiant), et l'oxyde de carbone sont pour ainsi dire les seuls dont on tire parti. Ce dernier se forme comme produit secondaire dans une foule d'opérations industrielles.

5. **Division de la première section**. — Nous traiterons successi-

vement dans cette première section du cours : 1° de l'évaluation de la chaleur produite par la combustion ; 2° de la température de combustion ; 3° de la classification générale des appareils de chauffage ; et 4° de la composition et des propriétés des divers combustibles.

CHAPITRE PREMIER.

DE LA CHALEUR PRODUITE PAR LA COMBUSTION.

6. Calorie ou unité de chaleur. — On nomme *unité de chaleur* ou *calorie,* la quantité de chaleur nécessaire pour élever de 1° C. la température d'un kilogramme d'eau à 0°.

On admet, bien que cela ne soit pas rigoureusement exact, que la quantité de chaleur nécessaire pour élever la température de P^k d'eau, du degré t, au degré t', est égale à $P(t' - t)$ calories.

7. Unité de vaporisation. — On peut encore évaluer les quantités de chaleur en les rapportant à une autre unité, que nous appellerons *unité de vaporisation.* C'est la quantité de chaleur qu'absorbe un kilogramme d'eau à 100° C. pour se réduire en vapeur sous la pression normale de $0^m,76$ de mercure.

Cette nouvelle unité est égale à 537 calories. Elle a été proposée par Rankine, pour avoir, dans les calculs industriels, des nombres moins élevés. (V. *les Mondes* de l'abbé MOIGNO, décembre, 1867.)

8. Puissance ou pouvoir calorifique. — On devrait appeler puissance calorifique d'un combustible, la quantité de chaleur dégagée par le fait seul de la combustion d'un kilogramme de ce corps. Ce serait la chaleur qui resterait libre ou disponible si les produits de la combustion se trouvaient dans le même état physique que les corps qui ont servi à les former. Mais ce cas ne se présentant que d'une manière exceptionnelle, on appelle *puissance calorifique* d'un combustible, la quantité de chaleur libre qu'on obtient par la combustion d'un kilogramme de ce corps.

9. Calorimètres. — Trois sortes principales d'appareils ont été mis en usage pour déterminer la chaleur développée par la combustion : 1° le calorimètre à glace de Laplace et Lavoisier; 2° le calorimètre de Rumford et 3° des calorimètres à chambre de combustion, tels que ceux de Dulong, de MM. Dauriac et Sahuquié et de MM. Favre et Silbermann.

10. Calorimètre de Laplace et Lavoisier. — Le calorimètre de Laplace et Lavoisier se compose de trois boîtes en fer-blanc, séparées deux à deux par un intervalle qu'on remplit de glace fondante. Quand on veut se servir de cet instrument pour déterminer la puissance calorifique d'un combustible, il convient de donner à la chambre intérieure la forme d'un serpentin, et de brûler le combustible sous un entonnoir. Soit p le poids du combustible brûlé, x sa puissance calorifique, p' le poids de la glace fondue entre le serpentin et le vase du milieu, nous aurons évidemment, puisqu'un kilogramme de glace à 0° a besoin de 79 calories pour fondre et se transformer en eau à la même température, $px = 79\,p'$, d'où $x = 79\,p' : p$.

Cette méthode est très-défectueuse et conduit à des résultats trop faibles : 1° parce qu'on n'est jamais certain que toute la glace employée soit à 0° ; 2° parce qu'une partie de l'eau de fusion est retenue par la glace non fondue; 3° parce que le calorimètre ne recueille pas la chaleur rayonnée par le combustible au-dessous de l'entonnoir; et 4° parce qu'elle ne permet pas de déterminer la nature des produits de la combustion.

11. **Calorimètre de Rumford.** — Le calorimètre de Rumford se compose d'une caisse rectangulaire en cuivre mince, garnie d'un serpentin horizontal, dont l'une des extrémités se termine au-dessous du fond de la caisse, par un entonnoir, tandis que l'autre s'élève verticalement jusqu'à une certaine hauteur, pour faire office de cheminée. A la partie supérieure de la caisse se trouve une tubulure fermée par un bouchon, à travers lequel passe un thermomètre à long réservoir.

Pour faire usage de cet appareil, on remplit la caisse d'eau à la température t de l'atmosphère, et on fait passer dans le serpentin la fumée du combustible que l'on brûle sous l'entonnoir. Soit p le poids du combustible brûlé, p' le poids de l'eau contenue dans le calorimètre, p'' le poids de la caisse, c le calorique spécifique de la matière de celle-ci et T la température du calorimètre à la fin de la combustion; nous aurons évidemment, en représentant par x la puissance calorifique du combustible : $px = p'(T - t) + p''c(T - t)$.

L'emploi de cet instrument exige trois corrections : 1° celle résultant du rayonnement de la caisse pendant la durée de l'expérience ; 2° celle résultant de la chaleur entraînée par la fumée qui sort du serpentin ; et 3° celle relative au rayonnement du calorique au-dessous de l'entonnoir sous lequel la combustion a lieu. On peut obtenir les deux premières corrections, mais il serait impossible d'évaluer exactement la dernière. Nous ajouterons que cette méthode ne permet pas non plus la détermination de la nature des produits de la combustion.

12. Appareil de Favre et Silbermann. — Comme type des calorimètres à chambre de combustion, nous prendrons l'appareil si parfait de Favre et Silbermann, dont la figure 1 représente une coupe verticale.

ABD, est le calorimètre proprement dit, en cuivre et argenté, pour rendre son pouvoir émissif très-faible. Il contient 2 litres d'eau, que l'on agite au moyen d'un anneau fixé à la tige *ab*.

Le couvercle du calorimètre est muni de trois tubulures : la première laisse passer la tige *ab*, de l'agitateur, la seconde, la tige d'un thermomètre *t* et la troisième, le tube EF′, qui sert au dégagement des produits non condensés de la combustion. Au centre est une large ouverture destinée à introduire la chambre à combustion C, qui est en cuivre doré ; elle reçoit l'oxygène par deux tubes K, H : le premier, qui communique avec un gazomètre, la maintient pleine de gaz à la pression ordinaire ; le second, H, terminé par un orifice étroit, souffle sur le com-

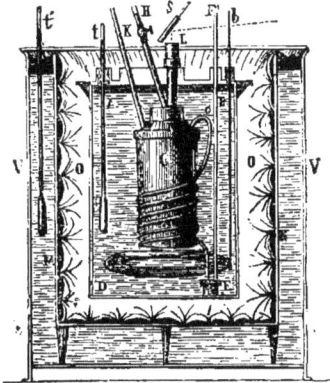

Fig. 1.

bustible. Les produits s'écoulent au dehors par un serpentin G, ou se condensent dans une boîte E. Les corps que l'on veut brûler sont placés, s'ils sont liquides, dans des lampes à mèche d'amiante, s'ils sont solides, dans des vases de forme particulière, et quand ils sont gazeux, on les fait arriver par le tube H. Dans tous les cas, on les enflamme dans l'air et on les introduit rapidement dans la chambre qu'on ferme ensuite par un couvercle à vis. Comme il est nécessaire de surveiller l'opération pour l'activer ou la ralentir, un tube L, fermé par des lames d'alun et de verre et qui est muni d'un miroir incliné S, permet de voir à l'intérieur.

La durée d'une combustion étant souvent très-longue, il fallait se préoccuper tout spécialement, d'abord, de diminuer et, ensuite, de calculer exactement la chaleur perdue par le rayonnement du calorimètre. A cet effet, celui-ci était placé dans un vase NM, et l'intervalle était rempli par une peau de cygne OO, garnie de son duvet. Pour éviter enfin les variations brusques de la température atmosphérique, tout cet appareil était plongé dans une dernière enceinte pleine d'eau VV. Pendant chaque minute, le calorimètre perdait par son refroidissement une fraction de degré $\Delta\theta$, qui était proportionnelle à l'excès $\theta - t$ de sa température sur celle de l'eau extérieure, et on la calculait par la formule de Newton $\Delta\theta = A\,(\theta - t)$.

La quantité A avait été déterminée par des expériences préalables. A cet effet, on avait porté le calorimètre à une température excédant de 20 à 30° la température de l'eau extérieure. On laissait ensuite refroidir le calorimètre et on mesurait ses excès de température de minute en minute. Soient t_1 et t_2 deux valeurs de cet excès, observées après des temps x_1 et x_2, on avait, pour déterminer A, l'équation :

$$A = \frac{\log t_1 - \log t_2}{(x_2 - x_1)\log e}$$ (V. Jamin, *Cours de physique de l'École Polytechnique*, T. 2ᵉ, 46ᵉ leçon).

Dans cette équation, e désigne la base des logarithmes népériens.

13. **Méthode de Maxwell pour la correction des expériences calorimétriques.** — Les corrections que nous venons d'indiquer sont longues et pénibles. On peut les éviter à l'aide d'une méthode très-simple, imaginée par Maxwell et qui, bien employée, conduit à des résultats suffisamment exacts pour la pratique.

Le principe de cette méthode consiste à reproduire, au moyen d'une quantité de chaleur facile à évaluer et autant que possible dans le même temps, les différents changements de température que le calorimètre a éprouvés sous l'influence de la quantité x de chaleur dégagée par le poids de combustible brûlé. Il est évident que ces deux quantités de chaleur doivent être égales et que, par conséquent, la première donne la mesure de la seconde.

Pour montrer comment on peut réaliser ce principe, représentons par t la température initiale du calorimètre et par T sa température lorsque la combustion est achevée.

Laissons le calorimètre se refroidir jusqu'à ce qu'il ait repris sa température t, puis ramenons-le graduellement, dans un temps égal à celui de la combustion, à la température T, en y versant, peu à peu, de l'eau chauffée à une température t' supérieure à T. Lorsque cet effet est obtenu, on pèse le calorimètre et l'accroissement de poids qu'il aura éprouvé fera connaître le poids p de l'eau ajoutée. On aura, par conséquent, $x = p\,(t' - T)$.

Comme on le voit, la méthode de Maxwell est pour la mesure des quantités de chaleur ce qu'est la méthode des doubles pesées pour la détermination des poids.

14. **Résultats obtenus.** — Nous avons réuni dans le tableau ci-dessous ceux des résultats qu'il nous importe de connaître pour le but spécial que nous nous proposons.

TABLEAU I.

Résultats de déterminations calorimétriques.

NOMS DES SUBSTANCES.	CHALEUR RECUEILLIE PAR KIL. DU CORPS BRÛLÉ.	PUISSANCE CALORIFIQUE en calories.	en unités de vaporisation.	OXIGÈNE NÉCESSAIRE POUR LA COMBUSTION.	AIR NÉCESSAIRE POUR LA COMBUSTION.	NOM DES EXPÉRIMENTATEURS.
Hydrogène transformé en eau	34462	29000	54	8k	36k	Favre et Silbermann.
Charbon de bois en CO_2	8080	8080	15	2k 2/3	12	"
Charbon des cornues à gaz.	8047	8047				"
Carbone solide transformé en CO.	2473	2473	4,5	1k 1/3	6	"
Oxyde de carbone	2403	2403	10,5	1k 1/5	6	"
Carbone gazeux dans 2k 1/3 CO	5607	5607	21	2k 1/3	12	Calculé par Rankine.
Carbone gazeux	11214	11214	21,75	4k	18	Favre et Silbermann.
Gaz des marais (C_2H_4)	13036	11696	20,6	3k,43	15,43	"
Gaz oléfiant (C_4H_4)	11857	11082				"
Huile de colza	9307					Rumford.
Huile d'olive	9862					Dulong.
Essence de thérébenthine ($C_{20}H_{16}$)	10852					Favre et Silbermann.
Alcool à 42° de Beaumé.	6855					Dulong.
Alcool à 33°	5261					"
Alcool de vin ($C_4H_6O_2$)	7184					Favre et Silbermann.
Suif	8369					Rumford.
Cire	10496					Favre et Silbermann.
Acide stéarique	9716					"
Bois très-sec.	3652					Dulong.
Bois	4314					Rumford.
Cellulose ($C_{12}H_{10}O_{10}$)	3622					Scheurer-Kestner.
Un litre de gaz d'éclairage.	6					Calculé.

15. Données numériques relatives à l'air atmosphérique. — 1^k d'oxygène, plus $3^k,33$ d'azote forment $4^k,33$ d'air.

100 volumes d'air contiennent 23,1 vol. d'oxygène et 76,9 vol. d'azote.

1^{mc} d'air à $0°$ et sous la pression de $0^m,76$ de mercure pèse $1^k,293$.

Sous la même pression, mais à la température de $t°$, 1^{mc} de ce gaz pèse : $1^k,293 : (1 + 0,00366 \ t)$. — $0,00366$ est le coefficient de dilatation de l'air.

16. Équivalents chimiques de l'hydrogène, du carbone et de l'oxygène. — Ces équivalents sont respectivement 1, 6 et 8.

17. Données numériques relatives à quelques gaz.

TABLEAU II.

DÉSIGNATION DES GAZ.	FORMULE.	POIDS SPÉCIFIQUE.	POIDS PAR LITRE A $0°$ ET $0^m,76$ DE PRESSION. — Grammes.	CALORIQUE SPÉCIFIQUE PAR KILOG.
Hydrogène	H	0,0692	0,089	$3^c,4090$
Oxygène.	O	1,1056	1,43	0,2175
Oxyde de carbone . .	CO	0,9674	1,26	0,2450
Acide carbonique . . .	CO^2	1,5290	1,98	0,2163
Vapeur d'eau	HO	0,6210	0,80	0,4805
Gaz des marais . . .	C_2H_4	0,5527	0,72	0,5930
Gaz oléfiant.	C_4H_4	0,9672	1,255	0,3907
Air atmosphérique. . .		1,0000	1,293	0,2375
Azote.	N	0,9713	1,260	0,2440

18. Calorique spécifique de quelques combustibles solides et de leurs cendres.

TABLEAU III.

NOMS DES SUBSTANCES.	CALORIQUE SPÉCIFIQUE.
Bois	0,5
Houille.	0,241
Coke de cannel-coal.	0,2030
Charbon de bois	0,2415
Cendres	0,2

19. Poids d'oxygène et d'air nécessaires à la combustion complète d'un kilogramme de combustible. — Soit un combustible composé, par kilogramme, de C de carbone, H d'hydrogène et O d'oxygène. D'après les indications des n°⁵ 15, 16 et 17, on trouve facilement que la combustion complète d'un kilogramme de ce corps exige un poids P d'oxygène donné par la formule :

$$P = \frac{8}{3} C + 8 \left(H - \frac{O}{8} \right).$$

Le poids A d'air qui correspond à ce poids P d'oxygène est $A = 4{,}33 \left[\frac{8}{3} C + 8 \left(H - \frac{O}{8} \right) \right]$, ou, en chiffres ronds, et pour tenir compte de la vapeur d'eau contenue dans l'air atmosphérique :

$$A = 12 \left[C + 3 \left(H - \frac{O}{8} \right) \right].$$

Le volume V de ce poids A d'air est donné par la formule :

$$V = \frac{12}{1{,}29} \left[C + 3 \left(H - \frac{O}{8} \right) \right] = 9^{mc}{,}30 \left[C + 3 \left(H - \frac{O}{8} \right) \right].$$

20. Poids des produits de la combustion complète d'un kilogramme de combustible. — Le poids P′ des produits de la combustion complète d'un kilogramme du combustible ci-dessus est donné par la formule :

$$P' = 1 + 12 \left[C + 3 \left(H - \frac{O}{8} \right) \right].$$

21. Volumes de gaz produits par la combustion d'un kilogramme de combustible. — Si le combustible était formé de carbone pur, le volume de gaz qui sortirait par la cheminée serait égal au volume d'air qui a pénétré dans le foyer, dilaté à la température de la cheminée. Quand les combustibles renferment, outre le carbone, de l'eau toute formée ou de l'oxygène et de l'hydrogène dans les proportions nécessaires pour la produire, on ne peut plus regarder le volume de gaz qui se dégage comme égal au volume d'air appelé, dilaté à la température de la cheminée, car il en diffère par le volume de vapeur produite.

Il en est encore de même quand les combustibles contiennent un excès d'hydrogène, attendu que le volume de vapeur auquel il donne naissance est plus grand que le volume d'oxygène qui a servi à sa combustion : ces volumes sont dans le rapport de 2 à 1, et la différence est par conséquent égale au volume d'oxygène.

Comme un kilogramme d'eau produit $1^{mc},69$ de vapeur à 100° et sous la pression de $0^m,76$ ou $1^{mc},23$ de vapeur ramenée fictivement à 0°, on pourra, dans chaque cas particulier, trouver le volume de vapeur formée par un kilogramme de combustible employé.

1^k d'hydrogène exige 8^k d'oxygène pour former de l'eau; 1^k d'oxygène à 0° et sous la pression de $0^m,76$ occupe un volume de $0^{mc},70$. Par conséquent, en désignant par a l'excès de l'hydrogène contenu dans 1^k de combustible, l'augmentation de volume due à la vapeur produite par cet hydrogène sera $a.8.0^{mc},70$.

D'après ce qui précède, le volume V' de gaz, à 0°, produits par la combustion complète d'un kilogramme de combustible est donné par la formule :

$$V' = 9^{mc},30 \left[C + 3\left(H - \frac{O}{8} \right) \right] + \left(H - \frac{O}{8} \right) 8.0,70 + 1,23 \left(\frac{9}{8} O + e \right),$$

e représentant le contenu en eau hygrométrique du combustible.

TABLEAU IV.

DÉSIGNATION DES COMBUSTIBLES.	Volumes d'air froid nécessaires à la combustion.	Volumes d'air appelés, la moitié de l'oxygène échappant à la combustion.	Volumes de vapeur d'eau ramenés à 0° produits par la comb.de 1k. de combustible.	Volumes des gaz à la sortie du foyer, ramenés à 0°, tout l'oxygène étant brûlé.	Volumes des gaz à la sortie du foyer,ramenés à 0°, la moitié de l'oxygène étant brûlée.
Bois sec.	$4^{mc},70$	$9^{mc},40$	$0^{mc},68$	$5^{mc},38$	$10^{mc},08$
Bois à 0,30 d'eau . .	3,29	6,58	0,84	4,13	7,42
Charbon de bois . .	7,64	15,28		7,64	15,28
Tourbe à 0,20 d'eau .	3,98	7,96	0,82	4,80	8,78
Houille moyenne. .	8,35	16,70	0,58	8,93	17,28
Coke à 0,20 de cendr.	8,70	17,40		8,70	17,40
Coke à 0,15 de cendr.	7,55	15,10		7,55	15,00

22. **Observation sur la manière dont on a déterminé la chaleur produite par 1 kilogramme de carbone transformé en oxyde de carbone.** — Comme il est impossible de brûler le carbone sans qu'il se forme en même temps que de l'acide carbonique une quantité plus ou moins grande d'oxyde de carbone, Favre et Silbermann ont tiré parti de cette circonstance pour déterminer à la fois les quantités de chaleur qui correspondent à chacune de ces combinaisons. A cet effet, ils ont brûlé, dans leur calorimètre, d'abord un poids p de carbone, puis, dans une seconde expérience, un poids p', et ils ont chaque fois analysé les produits de la combustion, ce qui leur a permis

de calculer les poids a et b, a' et b', de carbone respectivement transformés en acide carbonique et en oxyde de carbone. En désignant par x et y les puissances calorifiques du carbone, suivant qu'il se transforme en acide carbonique ou en oxyde de carbone, et par q et q', les quantités de chaleur recueillies dans les deux expériences, on avait ensuite, pour déterminer x et y, les deux équations $ax + by = q$ et $a'x + b'y = q'$.

23. **Puissances calorifiques de l'hydrogène, du gaz oléfiant et du gaz des marais** — Comme Dulong, Favre et Silbermann ont condensé la vapeur d'eau résultant de la combustion d'un kilogramme d'hydrogène, il s'ensuit que le chiffre de 34462 calories trouvé par ces expérimentateurs, exprime la somme des quantités de chaleur dégagées par cette condensation et par le fait de la combustion. Pour obtenir cette dernière quantité, c'est-à-dire, la chaleur qu'on peut réellement utiliser dans les appareils de chauffage où l'eau se dégage toujours à l'état de vapeur, il faut donc retrancher de 34462^c la chaleur latente des neuf kilogrammes d'eau formés par un kilogramme d'hydrogène, soit 9 fois 606^c,5 ou 5458^c,5. La véritable puissance calorifique de l'hydrogène est donc égale à $34462 - 5458 = 29004^c$. Nous adopterons le chiffre de 29000^c.

A l'appui de ce calcul, nous rappellerons qu'en effet, M. Regnault a trouvé qu'un kilogramme d'eau à 0°, exige, pour passer à l'état de vapeur à la même température, 606^c,5. Nous rappellerons aussi que dans la détermination des chaleurs de combustion, on suppose la température initiale des corps à brûler, égale à 0°.

Les résultats de MM. Favre et Silbermann relatifs au gaz des marais et au gaz oléfiant exigent une correction analogue.

Un kilogramme de gaz des marais contient 1/4 de kilogramme d'hydrogène et forme 9/4 de kil. d'eau. Lorsque ce poids d'eau passe de l'état de vapeur à 0° à l'état d'eau à la même température, il met en liberté $2,25. 606^c,5 = 1364^c$. C'est ce chiffre qu'il faut retrancher de 13063^c pour obtenir la puissance calorifique du gaz des marais. Celle-ci est, par conséquent, égale à $13063 - 1364 = 11699^c$ ou à 21,75 unités de vaporisation.

Un kilogramme de gaz oléfiant contenant 1/7 kil. d'hydrogène et formant 9/7 kil. de vapeur d'eau lors de sa combustion, la puissance calorifique de ce gaz sera égale à $11857 - 9/7. 606^c,5 = 11082^c$. Ce chiffre équivaut à 20,6 unités de vaporisation.

24. **Chaleur latente de vaporisation du carbone** (V. *les Mondes* de l'abbé Moigno, Décembre, 1867). — Il résulte du tableau 1,

n° 14, que si nous brûlons 2 1/3 kilogrammes d'oxyde de carbone provenant de la combustion incomplète de 1^k de carbone, nous développerons une quantité de chaleur égale à 10,5 unités de vaporisation, ou à la différence entre 15 et 4,5.

Cette remarque nous conduit à une conclusion importante. Dans chacun des deux degrés successifs de la combustion du carbone, le fait chimique est exactement le même, savoir la combinaison du carbone ou de l'oxyde de carbone avec la même quantité d'oxygène. Mais les circonstances physiques ne sont pas les mêmes dans les deux cas : dans le premier cas le carbone est à l'état solide, et dans le second, il est à l'état gazeux. Lorsqu'il est à l'état solide, il y a une cause de destruction de chaleur qui n'existe pas lorsque le carbone a déjà pris l'état de gaz. Il suit de là que la différence entre 4 1/2 et 10 1/2, c'est-à-dire 6, est le nombre des unités de vaporisation absorbées par la transformation du carbone de l'état solide à l'état gazeux : en d'autres termes, la chaleur latente de vaporisation du carbone est six fois celle de l'eau. Par suite, le pouvoir calorifique du carbone pur gazeux est de 21 unités de vaporisation, puisqu'il doit surpasser de 6 unités le nombre 15 que donne l'expérience. Comme nous le verrons, cette conclusion est confirmée indirectement par les résultats des expériences de M. Scheurer-Kestner sur la puissance calorifique des houilles (V. n° 30).

25. **Loi de Hess.** — A la suite de ses recherches sur le dégagement de chaleur dans les combinaisons chimiques, Hess, physicien russe, a été conduit à la loi suivante : *La chaleur dégagée par deux corps qui se combinent, reste la même, que la combinaison se fasse, directement ou indirectement, en une fois ou à plusieurs reprises.*

On peut, en s'appuyant sur les expériences de Favre et Silbermann, s'assurer que cette loi s'applique également aux combinaisons qui résultent de la combustion ordinaire. En effet, on voit, par le tableau I, n° 14, que lorsqu'un kilogramme de charbon de bois se transforme, par la combustion, directement en acide carbonique, il dégage 15 unités de vaporisation, et, d'un autre côté, que lorsqu'il se transforme seulement en oxyde de carbone, il n'en dégage que 4,5. Mais, si l'on brûle les 2 k. 1/3 d'oxyde de carbone qu'il produit, on obtient encore 10^u,5. Or, si nous ajoutons ensemble ces deux dernières quantités de chaleur, nous trouvons une somme égale à 15^u, conformément à la loi de Hess qu'il s'agissait de vérifier.

26. **Remarque d'Ebelmen.** — Ebelmen a déduit de la loi de Hess une conséquence extrêmement importante pour la théorie des appa-

reils de chauffage, à savoir qu'il y a absorption de chaleur lorsque l'acide carbonique, en s'unissant à une quantité de carbone égale à celle qu'il contient, repasse à l'état d'oxyde de carbone, ce qui arrive lorsqu'il vient en contact avec du charbon chauffé à une haute température.

En effet, lorsqu'un kilogramme de carbone se transforme, par la combustion, en acide carbonique, il dégage 15 unités de vaporisation. Si cet acide carbonique se combine avec un kilogramme de carbone, il se transforme en oxyde et la chaleur totale dégagée ne peut, d'après la loi de Hess, être égale qu'à 2. 4,5, ou 9 unités de vaporisation. Or, puisque le premier kilogramme de carbone, avait dégagé 15ⁿ, il doit passer à l'état latent, lors de l'absorption du second kilogramme de ce corps, 15 — 9 = 6 unités de vaporisation. — Il suit de là que l'on aura obtenu moins de chaleur, quoiqu'on ait brûlé deux fois plus de combustible. Les six unités de chaleur qui disparaissent servent à la vaporisation du second kilogramme de carbone.

27. Chaleur dégagée par un combustible composé. — Il résulte de la théorie mécanique de la chaleur que, pour décomposer un corps, il faut lui donner autant de chaleur qu'il en a dégagé au moment de sa formation. Il suit de là qu'*un corps composé ne peut jamais, par sa combustion, produire autant de chaleur que ses éléments si on les brûlait à l'état isolé.*

Voici le calcul qui démontre l'exactitude de cette proposition en ce qui concerne le gaz des marais :

Éléments.	Équivalents.	Parties en poids.	Oxygène.	Chaleur dégagée.	
C	2	3/4	2	11u,25	Calculée comme si le carbone était solide.
H	4	1/4	2	13u,50	
C²H⁴		1	4	24u,75	

Puissance calorifique donnée par l'expérience. 21 ,75

Différence. 3 ,00

Ces chiffres prouvent que trois unités de chaleur ont disparu, indépendamment de la quantité de chaleur qui disparaîtrait par la vaporisation de trois quarts d'une unité de poids de carbone, savoir $6 \times 3/4 = 4 \ 1/2$ unités de vaporisation. On ne peut expliquer ce résultat qu'en admettant que la quantité de chaleur employée à vaincre l'affinité qui existe entre le carbone et l'hydrogène est égale à 4 1/2 + 3, ou 7 1/2 unités de vaporisation.

Le gaz oléfiant donne pareillement :

Éléments.	Équivalents.	Parties en poids.	Oxygène.	Unités de vaporisation.	
C	4	6/7	2,29	12,9	Calculées comme si le carbone était solide.
H	4	1/7	1,14	7,7	
C⁴H⁴		1	3,43	20,6	

Or, 20^u,6 est exactement ce que donne l'expérience, mais ce fait même prouve la disparition d'une certaine quantité de chaleur : en effet, le carbone est à l'état gazeux dans le gaz oléfiant ; et si nous n'obtenons pas plus de chaleur du carbone à cet état gazeux que du carbone supposé solide, il doit disparaître, dans la séparation du carbone d'avec l'hydrogène, précisément autant de chaleur qu'il en faut pour vaporiser la même quantité de carbone, savoir 6 × 6/7 = 5 et 1/7 unités de vaporisation.

28. **Autres méthodes pour la détermination du pouvoir calorifique des combustibles.** — Il résulte de ce qui précède qu'il n'y a que l'expérience directe qui puisse faire connaître le pouvoir calorifique des combustibles composés, tout comme celui des combustibles simples. Cependant, comme ces expériences n'ont encore été faites que pour un petit nombre de combustibles et que les applications aux arts n'exigent pas une exactitude mathématique, on détermine aussi le pouvoir calorifique des combustibles composés, soit par le *calcul,* soit par le *procédé de Berthier.*

29. **Détermination du pouvoir calorifique des combustibles par le calcul.** — Les combustibles ordinaires contiennent du carbone, de l'hydrogène, de l'oxygène, une faible quantité d'azote, dont nous pourrons faire abstraction, et de l'eau hygrométrique ou de mouillage. L'hydrogène y existe, en général, en excès par rapport à l'oxygène, c'est-à-dire que celui-ci, pour se transformer en eau, n'en peut absorber qu'une partie. L'eau de mouillage peut être éliminée en exposant le combustible à une température de 100 degrés. La présence de cette eau diminue la puissance calorifique du combustible. En effet, pendant la combustion, elle s'empare d'une partie de la chaleur produite, la rend latente et se transforme en vapeur. Or, dans les appareils de chauffage, la vapeur ainsi formée ne repasse jamais à l'état liquide, mais elle s'échappe, comme telle, dans l'air atmosphérique, avec les autres produits gazeux de la combustion. La chaleur latente qu'elle emporte, doit, par suite, être considérée comme perdue pour la puissance calorifique du combustible.

Cela posé : soit C le carbone, H l'hydrogène, O l'oxygène et e le poids de l'eau hygrométrique contenus dans un kilogramme du combustible proposé. Pour calculer la puissance calorifique P de ce combustible, on fait habituellement usage de la formule suivante :

$$P = 8080\,C + 29000\left(H - \frac{O}{8}\right) - 606,5.\ e....\ (a)$$

Cette formule suppose : 1° que le carbone C se comporte comme le charbon de bois ; 2° que l'hydrogène $\dfrac{O}{8}$, qui se combine avec l'oxygène O,

n'influe pas sur la valeur de P : cette hypothèse a été introduite dans

la science par Dulong ; 3° que l'excès d'hydrogène $H - \dfrac{O}{8}$ dégage

autant de chaleur qu'un même poids d'hydrogène libre ; 4° que la chaleur latente de vaporisation de l'eau de mouillage e, est la même que celle de l'eau à 0° ; et 5° qu'on peut négliger la chaleur latente de vaporisation de l'eau formée par le poids H d'hydrogène du combustible, car cette eau se retrouve également à l'état de vapeur dans les produits de la combustion.

Le tableau ci-dessous montre que la formule (a) conduit toujours à des résultats trop faibles. Mais, si l'on y remplace le terme 8080 C par 11214 C, ce qui revient à supposer le carbone C libre et à l'état de vapeur, on obtient une formule (a'), qui donne, au contraire, pour P des valeurs plus grandes que les puissances calorifiques effectives. Celles-ci sont, par conséquent, comprises entre les deux valeurs qui résultent des formules (a) et (a').

TABLEAU V.

Puissances calorifiques de quelques combustibles composés.

OMS DES COMBUSTIBLES.	COMPOSITION :				PUISSANCES CALORIFIQUES D'APRÈS		
	CARBONE.	HYDROGÈNE.	$ox + az.$	EAU HYG.	(a)	(a')	L'EXPÉRIENCE
ellulose	0,444	0,0617	0,4939		3590	4983	3622
ois ordinaire, ap. 1 an de coupe	0,39	eau combinée 0,40		0,20 + 0.01 de cendres.	3030	4252	3652 (?)
ouille du puits Chaptal (Creusot)	0,8848	0,0441	0,0711		8164	9921	9622
étr. de la Virginie occid.	0,583	0,139	0,008		8027	10700	10104

30. L'état moléculaire du carbone varie d'un combustible à un autre. — Les chiffres du tableau précédent démontrent clairement que la puissance calorifique du carbone n'est pas la même dans les différents combustibles.

En effet, la puissance calorifique de la houille ci-dessus doit évidemment être moindre que la somme des quantités de chaleur dégagées par la combustion de 0,8848 de carbone et de 0,0441 d'hydrogène. Si nous assimilons le carbone de cette houille à du charbon de bois, cette puissance calorifique devrait donc être inférieure à 8080.0,8848 + 29000.0,0441 = 8167 + 279 = 8446^c. Or, l'expérience a donné 9622^c. Il faut en conclure que le carbone de cette houille dégage plus de chaleur que le charbon de bois, car les 0,0441 d'hydrogène du combustible, que nous assimilons à de l'hydrogène libre, dégagent évidemment moins de 279 calories.

31. **Calcul du pouvoir calorifique des gaz.** — Les combustibles gazeux qu'on emploie dans l'industrie sont des mélanges, en proportions variables, de gaz des marais, de gaz hydrogène, d'oxyde de carbone et de gaz oléfiant. Comme on connaît la puissance calorifique de chacun de ces corps, il est facile de calculer celle de leur mélange.

32. **Pouvoir calorifique du gaz d'éclairage.** — Nous prendrons pour exemple le gaz d'éclairage ordinaire, composé, en poids, comme suit :

Gaz des marais	50 à 60
Hydrogène libre	9 " 7
Hydrogène surcarburé	9 " 10
Oxyde de carbone	27 " 17
Azote, acide carbonique, etc.	5 " 6
	100

Le pouvoir calorifique de ce gaz sera par conséquent :
Chaleur dégagée par

Le gaz des marais .	. . . . . .	50.11696 à 60.11696^c
L'hydrogène libre	9.29000 " 7.29000
L'hydrogène surcarburé	9.11082 " 10.11082
L'oxyde de carbone	27.2403 " 17. 2403
	Total. .	1010419 à 1056431^c

Par kilogramme, le gaz d'éclairage dont il s'agit dégage donc de 10,104 à 10,564 calories.

Le mètre cube de ce gaz pèse 0^k,65 à 0^k,68, et développe de 0,65.10104 = 6567^c à 0,68.10564 = 7183^c.

D'après ces calculs, un litre de gaz peut développer au moins 6 calories. Nous admettrons par la suite ce chiffre.

33. **Composition, en poids, des gaz de hauts-fourneaux,** d'après **Scherer.**

	Au charbon de bois.	Au coke.	A la houille.
Azote	63,4	64,4	56,3
Acide carbonique	5,9	0,9	15,2
Oxyde de carbone.	29,6	34.6	21,5
Gaz des marais	1,0		4,2
Hydrogène	0,1	0,1	1,0
Gaz oléfiant			1,8
	100,00	100,00	100,00
Puissance calorifique, par litre, en calories	1,078	1,157	1,336

34. Composition, en poids, des gaz de gazogènes.

	Charbon de bois.	Bois.	Tourbe.	Coke.
Azote.	64,9	55,2	63,1	64,8
Acide carbonique . . .	0,8	11,6	14,0	1,3
Oxyde de carbone . . .	34,1	34,5	22,4	33,8
Hydrogène	0,2	0,7	0,5	0,1
	100,0	100,0	100,0	100,0
Puissance calorifique, par litre, en calories.	1,120	1,156	0,547	1,131

35. **Procédé de Berthier.** — Ce procédé repose sur une loi de Welter, d'après laquelle les combustibles dégageraient la même quantité absolue de chaleur lorsqu'ils se combinent avec la même quantité d'oxygène, ou, en d'autres termes, d'après laquelle la chaleur dégagée serait proportionnelle à la quantité d'oxygène entrée en combinaison, quelle que soit la nature du combustible.

Cette loi est loin d'être exacte. Pour nous en assurer, il suffit de calculer les quantités de chaleur que dégage 1^k d'oxygène en se combinant à l'hydrogène, pour former de l'eau, au charbon de bois, pour produire, soit de l'acide carbonique, soit de l'oxyde de carbone, et, enfin, à l'oxyde de carbone pour donner de l'acide carbonique. On trouve ainsi que ces quantités de chaleur sont, respectivement, de 6,75 ; 5,625 ; 3,4 et 7,875 unités de vaporisation.

Quoi qu'il en soit, voici la description du procédé dont il s'agit :

On mêle intimement 1 gramme du combustible à essayer avec 30 à 40 grammes de litharge ; on introduit le mélange dans un creuset en terre, et on le recouvre de 20 à 30 grammes de litharge. On chauffe progressivement le creuset recouvert de son couvercle, et à la fin de l'opération, on donne un coup de feu pour fondre complètement les matières. On trouve, dans le creuset refroidi, un culot de plomb recouvert d'une scorie formée par l'oxyde de plomb non réduit, les cendres du combustible et une certaine quantité de silice du creuset. On pèse le culot de plomb qui se sépare très-nettement de la scorie. Dans cette opération le combustible essayé se transforme complètement en acide carbonique et en eau, au moyen de l'oxygène de l'oxyde de plomb. Le poids du plomb est donc exactement proportionnel à la quantité d'oxygène que le combustible a prise pour sa combustion complète, et par suite, en admettant la loi de Welter, à son pouvoir calorifique. Or, on sait que le charbon pur produirait 34 fois son poids de plomb. Si donc P est le poids du culot obtenu, le pouvoir calorifique du combustible essayé sera P. 8080 : 34 = P. 237,64.

D'après M. Estaunié (*An. des mines*, 1850, 5ᵉ série, t. 5, p. 380), au lieu de litharge pur, il vaut mieux employer un mélange de chlorure de plomb et de litharge. Pour préparer le chlorure, on attaque de la litharge par un poids égal d'acide hydrochlorique et l'on évapore à siccité. On fond ensuite une partie de chlorure de plomb et trois parties de litharge dans un creuset de terre ; le produit obtenu est pulvérisé et sert aux essais. Ce procédé a l'avantage d'être plus expéditif que la méthode ordinaire ; il est en outre moins inexact. L'oxychlorure de plomb est plus facilement fusible que la litharge ; il en résulte que les gaz réductifs provenant de la distillation de la houille ne se dégagent pas avant d'avoir agi sur le sel de plomb.

36. Chaleur rayonnée. — La chaleur dégagée par la combustion se dissipe de deux manières : une partie est rayonnée par le combustible en ignition, et une autre est entraînée par les produits de la combustion.

37. Appareil de Péclet. — Ce physicien a imaginé un appareil particulier pour déterminer le calorique rayonnant d'un combustible.

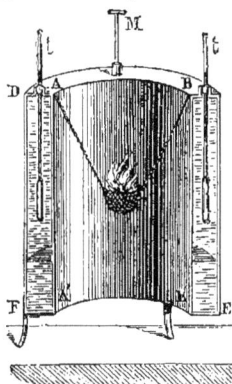

Cet appareil, fig. 2, se compose d'une caisse annulaire en fer-blanc, dont on remplit le vide d'eau. La matière combustible est brûlée dans une corbeille, placée au milieu de la hauteur de l'axe de la caisse annulaire. La surface intérieure du cylindre AA'BB' est revêtue d'une couche de noir de fumée, pour en augmenter le pouvoir absorbant. Deux thermomètres t, t, à long réservoir font connaître la température de l'eau contenue dans la caisse.

Fig. 2.

D'après cela, si, autour du milieu de l'axe de l'appareil comme centre et avec un rayon égal à la distance de ce milieu aux points A, A', B, B', nous décrivons une sphère, il est évident que la quantité q' de chaleur rayonnante absorbée par l'appareil sera à la quantité totale q de chaleur rayonnée par le combustible, comme la hauteur h du cylindre AA'BB' est au diamètre d de la sphère. En représentant par b le diamètre des bases du cylindre intérieur, on aura donc :

$$q' : q = h : 2\sqrt{\frac{h^2}{4} + \frac{b^2}{4}},$$

d'où
$$q = q'\frac{\sqrt{h^2 + b^2}}{h} = q'\sqrt{1 + \left(\frac{b}{h}\right)^2}.$$

38. **Résultats des expériences de Péclet.** — Il résulte des expériences de Péclet, au moyen de l'appareil que nous venons de
décrire, que le charbon embrasé rayonne plus que les flammes, et
que, pour le charbon de bois, la chaleur rayonnée est la moitié de
la chaleur totale, tandis qu'elle n'est que le quart pour le bois et
0,18 pour l'huile.

Le pouvoir rayonnant des combustibles croît très-rapidement à
mesure que la température s'élève. C'est ainsi que, d'après Tyndall,
le pouvoir émissif d'un fil de platine chauffé au rouge sombre à 525°,
n'est que le douzième de ce qu'il est lorsque le fil est chauffé au
rouge-blanc, c'est-à-dire à 12 ou 1400°. Les résultats ci-dessus
obtenus par Péclet ne peuvent donc être vrais que pour une température déterminée et ils ne permettent nullement d'apprécier la
quantité de chaleur rayonnée aux températures élevées que l'on
réalise dans les foyers ordinaires. En effet, ces températures dépassent de beaucoup celles que pouvaient posséder les combustibles
dans les expériences du physicien dont il s'agit.

39. **Combustibles pour les foyers ouverts.** — Dans certains cas,
par exemple, lorsqu'on emploie des cheminées pareilles à celles dont
on se sert pour le chauffage domestique, on n'utilise que la chaleur
rayonnée. Les combustibles brûlant sans flamme, tels que le coke et
le charbon de bois, méritent alors la préférence sur les combustibles
qui brûlent avec flamme, au moins au commencement de la combustion. Tels sont le bois et la houille.

CHAPITRE DEUXIÈME.

DE LA TEMPÉRATURE DE COMBUSTION.

40. **Définition de la température de combustion.** — Lorsqu'un
combustible brûle, la chaleur développée se dissipe de deux manières : une partie est rayonnée, et une autre est absorbée par les
produits de la combustion dont elle élève la température. Il semble
résulter de là que les produits de la combustion ne puissent jamais
absorber toute ou à peu près toute la chaleur dégagée par la combustion, puisqu'il est impossible d'annuler le rayonnement du combustible. Il n'en est cependant pas ainsi, du moins lorsque la
combustion a lieu dans un foyer fermé dont les parois sont construites
en matériaux épais et très-mauvais conducteurs de la chaleur. Dans

ce cas, en effet, on peut négliger la perte de chaleur par transmission ; les parois du foyer s'échaufferont aux dépens de la chaleur rayonnante du combustible et bientôt elles rayonneront à leur tour vers celui-ci autant de chaleur qu'il leur en envoie. Dès ce moment, les produits de la combustion emporteront toute la chaleur dégagée par le combustible et la température qu'ils prendront alors est ce que nous appellerons la *température de combustion* du combustible employé. Évidemment, cette température ne se produira pas dans nos fourneaux, dont les parois laissent toujours passer une certaine quantité de chaleur. La température de combustion est donc la limite supérieure de l'effet qu'on peut réaliser à l'aide du combustible et elle permet de déterminer les opérations auxquelles il est propre. Il est clair, en effet, que s'il s'agit de chauffer un corps à 1500°, par exemple, on ne pourra réaliser cet effet qu'à l'aide de combustibles dont la température de combustion excédera d'un nombre convenable de degrés la température de 1500° à communiquer à ce corps. On voit donc l'importance qu'il y a à savoir calculer l'élément sur lequel nous venons d'appeler l'attention.

Mais avant de nous occuper des températures de combustion, nous devons encore définir ce que l'on entend par le phénomène de la dissociation et par une combustion complète ou partielle.

41. **Phénomène de la dissociation.** — M. Sainte-Claire Deville (*Leçons de la Société chimique*, Paris, Hachette, 1866) a démontré que lorsqu'on chauffe de plus en plus certains corps composés, tels que le gaz acide carbonique, la vapeur d'eau, etc., il arrive un moment où une partie de ces corps se décompose et cette partie est d'autant plus grande que la température est plus élevée. C'est cette décomposition partielle des corps composés produite par la chaleur que M. Deville a désignée sous le nom de *dissociation*.

42. **Combustion complète et combustion partielle.** — La combustion d'un combustible est dite *complète*, lorsque tout son carbone se transforme en acide carbonique et son hydrogène en eau. Elle est *partielle* ou *incomplète*, lorsqu'une partie seulement de ses éléments éprouve le maximum d'oxydation, tandis que l'autre reste libre ou se combine avec une moindre proportion d'oxygène.

Le premier mode de combustion peut se produire toutes les fois que la température de combustion qui lui correspond, ne dépasse pas 1000 à 1500°, car à ces températures la dissociation est faible et peut être négligée. Mais la combustion complète devient impossible, lorsque la température qu'elle développerait dépasse les limites indiquées ci-dessus, puisque, dans ce cas, avant que cette température ne soit produite, une partie des éléments combustibles ne peut déjà plus entrer en combinaison avec l'oxygène, de sorte que la combustion reste nécessairement partielle.

Dans les appareils de chauffage, la combustion est rarement complète d'emblée. En général, elle s'effectue en deux temps : dans la première période, le combustible brûle d'une manière partielle, en développant la plus haute température qu'il soit capable de produire. C'est de cette température que dépendent les applications dont il est susceptible. Dans la seconde, qui ne commence qu'après un refroidissement plus ou moins considérable des produits de la première période, la combustion s'achève, tout le carbone, se transforme en acide carbonique et l'hydrogène en eau.

43. **Calcul des températures de combustion dans l'hypothèse d'une combustion complète.** — Ce calcul n'offre aucune difficulté. Il exige seulement que l'on connaisse la nature, le poids et le calorique spécifique des produits de la combustion d'un kilogramme du combustible employé, ainsi que la puissance calorifique de ce corps. En effet, avec ces données, on calculera facilement le nombre N de calories qu'il faudra pour chauffer d'un degré les produits de la combustion (pour chacun de ces produits on aura un terme de la forme pc, dans lequel c représente le calorique spécifique et p le poids du produit de combustion), et en désignant ensuite par P le nombre de calories restées libres après la combustion, on aura la température de combustion T cherchée, en divisant P par N.

On trouvera dans le tableau II, n° 17, les caloriques spécifiques dont on pourra avoir besoin pour les calculs que nous venons d'expliquer.

44. **Hydrogène brûlé dans l'oxygène pur.** — Par la combustion complète de l'hydrogène au moyen de l'oxygène pur, il pourrait se développer une température

$$T = \frac{29000}{9.0,4805} = 6705°C.$$

Mais cette température ne se produit pas, car bien avant qu'elle ne soit réalisée, l'eau se dissocie, et une partie de l'hydrogène et de l'oxygène restent en présence sans pouvoir se combiner. D'après M. Sainte-Claire Deville, la température de combustion de l'hydrogène dans l'oxygène pur ne serait que d'environ 2500°.

45. **Hydrogène et air atmosphérique.** — La température pro-

duite par une combustion complète, avec le volume d'air strictement nécessaire, serait :

$$T = \frac{29000}{9.0,4805 + 8.3,33.0,244} = 2685°C.$$

La température réellement produite ne paraît pas de beaucoup supérieure à 2000°, car la flamme du chalumeau à gaz hydrogène permet à peine de fondre le platine.

46. **Carbone brûlé avec le volume d'air strictement nécessaire à la combustion.** — D'après un calcul analogue à celui du n° 45, on trouve que, dans le cas d'une combustion complète, le carbone devrait développer une température de 2729°. Comme M. Sainte-Claire Deville est parvenu à fondre le platine dans un fourneau à vent alimenté de menus fragments de coke, la température de combustion du carbone, brûlé à l'air libre, doit être supérieure à 2000°. Mais elle ne saurait dépasser de beaucoup ce chiffre, parce que l'opération ne réussit que difficilement.

47. **Carbone brûlé avec le double du volume d'air nécessaire à la combustion.** — La température produite est de 1417°.

48. **Carbone transformé en oxyde de carbone par combustion au moyen de l'air atmosphérique.** — La température T qui se produit dans ce cas est de 1494°.

49. **Abaissement de température qui résulte de la transformation de l'acide carbonique en oxyde de carbone.** — D'après ce qui précède, si, dans un foyer, l'acide carbonique repasse à l'état d'oxyde de carbone, non-seulement la consommation de combustible devient double, mais, en outre, il doit se produire un abaissement de température d'environ 2729 — 1494 = 1235° (n° 26). Bien que dans les appareils de chauffage l'abaissement de température qui résulte de la transformation de l'acide carbonique en oxyde de carbone ne soit pas aussi considérable, parce que, dans ces appareils, une partie seulement du carbone brûle complètement, il faut cependant empêcher cette transformation, au moins chaque fois que l'appareil est destiné à développer la plus haute température possible au moyen d'un poids donné de combustible. Nous verrons plus loin comment on peut atteindre ce but.

50. **Oxyde de carbone et volume d'air strictement nécessaire à la combustion complète.** — Température calculée : 2963°.

Cette température ne se produit pas, mais l'effet thermique développé doit au moins être égal à celui de l'hydrogène brûlé dans les mêmes conditions.

51. **Gaz des marais et volume d'air nécessaire à la combustion.**
— Température calculée : 2138°.

52. **Gaz oléfiant et air.** — Température calculée : 2736°.

La température réellement produite par ce gaz ne paraît pas
dépasser de beaucoup 2000°.

53. **Température de combustion du bois ordinaire.** — Parmi
les combustibles solides, le bois ordinaire, dont la composition a été
indiquée dans le tableau V, n° 29, est le seul qui puisse éprouver
d'emblée une combustion complète, car la température produite
n'est que de 1900°[1].

Ce même combustible brûlé avec le double du volume d'air nécessaire à la combustion, ne développe qu'une température de 1092°.

54. **Température de combustion des gaz de hauts-fourneaux.**
— Les températures de combustion de ces gaz, dont nous avons
indiqué la composition au n° 33, sont, respectivement, de 1585°,
2410° et 1336°.

55. **Température de combustion des gaz de gazogènes.** — On
trouve que les gaz des quatre gazogènes dont il s'est agi au n° 34,
pourraient développer, respectivement, par leur combustion complète
à l'air, des températures de 2568°, 2628°, 1478° et 2304°.

TEMPÉRATURES DE COMBUSTION DANS LE CAS D'UNE COMBUSTION PARTIELLE.

56. **Lois de Bunsen sur la combustion en vase clos.** — Les
calculs qui précèdent démontrent que la plupart des combustibles
employés dans l'industrie développeraient, par leur combustion complète, des températures de beaucoup supérieures à celles où commence la dissociation des produits auxquels ils donneraient naissance. Leur combustion dans nos appareils de chauffage doit donc,
en général, commencer par être partielle.

Or, c'est de la température développée par cette première combustion partielle que dépendent, comme nous l'avons dit, les applications
auxquelles le combustible est propre, et, pour ce motif, il serait utile
de pouvoir la calculer. A cet effet, il faudrait connaître : 1° la composition élémentaire du combustible ; 2° sa puissance calorifique ; et

---

[1] Cette température a été calculée en supposant la puissance calorifique de ce
bois égale à 2756°. Le chiffre de 3652° indiqué dans le tableau V, n° 29, se
rapporte probablement à du bois privé, par la chaleur, de son eau de mouillage.

3° les produits de sa première combustion partielle. Pour un grand nombre de combustibles, on possède les deux premières de ces données, mais il n'en est pas de même de la troisième, qui n'a encore été déterminée pour aucun. Au commencement de mes recherches sur les températures de combustion à l'air libre [1], j'avais pensé que la composition des produits de la première combustion partielle pourrait se déduire des lois de M. Bunsen sur la combustion en vase clos [2]. Mais j'ai reconnu depuis que cette hypothèse est souvent en défaut, et, par conséquent, que, dans l'état actuel de la science, il ne saurait être question d'une méthode générale pour calculer les températures de combustion des divers combustibles brûlés à l'air libre. Toutefois, il est possible d'obtenir une limite inférieure de ces températures, et ce qui donne de l'intérêt à cette recherche, c'est que, pour plusieurs des combustibles les plus importants, pour certaines espèces de houille, par exemple, cette limite inférieure paraît peu différer de la température réellement produite.

La limite inférieure dont il s'agit n'est autre chose que la température qui se produirait si le carbone du combustible se transformait moitié en acide carbonique et moitié en oxyde de carbone, tandis que la moitié de l'hydrogène donnerait de l'eau et que l'autre resterait libre. Tel serait, en effet, le mode de combustion qui se réaliserait si le coefficient de combinaison $1/2$ que M. Bunsen a déduit de ses expériences sur la combustion en vase clos, pour les températures comprises entre 1146 et $2558°$ [3], était également applicable, entre les mêmes limites, aux combustions à l'air libre. Or, l'expérience indique qu'en général la fraction des corps combustibles qui entre en combinaison lors de la première combustion partielle, est plus grande dans la combustion à l'air libre que dans la combustion en vase clos. Par conséquent, si, dans notre calcul, nous adoptons le coefficient de combinaison qui correspond à la combustion en vase clos, nous arriverons nécessairement à un résultat inférieur à la température de combustion réelle que le combustible développe en brûlant à l'air libre.

---

(1) Sur la température de combustion des combustibles ordinaires, brûlés à l'air libre, *Bulletins de l'Académie royale de Belgique*, 2ᵉ série, t. 138, nᵒ 12, 1874.

(2) *Annales de physique et de chimie de* POGGENDORFF, 1877, t. CXXXI, p. 161.

(3) Dans ses expériences sur la combustion en vase clos, M. Bunsen a trouvé, qu'entre 0 et 1146°, l'hydrogène et l'oxyde de carbone brûlent complétement; qu'entre 1146 et 2558°, la moitié seulement de ces corps brûle, tandis que l'autre moitié reste libre; enfin qu'entre 2558° et 3033°, la fraction qui entre en combinaison avec l'oxygène est égale à $1/3$ seulement.

Cela posé, cherchons la limite inférieure que nous venons de définir. A cet effet, considérons un combustible composé, par kilogramme, de C de carbone, H d'hydrogène et O d'oxygène. Soit, en outre, P sa puissance calorifique et supposons que la combustion s'effectue avec le volume d'air strictement nécessaire à la transformation du carbone en acide carbonique et à celle de l'hydrogène en eau. Si, dans ces conditions, le carbone se transforme, moitié en acide carbonique, moitié en oxyde, et si la moitié de l'hydrogène produit de l'eau, tandis que l'autre reste libre, la chaleur dégagée par chaque kilogramme du combustible sera :

$$P - \frac{29000\,H}{2} - \frac{5607\,C}{2}\,^{(1)}.$$

En effet, les deux derniers termes de cette expression représentent, respectivement, les quantités de chaleur qu'auraient dégagées, par leur combustion complète, l'hydrogène resté libre et l'oxyde de carbone produit dans la combustion partielle que nous considérons.

D'un autre côté, la quantité de chaleur nécessaire pour chauffer d'un degré les produits de la combustion d'un kilogramme du combustible sera :

$$3\,C + 11,2\left(H - \frac{O}{8}\right) + \frac{9}{8}\,\frac{O}{2}\cdot 0,4805,$$

3 [2] et 11, 2 [3] représentant, respectivement, les capacités calori-

---

(1) V. tableau I, n° 14.

(2) Les produits de la combustion d'un kilogramme de carbone brûlé dans les conditions indiquées ci-dessus, sont :

Acide carbonique . . . . 11 : 6 kilogrammes.
Oxyde de carbone . . . . 7 : 6   —
Azote libre 2   —
Air atmosphérique. . . . . . . 2, 88   —

Pour s'échauffer d'un degré, ces produits exigent une quantité de chaleur égale à

$$\frac{11}{6}\cdot 0,2169 + \frac{7}{6}\cdot 0,245 + 2.0,244 + 2,88.0,2375 = 3^{c}.$$

(3) Les produits de la combustion partielle d'un kilogramme d'hydrogène sont :

Vapeur d'eau. . . . . 4,5 kilogrammes.
Hydrogène 0,5   —
Azote. . . . . 4.3,33 —
Air atmosphérique. . . . . . . 4.4,33 —

Ces produits exigeront, pour être chauffés d'un degré, une quantité de chaleur égale à

4,5 . 0,4805 + 0,5 . 3,409 + 4.3,33 . 0,244 + 4.4,33 . 0,2375 = 11,2 calories.

fiques des produits de la combustion d'un kilogramme de carbone et d'un kilogramme d'hydrogène brûlés dans les mêmes conditions que le combustible et $\frac{9}{8} \cdot \frac{O}{2} \cdot 0,4805$ étant la capacité calorifique de la vapeur d'eau produite par la moitié de l'oxygène du combustible. Nous négligeons la quantité de chaleur qu'absorbent la seconde moitié de cet oxygène et la quantité correspondante d'hydrogène qui deviennent libres, parce que dans le cas des houilles, cette quantité de chaleur est très-faible.

D'après cela, on aura pour la limite inférieure de la température de combustion du combustible considéré :

$$\frac{P - \dfrac{2900\ H}{2} - \dfrac{5607\ C}{2}}{3\ C + 11,2\left(H - \dfrac{O}{8}\right) + \dfrac{9}{8} \cdot \dfrac{O}{2} \cdot 0,4805}.$$

J'ai appliqué cette formule au calcul de la limite inférieure de la température de combustion de quatre variétés de houilles, dont le tableau ci-dessous donne la composition et les puissances calorifiques, d'après les expériences de MM. Scheurer-Kestner et Meunier [1]. La composition indiquée se rapporte au combustible pur privé de cendres et séché vers 110°.

TABLEAU VI.

DÉSIGNATION DES HOUILLES.	CARBONE.	HYDROGÈNE.	OXYGÈNE ET AZOTE.	POUVOIR CALORIFIQUE.
Houille du puits Chaptal, au Creusot	0,8848	0,0441	0,0711	calories. 9622
Houille grasse de Ron-champ	0,8832	0,0479	0,0689	9077
Houille grasse à très-longue flamme de Saar-brück	0,8156	0,0498	0,1346	8462
Houille demi-maigre à longue flamme de Saar-brück.	0,7892	0,0467	0,1636	8457

(1) *Ann. de Phys. et de Chim.*, 4e série, t. XXI et XXVI.

En déterminant pour ces houilles la limite inférieure des températures de combustion, on trouve, respectivement, les résultats suivants : 2111° C, 1900° C, 1934° C et 2053° C.

Les températures réellement développées par ces houilles ne paraissent pas devoir s'éloigner beaucoup des chiffres que nous venons d'indiquer. En effet, la flamme oxy-hydrique, dont la température est d'environ 2,500°, fond plusieurs corps réfractaires qui résistent aux plus violents feux de houille. La température de combustion de cette flamme est donc notablement supérieure à celle des meilleures houilles, et, par conséquent, cette dernière doit être d'environ 2,000°, conformément aux chiffres indiqués ci-dessus.

Quoi qu'il en soit, il me paraît qu'on peut déduire de ces résultats les conséquences suivantes :

1° Les houilles grasses et les houilles demi-maigres à longue flamme développent une température amplement suffisante à la plupart des opérations métallurgiques, pourvu qu'on ne les brûle pas avec un trop grand excès d'air.

2° La température de combustion de ces houilles est supérieure à celle du charbon de bois, parce que la puissance calorifique de ce dernier est moindre que celle du carbone contenu dans les houilles dont il s'agit.

3° Des houilles de même composition élémentaire peuvent avoir des températures de combustion et des puissances calorifiques différentes. Tel est le cas des houilles du puits Chaptal et de Ronchamp.

J'ai encore appliqué la formule ci-dessus à la détermination de la limite inférieure de la température de combustion du gaz d'éclairage dont la composition est indiquée au n° 32.

J'ai trouvé pour cette limite 1280° C. Ce chiffre diffère considérablement de la température réellement produite, ainsi qu'il est facile de s'en assurer au moyen de la flamme d'une lampe de Bunsen, munie de sa cheminée. Lorsque la flamme de cette lampe brûle tranquillement, elle a une hauteur d'environ 13 centimètres et demi, et elle présente le maximum de température à une distance de 5 centimètres environ de sa base, vers le milieu de son enveloppe extérieure[1]. Or, en cet endroit, elle est capable de fondre distinctement un fil très-fin de platine, et, par conséquent, la température de combustion du gaz d'éclairage doit être un peu supérieure à 2000° C.

---

[1] Bunsen, *Flammenreactionen*, dans les ANNALEN DER CHEMIE UND DER PHARMACIE, t. CXXXVIII, p. 258, 1866.

La grande différence qui existe entre la température de combustion du gaz d'éclairage et la température que l'on obtient en appliquant à ce gaz la loi de Bunsen relative aux températures comprises entre 1146° et 2500° montre clairement, ainsi qu'il a été dit plus haut, que cette loi peut cesser d'être exacte lorsqu'il s'agit de la combustion à l'air libre.

On arrive à la même conclusion lorsqu'on fait le calcul pour le gaz hydrogène et pour l'oxyde carbone. A l'air libre, le premier ne devrait produire qu'une température de 1254° et le second une température de 1430° C[1], tandis qu'en réalité les températures développées sont de beaucoup supérieures à ces chiffres. Mais, d'un autre côté, la loi de Bunsen paraît se confirmer pour les combustions dans l'oxygène pur. C'est ainsi que j'ai trouvé pour les températures de combustion de l'hydrogène et de l'oxyde de carbone brûlés par l'oxygène pur, respectivement, 2471° et 2558 degrés centigrades[2]. Or, M. Sainte-Claire Deville avait trouvé, depuis longtemps et par une méthode différente, pour le gaz hydrogène, la température de 2,500°. Et, quant à la température de combustion de l'oxyde de carbone, le même savant avait démontré qu'elle ne pouvait dépasser 2,600 à 2,700° (*Leçons sur la dissociation à la Société chimique de Paris*, Hachette, 1866).

Il me semble qu'on peut résumer tous les faits qui précèdent en admettant que la loi de Bunsen relative aux températures comprises entre 1146 et 2558° n'est applicable aux combustions sous pression constante, dans l'air ou dans l'oxygène pur, que lorsqu'il s'agit de corps dont la température de combustion est comprise entre 2000 et 2500°, tandis qu'elle cesse d'être exacte dans tous les autres cas. En d'autres termes : si l'on calcule la température de combustion d'un combustible en prenant pour base du calcul le coefficient de combinaison 1/2, le résultat obtenu peut : 1° être moindre que 2,000°; 2° être compris entre 2,000 et 2,500°; 3° être supérieur à 2,500°. Dans le premier cas, le coefficient réel de combinaison est plus grand que 1/2, mais il est impossible d'en déterminer théoriquement la valeur, même par approximation. Dans le second cas, la température de combustion effective diffère peu de la température calculée. Enfin,

---

(1) *Sur la température de combustion des combustibles ordinaires brûlés à l'air libre*, BULLETINS DE L'ACADÉMIE ROYALE DE BELGIQUE, 2ᵉ série, t. XXXVIII, n° 12; décembre 1874.

(2) Voir *Les Mondes*, par M. l'abbé Moigno, 1875, t. XXXVII, p. 549.

dans le troisième cas, la température de combustion est d'environ
2,500° et le coefficient de combinaison est compris entre 1/3 et 1/2.
Ce cas se présente pour le gaz hydrogène et pour l'oxyde de carbone
brûlés au moyen du volume d'oxygène nécessaire à la combustion.

57. **Moyens d'approcher dans la pratique de la température de
combustion.** — Dans le calcul des températures de combustion, nous
avons supposé que les produits de la combustion absorbaient toute la
chaleur dégagée par le combustible. Or, cette condition n'est jamais
complètement remplie, parce que les parois du foyer, si faible que
soit leur conductibilité, donnent néanmoins toujours lieu à une certaine perte de chaleur. Dans la pratique, on ne saurait donc jamais
réaliser les températures dont il s'agit, mais on peut en approcher à
l'aide des moyens suivants : 1° En débarassant le combustible, par la
dessication, de la plus grande partie de son eau de mouillage, ce qui
augmente sa puissance calorifique. 2° En diminuant les dimensions
du foyer sans diminuer la quantité de combustible brûlé, car de cette
façon la perte de chaleur par transmission sera nécessairement moins
considérable. Pour réaliser cette condition, il faut : *a* augmenter la
densité et la pureté du combustible, par exemple, comprimer la
tourbe, laver certaines houilles, employer du coke très-dense, etc. ;
b comprimer à un degré convenable l'air comburant, afin que le
poids de combustible brûlé, dans un temps donné, reste le même ;
c chauffer l'air comburant avant son entrée dans le foyer. Avec
l'air chaud, on peut, sans diminuer la consommation de combustible,
réduire la hauteur du foyer, parce que ce gaz se combine plus vite
avec le carbone que l'air froid. En outre, par la chaleur qu'il apporte,
l'air chaud compense, en partie, la perte de chaleur qui a lieu par les
parois du foyer.

DÉTERMINATION EXPÉRIMENTALE DE LA TEMPÉRATURE DES PRODUITS
DE LA COMBUSTION.

58. **Thermomètre à mercure.** — Tant que la température des
produits de la combustion est inférieure à 350° environ, on peut
l'évaluer à l'aide du thermomètre à mercure. Mais il convient de ne
pas placer le thermomètre dans le courant gazeux pour ne pas
s'exposer à briser l'instrument. Il vaut mieux introduire au milieu
des gaz chauds des tubes horizontaux en fer, de 4 centimètres de
diamètre, recourbés verticalement à l'extérieur. On remplit ces

tubes d'huile qui prend bientôt la température des gaz, et c'est dans ce liquide que l'on plonge le thermomètre. MM. Scheurer-Kestner et Meunier remplacent l'huile par la paraffine qui est moins visqueuse et se met plus vite en équilibre de température avec les gaz.

59. **Fusion de métaux.** — Pour des températures qui dépassent 350°, on se sert avec avantage de chapelets composés de petites boucles formées avec des fils de métaux différents, fondant à des températures différentes. Le tableau suivant renferme à cet égard les chiffres les plus utiles :

Température de fusion de quelques métaux.

Étain	235°
Bismuth	270
Plomb	334
Zinc	423
Antimoine	425
Cadmium	500
Argent . . . . 954 à	1000
Fusion de la fonte blanche très-fusible	1100
Cuivre rouge	1090
Or	1250
Fer, fond entre . . . . 1500 et	1600°
Platine entre . . . . 1779 et	2000

On sait d'ailleurs que certains alliages de ces métaux sont beaucoup plus fusibles, et l'on pourra facilement obtenir, par le moyen de ces alliages, une série aussi complète que l'on voudra d'éprouvettes de ce genre, qu'il suffira de réunir par un fil de fer ou de platine, avant de les introduire dans le lieu dont on veut connaître la température : on saura, tout au moins, que cette température est comprise entre des limites parfaitement connues.

60. **Couleurs lumineuses du platine.** — D'après Pouillet, une mince lame de platine prend les couleurs suivantes aux diverses températures indiquées dans le tableau ci-dessous :

525°	rouge foncé dans l'obscurité,
700	rouge sombre,
800	cerise naissant,
1000	cerise clair,
1100	orange foncé,
1200	orange clair,
1300	blanc,
1400	blanc soudant,
1500 à 1600	blanc éblouissant.

61. **Méthode des mélanges.** — On peut encore suivre une autre

méthode qui consiste à placer au milieu des gaz chauds un morceau de métal, une plaque de fer, par exemple, jusqu'à ce que ce corps ait pris la température des gaz. On le retire ensuite et on le plonge dans un grand vase d'eau pour le refroidir. Si l'on désigne par P le poids du métal, par c son calorique spécifique, par x sa température, par P' le poids de l'eau, par t la température initiale de celle-ci et par T la température la plus élevée qu'elle prend après l'immersion du métal, on aura, pour déterminer x, l'équation :

$$Pc\,(x-T) = P'\,(T-t).$$

Dans les déterminations dont il s'agit, il faut avoir égard aux variations qu'éprouve la capacité calorifique des métaux à mesure que la température s'élève. Voici à cet égard les données dont on pourra avoir besoin.

Calorique spécifique.	Platine.	Fer.
Entre 0° et 100° =	0,03350	0,11379
» 0° et 200° =		0,11918
» 0° et 300° =	0,03434	0,12623
» 0° et 350° =		0,13006
» 0° et 500° =	0,03518	
» 0° et 700° =	0,03602	
» 0° et 1000° =	0,03728	
» 0° et 1200° =	0,03818	

62. **Méthode de Codazza.** — Pour éviter la correction qu'exigent les variations de la capacité calorifique, il suffit, d'après M. Codazza, de faire une seconde expérience, pareille à celle que nous venons de décrire, mais en opérant sur des poids P'' d'eau et p de métal, différents de ceux qu'on a employés dans la première. Cette seconde expérience conduit à l'équation $pc\,(x - T') = P''\,(T' - t)$, qu'on n'a qu'à diviser, membre à membre, par l'équation relative à l'expérience précédente, pour éliminer c et pouvoir ensuite calculer x.

63. **Pyromètres.** — Enfin, on peut faire usage, pour les températures très-élevées, soit du pyromètre à air, soit du pyromètre thermo-électrique de Becquerel ou du pyromètre de Siemens, soit enfin de la méthode optique indiquée par M. Ed. Becquerel (*Annales du Conservatoire des Arts et Métiers*, 1864). Mais l'emploi de ces différents procédés est entouré de tant de difficultés que l'on n'y a recours que dans des cas exceptionnels. C'est pourquoi nous nous dispensons d'en parler.

64. **Indicateurs électriques des températures.** — Dans le chauffage des lieux habités, on se propose de maintenir constamment la température entre une limite inférieure t et une limite supérieure T.

Lorsqu'il s'agit de grands bâtiments, il importe de pouvoir s'assurer, sans se déplacer, que la température dans les divers locaux se trouve comprise entre les limites voulues.

On se sert à cet effet de thermomètres à mercure disposés comme l'indique la fig. 3. L'enveloppe de ces thermomètres est traversée par trois fils de platine soudés au verre ; l'un de ces fils pénètre en A dans le réservoir du thermomètre, l'autre à la division t de la tige et le troisième, à la division T. Le fil A communique avec le pôle positif d'une pile et les deux autres, avec le pôle négatif. Sur le trajet de ces derniers sont insérées deux sonneries électriques C et C′, dont la première fonctionne à la manière ordinaire lorsque le courant met en action son électro-aimant, tandis que la seconde ne sonne que lorsque le courant est interrompu. Il résulte de cette disposition, qu'aussi longtemps que le niveau du mercure se trouve entre t et T, aucune des deux sonneries ne sera en action; si le mercure atteint le niveau T, C sonnera seule ; il en sera de même de C′ lorsque le mercure descendra au-dessous de t. Si les deux sonneries rendent des sons différents, on peut de loin reconnaître laquelle des deux températures limites règne dans le local à chauffer.

On emploie encore dans le même but des thermomètres métalliques pliés en spirale. Ces thermomètres sont fixés par l'une de leurs extrémités et les mouvements de l'autre sont utilisés pour fermer le circuit d'une pile dont le courant fait, au moyen d'électro-aimants, mouvoir une aiguille qui indique sur un cadran la température de l'air. (Pour plus de détails, v. Ferrini, *Technologie der Waerme*, p. 13.)

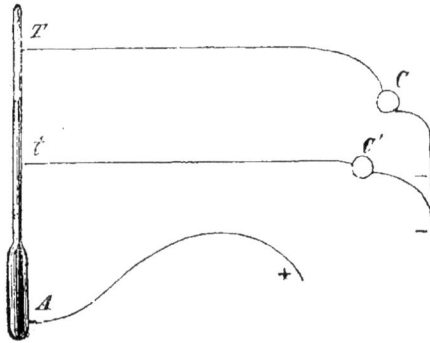

Fig. 3.

CHAPITRE TROISIÈME.

CLASSIFICATION GÉNÉRALE DES APPAREILS DE CHAUFFAGE.

65. Classification des fourneaux. — Nous avons vu, n° 26, qu'il se produit une absorption de chaleur lorsque l'acide carbonique, en s'unissant à une quantité de carbone égale à celle qu'il contient, se transforme en oxyde de carbone. Il suit de là que dans tout appareil de chauffage où l'on se propose uniquement de produire de la chaleur, il faut transformer le carbone du combustible en acide carbonique, et empêcher que celui-ci ne puisse repasser à l'état d'oxyde de carbone. Les conditions à remplir pour atteindre, autant que possible, ce double but, se déduisent très-simplement des expériences d'Ebelmen sur la combustion du charbon accumulé en couche épaisse. Mais avant d'indiquer les résultats de ces expériences, nous croyons devoir donner une idée générale des principaux appareils de chauffage employés dans l'industrie, d'autant plus que plusieurs de ces appareils nous fourniront des preuves de l'exactitude des travaux du savant ingénieur français.

Les appareils dans lesquels on utilise les combustibles ont des formes et des destinations très-variées. On peut les diviser en *fourneaux à gaz* et *fourneaux ordinaires,* suivant que le combustible employé est gazeux ou solide. Dans les fourneaux à gaz on brûle du gaz d'éclairage, du gaz hydrogène, ou un mélange d'oxyde de carbone, d'hydrogène et d'azote. Ce mélange s'obtient, soit comme produit secondaire dans certains fourneaux, soit par la transformation de combustibles solides ou liquides en gaz, dans des appareils particuliers auxquels on a donné le nom de *gazogènes.* Suivant la température qu'on veut développer, on brûle les gaz combustibles, soit au moyen du gaz oxygène pur, soit au moyen de l'oxygène de l'air. Nous reviendrons plus loin sur les appareils dont il s'agit.

Les fourneaux ordinaires peuvent se diviser en trois grandes classes : la première, comprend tous ceux où le corps à chauffer n'est pas en contact direct avec le combustible ; la seconde, au contraire, comprend ceux où la matière à chauffer se trouve dans le foyer même ; et enfin la troisième, renferme les appareils dans lesquels on produit de la chaleur pour la transmettre au dehors et la communiquer au corps à chauffer.

66. Première classe de fourneaux ordinaires. — Le combustible est généralement placé sur une *grille* et son épaisseur y varie d'après sa nature et l'effet qu'on veut obtenir. L'air qui doit servir à la combustion arrive par-dessous la grille, s'introduit à travers les intervalles vides qu'on laisse entre les barreaux, et traverse le combustible incandescent. Les produits de la combustion, après s'être dépouillés, au contact avec la matière à chauffer, d'une partie plus ou moins considérable de la chaleur qu'ils entraînent, s'échappent par une cheminée placée à l'autre extrémité du fourneau. Le tirage peut être produit de deux manières : soit par la cheminée, soit au moyen d'une *machine soufflante*, qui est souvent un simple *ventilateur*. Dans le premier cas, le fourneau est dit à *tirage* ou à *courant d'air naturel*, et dans le second, on dit qu'il est *soufflé* ou à *courant d'air forcé*. Dans les fourneaux soufflés, la cheminée n'a qu'une faible hauteur et ne sert que pour l'évacuation des produits de la combustion.

Comme exemples de fourneaux de cette classe, nous citerons les foyers qui servent à chauffer ou à vaporiser les liquides, les fours à réverbère de formes si variées qu'on emploie dans le traitement des métaux; les fours à galères, les fours à dôme, etc.

Les figures suivantes serviront à donner une idée de quelques uns de ces appareils.

67. **Foyer de chaudière.** — Les figures 4 et 5, représentent, res-

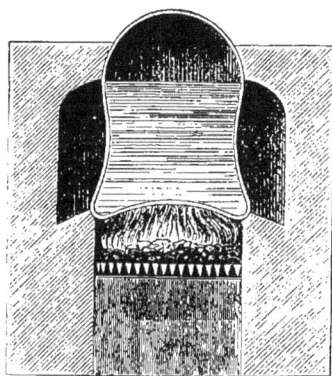

Fig. 4.   Fig. 5.

pectivement, une coupe longitudinale et une coupe transversale d'un foyer destiné au chauffage d'une chaudière à vapeur de Watt, ou *chaudière à tombeau*. La flamme au sortir du foyer passe dans un conduit ou *carneau* qui règne au-dessous de la chaudière; parvenue à l'autre extrémité du fourneau, elle pénètre dans un premier carneau latéral qui la ramène sur le devant du fourneau et lui permet de s'engager dans le second carneau latéral qui la conduit dans la cheminée. Toute la surface de la chaudière qui vient en contact avec les produits de la combustion s'appelle *surface de chauffe*; la partie de cette surface qui peut recevoir le rayonnement du combustible, s'appelle *surface de chauffe directe*, et celle qui ne reçoit que la chaleur que lui cèdent les produits de la combustion s'appelle *surface de chauffe indirecte*.

68. **Fourneaux à réverbère.** — Dans ces fourneaux la matière à chauffer occupe une place ou aire distincte qu'on appelle la *sole*. La matière que l'on traite sur la sole est chauffée ou fondue par le calorique rayonnant que lancent le foyer et les parois du four, mais principalement par la flamme du combustible qui est obligée de s'abaisser et d'agir vers le bas avant de se jeter dans la cheminée. De là le nom de *fours à réverbère*.

Ainsi ces fours se composent de trois parties principales, qui sont la *chauffe* ou le *foyer*, la *sole* et la *cheminée*. La sole est séparée de la chauffe par un muret ou ressaut en maçonnerie qu'on appelle *autel*, *grand autel*, *pont de chauffe* ou simplement *pont*. La chauffe et la sole sont couvertes par une même voûte. Celle-ci s'abaisse vers la cheminée et la sole se rétrécit de manière à former un passage étroit qu'on appelle *rampant* ou *échappement*. Dans les fours à puddler la sole est limitée, du côté du rampant, par un pont plus petit que l'autel et auquel on donne le nom de *pont de rampant* ou *petit autel*.

Les fig. 1, 2 et 3, pl. I, p. 42, sont des coupes d'un four à réchauffer de l'usine à fer de Couillet, près de Charleroi. Fig. 1, coupe horizontale. Fig. 2, coupe verticale dans le sens de la longueur du four. Fig. 3, coupe transversale. C', chauffe; S, sole entièrement formée de sable réfractaire et reposant sur un plancher de taques de fonte; V, V, voûte; KC, cheminée à doubles parois entre lesquelles est un vide dans lequel on fait circuler de l'air pour rafraîchir la paroi intérieure qui est en briques réfractaires, de même que l'intérieur du four; *p'*, *p'*, piliers et *m*, *m*, marâtres qui soutiennent la paroi extérieure de la cheminée; P, autel; R, rampant. On donne ordinairement aux fours à réchauffer deux portes de travail *p*, *p*, placées l'une à côté de l'autre. *t*, porte de chauffe ou *tisard*, pour introduire le combustible dans le foyer. *f*, petite ouverture, appelée *floss*, par laquelle s'écoulent les scories. Le floss se trouve à la base de la cheminée.

Dans les fourneaux à réchauffer le fer, et, en général, dans tous les réverbères destinés, par la nature du travail qu'on y effectue, à fonctionner à porte ouverte, on éprouve de grandes difficultés à chauffer la sole d'une manière uniforme, à cause de l'air qui afflue par la porte de travail et refroidit toute la partie antérieure du four qu'il traverse pour se rendre dans la cheminée. On ne peut éviter ce refroidissement qu'en diminuant autant que possible la masse d'air froid qui pénètre dans le fourneau et en faisant en sorte qu'à surface égale, la partie antérieure de la sole reçoive du foyer plus de chaleur que la partie postérieure.

Pour atteindre ce double but, on prend les dispositions suivantes : 1° L'axe de la grille prolongé divise la sole en deux parties dont celle qui est du côté de la porte de travail est plus petite que celle du côté opposé. De cette façon, les flammes du foyer se partageant également entre les deux parties de la sole, la partie antérieure du four recevra, proportionnellement à son étendue, plus de chaleur que l'autre. 2° Pour diminuer l'appel d'air froid, on rend la distance entre la voûte et la sole moindre du côté de la porte que du côté opposé, ainsi que le montre la fig. 3. En 3° lieu, on rapproche la porte du grand autel et on donne aux murs de part et d'autre de celle-ci, une forme convexe vers la sole. Il résulte de cette disposition que presque tous les gaz enflammés qui proviennent de la partie antérieure de la grille, vont choquer la surface convexe du mur à gauche de la porte de travail. Par suite de ce choc, ces gaz se compriment, pour se dilater ensuite vis-à-vis de la porte, ce qui a pour effet de repousser l'air extérieur qui tend à pénétrer dans le fourneau au moyen de cette ouverture [1].

69. Fours à réverbère soufflés. — Les inconvénients qui résultent de l'ouverture des portes de travail des fours à réverbère sont atténués si, au lieu de produire le tirage par l'aspiration d'une cheminée, on le produit au moyen de l'air comprimé lancé au-dessous de la grille au moyen d'une machine soufflante, par exemple, au moyen d'un ventilateur. Les fourneaux disposés pour ce dernier mode de tirage, s'appellent *fourneaux soufflés*. L'air est introduit dans le cendrier qui, à cet effet, se trouve fermé sur le devant par une porte

---

(1) Pour plus de détails sur les fourneaux à réverbère, consulter la 2ᵉ édition du *Traité de la fabrication du fer et de l'acier* de B. VALÉRIUS. Paris, GAUTHIER-VILLARS, 1875.

en tôle à deux battants dont on lute les bords avec soin; il devrait arriver par le mur du côté opposé aux portes du four, si les circonstances locales le permettaient, mais le plus souvent il arrive par le mur du côté des portes, en contre-bas du tisard, au moyen d'un canal de 10 pouces anglais sur 9; l'ouverture se trouve à quelques pouces au-dessus du niveau que les cendres et les escarbilles peuvent atteindre dans le cendrier. L'air est ordinairement lancé sous une pression de $0^m,04$ à $0^m,06$ d'eau. L'ouvrier peut augmenter, diminuer ou arrêter le vent, au moyen d'un modérateur à clef, qui se trouve à sa portée près du tisard. On a reconnu qu'il fallait conserver les cheminées dans les fours soufflés comme dans les fours à tirage naturel. Elles rejettent les produits de la combustion au loin dans l'atmosphère et servent pendant que le ventilateur est au repos.

70. **Avantages des fours soufflés.** — Non-seulement, le tirage par insufflation met obstacle aux rentrées d'air, mais, il présente, en outre, d'après B. Valérius [1], les avantages suivants :

1° *Il est moins coûteux que le tirage par cheminée.* En effet, nous verrons plus loin que ce dernier tirage coûte 25 pour 100 du combustible brûlé, soit pour un four à rails consommant par heure 250^k de houille, $62^k,50$ par heure.

Pour activer le même fourneau au moyen d'un ventilateur, il faut 3/4 de cheval-vapeur, ce qui, à raison de 3 kilogrammes de houille par cheval et par heure, fait par heure $2^k,25$, soit 0,9 pour 100 de la consommation sur la grille.

2° *Il donne une allure plus stable à la marche des fourneaux.* — En effet, le tirage des cheminées est influencé par les circonstances atmosphériques et la position des fours par rapport à la direction du vent dominant. Le tirage au moyen du ventilateur est indépendant de ces causes de perturbation.

3° *Il permet l'emploi de houilles médiocres et moins coûteuses que le charbon dont on doit faire usage dans les fourneaux à courant d'air naturel.*

4° *Il développe une température plus élevée que les foyers ordinaires.* Dans les fours soufflés la combustion s'effectue avec un moindre excès d'air que dans les foyers ordinaires : 1° parce que l'épaisseur de la couche de combustible y excède au moins d'un quart

---

[1] *Traité théorique et pratique de la fabrication du fer et de l'acier*, 2ᵉ édition, Paris, 1875.

l'épaisseur employée au tirage naturel (elle est de 25 à 30 centimètres, au lieu de 19 à 25); et 2° parce que l'air comprimé se dilatant dans le foyer, il en résulte un mélange plus intime de l'air avec les gaz combustibles et, par suite, une combustion plus parfaite. Cette diminution du volume d'air qui échappe à la combustion explique la température plus élevée qu'on observe dans les fours soufflés.

71. **Fourneaux à réverbère pour la fusion de la fonte.** — Les figures 1 et 2, pl. II, p. 44, représentent, la première, une coupe horizontale et la seconde, une coupe verticale d'un fourneau à réverbère employé dans la fonderie de canons de Liége pour la fusion de la fonte. La porte de ce fourneau reste presque constamment fermée pendant le travail et cette circonstance facilite beaucoup l'établissement d'une température uniforme sur toute l'étendue de la sole. Aussi, la sole, la grille et le rampant ont même axe et la sole a la forme d'un trapèze allongé s'inclinant légèrement vers la cheminée. Elle est en sable réfractaire. *n*, porte de brassage placée au-dessus des trous de coulée; *o*, trou latéral pour le brassage et l'extraction des scories; *b*, bassin où l'on réunit la fonte; *c*, rigoles qui amènent la fonte dans le bassin *b*; *e*, rigoles qui la conduisent du bassin dans les moules. On emploie des fourneaux analogues pour la fusion de la fonte dans les grands ateliers de moulage.

72. **Fours à réchauffer la tôle.** — On peut éviter les rentrées d'air, en plaçant la porte de travail, non plus près du foyer, mais à

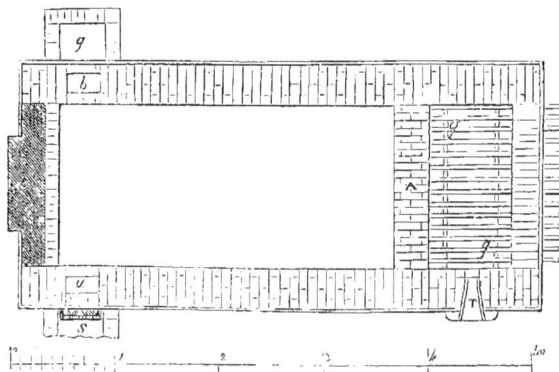

Fig. 6.

l'extrémité opposée du four. C'est la disposition adoptée dans les fours à réverbère qui servent à réchauffer la tôle. Ces fours portent le nom de *fours à sole*. Ils sont à sole rectangulaire et ont deux rampants, un dans chacun des angles extrêmes de la sole. Ces deux rampants se réunissent ensuite en un conduit unique, avant d'atteindre la cheminée elle-même. Les fig. 6 et 7, représentent, respectivement, une coupe horizontale et une coupe verticale d'un four à sole. Q, grille du four. *v*, cendrier. T, tisard. A, autel plein. SS, sole formée d'une couche de débris de briques et d'une couche de coke sur laquelle on fait reposer la tôle. V, voûte. *a*, *b*, carneaux pratiqués

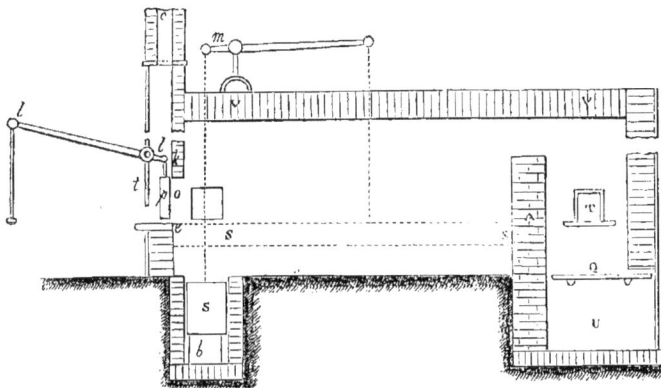

Fig. 7.

dans les murs latéraux près des portes ; ils conduisent les produits de la combustion, au moyen d'un passage souterrain, dans la cheminée *q*. *p*, porte de travail. Au-dessus de la porte de la sole, il y a une hotte ou fausse cheminée *c*, destinée à établir un tirage pour la flamme et les étincelles qui peuvent franchir la porte lorsqu'elle est ouverte. Ces fours ne donnent lieu qu'à une faible oxydation de la tôle.

73. Proportions des fours à réverbère. — Les proportions moyennes adoptées dans la construction des fourneaux à réverbère employés pour le travail du fer sont généralement les suivantes : la cheminée a 10 mètres de hauteur; si nous représentons sa section par 1, celle du rampant sera 1/3, la surface de la sole 12 et celle de la grille 4. Au niveau de la surface supérieure de l'autel, la section du foyer est égale à 3. Quant à la section de la cheminée, on la prend égale à autant de décimètres carrés, qu'on veut brûler de fois 4 à 4^k,5 de houille par heure. Avec ces proportions, la consommation de houille, par décimètre carré de surface de grille et par heure, est de 1 à 1^k,5.

Dans les fourneaux dont la température doit être fort élevée, dans les fours de fusion de l'acier, par exemple, l'aire de la sole n'est pas supérieure à celle de la chauffe, tandis qu'elle est souvent beaucoup plus grande dans une foule de fourneaux qui ne réclament pas une chaleur aussi intense.

74. Fours à galères. — Dans les *fours à galères*, la chauffe est installée au centre même de l'appareil qui est alors symétrique par rapport à l'axe même de la chauffe. Les gaz chauds se répandent à droite et à gauche du foyer vers les deux moitiés du laboratoire, et s'échappent de là, par des carneaux ou des rampants, vers la cheminée. Le laboratoire consiste en deux banquettes, longeant les bords de la chauffe et placées avec cette dernière sous une voûte unique. De ces banquettes parallèles vient le nom de *four à galères.* On emploie plus particulièrement cette disposition lorsque la matière à chauffer doit être placée dans des *pots*, des *creusets*, des *moufles*; on peut citer comme exemples de ce genre de fourneaux, les fours des verreries, les fours pour fonte malléable, les fours de cémentation pour acier, etc.

75. Fours à cémenter. — La fig. 8, représente la coupe transversale d'un four à cémenter. Il se compose de deux caisses rectangulaires *a, a*, en briques réfractaires, ouvertes par le haut et renfermées dans une chambre également en briques réfractaires, avec des embrasures voûtées *e*, à l'une et l'autre extrémités, par lesquelles un homme peut entrer. Au-dessous se trouve un foyer, d'où débouchent, sur les parois et aux extrémités, une série de carneaux verticaux *b*, qui conduisent la fumée dans une série de petites cheminées *c, c.* Cette disposition permet de porter uniformément les caisses à une

Fig. 8.

température élevée. Le tout est surmonté d'un cône creux en briques, terminé en haut par une petite cheminée *d. f, f,* ouvertures pour introduire les barres à cémenter et pour les retirer après la cémentation.

76. Four pour la fusion du verre. — Les fig. 9 et 10, représentant en plan et en élévation un four pour la fusion du verre. Ce four est rectangulaire et chauffé à la houille ; il renferme 6 pots placés sur deux banquettes disposées latéralement de chaque côté de la grille, qui est en contre-bas de leur surface. On retire les pots fêlés et on les remplace par des pots neufs en détruisant l'un des murs 8, 9 et 10. Au-dessus de chaque pot se trouve une embrasure

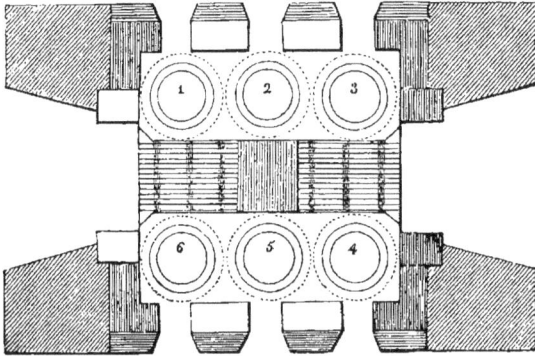

Fig. 9.

de travail par laquelle on charge les pots, on cueille le verre, etc.

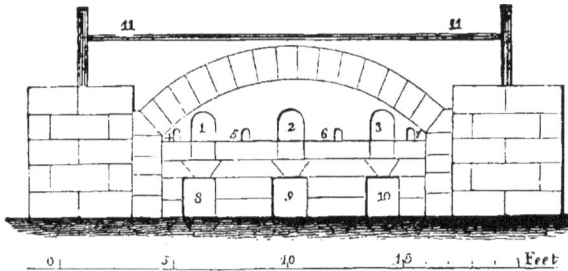

Fig. 10.

77. **Fours à dôme.** — Ils se composent d'une enceinte cylindrique ou prismatique, plus ou moins élevée, à parois verticales, terminée dans le haut par une voûte en forme de berceau ou de *dôme*. Celle-ci est percée d'une ouverture centrale qui communique avec une cheminée. Au-dessous du laboratoire se trouve une chambre dans laquelle arrivent les flammes d'un ou de deux foyers. De cette chambre, les flammes passent dans le laboratoire par des carneaux percés dans la sole de celui-ci. Comme exemple, nous citerons les fours à poteries.

78. **Four à alandiers.** — Actuellement pour la faïence, les grès et surtout les porcelaines, on se sert presque exclusivement de fours dits *fours à alandiers*, parce que à leur base et sur leur pourtour se trouvent placés un nombre généralement impair de foyers à combustion renversée, qui portent le nom d'*alandiers*.

Nous prendrons pour exemple le four à alandiers employé en

Angleterre pour la cuisson des faïences fines. La fig. 11 est, en partie une coupe, en partie une élévation verticale de ce four;

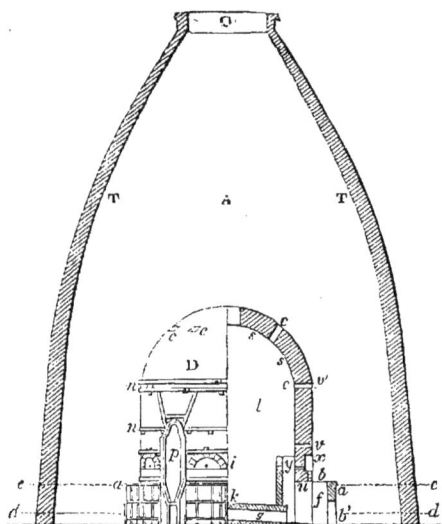

Fig. 11.

la fig. 12 est une coupe horizontale au niveau de la ligne *dd*, fig. 11. *C*, fig. 13, est une coupe horizontale de la moitié du four au niveau de la ligne *a e*, fig. 11; et D, même figure, la vue en-dessus de l'autre moitié du four; enfin les fig. 14 et 15 donnent, sur une plus grande échelle, le plan et la coupe d'un alandier : *f*, foyer; *b*, bouche supérieure par laquelle l'air s'introduit dans le foyer; *b'*, bouche inférieure qu'on laisse ouverte pour allumer le feu, et que l'on ferme ensuite entièrement ou seulement en partie:

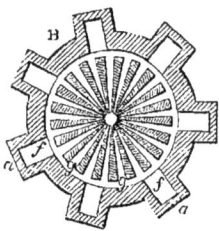

Fig. 12.

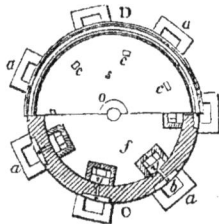

Fig. 13.

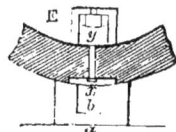

Fig. 14.

on brûle de la houille, mais il convient d'allumer avec du bois.

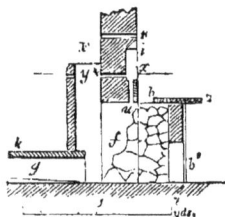

Fig. 15.

ss, mur du four; *y,y*, cheminées; *g*, canaux de circulation de la flamme au-dessous du plancher du four, se réunissant au centre *h; x*, *v, v'*, regards; *c, c*, carneaux d'échappement des flammes; TT, dôme qui entoure le four et sert de cheminée centrale; *n, n, p*, armatures du fourneau; *u*, ouverture pour admettre au besoin de l'air frais dans la chauffe; *z*, registre pour fermer plus ou moins la bouche *b*.

79. **Choix des combustibles**. — Tous les combustibles peuvent être utilisés pour le chauffage des chaudières, parce qu'il n'est pas

Pl. I, p. 42.

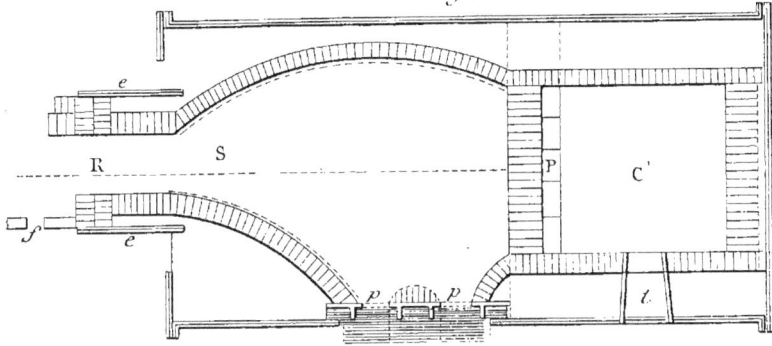

Fig. 1.

e

R   S   P   C'

f
e

p   p   t

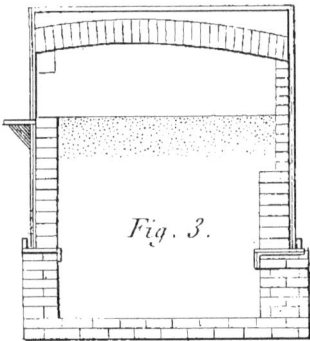

Fig. 3.

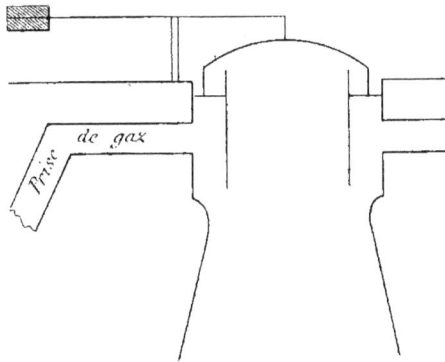

Fig. 4.

Prise de gaz

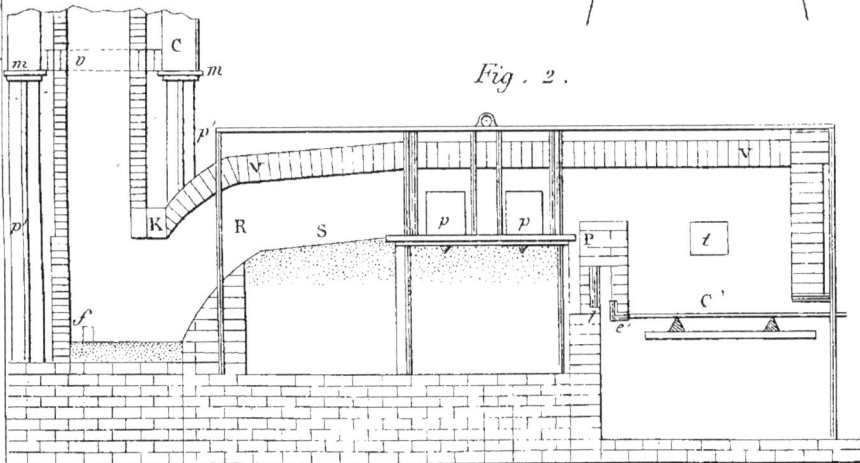

Fig. 2.

m v C m

p'

N   N

p'

K R S   p p   P   t

p   C'

f   t e'

Echelle de 1/48 pour Fig. 1, 2 et 3.

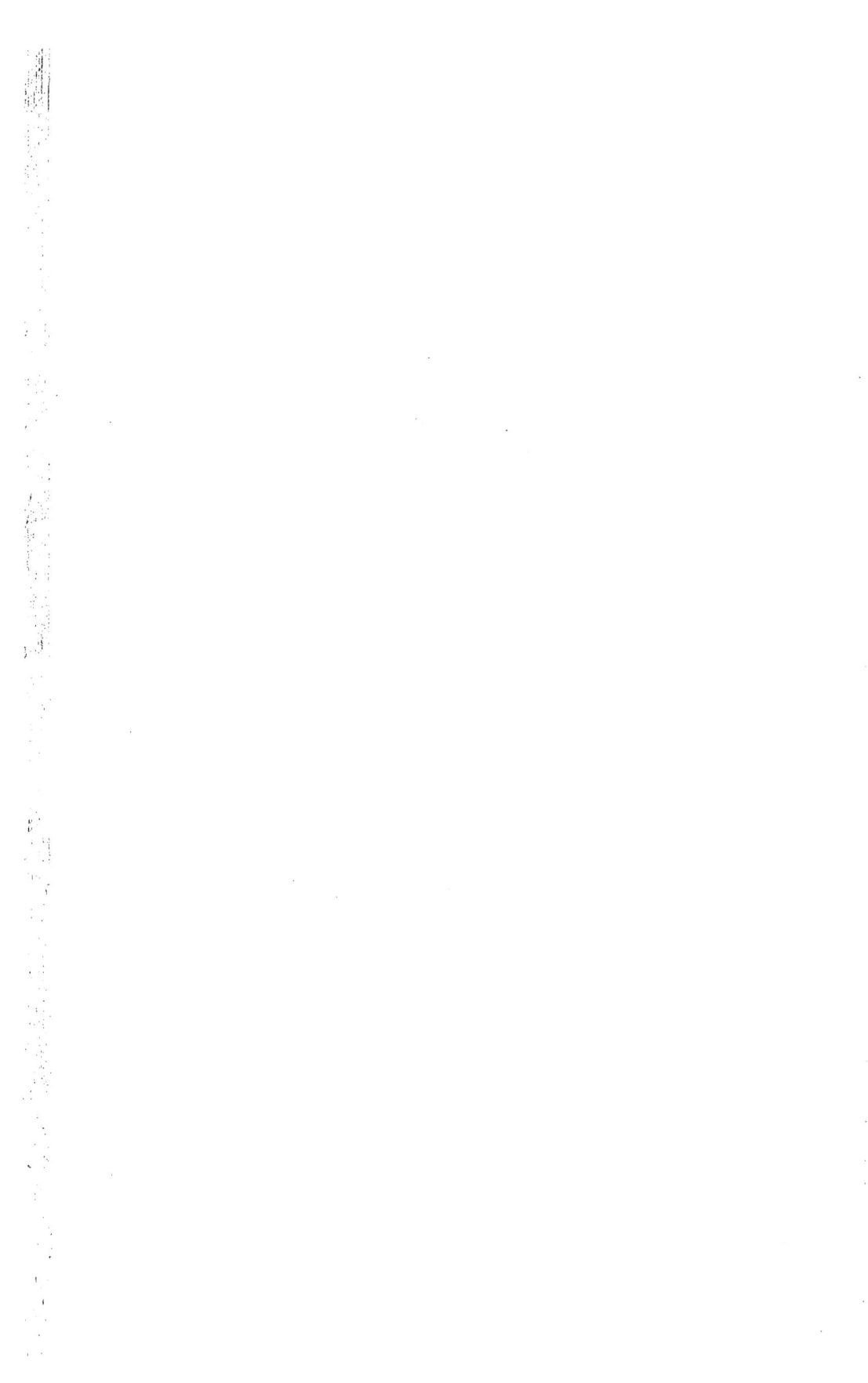

nécessaire que la température de combustion soit très-élevée. Dans les fours à réverbère, les combustibles les plus avantageux sont ceux dont la température de combustion est le plus élevée, pourvu qu'ils aient la propriété de brûler avec flamme. Les bonnes houilles grasses réunissent ces deux conditions.

Il faut, en effet, pour qu'on puisse utiliser le combustible que la température de combustion soit supérieure à celle qu'il est nécessaire de produire sur la sole du four. Ainsi, dans les fours à souder le fer, il faut arriver au moins à 1500 degrés. Or, il est évident qu'on arrivera d'autant plus vite à souder le fer que la différence entre cette température limite et la température que possède le courant de gaz sera plus grande. Plus la température de combustion sera élevée, plus la fraction de la chaleur utilisée sera considérable, et par conséquent, moins on consommera de calories pour produire l'effet cherché. On explique ainsi pourquoi il y a économie à se servir de certains combustibles de préférence à d'autres, bien que la calorie de celui qu'on préfère soit plus chère que la calorie de l'autre, et pourquoi un combustible donné pourra ne pas produire le résultat que l'on attend, quelle que soit la proportion qu'on en emploie, si la température de combustion est inférieure ou seulement égale à la température cherchée.

La préférence que l'on donne aux combustibles à flamme sur les combustibles carbonisés dans le chauffage des fours à réverbère et, en général, dans tous les fourneaux de la première classe, s'explique par cette circonstance que le mélange des gaz combustibles produits par la distillation de la houille avec l'air, ne se fait complètement que sur la sole du four. C'est dans cette partie de l'appareil qu'aura lieu le maximum de température. Avec un combustible qui ne renfermerait que peu de matières volatiles, le maximum se produirait à une petite distance de la grille, et la température des gaz serait déjà sensiblement abaissée à leur arrivée sur la sole.

80. **2ᵉ Classe de fourneaux ordinaires.** — Dans tous les appareils de cette classe, le combustible se trouve en couche épaisse, et l'air y est presque toujours injecté, sous une certaine pression, par une machine soufflante, au moyen d'un conduit désigné sous le nom de *porte-vent*. L'extrémité plus ou moins conique de ce conduit est nommée *buse*.

On appelle *tuyère*, l'orifice percé, pour le passage de la buse, au travers des parois du massif intérieur du four, et *embrasure de tuyère*, le passage voûté, pratiqué en vue du même but, dans le massif extérieur. Souvent on donne aussi le nom de tuyère, à l'extrémité du porte-vent.

Dans cette classe d'appareils, nous trouvons les *bas-foyers*, les *fourneaux à cuve*, les *fourneaux à vent*, les *fours dormants*, etc.

81. **Bas-foyers.** — Les *bas-foyers* sont de simples creusets ou cavités de moins d'un mètre de hauteur et au centre desquelles on cherche à développer une haute température. A cet effet, on les remplit d'une couche plus ou moins épaisse de combustible qu'on brûle au moyen d'un courant d'air forcé qui la traverse de bas en haut. Comme exemple, nous citerons les foyers de maréchalerie.

82. **Fourneaux à cuve.** — Ils se composent d'un espace vide et vertical, d'une hauteur plus ou moins considérable, limité par un massif dont l'intérieur est construit en matériaux *réfractaires*, c'est-à-dire capables de résister, sans fondre, à l'action du feu. L'ouverture supérieure du vide du fourneau par laquelle se fait le chargement et s'échappent les produits de la combustion, s'appelle le *gueulard*.

Parmi les fourneaux à cuve, les uns sont à courant d'air forcé, et les autres à tirage naturel. Comme exemples des premiers nous citerons les hauts-fourneaux, les cubilots pour refondre la fonte, et comme exemple des derniers, les fours à chaux.

83. **Hauts-fourneaux.** — Les hauts-fourneaux sont des espèces de tours en maçonnerie, dans lesquelles est un vide où l'on fond des

minerais de fer disposés par couches alternatives avec du combustible ordinairement carbonisé. Ce vide se compose, en général, de trois parties : 1° la cuve CE (fig. 16), qui a la forme d'un tronc de cône vertical dont la grande base est en bas ; 2° les étalages BC, qui ont également la forme d'un tronc de cône, mais dont la grande base est en haut et se raccorde avec celle de la cuve ; et 3° l'ouvrage A, qui a pareillement la forme d'un cône tronqué ou celle d'une pyramide quadrangulaire à faces peu inclinées,

Fig 16.

et qui se trouve au-dessous des étalages. Cette troisième partie reçoit, par les tuyères OT, l'air lancé par une machine soufflante.

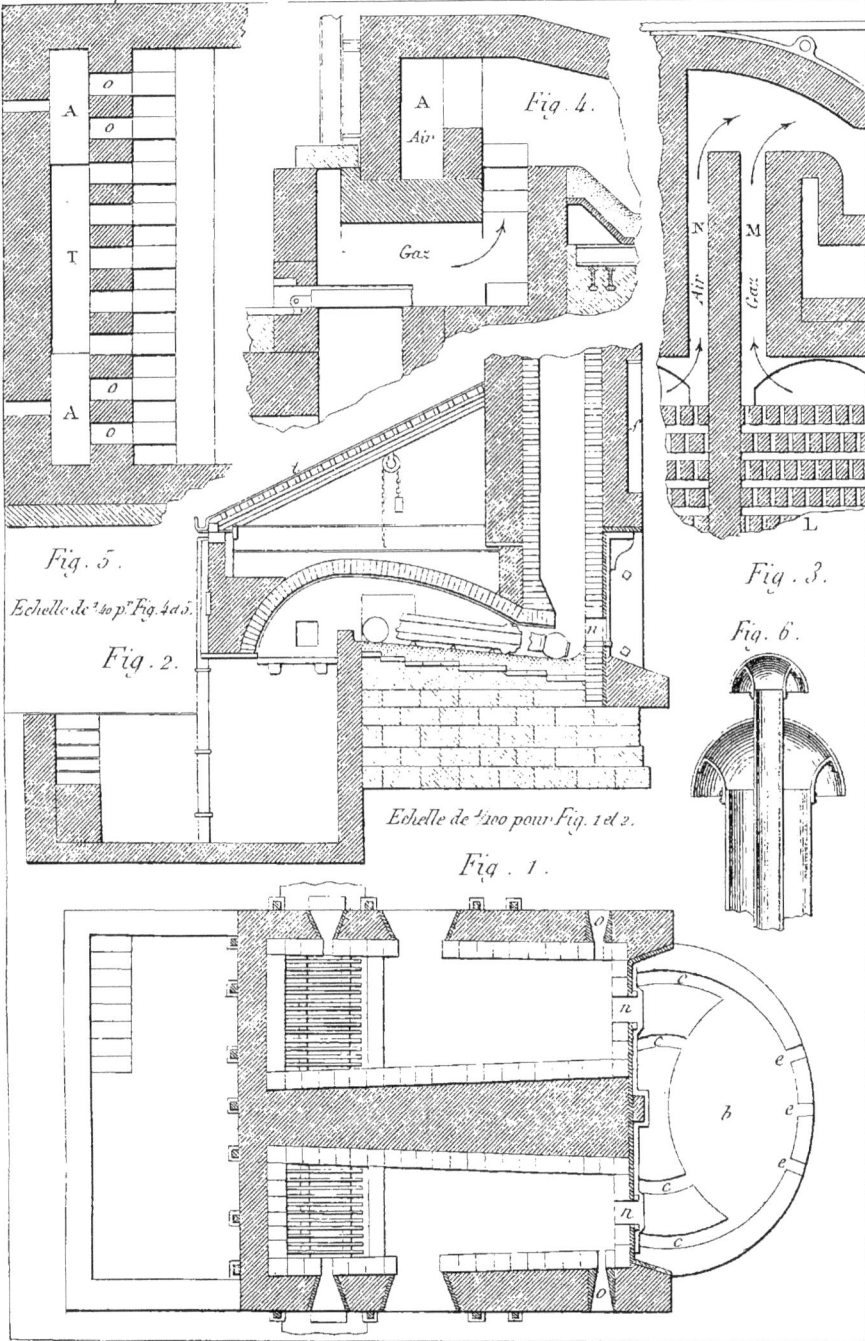

A

o
o

Air

A

T

Gaz

Fig. 4.

N   M

Air   Gaz

o
o

A

L

Fig. 3.

Fig. 5.

Echelle de 1/40 p.r Fig. 4 et 5.

Fig. 2.

o

n

Fig. 6.

Echelle de 1/100 pour Fig. 1 et 2.

Fig. 1.

o

n

c
e

b   e

e

c

n

c

o

C'est dans la portion du vide de l'intérieur du fourneau comprise entre les tuyères et l'origine des étalages que s'opèrent la combustion et la fusion; la portion située au-dessous des tuyères se nomme le *creuset* et sert à recevoir le laitier fondu et la fonte liquide.

La hauteur de tout l'appareil varie de 6 à 30 mètres.

84. Cubilots. — Les *cubilots*, aussi appelés *fourneaux à manche*, *fourneaux à la Wilkinson*, servent à la fusion de la fonte et sont assez semblables aux hauts-fourneaux, sauf les dimensions. On les charge de couches alternatives de fonte, de combustible et d'un peu de castine, et le métal liquide se rend dans la partie inférieure du fourneau, d'où on le tire en quantités plus ou moins considérables, suivant les besoins des mouleurs. Ordinairement les cubilots sont surmontés d'une cheminée en briques ou d'une simple hotte en tôle, pour donner issue aux produits de la combustion. La fig. 17, est une coupe verticale suivant l'axe d'un cubilot avec une enveloppe en fonte. L'intérieur de cette enveloppe est tapissé d'une couche de sable réfractaire qui limite un vide de forme convenable pour la cuve. Il existe trois rangs de tuyères pour activer la combustion.

Dimensions des cubilots de Seraing: hauteur $3^m,40$;

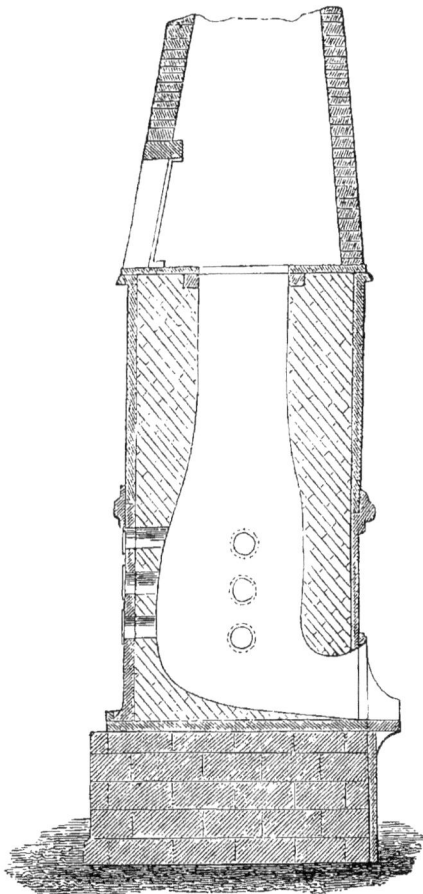

Fig. 17.

diamètre intérieur de l'enveloppe, en bas $1^m,65$, en haut $1^m,50$; diamètre du vide intérieur en bas et en haut $1^m,05$; hauteur de la cheminée au-dessus de la plate-forme du gueulard 8 mètres.

Il y a des fontes qu'on peut refondre avec 7 pour 100 de coke, tandis que d'autres exigent le double de cette quantité. Déchet 3 à 6 °/₀. La castine diminue le déchet. Un kilogramme de fonte exige 330 calories pour fondre (Dingler, t. 163, p. 32)[1].

85. **Fours à chaux.** — Comme exemple de fourneaux à cuve à tirage naturel, nous citerons les fours à chaux de M. Simonneau (de Nantes), disposés à peu près comme les fours de Rudersdorf.

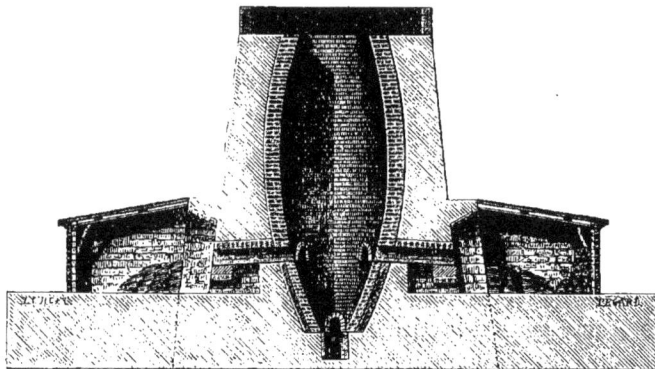

Fig. 18.

La forme générale du four Simonneau, que représentent les figures 18 et 19, est celle d'un ellipsoïde inégalement tronqué à ses extrémités, la plus grande section, celle du gueulard, étant de trois mètres

Fig. 19.

environ, tandis que la section horizontale inférieure, fermée par une grille, n'a qu'une ouverture de 80 centimètres.

Au niveau de cette grille le four présente une ouverture destinée au défournement de la chaux et fermant au moyen d'une porte à coulisse en tôle épaisse.

---

(1) Pour plus de détails sur les cubilots, voir la 2ᵉ édition du *Traité de la fabrication du fer et de l'acier* par B. VALÉRIUS. Paris, GAUTHIER-VILLARS, 1875.

Au-dessous de cette même grille se trouve le cendrier du four, revêtu à l'intérieur de briques réfractaires et pourvu aussi d'une porte à registre. A trois mètres environ au-dessus de la grille viennent aboutir, dans le four et sur le même plan horizontal, quatre conduits ou chauffes opposés deux à deux et symétriquement disposés de chaque côté du four. Entre les deux conduits s'élève un massif en maçonnerie pleine servant de point d'appui à la voûte des chauffes. Vers le milieu de leur longueur, ces conduits sont pourvus d'une grille qui reçoit le combustible. Les cendriers de ces chauffes sont munis de portes à registres.

La grille, au bas du four, est disposée en plan incliné, et elle est formée de barreaux de fer espacés de 3 centimètres. Elle sert, pendant le défournement de la chaux, à tamiser les cendres et la poussière de chaux.

Lorsqu'on emploie du combustible donnant de grandes flammes, comme des fagots ou des branchages, on ferme le grand cendrier et on entretient sur chaque chauffe un feu vif.

Lorsqu'on emploie la houille, il faut stratifier le calcaire par couches de 5 mètres, puis déposer un lit de branchages ou de fagots, sur lequel on charge 7 hectolitres de houille. En opérant de la sorte, on obtient jusqu'à 8 hectolitres de chaux par hectolitre de houille.

Quand on emploie de la tourbe ou de l'anthracite, il faut diminuer la couche de calcaire de moitié, et tirer toutes les heures exactement un hectolitre de chaux, pour faire couler les cendres et aviver le feu.

Les grands fours de M. Simonneau ont 120 mètres cubes de capacité et peuvent fournir 40 mètres cubes de chaux par 24 heures.

86. — **Calcul du poids de calcaire que peut réduire un kilogramme de houille.** — La température à laquelle le calcaire se décompose est de 1100° environ. Le calorique spécifique du calcaire étant 0,21, il faut pour porter 1 kilogramme de ce corps à 1100°, $0,21.1100 = 231$ calories; pour dégager l'acide carbonique contenu dans ce kilogramme de calcaire, il faut 370 calories. Donc la chaleur totale absorbée s'élève à $231 + 370 = 601$ calories. Comme la chaux, en se refroidissant, abandonne à l'air qui pénètre dans le four environ la moitié de sa chaleur sensible, la décomposition d'un kilogramme de calcaire n'exige en réalité que $\frac{231}{2} + 370 = 485$ calories. En adoptant ce chiffre et en prenant 7500ᶜ pour la puissance calorifique

de la houille, un kilogramme de ce combustible pourrait réduire 7500 : 485 = 15^k,4 de calcaire, ce qui est conforme à l'expérience.

87. Fourneaux à vent. — Ils sont à courant d'air naturel, et, comme le montre la fig. 20, ils se composent d'un foyer qui a la forme d'un prisme rectangulaire droit, de 1^m à 1^m,20 de hauteur, et dont la partie supérieure communique, par un conduit horizontal, dit *rampant*, avec une cheminée qui détermine le tirage. Le combustible, qui est du coke ou du charbon de bois, est placé sur une grille et y forme une couche de 25 à 50 centimètres de hauteur. Le corps à chauffer se trouve dans un creuset, placé au milieu du combustible.

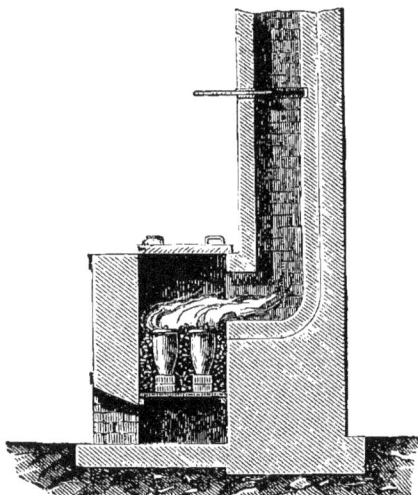

Fig. 20.

88. Four dormant. — Au lieu de fours à réverbère, on emploie quelquefois, pour recuire la tôle, des fours dits *fours dormants*, qui ont beaucoup de ressemblance avec les fours de boulangers, excepté que la sole y est remplacée par une grille. Ils n'ont qu'une porte qui sert, non-seulement à l'introduction du combustible, mais encore à l'enfournement et au défournement de la tôle. Celle-ci se place sur la houille dont la grille est chargée. La grille est très-spacieuse et recouverte d'une voûte très-basse. — La figure 21, représente la coupe d'un de ces fours : k, grille; C, cendrier; D, intérieur du four; e, hotte en tôle pour évacuer la fumée; q, seuil de la porte; N, ouverture pour le nettoyage du cendrier.

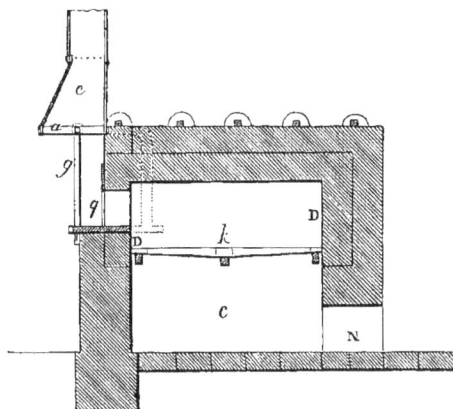

Fig. 21.

89. 3e Classe de fourneaux ordinaires. — Les appareils de cette classe servent le plus souvent au chauffage de l'air. On en peut

distinguer deux espèces principales ; les uns servent au chauffage de
l'air dans les lieux habités ou dans les séchoirs, et les autres sont
employés pour chauffer l'air dont on alimente certains fourneaux.

Ces appareils ne présentent rien de particulier sous le rapport du
foyer qui est disposé comme dans les fourneaux de la 1re classe. Nous
y reviendrons dans la quatrième section de ce cours.

90. **Expériences d'Ebelmen.** — Nous arrivons maintenant aux
expériences d'Ebelmen qui vont nous permettre de déterminer les
conditions à remplir pour réaliser, autant que possible, une combustion complète dans les fourneaux uniquement construits pour produire
de la chaleur. Ces expériences ont eu pour but de rechercher les lois
de la combustion du charbon accumulé en couche épaisse, comme on
le brûle dans tous les fourneaux à cuve, dans les hauts-fourneaux
par exemple. A cet effet, on a aspiré les gaz à différentes distances
au-dessus de la tuyère et on les a analysés.

En ce qui concerne ces analyses, nous devons cependant faire
observer qu'elles[1] remontent à une époque où le phénomène de la
dissociation était encore inconnu. Il s'en suit que les analyses des gaz
pris dans les parties les plus chaudes des fourneaux, ne représentent
pas leur *vraie* nature, mais bien celle des gaz *recombinés*, par le fait
du refroidissement, lors de leur passage dans le tube qui a servi à les
aspirer. Toutefois, cette circonstance ne modifie pas sensiblement les
conséquences auxquelles Ebelmen est arrivé et que nous allons
exposer.

Quand l'air traverse une épaisseur un peu considérable de charbon,
celui-ci brûle de deux manières différentes. L'oxygène de l'air en
s'introduisant dans le fourneau forme d'abord de l'acide carbonique,
et ce gaz en traversant une nouvelle couche de combustible
incandescent, se transforme en oxyde de carbone en doublant
de volume. On peut donc diviser en trois zones distinctes l'espace
compris entre l'entrée de l'air et la sortie du gaz : 1° la zone
où commence et s'achève la combustion : on y trouve de l'acide carbonique, de l'oxygène et de l'azote ; l'oxygène diminue constamment
à mesure qu'on s'éloigne de la tuyère, et produit un volume égal au
sien d'acide carbonique ; 2° la zone où s'effectue la transformation de
l'acide carbonique en oxyde de carbone ; 3° enfin, celle où tout
l'oxygène atmosphérique est complètement changé en oxyde de

---

[1] *Annales des mines,* 3e série, tome XX, et 4e série, tomes III et V.

carbone. Comme ce gaz ne renferme qu'un demi-volume d'oxygène, la composition de la colonne gazeuse dans cette région est représentée par 79 volumes d'azote et 42 d'oxyde de carbone, ou 65,6 du premier et 34,4 du second [1].

L'expérience prouve que la première zone occupe dans la plupart des fourneaux à courant d'air forcé, une hauteur de 10 à 15 centimètres au-dessus de la tuyère, et la seconde, une hauteur de 25 à 30 centimètres ; la somme des hauteurs des deux premières zones est donc d'environ 40 centimètres. Du reste, cette étendue varie avec la vitesse et la température de l'air, d'une part, et avec la nature du combustible, d'autre part. Elle est souvent de plus d'un mètre.

Ces faits deviennent d'une grande importance si on les rapproche de l'abaissement considérable de température qui a lieu lorsque l'acide carbonique se transforme en oxyde de carbone. En ayant égard à cet abaissement de température, on voit, en effet, que lorsqu'on brûle un combustible solide en couche épaisse par un courant d'air forcé, on a deux effets calorifiques inverses produits par deux quantités égales de carbone. La première combustion qui donne lieu à l'acide carbonique développe, abstraction faite de la dissociation, une température d'environ 2729" (n° 46). La transformation de cet acide carbonique en oxyde de carbone, abaisse, au contraire, la température et la réduit à 1494° (n° 48). Ainsi, dans un haut-fourneau, la zone de fusion de la fonte et des laitiers se trouve occuper une hauteur d'environ 30 centimètres à partir de la tuyère. Au delà, la température n'étant plus même de 1494°, à cause de la chaleur cédée à la fonte et aux laitiers, est insuffisante pour produire encore la fusion de ces corps. Mais elle est cependant suffisante pour déterminer la carburation du fer. Celui-ci se produit dans la partie inférieure de la cuve, par la réduction de l'oxyde de fer du minerai, sous l'influence de l'oxyde de carbone qui s'empare de son oxygène et repasse à l'état d'acide carbonique. La transformation du fer en fonte s'effectue dans les étalages et dans la partie supérieure de l'ouvrage.

91. **Distribution de la chaleur dans les foyers de maréchalerie.** — La distribution de la chaleur dans les foyers de maréchalerie (n° 81), se déduit des mêmes expériences. Nous avons vu que ces foyers consistent en une simple cavité remplie de combustible

---

(1) En volume, la composition de l'air est de 20,80 d'oxygène et de 79,20 d'azote, et non de 23,1 du premier et 76,9 du second, comme nous l'avons indiqué, par erreur, au n° 15. Ces deux derniers nombres sont relatifs à la composition de l'air en poids.

qu'on brûle au moyen d'un courant d'air forcé. Il y a souvent dans ces foyers une épaisseur de 30 à 40 centimètres de charbon au-dessus de la tuyère, en sorte que les produits de la combustion renferment ordinairement une assez forte proportion d'oxyde de carbone. Par conséquent, la température doit aller, à partir de la tuyère, en augmentant jusqu'à une certaine distance, pour décroître ensuite jusqu'à la partie supérieure de la couche de combustible. C'est ce qui a lieu. En effet, les ouvriers savent parfaitement qu'il y a, dans un foyer de maréchalerie, une place qui produit l'échauffement des barres de fer beaucoup plus rapidement que toute autre. Ils savent, en outre, que si on dispose la barre trop près de la tuyère, le fer se brûle, tandis que, placée trop loin, elle se carbure et ne s'échauffe point.

92. **Mode de combustion dans les cubilots.** — La transformation complète de l'oxygène de l'air en oxyde de carbone n'a pas lieu dans tous les fourneaux à cuve. Ainsi, dans les cubilots, on trouve que les gaz, à leur sortie du fourneau, renferment encore des proportions considérables d'acide carbonique, bien qu'ils aient traversé une hauteur de deux à trois mètres de fonte et de coke. Il y a évidemment avantage à ce qu'il en soit ainsi, puisque la transformation de l'acide carbonique en oxyde de carbone produit à la fois une consommation de charbon et un abaissement de température. Le maximum d'effet utile du combustible, dans le cubilot, correspondrait évidemment à la transformation de l'oxygène atmosphérique en acide carbonique seulement.

Au contraire, dans le haut-fourneau, il est nécessaire que l'acide carbonique se change complètement en oxyde de carbone, afin que le fer réduit dans la cuve, puisse se carburer avant d'arriver dans la zone de fusion. Cette carburation n'aurait pas lieu dans une atmosphère chargée d'acide carbonique, et même le fer s'y oxyderait en formant de l'oxyde de carbone.

93. **Choix du combustible à employer dans les divers fourneaux de la 2ᵉ classe.** — La quantité relative des combustibles fixes qu'on emploie dans les fourneaux est loin d'être proportionnelle à leur pouvoir calorifique. Ainsi, si l'on compare le coke et le charbon de bois, on trouve qu'il faut, en moyenne, dans le haut-fourneau, deux fois plus de coke que de charbon de bois pour obtenir le même poids de la même nature de fonte. Dans les cubilots on trouve, au contraire, qu'il faut trois fois plus de charbon de bois que de coke pour refondre cent kilogrammes de fonte. L'expérience prouve également

que dans les fourneaux à vent, comme par exemple, celui employé pour la fabrication de l'acier fondu, le coke est beaucoup plus avantageux que le charbon de bois, et qu'on peut en l'employant, obtenir 10° pyrométriques de plus qu'avec le charbon de bois.

L'explication de ces résultats fort singuliers se déduit naturellement des notions que nous donne l'expérience sur la combustibilité relative des différentes espèces de charbon. Ainsi, il est bien constaté que le charbon de bois, à cause de sa porosité plus grande, transforme l'acide carbonique en oxyde de carbone plus rapidement que le coke. Partout où l'acide carbonique devra être complètement changé en oxyde de carbone, il y aura avantage à employer le charbon de bois, puisque l'étendue de la zone oxydante avec celui-ci sera, toutes choses égales d'ailleurs, bien moins considérable qu'avec le coke. Quand, au contraire, on devra transformer le moins possible d'acide carbonique en oxyde de carbone, comme dans les cubilots, les fourneaux à vent, le coke sera bien préférable au charbon de bois. Nous supposons, dans tout ce qui précède, que la calorie du charbon de bois n'est pas plus chère que la calorie du coke, ou ce qui revient au même, nous cherchons quel est celui des deux combustibles qui permettra d'obtenir un effet donné avec la moindre dépense de calories, indépendamment de leur prix relatif.

94. **Combustion dans les foyers de la 1re classe.** — D'après les expériences d'Ebelmen, dont nous venons de nous occuper, dans un fourneau à courant d'air forcé, l'oxygène de l'air se trouve déjà transformé en acide carbonique à une distance de 10 à 15 centimètres environ de la tuyère, et le passage de l'acide carbonique en oxyde de carbone commence immédiatement plus haut. Il suit de là que, dans les foyers ordinaires, si l'on veut qu'il ne se forme pas d'oxyde de carbone, il faut que l'épaisseur du combustible sur la grille ne dépasse pas une certaine limite, variable avec la nature du combustible employé. L'expérience a indiqué que, pour la houille grasse, par exemple, cette épaisseur ne peut dépasser 6 à 8 centimètres, et 12 centimètres pour les houilles maigres. Mais cette condition seule n'est pas suffisante pour prévenir la formation de l'oxyde de carbone : il faut, en outre, pour atteindre ce but, appeler à travers la grille, dans un temps donné, un volume d'air en rapport avec le poids de combustible qu'on veut brûler dans le même temps. Ce volume varie d'après la température qu'on se propose de développer. De là la distinction des foyers ordinaires en foyers à combustion *lente* et foyers à combustion *vive*.

95. Foyers à combustion lente. — On proportionne ordinairement les fourneaux à combustion lente d'après une règle indiquée par d'Arcet et qu'il a déduite de nombreuses observations d'appareils fonctionnant très-bien. Cette règle consiste à donner une hauteur de 10 mètres à la cheminée, et une section d'autant de décimètres carrés que l'on veut brûler de fois 3^k ou 3^k 1/3 de houille par heure. Nous verrons plus loin que si l'on donne à la cheminée une hauteur supérieure à 10 mètres, on doit réduire la section en la divisant par la racine carrée du rapport de cette hauteur à celle de dix mètres. Ainsi, une hauteur de 40^m permettra de réduire la section de moitié. Comme 3^k ou 3^k 1/3 est la consommation, par cheval et par heure, des bonnes machines à vapeur, on peut admettre qu'il faut donner à une cheminée de fourneau de chaudière à vapeur une section d'un décimètre carré par cheval de force, la hauteur de la cheminée étant de 10^m.

Quant aux dimensions de la grille, dans les foyers à combustion lente, on s'arrange de façon que l'intervalle libre qui reste entre les barreaux diffère peu de la section de la cheminée et que cet intervalle ne soit que le sixième environ de la surface totale de la grille, ce qui aura lieu, l'épaisseur des barreaux étant de 25^{mm}, par exemple, si les espaces vides qui les séparent deux à deux ont une hauteur de 5^{mm}.

L'expérience indique qu'avec ces proportions, on brûle, par heure et par décimètre carré de grille, 1/2 kilogramme de houille, et que le volume d'air appelé par kilogramme de houille brûlée est d'environ 18 mètres cubes, c'est-à-dire, le double du volume d'air nécessaire à la combustion complète. L'expérience indique, en outre, que le carbone du combustible se transforme presque complètement en acide carbonique. Les appareils ainsi proportionnés sont les plus avantageux sous le rapport de l'effet utile du combustible. Chaque kilogramme de houille y produit de 7 à 8 kilogrammes de vapeur. Tels sont, au moins, les résultats que donnent les fourneaux des chaudières du Cornouailles.

Si nous appliquons les données qui précèdent au calcul des dimensions d'un fourneau destiné à brûler, par combustion lente, 90^k de houille par heure, nous trouverons, la hauteur de la cheminée étant supposée égale à 10^m, que sa section devra être de 30 décimètres carrés, et, par conséquent, la surface de la grille de $180^{d.q.}$. De cette façon, l'espace libre pour le passage de l'air se trouvera être de $30^{d.q.}$, c'est-à-dire égal à la section de la cheminée.

Quant à la manière d'alimenter le foyer, elle se déduira des considérations suivantes : l'épaisseur de la couche de combustible sur la grille devant être de 8 centimètres environ, et 1^k de houille occupant à peu près un volume de $1^{d.c.}$, on voit que la quantité de houille qui devra se trouver en permanence dans le foyer, sera de 180.0,8 = 144 décimètres cubes, c'est-à-dire de 150^k environ. Si l'on remplace tous les quarts d'heure le poids du combustible brûlé, c'est-à-dire environ 25^k, le combustible froid introduit dans le foyer ne formera que le cinquième du combustible qui se trouve encore sur la grille et le refroidissement produit ne sera pas trop considérable, de sorte que la marche du fourneau sera assez uniforme.

On voit que dans les foyers dont il vient d'être question chaque kilogramme de houille séjournera pendant une heure et demie sur la grille avant d'être entièrement brûlé. De là le nom de foyers à combustion lente. La température relativement peu élevée qui règne dans ces foyers empêche la distillation trop rapide de la houille et paraît très-favorable au bon emploi du combustible.

96. **Foyers à combustion vive.** — Pour donner une idée des caractères de la combustion vive, considérons également un foyer destiné à brûler, par heure, 90 de houille, et, sans changer la hauteur et la section de la cheminée, réduisons à 60 décimètres carrés, par exemple, les dimensions de la grille, qui lors de la combustion lente avait une surface de $180^{d.q.}$; puis tâchons de déterminer les changements qui résulteront de cette réduction dans le mode de combustion et dans la marche du foyer.

Et d'abord, si nous adoptions entre l'épaisseur et l'intervalle des barreaux de la grille le même rapport que ci-dessus, l'espace libre pour le passage de l'air ne serait que la sixième partie de $60^{d.q.}$, c'est à-dire $10^{d.q.}$, et cet espace ne serait que le tiers de la section de la cheminée. Pour nous rapprocher un peu plus de la règle de d'Arcet, nous ferons donc bien de modifier la disposition de la grille, en augmentant l'intervalle des barreaux et en le portant, par exemple, à 6 ou 7 millimètres, de façon que l'espace libre pour le passage de l'air devienne égal au quart de la surface totale de la grille, c'est-à-dire à 15 décimètres carrés.

Si la réduction de la surface libre de la grille occasionnait une réduction proportionnelle du tirage, le volume d'air qui traverserait maintenant le foyer ne serait plus que la moitié de ce qu'il était primitivement, c'est-à-dire qu'il passerait 9 mètres cubes d'air par heure et par kilogramme de houille à brûler. Mais comme nous le verrons

plus loin, la réduction du tirage est beaucoup moins forte, de sorte
qu'il passera, par exemple, 12 à 15 mètres cubes d'air à travers le
foyer, par heure et par kilogramme de houille. Ce volume est encore
suffisant pour la combustion, de manière que sur la grille réduite la
consommation par heure pourra être la même que sur la grille
de 180$^{d.q.}$. Il n'y aura donc de changé que le mode de combustion,
car il est évident que, puisque maintenant il passe moins d'air à travers le foyer, la température de combustion sera plus élevée que dans
le foyer à combustion lente. Mais aussi le combustible sera moins bien
utilisé, parce que, avec le faible excès d'air que nous employons, il
pourra se former et il se forme en réalité une certaine quantité d'oxyde
de carbone. Toutefois cette perte pourra être compensée par l'avantage qu'il y a, dans certains cas, à développer une haute température.

Les foyers à combustion vive présentent un inconvénient résultant
de ce qu'ils doivent être alimentés plus fréquemment que les foyers
à combustion lente. En effet, sur une grille de 60 décimètres carrés,
en donnant à la couche de combustible 6 à 8 centimètres d'épaisseur,
on ne pourra mettre qu'environ 50 kilogrammes de houille. Au bout
de 15 minutes, 25^k seront brûlés, et alors l'épaisseur de la couche
n'étant plus que de 4 centimètres, il faut alimenter le foyer en y
introduisant 25 nouveaux kilogrammes de combustible, c'est-à-dire, un
poids égal à celui qui se trouve encore sur la grille. Or, le refroidissement qui en résultera dans le foyer sera considérable, et pour l'éviter,
au moins en partie, il sera préférable d'alimenter le foyer plutôt
toutes les 7 à 8 minutes, en y introduisant chaque fois seulement 10 à 12 kilogrammes de combustible. Avec les grilles à grande
surface des foyers à combustion lente, cet inconvénient n'existait
pas. On voit aussi, par ce qui précède, que dans les foyers à combustion vive, la combustion est plus rapide, puisque chaque kilogramme
de houille introduit dans le foyer est brûlé au bout d'une demi-
heure. Il va sans dire, du reste, que ce temps varie avec les dimensions de la grille.

Dans les foyers à combustion vive, on brûle souvent la houille en
couche de plus de 8 centimètres d'épaisseur. C'est ce que l'on fait
chaque fois que l'on a besoin de développer une température très-
élevée. En augmentant l'épaisseur de la couche de combustible, on
diminue le volume d'air qui traverse le foyer, et, par conséquent, si
cette diminution n'est pas trop grande, on doit obtenir une élévation
de la température du foyer. Dans les fours à puddler, par exemple,

la surface totale de la grille est seulement égale à 4 fois la section de la cheminée, et l'épaisseur de la couche de combustible est de 15 centimètres. Dans les fours à réchauffer le fer, cette épaisseur est même de 20 centimètres, mais c'est parce qu'on y craint la présence d'une trop grande proportion d'oxygène dans les produits de la combustion. Un trop grand excès d'oxygène déterminerait, en effet, l'oxydation d'une partie du fer qu'il s'agit de chauffer et augmenterait inutilement les déchets. Avec l'épaisseur qu'on donne à la couche de combustible dans les fours à réchauffer le fer, il se forme beaucoup d'oxyde de carbone, et il n'échappe que 7 à 8 pour cent d'air non désoxygéné à la combustion. On sacrifie le combustible pour préserver le métal.

En résumé, on voit, par tout ce qui précède, que, dans les foyers ordinaires où l'on brûle des combustibles solides, on ne parvient à éviter la formation de l'oxyde de carbone qu'en faisant arriver un excès d'air qui, absorbant une partie de la chaleur dégagée par la combustion, abaisse la température et rend le foyer impropre à certains usages. Cet inconvénient n'existe plus, au même degré, si l'on brûle des combinaisons gazeuses du carbone. C'est ce qui explique, en partie, les avantages des fourneaux à gaz dont nous allons maintenant nous occuper.

97. Des fourneaux à gaz. — Nous avons donné plus haut, (n° 33), la composition des gaz qui s'échappent des hauts-fourneaux. La température de combustion de ces gaz étant, en moyenne, d'au moins 1300 à 1400° (n° 54), est suffisante pour une foule d'opérations. Elle peut encore être augmentée en brûlant les gaz au moyen d'air chauffé préalablement à 300°, et alors elle est assez élevée pour la fusion et le travail de la plupart des métaux.

On conçoit, d'après cela, qu'on ait cherché à recueillir ces gaz et à les utiliser comme combustible. On les prend le plus près possible du gueulard, afin de ne pas nuire à la marche du haut-fourneau. Les prises du gaz peuvent être totales ou partielles. Le croquis, fig. 4, pl. I, p. 42, représente la disposition adoptée pour la prise totale des gaz d'un haut-fourneau à minette, établi à Pont-à-Mousson (France). Le fourneau est muni à sa partie supérieure d'un cylindre en tôle qu'on peut fermer au moyen d'un couvercle. Lorsque ce couvercle est abaissé, les gaz s'écoulent par deux tuyaux latéraux qui les conduisent dans le fourneau où il s'agit de les utiliser.

A Seraing, on ne recueille qu'une partie des gaz, au moyen d'une cloche cylindrique en tôle, dont le diamètre égale environ la moitié de celui du gueulard (un fourneau a 10 pieds et un autre 12 pieds de diamètre) et qui descend à 1^m,75 de profondeur dans le fourneau. A 0^m,30 environ au-dessus de la plate-forme le tuyau se rétrécit de la moitié au moins, puis à 1^m,50 à peu près, afin de ne pas gêner le service du gueulard, il se recourbe, descend et débouche au-dessous des chaudières à vapeur établies au pied des hauts-fourneaux. A Seraing, les gaz des hauts-fourneaux entraînent trop de cadmies pour permettre l'emploi d'un appareil qui boucherait complètement le gueulard.

98. **Combustion des gaz des hauts-fourneaux.** — Les gaz qui s'échappent des hauts-fourneaux brûlent difficilement au contact de l'air, au-dessous du rouge cerise. Il en est de même du gaz d'éclairage et des gaz que l'on produit dans les gazogènes.

Pour opérer la combustion de ces divers gaz, il faut remplir les deux conditions suivantes : 1° chauffer à une haute température (à 300° au moins) les gaz ou l'air qui doit servir à la combustion, ou même les deux à la fois ; et 2° rendre le mélange du gaz et de l'air aussi intime que possible, mais ne l'effectuer qu'après avoir chauffé convenablement les deux fluides, sans quoi il se formerait des mélanges détonants ou explosifs. A cet effet, il faut disposer le gaz et l'air comburant en lames parallèles alternantes de faible épaisseur ou faire pénétrer l'air en jets isolés au milieu du gaz. La vitesse des lames ou des jets d'air doit être faible lorsqu'on veut chauffer modérément une vaste enceinte ; elle doit, au contraire, être considérable lorsqu'on veut réaliser une température locale très-élevée. Le gaz brûle alors dans un espace restreint et la flamme agit, en quelque sorte, comme celle d'un chalumeau.

On juge facilement, d'après la couleur de la flamme, s'il y a excès d'air ou de gaz. Une flamme bleuâtre annonce la présence de l'oxyde de carbone, tandis qu'une flamme courte et jaunâtre indique un excès d'air. On peut encore juger du mode de combustion des gaz à l'aide d'une lame de cuivre rouge : si la flamme est *neutre*, c'est-à-dire, si elle ne contient plus ni oxigène libre, ni élément non brûlé, elle n'altérera pas la couleur de cette lame. Elle oxydera, au contraire, le cuivre, si elle contient un excès d'oxygène, et elle réduira l'oxyde de cuivre, si elle renferme de l'hydrogène et de l'oxyde de carbone non brûlés (Gruner, *métallurgie*, t. I).

99. **Division des foyers à gaz.** — M. Gruner distingue trois classes de foyers à gaz. Ceux de la première classe sont destinés à chauffer de grandes enceintes à une température uniforme, mais peu

élevée ; ceux de la seconde, ont pour but le développement d'une haute
température dans un espace peu étendu. Enfin, au moyen de ceux de
la troisième classe, on se propose de porter de grandes enceintes à
une haute température, aussi uniforme que possible.

100. **Foyers à gaz à température modérée.** — Comme exemple de
ce genre de foyers à gaz, nous pouvons citer ceux qui servent à
chauffer, au gaz des hauts-fourneaux, des chaudières à vapeur ou des
appareils à air chaud composés de tuyaux de fonte.

On a imaginé diverses dispositions pour le chauffage des chaudières
à vapeur. Une des plus simples consiste à amener les gaz au-dessous
de la chaudière au moyen de deux tuyaux qui traversent la paroi
antérieure du fourneau, l'un à droite et l'autre à gauche de la porte
du foyer. L'air nécessaire à la combustion s'introduit à travers
l'espace vide qu'on laisse à dessin subsister entre les tuyaux à gaz et
les parois des ouvertures par lesquelles ils passent. On enflamme les
gaz aussitôt qu'ils arrivent, afin d'éviter les mélanges explosifs. L'on
y parvient très-facilement à l'aide d'un foyer, dit *foyer perpétuel*,
disposé au-devant et entre les deux orifices d'admission et sur la
grille duquel on brûle des menus de houille accumulés en couche de
15 à 20 centimètres, afin de rendre le tirage très-faible.

Dans ces foyers, la condition du chauffage préalable des gaz est
réalisée, comme dans les flammes des becs à gaz, par la chaleur
même que développe la combustion, après la mise en feu que le foyer
perpétuel a pour but de déterminer. La vitesse d'arrivée des gaz et
de l'air doit être faible pour que la combustion ne s'effectue pas dans
un espace trop restreint, ce qui aurait pour effet la concentration de
la chaleur au lieu de sa dissémination. Pour assurer, autant que
possible, le contact entre l'air et les gaz, il faut donner à ceux-ci un
excès de vitesse, de façon à provoquer des remous.

101. **Foyers à gaz à haute température localisée.** — Comme il
s'agit ici de brûler les gaz dans un espace très-limité, la combustion
doit être effectuée au moyen d'un courant d'air forcé. Avant l'invention des fours Siemens, on employait souvent ce mode de combustion
pour le chauffage des fourneaux à réverbère destinés à la fusion de
la fonte, au puddlage et au soudage du fer. Dans ces appareils le
gaz à brûler arrivait dans le réverbère par un rampant horizontal ou
légèrement incliné, tandis que l'air, préalablement chauffé, était lancé
au milieu de la nappe de gaz, par un ensemble de buses parallèles à
l'axe du fourneau. Cet air agissait par aspiration sur le gaz à brûler.

102. **Foyers à gaz destinés à chauffer à une haute température**

de grandes enceintes. — Dans ces foyers, l'air et le gaz doivent être chauffés avant de venir en contact.

La fig. 3, pl. II, p. 44, montre la disposition du foyer Siemens. On voit que la lame d'air passe au-dessus de la lame de gaz, ce qui favorise le mélange, à cause de l'excès de densité de l'air.

Les fig. 4 et 5, pl. II, p. 44, représentent le foyer des fours Ponsard, la première en coupe verticale, et la seconde en coupe horizontale.

L'air chauffé arrive par le conduit T, dans la chambre A, qui occupe toute la largeur du four, et passe, de cette chambre, à travers les ouvertures O, en lames horizontales dans le fourneau. La chambre dans laquelle se rendent les gaz venant du gazogène est percée, en avant de la chambre à air, d'ouvertures qui alternent avec celles de cette dernière. C'est par ces ouvertures que les gaz s'échappent en lames verticales qui vont à la rencontre des lames horizontales d'air et se mélangent avec elles. Le mélange s'allume de lui-même et se rend directement sur la sole du fourneau.

103. **Transformation des combustibles solides en gaz.** — Nous avons vu plus haut qu'il est impossible de brûler les combustibles solides de manière à transformer leur carbone en acide carbonique, sans appeler dans le foyer plus d'air que n'en exigerait cette transformation. Ce fait est facile à expliquer. Il résulte de ce que l'air qui traverse le foyer forme des filets dont la surface seule vient en contact avec le combustible et brûle, tandis que la partie centrale des filets, qui ne reçoit pas ce contact, échappe nécessairement à la combustion. Il suit de là qu'au moyen des combustibles solides il est impossible de développer les hautes températures que l'on obtiendrait si on pouvait les brûler complètement avec le volume d'air rigoureusement nécessaire pour la combustion. Ainsi, en brûlant de la houille, on ne peut guère développer dans les foyers ordinaires qu'une température de 12 à 1400°, tandis que, si la combustion pouvait avoir lieu sans appeler un excès d'air, on réaliserait, avec facilité, une température d'environ 2000°, même en tenant compte du phénomène de la dissociation (n° 56, p. 27).

Les combustibles gazeux se comportent d'une manière différente : ils brûlent complètement sans qu'on soit obligé de les mettre en contact avec un grand excès d'air. On peut donc se demander s'il n'y aurait pas avantage à transformer les combustibles solides en gaz qu'on brûlerait ensuite avec un minimum d'air.

Pour résoudre cette question, considérons le carbone pur, et supposons qu'on le transforme en oxyde de carbone, en le brûlant en couche épaisse, par un courant d'air forcé. Les produits de cette combustion incomplète se composent, comme on sait, de 65,6 volumes d'azote sur 34,4 volumes d'oxyde de carbone (n° 90).

En supposant qu'on brûle ces gaz à la température qu'ils possèdent au sortir de la couche de carbone où ils se sont formés, c'est-à-dire à une température de 500 à 1000°, avec de l'air atmosphérique chauffé lui-même à 300°, on produira une température d'au moins 2300°, et par conséquent, bien supérieure à celle qu'on obtiendrait en brûlant le carbone avec un excès d'air, comme on le fait dans les foyers ordinaires à tirage naturel.

On voit par là qu'il peut se trouver des cas dans lesquels il y aura avantage à transformer en gaz des combustibles solides, même de bonne qualité. Il en sera de même, à plus forte raison, lorsqu'il s'agira de combustibles d'un emploi nul ou peu avantageux à l'état solide, soit parce qu'ils laissent trop de cendres, soit parce qu'ils sont trop secs et ne donnent pas une flamme assez longue. On peut remédier à ce dernier inconvénient en injectant de l'eau ou de la vapeur d'eau dans la partie inférieure du foyer où l'on brûle le combustible. L'eau se décompose, et il se produit de l'hydrogène et de l'oxyde de carbone, qui brûlent à une certaine distance du foyer, ou mieux que l'on brûle dans un foyer à gaz.

D'après le tableau I, n° 14, la vaporisation et la décomposition de chaque kilogramme d'eau injectée donnent lieu à une absorption de $34462 : 9 = 3830$ calories. Or, ce poids d'eau contient 8/9 de kilogramme d'oxygène qui se combinent avec 2/3 ou $0^k,666$ de carbone et dégagent $0,666.2473 = 1532^c$; la différence entre 3830^c et 1532, c'est-à-dire 2298^c, représente, par conséquent, l'absorption de chaleur qui a lieu par kilogramme d'eau injectée.

Si l'on injectait de la vapeur d'eau, l'absorption de chaleur par kilogramme de vapeur ne serait que de $2298 - 606 = 1682$ calories. La chaleur absorbée pour la décomposition de l'eau n'est pas perdue; elle se régénère dans le foyer à gaz par la combustion de l'hydrogène produit.

Toutefois, nous devons faire observer que, si une injection de vapeur d'eau sur un combustible incandescent n'occasionne, en définitive, aucune perte de chaleur, elle a néanmoins l'inconvénient d'abaisser la température des produits de la combustion, parce que la vapeur d'eau, se dégageant avec ces produits, en élève assez notablement la capacité calorifique. Il convient donc de ne faire usage de ce moyen que dans les limites nécessaires pour atteindre le but qu'on se propose.

104. **Gazogènes.** — On donne le nom de *gazogènes* aux appareils dans lesquels on effectue la transformation des combustibles solides en gaz. Les uns sont à courant d'air forcé, et les autres à tirage naturel. Le gazogène de Tessié et celui de Brook et Wilson, qu'on emploie pour le chauffage des fours à puddler rotatifs de Howson, appartiennent à la première catégorie, et le gazogène Siemens à la seconde.

La première idée des gazogènes parait être due à Ebelmen.

105. **Gazogène Tessié.** — Les fig. 3 et 4, pl. III, p. 64, représentent, la première une section verticale, et la seconde, une section horizontale, suivant A B, fig. 3, d'un gazogène Tessié. Le combustible qu'on y transforme en gaz est la houille menue ou le tout-venant. Celui-ci peut former dans le fourneau une couche de $1^m,60$, tandis que l'épaisseur du menu ne doit pas dépasser 1 mètre 30 centimètres. On introduit le combustible par le gueulard, en abaissant la cloche c. La combustion est activée au moyen d'un ventilateur qui lance l'air dans la partie inférieure du fourneau par huit tuyères t, opposées deux-à-deux. Le décrassage s'effectue par les tuyères et le piquage par les trois trous de regard r. La plate-forme sur laquelle est fixée la trémie de chargement T, est percée de six trous qu'on ferme au moyen de tampons et qui permettent de juger de la qualité du gaz et de la hauteur du combustible. Le gaz s'échappe par un conduit unique qui se trouve à la partie supérieure du fourneau, et qui n'est pas représenté sur la fig. 3. Ce conduit est muni d'une porte pour pouvoir ôter les poussières entraînées par le gaz.

106. **Gazogène Brook et Wilson.** — Dans ce gazogène, la combustion est activée par deux jets de vapeur, lancés verticalement de haut en bas, au moyen des deux tuyaux t, t, fig. 1 et 2, pl. III, p. 64, dans les colonnes creuses c. L'air entraîné et mêlé avec la vapeur, arrive dans le tuyau horizontal h, d'où il s'écoule, par quatre ouvertures s, v, m, n, deux à droite et deux à gauche, dans la partie inférieure du fourneau.

Là, il rencontre la couche de combustible dont il détermine la transformation en gaz. La vapeur d'eau se décompose en hydrogène et en oxygène, lequel se combine avec du carbone pour former de l'oxyde de carbone. Les deux gaz résultant de la décomposition de l'eau se dégagent, avec ceux formés aux dépens de l'air, par un carneau unique situé à la partie supérieure de l'appareil. Le repiquage a lieu au moyen des deux ouvertures opposées r, r, et le décrassage au moyen des ouvertures O et O'. Toutes ces ouvertures sont munies de portes qu'on ferme pendant la marche du fourneau.

107. Gazogène Siemens. — Il se compose d'une chambre en briques d'environ 1ᵐ,80 sur 3ᵐ,60 en plan, et de 3ᵐ de hauteur, fig. 22, qui reçoit, à des intervalles d'environ une ou deux heures, le combustible par une boîte de chargement, sur un plan dont l'inclinaison, par rapport à l'horizon, variable avec la nature du combustible employé, égale celle du talus que celui-ci formerait naturellement. Il permet de convertir par 24 heures environ deux tonnes de combustible

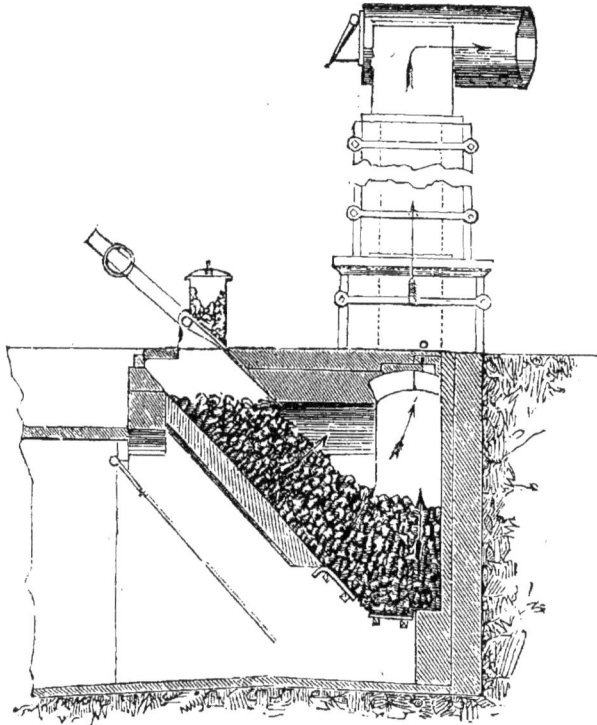

Fig. 22.

en gaz, lequel s'élève dans un conduit pour se rendre aux fours. L'épaisseur de la couche de charbon est de 0ᵐ,60 à 0ᵐ,90. On amène au pied de la grille, par un tuyau, de l'eau qui, après s'être tranformée en vapeur, traverse la couche de combustible incandescent et se décompose en donnant de l'hydrogène et de l'oxyde de carbone.

108. Four à gaz de Siemens. — La fig. 23, montre la disposition générale d'un four à gaz de Siemens, destiné à chauffer un four à réverbère. Au-dessous de ce four sont placées quatre chambres, dites régénératrices de chaleur, remplies de briques réfractaires, disposées de façon à former des chicanes. Les *régénérateurs* travaillent deux à deux, les deux de gauche communiquant avec l'extrémité gauche du réverbère, tandis que les deux autres communiquent avec l'extrémité opposée. Le gaz entre dans le four par le conduit M, fig. 3, pl. II, p. 44, et l'air par le conduit N. Depuis le conduit qui l'amène, l'air qui entre est dirigé par la valve de renversement que nous décrirons plus loin, dans le régénérateur à air, fig. 23, et s'y échauffe jusqu'au moment de pénétrer dans le four ; en même temps, le gaz arrivant par son conduit est dirigé par la valve de renversement dans le régénérateur à gaz, où il s'échauffe à la même température que l'air. Les produits de la combustion, en quittant l'extrémité opposée du four,

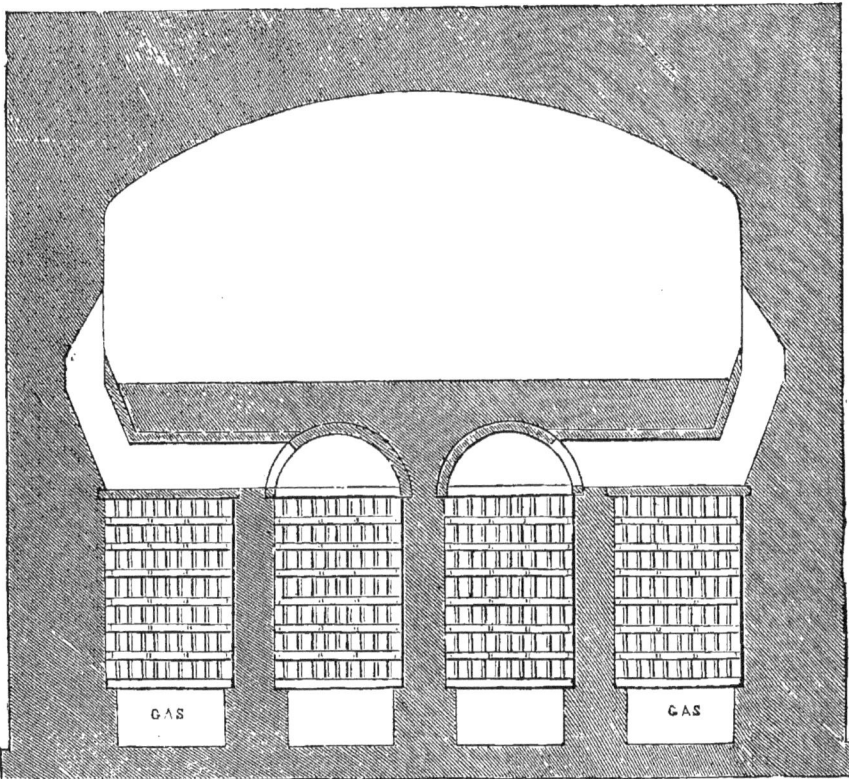

Fig. 23.

descendent à travers la seconde paire de régénérateurs et, après y avoir déposé leur chaleur, sont dirigés par les valves de renversement dans le conduit de la cheminée.

Lorsque la seconde paire de régénérateurs s'est considérablement échauffée par le passage des produits de la combustion élevés à une haute température et que, concurremment, la première paire a été refroidie par l'entrée du gaz et de l'air, on fait tourner de 90° les valves de renversement, et on force les courants à traverser les régénérateurs en sens inverse, profitant ainsi de la paire de régénérateurs qui sont chauds pour chauffer le gaz et l'air qui entrent dans le four, tandis que la paire qui est froide absorbe la chaleur des produits de la combustion.

L'intervalle entre les renversements est ordinairement de 30 minutes. $1^{mq},25$ de surface de briques est nécessaire dans les régé-

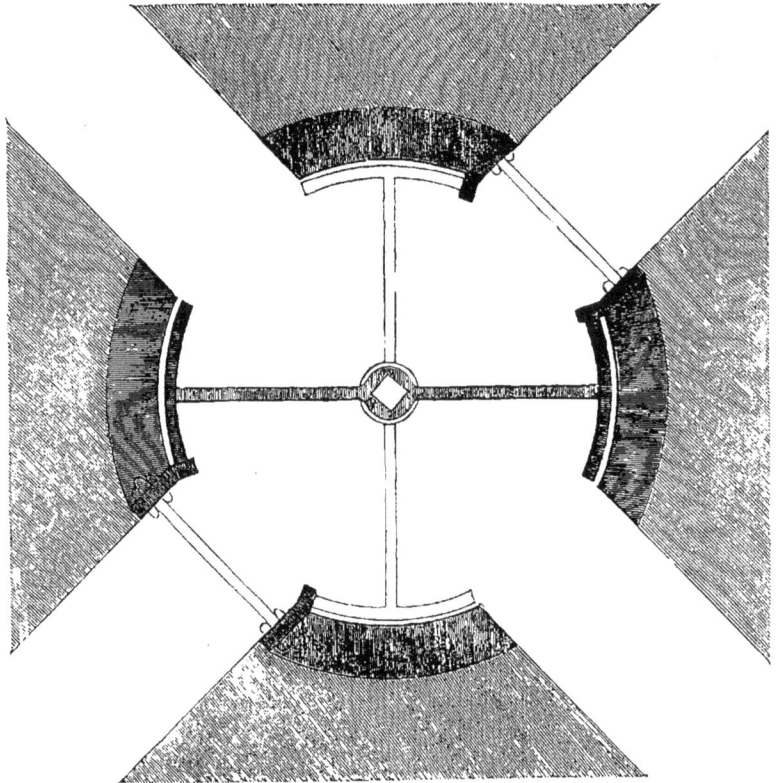

Fig. 24.

nérateurs pour absorber la chaleur des produits de la combustion d'un kilogramme de charbon par heure. On donne aux régénérateurs pour l'air une capacité plus grande qu'aux régénérateurs pour les gaz, au *maximum* dans le rapport de 7 à 4, parce que 1° la combustion complète des gaz exige toujours un excès d'air d'au moins 20 pour 100, 2° la capacité calorifique de l'air amené en excès est plus grande dans

Pl. III. p. 64.

Fig. 1.

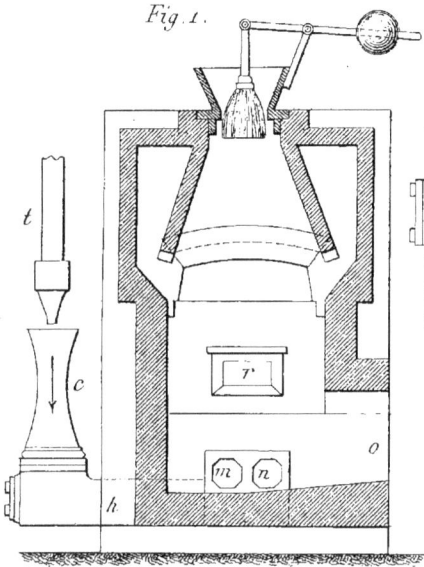

Fig. 2.

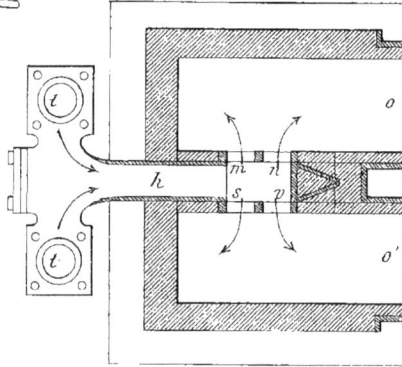

Fig. 5.

Fig. 3.

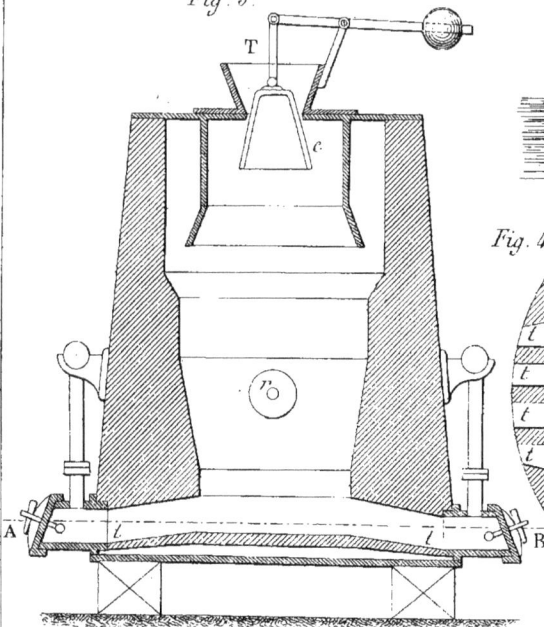

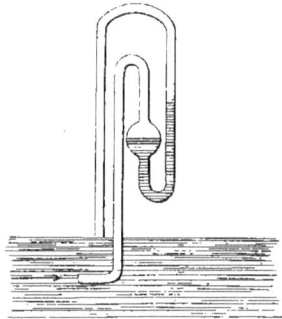

Fig. 4.

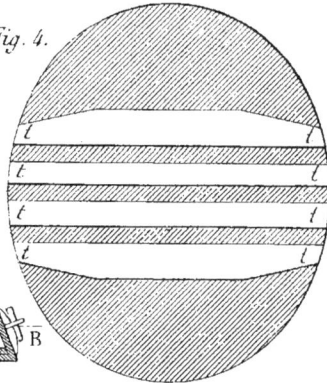

Echelle de 1/50 p.r Fig. 1 à 4.

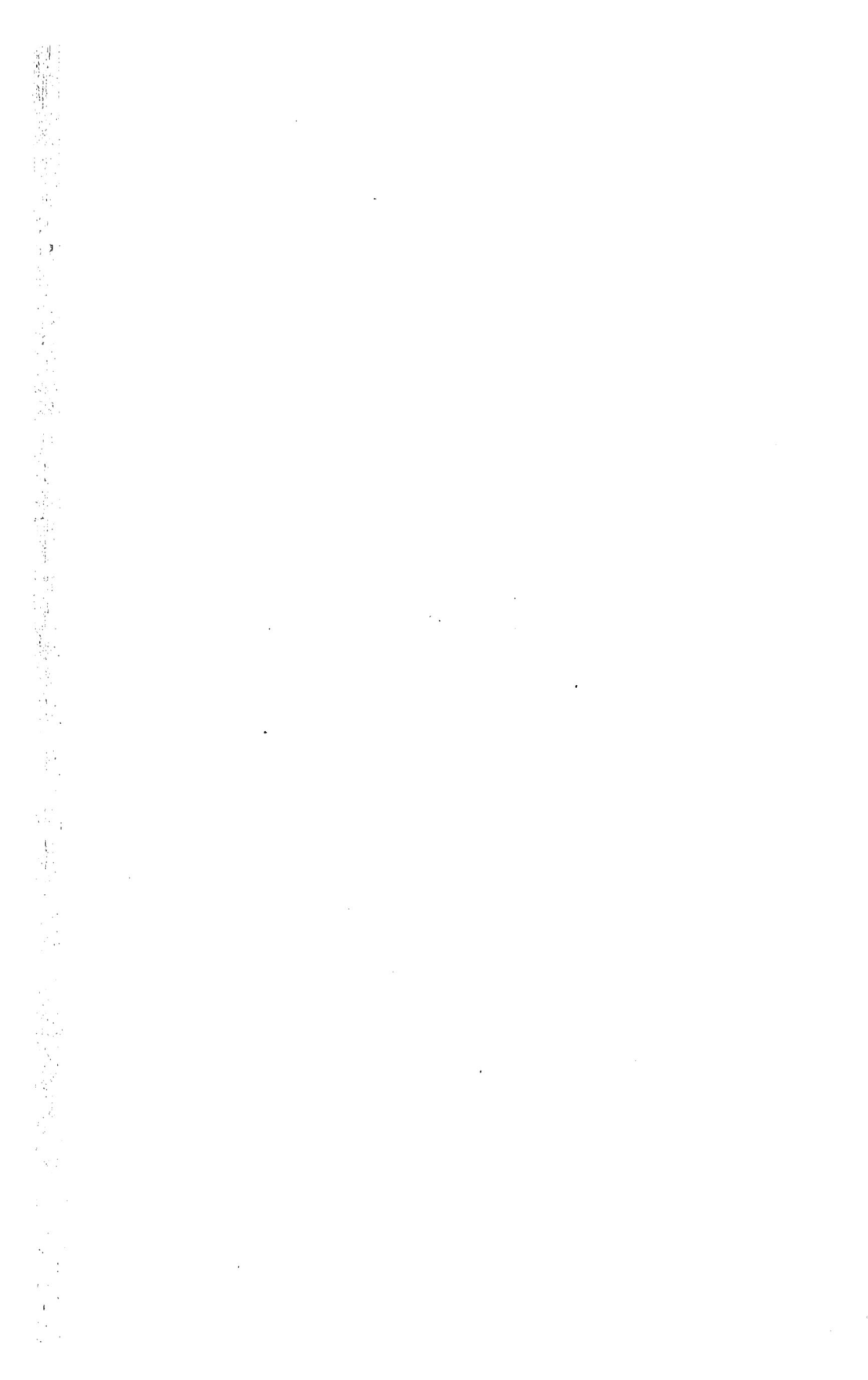

le rapport de 17 à 16 que celle du gaz, 3° il est avantageux de chauffer davantage l'air que le gaz.

109. **Valves de renversement.** — La fig. 24, montre la disposition adoptée pour mettre les deux régénérateurs pour les gaz, à volonté en communication, soit avec le gazogène, soit avec la cheminée. L'appareil consiste en un espace cylindrique dans lequel débouchent, aux extrémités d'un même diamètre, d'une part, les deux conduits des régénérateurs à gaz, et, d'autre part, les conduits du gazogène et de la cheminée. Un registre mobile autour d'un axe vertical et muni d'une valve en arc de cercle à chacune de ses extrémités, divise le cylindre en deux compartiments séparés. La figure 24, représente les deux positions qu'on doit donner à ce registre. Dans l'une, il est ombré, et fait communiquer l'un des deux régénérateurs à gaz avec le gazogène et l'autre avec la cheminée. Dans la seconde position, où il est représenté sans hachures, il établit les communications inverses.

Un appareil en tout semblable permet de faire communiquer les deux régénérateurs à air, soit avec l'air extérieur, soit avec la cheminée.

110. **Four Ponsard.** — Dans cet appareil, le fourneau est placé à la suite du gazogène et les gaz combustibles ne doivent pas être chauffés. On utilise donc la chaleur perdue des produits de la combustion uniquement pour chauffer l'air. L'appareil qui sert au chauffage de l'air, s'appelle *récupérateur*. Il se compose d'une grande chambre dans laquelle sont disposées des briques de façon à former une première série d'intervalles pour le passage des produits de la combustion, et une seconde série pour l'air froid, de telle sorte que chaque conduit vertical d'air soit compris entre deux conduits semblables de gaz chauds, et réciproquement. L'air chaud se rend, par deux canaux parallèles à l'axe du four, dans la chambre de combustion disposée en avant du grand autel [1] (fig. 4, pl. II, p. 44).

111. **Four Bicheroux.** — Dans ce four, on utilise la chaleur perdue pour produire de la vapeur. L'air est chauffé par son contact avec les parois latérales du fourneau et avec la surface inférieure de la sole. A cet effet, il passe dans un espace vide ou caveau établi au-dessous de la sole; puis, il se partage entre deux carneaux latéraux qui le conduisent dans la chambre de combustion [2].

---

(1) V. pour plus de détails, B. VALÉRIUS, *Traité théorique et pratique de la fabrication du fer et de l'acier*, 2ᵉ éd., Gauthier-Villars, Paris, 1875.

(2) V. même ouvrage.

112. Fourneaux à gaz de MM. Deville et Debray. — Pour réaliser les très-hautes températures dont on a besoin dans certains cas, par exemple, lorsqu'il s'agit de fondre des corps très-réfractaires, tels que le platine, l'osmium, etc., MM. Deville et Debray ont imaginé, dans ces derniers temps, des fourneaux à gaz d'une disposition particulière dont nous allons donner une idée.

La figure 25, représente le fourneau de MM. Deville et Debray pour fondre des quantités de platine d'un à plusieurs kilogrammes. La chaleur requise pour cette opération est produite par la combustion du gaz d'éclairage ou du gaz hydrogène, au moyen de l'oxygène pur. B, creuset en chaux vive, muni d'une rigole D, pour l'écoulement du platine fondu et le dégagement des produits de la combustion. A, couvercle du creuset, également en chaux vive et percé d'une ouverture O, conique à sa partie supérieure. C'est par cette ouverture que pénètrent dans le creuset le gaz oxygène et le gaz d'éclairage : le premier arrive par le tube C, fig. 26, terminé par un bouton de platine en olive, percé d'une ouverture de 2 à 3 millimètres de diamètre, suivant les dimensions de l'appareil. Le gaz d'éclairage arrive par le tube R, fig. 26, qui enveloppe le tube d'arrivée de l'oxygène. De cette façon, le mélange des deux gaz s'effectue assez rapidement et la combustion a lieu dans un espace très-petit, ce qui est une condition indispensable pour réaliser la plus haute température possible. La profondeur du creuset doit être telle que le métal fondu puisse s'étaler en couche liquide qui n'ait pas plus de 3 à 4 millimètres d'épaisseur. On fait affluer l'oxygène dans la proportion voulue pour que la combustion ait lieu sans bruit : si le gaz d'éclairage est prédominant, la flamme souffle ; elle fait, au contraire, entendre un sifflement, lorsque c'est l'oxygène qui est en excès. Le platine à fondre s'introduit par

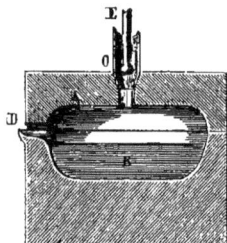

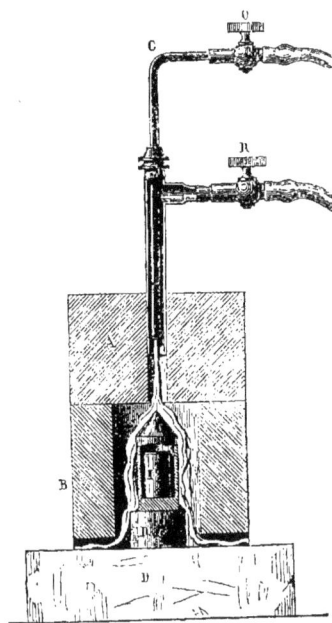

Fig. 25.

Fig. 26.

l'ouverture en D, fig. 25. L'oxygène doit arriver sous une pression de 4 à 5 centimètres de mercure. On évalue la température de fusion du platine à environ 2000°. L'osmium est moins fusible encore, de même que l'iridium et le rhodium.

Pour fondre l'osmium, MM. Deville et Debray introduisent ce métal dans un creuset de charbon de cornue, placé lui-même dans un creuset de chaux vive, qui, à son tour, se trouve dans un fourneaux disposé à peu près comme celui qui leur a servi à fondre le platine. Dans l'intérieur de ce fourneau ils dirigent la flamme de leur chalumeau, qui alors chauffe extérieurement le creuset de chaux, ainsi que celui de charbon de cornue que ce dernier enveloppe de toutes parts. De cette manière l'influence du rayonnement disparaît pour les creusets de chaux et de charbon de cornue, et ces creusets s'échauffent alors à une température qui paraît se rapprocher beaucoup plus de la température de combustion du gaz combustible employé.

La figure 26, représente le fourneau que MM. Deville et Debray emploient pour la fusion de l'osmium et de l'iridium : A, B, D, pièces en chaux vive du fourneau ; R, tuyau d'arrivée du gaz d'éclairage et C, tuyau amenant l'oxygène ; D', support en chaux vive ; le creuset en chaux vive qui contient le creuset de charbon est recouvert d'un couvercle également en chaux vive et surmonté d'un cône, pour obliger la flamme à envelopper de toutes parts le creuset de chaux ; les produits de la combustion s'échappent entre D et B.

Le gaz d'éclairage ne suffit pas, selon MM. Deville et Debray, pour fondre l'iridium ; pour obtenir cet effet, il faut employer la température que développe le gaz hydrogène par sa combustion dans l'oxygène pur.

113. **Foyers pour la combustion du gaz d'éclairage.** — Depuis quelques années on a commencé à employer le gaz d'éclairage comme combustible, non-seulement dans les laboratoires de chimie, mais encore pour le chauffage domestique. Nous reviendrons plus loin sur cette dernière application (V. chauffage de l'air).

CHAPITRE QUATRIÈME.

114. Des Bois. — On divise les bois en trois classes : 1° bois durs, comprenant le hêtre, le chêne, le charme et l'orme ; 2° bois tendres, comprenant le châtaignier, le tilleul, le bouleau, l'aulne, le tremble et le peuplier ; et 3° bois résineux, qui sont le mélèze, le pin et le sapin.

Les bois durs ne brûlent qu'à leur surface ; la chaleur qui se propage dans l'intérieur en dégage les gaz combustibles, qui brûlent en totalité dans les commencements, et il ne reste bientôt qu'un charbon volumineux, compacte, qui brûle lentement et sans flamme. Les bois légers brûlent avec beaucoup plus de rapidité, parce que leur porosité permet à l'air d'y pénétrer plus facilement et qu'ils se déchirent par l'action de la chaleur ; la majeure partie du carbone qu'ils renferment brûle en même temps que les gaz combustibles, et ils ne laissent que peu de charbon ; aussi ces bois donnent de la flamme presque pendant toute la durée de leur combustion.

On concevra maintenant pourquoi dans les verreries et les manufactures de porcelaine, où l'on a besoin d'une température élevée et d'une flamme longue et continue, on emploie toujours des bois tendres, tandis que pour presque tous les autres usages, où l'on a besoin d'une température beaucoup moins élevée et dans un lieu plus voisin du foyer, les bois durs sont préférés.

D'après Marbach, les bois très-secs s'enflamment vers 300°.

Le bois récemment abattu contient une quantité d'eau qui dépend du terrain plus ou moins humide dans lequel l'arbre a crû, de l'âge de l'arbre, de son essence, et de la saison dans laquelle il a été coupé. Elle est plus grande dans les arbres jeunes, et, pour un même individu, au printemps et au commencement de l'été. Pendant l'hiver l'arbre contient moins d'eau que dans les autres saisons, mais il renferme plus de matières solubles dans ses vaisseaux. C'est, en partie, pour ce motif que l'on coupe ordinairement les bois en hiver.

On peut admettre que le bois récemment abattu contient, terme moyen, 40 pour cent de son poids d'eau de mouillage qu'on peut lui faire perdre, sans l'altérer, par une exposition prolongée à une température voisine de 150°. Après avoir été exposé à l'air pendant un an, le bois retient encore, en moyenne, de 20 à 25 pour cent d'eau hygrométrique. Le bois qui a 30 ans de coupe perd environ 10 pour cent d'eau à une température inférieure à celle où il se décomposerait. Il absorbe de nouveau cette eau dans un milieu humide.

D'après M. Chevandier, le bois desséché à 140°, contient : carbone 0,50 ; hydrogène libre 0,01 ; eau combinée 0,46 ; azote 0,01 ; et cendres 0,02. Ce bois forme un combustible qu'on emploie sous le nom de *ligneux* ou de *bois torréfié*.

Les cendres se composent principalement de carbonate de potasse, de carbonate de chaux, d'un peu de carbonate de magnésie et de phosphate de chaux, de chlorure de potassium, de sulfate de potasse, de silice, de peroxyde de fer et de peroxyde de manganèse. Une partie de ces substances résulte de l'incinération des sels de la sève. La silice qui avait été amenée par la sève existe toute formée dans la plante.

Pour la composition du bois séché à l'air ou plutôt du bois ayant 9 à 12 mois de coupe, voir tableau V, n° 29.

Le bois se vend au volume, quelquefois au poids. Les bois durs, à 20 ou 25 % d'eau de mouillage, pèsent de 350 à 400^k par stère, les bois résineux de 300 à 350^k et les bois tendres de 250 à 300^k ; les bois verts, à 30 ou 40 % d'eau de mouillage, pèsent environ 1/10 de plus.

Le bois flotté développe une température moins élevée que le bois ordinaire.

D'après Brix, le bois à 20 % d'eau de mouillage vaporise environ 3 kilogrammes et demi d'eau à 112°.

115. **Procédés de carbonisation.** — Il y a deux manières de se procurer le charbon de bois, par la distillation en vase clos et par le procédé des meules.

Le premier procédé n'a pas seulement pour objet la fabrication du charbon, mais il fournit, en outre, de l'acide pyroligneux et du goudron. Nous pouvons donc nous dispenser d'en traiter ici.

116. **Carbonisation du bois en meules.** — On commence par chercher, à proximité du bois qu'on veut carboniser, un emplacement où l'on puisse se procurer de l'eau, qui soit abrité des courants d'air et disposé de manière que l'eau ne puisse pas y séjourner.

Après avoir trouvé un endroit qui remplisse ces conditions, on aplanit le sol sur un espace circulaire de grandeur convenable, et l'on forme ainsi une *aire* ou *faulde*, sur laquelle on construit la meule.

La carbonisation en meules exige qu'on réserve au centre du bois à carboniser une cuve, c'est-à-dire, un vide ou *cheminée* destinée à recevoir et à propager le feu. Pour former cette cheminée, on plante, au centre de la faulde, un pieu ou mât dont le sommet doit dépasser un peu la hauteur de la meule à construire, fig. 27 ; puis, autour de ce mât, on place, debout, des bûches qui s'inclinent vers lui et dont il soutient l'extrémité supérieure.

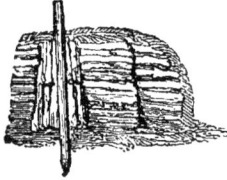

Il y a trois manières d'arranger les bûches : on peut les disposer horizontalement, ou debout, ou suivre une méthode mixte. Nous ne nous occuperons que des meules en bois debout.

Fig. 27.

Pour construire ces meules, après avoir formé la cheminée, on fait le *plancher,* qui remplit véritablement les fonctions d'une grille, en ce qu'il sert à l'introduction de l'air nécessaire à la combustion. On l'établit en plaçant horizontalement sur le sol, et très rapprochés les uns des autres, de gros rondins qui représentent les rayons d'un cercle dont le centre coïnciderait avec l'axe de la cheminée. On place ensuite les bûches par rangées concentriques, verticales ou légèrement inclinées, autour des premières sur lesquelles elles s'appuient. Elles forment ainsi un cône tronqué dont la base est sur le plancher. On continue jusqu'à ce que l'on ne puisse plus facilement atteindre le milieu du tas. Alors, sur ce premier étage, on en construit un second formé de bûches dressées comme les premières autour de la cheminée. Ce deuxième étage établi, on se remet au premier, que l'on continue jusqu'à l'extrémité du plancher ; on achève ensuite le deuxième jusqu'aux bords du premier, et le bûcher se trouve construit lorsqu'il a atteint, dans les cas ordinaires, la hauteur de deux bûches et un diamètre de 5 à 6 mètres.

La meule doit se terminer par une calotte, appelée *petit-haut* et formée de petits bois et de menus branchages, que l'on dispose par couches très-peu inclinées et qu'on serre aussi fortement que possible.

Les meules ordinaires renferment de 30 à 50 stères de bois.

Les meules étant construites, il faut les couvrir, ce qui s'appelle *bouger* ou *habiller.* Pour cela, on remplit d'abord aussi bien que possible tous les intervalles que les bûches laissent entre elles à la surface avec de menus bois qu'on nomme *bois de chemise.* Puis, on donne à la meule une première enveloppe composée d'herbes, de feuillages ou de gazons dont la chevelure est tournée vers le bois. L'épaisseur de cette première enveloppe varie de 8 à 15 centimètres, selon la qualité des matériaux employés ; mais on la renforce à la calotte, afin qu'elle ne puisse céder à l'effort produit par le tirage qui s'exerce en entier sur ce point. La seconde enveloppe se compose de terres, ni trop compactes, ni trop sablonneuses, ou bien de fraisil arrosé d'eau. Le *fraisil* est un mélange de poussière de charbon, de cendres et de terre. L'épaisseur de cette couverte est ordinairement de 6 à 8 centimètres, sauf à la calotte, où elle est un peu plus forte.

117. Conduite de la carbonisation. — C'est toujours à la pointe du jour que la meule doit être mise en feu. A cet effet, un ouvrier monte au sommet du tas, et jette du bois sec, du charbon et des tisons enflammés dans la cheminée.

La carbonisation en meules présente deux périodes : l'*évaporation* qui exige un grand développement de chaleur, et la *cuisson* qui doit s'opérer avec lenteur. — Les premières vapeurs qui se dégagent sont jaunes, aqueuses et pesantes ; lorsqu'elles se forment, la meule se couvre d'humidité : on dit alors qu'elle est en *sueur*. La cheminée reste ouverte jusqu'à ce que tout le centre du tas soit en ignition. L'incinération d'une partie du bois et la carbonisation de l'autre produisent des espaces vides que l'ouvrier comble en faisant tomber le charbon au moyen d'une longue perche, et en remplissant constamment la cheminée avec du bois. Il est important de commencer par produire un amas de charbon au centre de la meule.

Lorsque la meule a été entretenue assez longtemps en sueur, ce qu'on reconnaît à la couleur bleue de la fumée, on procède à la cuisson, en couvrant, avec du fraisil, les ouvertures qu'on avait laissées à la base de la meule, et en renforçant la couverture avec des matières fraîches, que l'on serre sur le bois à coups de perche, afin de boucher toutes les crevasses. Après quelque temps de repos, on doit de nouveau activer la combustion, en ouvrant encore une fois les soupiraux pratiqués dans la base de la couverture. Après un temps plus ou moins long, ordinairement lorsque la calotte s'affaise et que les vides formés par le retrait du bois ont été remplis une seconde fois, le charbonnier perce la couverture d'un certain nombre de trous, au milieu de la hauteur du fourneau. Ces trous, dont le but est de favoriser la carbonisation du bois placé à la surface de la meule, restent ouverts aussi longtemps qu'ils exhalent une vapeur noire et épaisse : on les ferme aussitôt que cette vapeur devient légère et bleuâtre, ce qui est un signe d'une entière cuisson du charbon à cette hauteur. Alors à un pied plus bas, on perce la couverture d'une troisième série de soupiraux qu'on laisse se fermer quand ils exhalent une vapeur légère ;

on continue ainsi jusqu'à ce qu'on soit arrivé aux soupiraux du pied de la meule. Quand ceux-ci commencent à dégager de la flamme, la cuisson est achevée. Alors, on doit boucher toutes les ouvertures de la meule, pour la mettre à l'abri du contact de l'air. Au bout de 24 heures, le charbonnier nettoie la meule, en enlevant la première couverture. Il couvre ensuite toute la surface du tas avec du fraisil ou du sable fin, dont les grains, en s'insinuant entre les charbons, finissent par les éteindre. La durée totale de la carbonisation est de 4 à 5 jours pour une meule de 50 à 60 stères.

Le bois taillis ordinaire donne de 15 à 17 pour cent de son poids de charbon. Par une distillation en vase clos, en élevant lentement la température jusque vers 400 à 450 degrés, on peut obtenir de 24 à 28 pour cent de charbon.

118. **Conservation du charbon.** — Le charbon de bois ne doit pas être éteint par arrosage; la pluie est très-nuisible à sa qualité. Il peut être employé deux mois après la carbonisation; bien abrité, il se conserve au moins pendant deux années.

119. **Composition et poids du charbon de bois.** — Composition d'un charbon de bois de chêne : hydrogène 2,83; carbone 87,68; oxygène 6,43 et cendres 3,06; total 100,00.

La puissance calorifique de ce charbon est de 7623ᶜ.

Le charbon de bois se vend généralement au volume; il pèse de 24 à 25 kilogrammes l'hectolitre, quand il provient de bois durs, tandis que quand c'est à l'aide de bois tendres qu'on l'a obtenu, il ne pèse que 20 à 21ᵏ l'hectolitre.

DES COMBUSTIBLES FOSSILES.

120. **Classification des combustibles fossiles.** — On divise ordinairement les combustibles fossiles en quatre grandes classes : *les anthracites, les houilles, les lignites* et *les tourbes.*

L'anthracite et la houille appartiennent, par leur gisement, aux terrains de transition et aux terrains secondaires; les lignites sont les combustibles que l'on trouve dans les terrains tertiaires; enfin, la tourbe, qui se produit encore journellement sous nos yeux, appartient à la formation contemporaine.

Tous ces combustibles, depuis la tourbe jusqu'à l'anthracite, sont le produit du dépôt et de l'altération de matières végétales. Nous avons réuni dans un tableau qu'on trouvera plus loin les principales données sur leur composition.

121. Anthracite. — L'anthracite s'enflamme difficilement et ne brûle bien qu'en fragments entassés sur une certaine hauteur; les morceaux isolés s'éteignent rapidement. Elle présente, eu outre, le grave inconvénient de décrépiter et de se réduire en menus fragments quand elle est saisie par le feu, ce qu'il faut attribuer à sa mauvaise conductibilité pour la chaleur. Elle brûle sans fumée, en donnant une flamme courte et rougeâtre. Ces combustibles ne changent que peu d'aspect à la calcination, et leurs fragments conservent leurs arêtes vives et ne se collent aucunement les uns aux autres. Leur poussière est d'un noir grisâtre.

Comme le coke, l'anthracite ne commence à brûler qu'au rouge naissant, tandis que la houille prend déjà feu entre 300° à 400°, le bois entre 280° à 300° et la tourbe sèche à 225°.

Jusqu'à présent les anthracites n'ont guère été employées en Europe que pour la cuisson de la chaux et des briques. Mais aux Etats-Unis on en fait maintenant une consommation immense pour les foyers domestiques, et même pour le chauffage des chaudières.

Le passage des anthracites les plus dures aux houilles bitumineuses est insensible.

DES HOUILLES.

122. Diverses espèces de houilles. — De tous les combustibles minéraux, il n'y a pour ainsi dire que la houille que l'on emploie généralement à toutes sortes d'usages. Aussi traiterons-nous de ce combustible avec tous les détails que réclame son importance. On désigne quelquefois la houille proprement dite sous le nom de *houille noire*, pour la distinguer des lignites qu'on appelle *houilles brunes*, et de l'anthracite qui porte quelquefois le nom de *houille éclatante*.

Dans les houilles noires, on distingue trois espèces principales, parmi lesquelles il faut faire un choix. Ces espèces sont : les houilles *grasses* ou *bitumineuses*, les houilles *maigres* et les houilles *sèches*.

Entre ces espèces principales, il existe un grand nombre de sous-espèces parmi lesquelles il est souvent difficile d'établir une ligne de démarcation bien tracée.

123. Houille grasse. — La houille grasse présente une cassure brillante, et d'un beau noir. Elle a un éclat gras caractéristique et elle est, en général, plus friable et plus légère que les deux autres variétés. Elle brûle avec rapidité en dégageant une flamme longue et blanche qui présente beaucoup de fuliginosités ; en brûlant, elle se gonfle, se ramollit et s'agglutine de manière à ne former qu'une seule masse poreuse. Le coke qui en provient est de la meilleure qualité, brûle facilement, est léger et laisse peu de résidus terreux ou de cendres après son entière combustion. La porosité du coke que fournissent les houilles de cette espèce, leur a valu le nom de houilles à *coke caverneux* ou *boursouflé*.

124. **Houille maigre.** — La houille maigre présente une cassure inégale moins brillante ou mélangée de parties ternes, est plus dure et plus sonore que la précédente, s'enflamme avec moins de facilité, brûle avec une flamme moins lumineuse, moins blanche, s'agglutine beaucoup moins et sans presque augmenter de volume. Elle donne un coke presque compacte, mais de bonne qualité, lorsqu'il ne laisse pas trop de résidus terreux. L'apparence du coke qu'elle produit lui a fait donner le nom de houille à *coke fritté* ou *coagulé*.

125. **Houille sèche ou anthraciteuse.** — La houille sèche ou anthraciteuse est plus lourde, à volume égal, que les deux variétés précédentes; elle est plus dure, présente une cassure éclatante, mais d'une couleur noire moins foncée. Elle s'enflamme difficilement, brûle avec une flamme bleuâtre, ne se gonfle pas en brûlant, et prend même un plus petit volume. Elle fournit un coke très-compacte, pesant, ne brûlant qu'à une température très-élevée et laissant ordinairement beaucoup de résidus terreux. On donne à cette houille le nom de houille à *coke pulvérulent*, parce que le coke qui en provient après l'avoir réduite en poudre, conserve la forme pulvérulente.

126. **Essais des houilles.** — Ces diverses espèces de houille peuvent être distinguées avec certitude les unes des autres sans qu'il soit nécessaire de recourir à des essais en grand.

127. **Nature du coke.** — Pour faire l'essai d'une houille, on commence par déterminer la nature du coke qu'elle fournit. A cet effet, on la réduit en poudre et on la chauffe dans un creuset couvert. La poudre de houille grasse se coagule, entre en une fusion pâteuse en augmentant considérablement de volume, et se moule de manière à prendre la forme du vase. La houille maigre se coagule sans augmentation, et même le plus souvent avec diminution de volume, et produit du coke en masse frittée assez ferme. La houille sèche ne se coagule pas, et laisse un coke en poudre incohérente.

Il importe de remarquer que, dans ces expériences, il n'est pas indifférent de quelle manière on applique la chaleur. Une chaleur faible et poussée très-lentement jusqu'à la plus forte chaleur rouge, diminue dans les houilles la propriété de former un coke soit fritté soit boursouflé. Telle houille qui, étant soumise à une incandescence rapide, s'annonce comme houille à coke fritté, peut au moyen d'une chaleur poussée très-lentement, fournir du coke pulvérulent. C'est principalement dans les houilles intermédiaires de l'une à l'autre classe que l'on observe ce fait. Ainsi, par une chaleur lente, une houille à coke faiblement boursouflé fournira une masse moins lâche, moins volumineuse, moins légère, que si l'on avait appliqué rapidement une chaleur rouge vive, et donnera du coke fritté. Pour que les essais de cette nature soient comparables, il faut les faire, autant que possible, dans les mêmes circonstances, opérer, par exemple, sur cinq grammes de houille en fragments grossiers qu'on introduit dans un creuset exactement recouvert de son couvercle. Le mieux est de se servir d'un creuset de platine. On pose immédiatement ce creuset au milieu d'un feu bien allumé. On l'y laisse 7 à 8 minutes, après quoi on le retire, on le laisse refroidir et on pèse le coke.

On peut également déterminer la nature et le poids du coke, en soumettant la houille, dans une cornue, à la distillation sèche. De cette façon, on peut obtenir en même temps le poids de l'eau produite et celui du goudron.

D'après M. Gruner, il paraîtrait que le pouvoir calorifique des houilles d'une même classe est d'autant plus élevé qu'elles donnent plus de coke. En effet, lorsque l'hydrogène et l'oxygène d'une houille, en se dégageant, entraînent peu de carbone, cela prouve que leur combinaison avec celui-ci dans le combustible est peu intime, et, par conséquent, que la chaleur nécessaire à la décomposition du combustible est faible, ce qui a pour effet d'augmenter sa puissance calorifique.

128. Cendres. — Les houilles ont d'autant plus de valeur qu'elles laissent moins de cendres. La quantité de cendre fournie par la houille est extrêmement variable. Il y a des houilles qui en donnent jusqu'à 52 pour cent, d'autres n'en fournissent que de faibles quantités. En général, les combustibles fossiles donnent beaucoup plus de cendres que le bois. Cependant, il y a à Liége des houilles dont le coke renferme moins de cendre que le charbon de bois. Les cendres proviennent, sinon en totalité, du moins en majeure partie, des schistes interposés entre les feuillets de la houille.

Pour essayer la houille sous le rapport de son contenu en cendres, il suffit d'en brûler une quantité connue et de peser le résidu terreux. On peut opérer sur 1 gramme à 1 gramme et demi de houille en poudre grossière, et se servir d'une capsule très-mince en platine chauffée sur une lampe à esprit-de-vin ou sur un brûleur de Bunsen.

L'incinération se fait ainsi très-facilement et sans qu'on soit obligé de remuer la matière. En procédant de cette manière on évite toute chance de perte. La cendre étant pesée dans la capsule, on peut l'examiner ensuite sous le rapport de sa composition et de sa couleur.

La nature et la couleur des cendres de houille sont assez variables. Elles sont presque toujours argileuses; on y rencontre aussi de l'oxyde de fer, des éléments sableux, du carbonate, du sulfate et même un peu de phosphate de chaux. Le sulfate de chaux est produit par la réaction qu'exercent, au moment de la combustion, les pyrites que les houilles renferment souvent, sur le carbonate de chaux.

Quant à la couleur, elle peut être blanche, rosée, ou d'un rouge plus foncé. Ces deux dernières nuances indiquent la présence de l'oxyde ferrique. Les cendres blanches sont en général peu fusibles. Les cendres fortement colorées, surtout celles qui sont en même temps ferrugineuses et calcaires, fondent et coulent sans trop gêner la combustion. Le cas le plus défavorable est celui des cendres rosées qui, n'étant qu'à demi-fusibles, empâtent et encrassent les grilles sous forme de *mâche-fer*.

Les cendres, outre qu'elles constituent un véritable déchet, nécessitent le nettoyage du foyer à travers la grille, ce qui ne se fait jamais sans qu'une quantité notable de menu tombe sans avoir été brûlée. Les mâche-fers ont un effet encore beaucoup plus fâcheux : ils se soudent aux parois des foyers et aux barreaux des grilles, qu'ils détruisent promptement; ils forcent d'ailleurs à nettoyer le feu par-dessus la grille, ce qui est encore plus nuisible que par-dessous, parce que l'on est forcé de tenir le foyer ouvert pendant assez longtemps. La houille mouillée paraît produire plus de mâche-fer que la houille bien sèche.

129. **Houilles pyriteuses.** — L'oxyde de fer contenu dans les cendres de houille, peut provenir du carbonate de fer, mais le plus souvent il provient de la pyrite de fer qui, malheureusement, se rencontre très-fréquemment dans ce combustible et nuit beaucoup à sa qualité. La pyrite se trouve dans les schistes interposés entre les feuillets de la houille. Par le contact de l'air humide, la pyrite se change en sulfate, et il en résulte une expansion qui fait tomber la houille en poussière. Quand cette transformation s'opère dans l'intérieur des mines, le dégagement de chaleur qui l'accompagne peut être tel que la houille prenne feu; on a vu souvent des incendies produits

par cette cause. Enfin, les houilles pyriteuses ne peuvent servir qu'à un petit nombre d'usages, parce que le soufre qu'elles renferment se volatilise au feu et corrode peu à peu le fond des chaudières; il altère, en outre, la qualité des métaux avec lesquels le combustible qui en contient est mis en contact à une haute température.

Nous indiquerons plus loin le procédé à l'aide duquel on détermine la quantité de pyrite qu'une houille renferme.

130. **Lavage de la houille.** — On débarasse les houilles destinées à la carbonisation ou à la fabrication des agglomérés, des schistes et, par conséquent, aussi de la pyrite qu'elles contiennent, en les soumettant à un lavage convenable, basé sur la différence de pesanteur spécifique qui existe entre le charbon, les schistes, les pyrites de fer et les matières terreuses qui composent la houille à la sortie de la mine. Si l'on met un mélange de cette nature en suspension dans l'eau, chacun des corps qui le composent se précipitera au fond avec une vitesse proportionnelle à sa densité, et comme le charbon est le plus léger, il restera à la surface et se trouvera ainsi séparé des matières étrangères qui en diminuent la qualité.

131. **Eau hygrométrique.** — Un autre élément qu'il convient de déterminer pour apprécier la valeur vénale d'une houille, c'est son contenu en eau hygrométrique. Ce contenu est variable suivant la nature des houilles; les houilles compactes en renferment moins que les houilles maigres. L'eau hygrométrique est enlevée complètement dans le vide, ou par une température un peu supérieure à 100°. Une fois desséchée, la houille attire de nouveau l'humidité de l'air, mais il faut un temps assez long pour qu'elle reprenne son poids primitif.

La quantité d'eau hygrométrique contenue dans les houilles et dans les anthracites est d'environ 2 à 3 pour cent. Néamoins dans certaines mines du centre de la France, on a constaté jusqu'à 12 et 15 pour cent de cette eau.

132. **Variétés d'après la grosseur des morceaux.** — Enfin la grosseur des morceaux est un dernier élément qui influe sur la valeur des houilles, et on leur donne différents noms suivant cette grosseur. En France et en Belgique, on appelle *tout-venant*, la houille telle qu'elle sort de la mine, avant qu'on en ait rien séparé ; les gros morceaux dont toutes les dimensions dépassent $0^m,10$, sont appelés *houille, gros, pérat* ou *roche* ; ceux de la grosseur du poing qui mesurent $0^m,05$ à $0^m,10$ forment la *gaillette,* les plus petits de 1 à 5 centimètres de dimensions, la *gailleterie* ou *petite gaillette;* enfin les très-petits morceaux de moins $0^m,015$ de côté, mélangés avec le fin ou

poussier constituent le *menu*. La houille étant en général d'autant plus pure qu'elle est en plus gros morceaux, le prix du gros est plus élevé que celui de la gaillette, et le menu est généralement à bas prix. Nous devons ajouter cependant que l'on est parvenu, par différents procédés, à agglomérer les menus, et à en former des blocs rectangulaires qui se comportent sur les grilles comme la houille en gros morceaux, et qui, par leur forme peuvent se disposer de façon à présenter, sous le même volume, un plus grand poids que la houille dans son état ordinaire, circonstance très-avantageuse pour les navires à vapeur et les locomotives. Depuis l'introduction de ces procédés dans la pratique, la valeur des menus a notablement augmenté. Auparavant, en effet, les menus n'étaient propres qu'à un nombre très-restreint d'usages. Nous consacrerons un article spécial à l'étude des procédés employés pour la fabrication des combustibles agglomérés.

Le menu s'emploie également à la fabrication du coke. Comme nous l'avons dit plus haut, on ne peut faire usage pour cette fabrication, ainsi que pour celle des agglomérés, que de menus lavés. Mais on ne soumet au lavage que les petits morceaux du menu. A cet effet, on les sépare du fin, au moyen d'une espèce de crible tournant qu'on appelle le *trommel*.

Ces morceaux sont ensuite broyés entre deux cylindres tournants à surface échancrée de distance en distance, puis soumis au lavage, dont nous avons plus haut indiqué le principe.

133. Variétés de houilles grasses. — D'après leurs applications dans les arts, les houilles grasses se divisent en trois variétés :

1° Les *houilles grasses* et *fortes* ou *dures*. Ces houilles donnent un coke métalloïde boursouflé, mais moins gonflé et plus lourd que celui des houilles maréchales. Elles sont les plus estimées pour les opérations métallurgiques qui demandent un feu vif et soutenu, et elles donnent le meilleur coke. Ces houilles diffèrent des houilles maréchales par un plus grand contenu de carbone. Leur poussière est d'un noir brun.

Elles sont presque toujours extrêmement friables, et si, malgré cela, on les appelle des charbons *durs* en Belgique et dans le nord de la France, c'est pour indiquer qu'elles se consument lentement, qu'elles *durent* au feu.

2° Les *houilles grasses maréchales*. Ces houilles donnent un coke métalloïde très-boursouflé. Ce sont les plus estimées pour la forge, parce que la croûte qu'elles forment en se coagulant empêche la déperdition de la chaleur, se soutient d'elle-même comme une voûte,

et permet de retirer le fer sans déranger le foyer; sur la grille des
fourneaux, cette houille offrirait l'inconvénient d'obstruer les passages
de l'air et d'exiger qu'on brisât souvent avec le tisonnier la masse
solide provenant de son agglutination. Ces houilles sont d'un beau
noir et présentent un éclat gras des plus prononcés. Leur poussière
est brune. Le plus souvent elles sont fragiles et se divisent en
fragments rectangulaires.

De toutes les variétés des houilles maréchales, la plus estimée est
celle de St.-Etienne; après vient celle de Mons, désignée sous le nom
de fine-forge.

3° Les *houilles grasses à longue flamme*. Ces houilles donnent encore
ordinairement un coke métalloïde boursouflé, mais moins que celui des
houilles maréchales; souvent on y reconnaît encore les différents fragments de houille employés à la carbonisation, mais ces fragments se
sont toujours très-bien collés les uns aux autres. Ces houilles sont
très-recherchées pour la grille, quand il faut donner un feu vif et
une haute température à une grande distance du foyer. Elles conviennent aussi très-bien pour le chauffage domestique, et ce sont
elles que l'on préfère pour la fabrication du gaz d'éclairage, parce
que le gaz qu'elles fournissent est plus éclairant que celui des houilles
maigres. On en obtient, dans les usines, de 240 à 260 litres par
kilogramme de houille, et, même en petit, par une distillation plus
rapide, jusqu'à 300 ou 350 litres.

Ces houilles donnent souvent un bon coke, mais toujours en assez
petite quantité. La poussière est brune, comme celle des houilles
maréchales.

Le flénu de Mons est le type des houilles à longues flammes. Le
cannel-coal du Lancashire appartient également à cette catégorie de
houilles.

134. **Données relatives à la composition des combustibles fossiles.**
— On trouvera dans le tableau ci-dessous la composition élémentaire
moyenne, la composition immédiate donnée par la distillation en vase
clos et le pouvoir calorifique des divers combustibles fossiles, supposés
purs, c'est-à-dire, séchés à 110° et privés de cendres.

TABLEAU VII [1].

DÉSIGNATION DES HOUILLES.	COMPOSITION ÉLÉMENTAIRE :			PRODUITS DE LA DISTILLATION SÈCHE :				POUVOIR CALORIFIQUE.
	Carbone.	Hydrogène.	Oxygène et azote.	Coke.	EAU AMMONIACALE.	Bitume.	Gaz.	
Anthracites	93 à 95	4 à 2	3 à 3	Pulvérulent 90 à 92	1 à 0	5 à 2	10 à 8	Non déterminé.
Houilles sèches	90 » 93	4,5 » 4	5,5 » 3	" 82 » 90	1 » 1	10 » 5	12 » 8	9200 à 9500
Houilles grasses et dures	88 » 91	5,5 » 4,5	6,5 » 4,5	Boursouflé 74 » 82	3 » 1	13 » 10	15 » 12	9300 » 9600
Houilles maréchales	84 » 89	5 » 5,5	11 » 5,5	" 68 » 74	5 » 3	15 » 12	16 » 15	8800 » 9300
Houilles grasses à longue flamme	80 » 85	5,8 » 5	14,2 » 10	Aggloméré 60 » 68	12 » 5	18 » 15	20 » 17	8500 » 8800
Houilles maigres	75 » 80	5,5 » 4,5	19,5 » 15,5	Fritté 50 » 60	20 » 15	16 » 14	20 » 20	8200 » 8300
Lignites secs	65 » 75	6 » 4	29 » 21	Charbon 40 » 50			24 » 21	6480 » 6991
Tourbes	58 » 63	6 » 5,5	36 » 31,5					

(1) Les données de ce tableau sont empruntées à M. GRUNER, *Métallurgie*, t. I.

Pl. IV. p. 80.

Fig. 1.

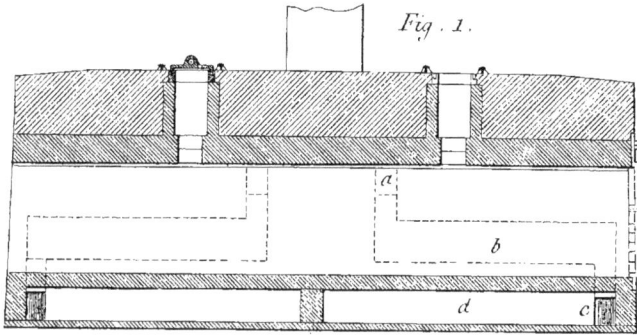

Echelle de 1/80 pour Fig. 1 à 4.

Fig. 2.

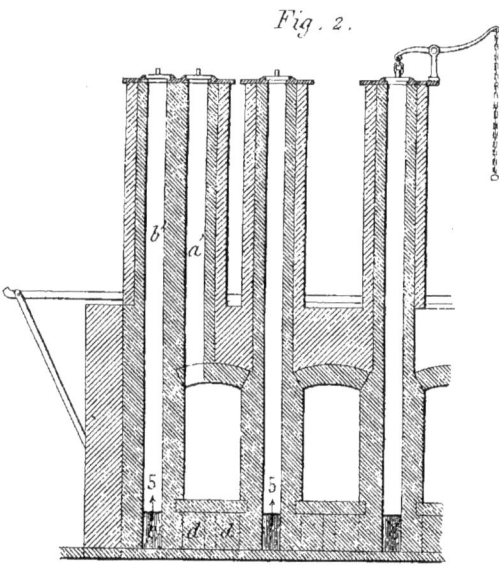

Fig. 7.

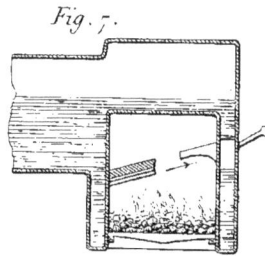

Fig. 6.

1.50

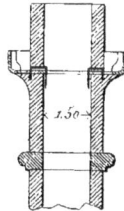

Echelle de 1/200 pour Fig. 5 et 6.

Fig. 5.

2.25

Fig. 3.

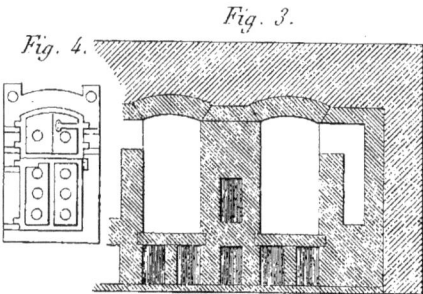

Fig. 4.

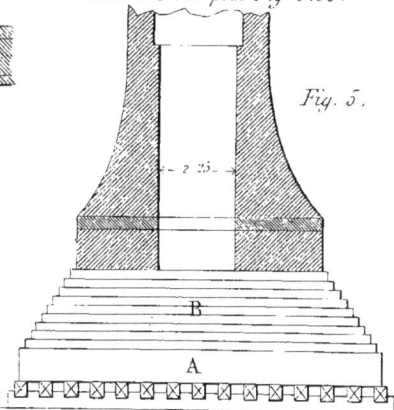

Pour compléter ces données sur la composition des combustibles fossiles, nous avons encore réuni, dans un tableau, les résultats de quelques analyses de Regnault, relatives à des combustibles simplement séchés à 100°, pour les débarasser de leur eau hygrométrique.

TABLEAU VIII.

DÉSIGNATION DES COMBUSTIBLES.	COMPOSITION.				
	Densités.	Carb.	Hydr.	Oxygène plus azote.	Cendres.
Anthracite de Pensylvanie . . .	1,462	90,45	2,43	2,45	4,67
Houille grasse et dure de Roche-belle.	1,322	89,27	4,85	4,47	1,41
Houille maréchale de Newcastle .	1,280	87,95	5,24	5,41	1,40
Houille à longue flamme (flénu de Mons)	1,276	84,67	5,29	7,94	2,10
Cannel-coal du Lancashire . . .	1,317	83,75	5,66	8,04	2,55
Houille maigre de Blanzy (Allier)	1,362	76,48	5,23	16,01	2,28
Lignite des Bouches du Rhône. .	1,254	63,88	4,58	18,11	13,43
Tourbe des Vosges		57,79	6,11	30,77	5,33

Le contenu des houilles en azote s'élève à 1 ou 2 pour 100.

135. **Transformations successives du bois.** — On voit, par l'inspection des tableaux VII et VIII ci-dessus, que si nous partons des houilles grasses maréchales, et que si nous remontons de celles-ci aux houilles grasses et dures, nous trouvons que l'hydrogène reste sensiblement constant, mais que l'oxygène diminue au contraire d'une manière très-notable et se trouve remplacé par du carbone.

Si nous passons des houilles grasses et dures aux anthracites, nous remarquons que l'hydrogène et l'oxygène diminuent tous les deux et que le carbone augmente dans le même rapport.

Si, en partant toujours des houilles maréchales, nous descendons vers les houilles grasses à longue flamme, nous remarquons que l'oxygène augmente d'une manière notable par rapport à l'hydrogène, et que l'hydrogène augmente également un peu, tandis que le carbone diminue.

Enfin, dans les houilles maigres, l'oxygène augmente encore d'une manière notable et remplace une quantité correspondante de carbone.

Il suit de là que les houilles grasses peuvent devenir sèches ou maigres, soit en passant à l'anthracite, et dans ce cas l'hydrogène et l'oxygène sont remplacés par du carbone, soit en marchant vers les combustibles plus modernes, vers les lignites, et dans ce cas le carbone est remplacé par l'oxygène et le rapport de celui-ci à l'hydrogène va alors en augmentant.

Quant à la composition des lignites, elle diffère de celle des combustibles plus anciens, en ce que le carbone y existe en moindre quantité et se trouve remplacé par l'oxygène. La composition de ces combustibles se rapproche de plus en plus de celle du bois vivant.

Dans les tourbes, le rapport du nombre d'atomes d'hydrogène et d'atomes d'oxygène est presque exactement comme 3 : 1, tandis que dans le ligneux actuel ce rapport est de 2 : 1.

136. **Poids et conservation de la houille.** — Le poids de l'hectolitre de houille varie de 75 à 88^k. Ce sont les houilles sèches qui sont les plus lourdes. L'anthracite pèse jusqu'à 90^k.

Il convient de ne faire usage, autant que possible, que de houilles récentes et qui n'aient pas séjourné à l'air. La houille *éventée* (verwittert) a perdu une partie de ses gaz inflammables et de son bitume, elle est plus foncée et moins luisante qu'auparavant, brûle moins facilement, développe moins de chaleur, s'agglutine moins bien et convient moins pour la fabrication du coke comme pour celle du gaz.

Selon Richters (Dingler, t. 196, p. 317), cette altération, que la chaleur favorise, tient à une absorption d'oxygène, dont une partie forme de l'acide carbonique et de l'eau avec le carbone et l'hydrogène de la houille, et dont l'autre partie entre en combinaison avec le charbon restant.

Voici, à l'appui de ce qui précède d'après les analyses de Grundman, la composition d'une houille récente et celle de la même houille après une exposition de 12 mois à l'air.

Houille récente : carbone 86,374; hydrogène 6,001 ; Ox + Az 7,625; total 100,000.

Houille éventée : carbone 80,455; hydrogène 5,137 ; Ox + Az 14,408; total 100,000.

L'humidité n'influe sur le phénomène que pour autant qu'elle donne lieu à un échauffement, ainsi que cela arrive lorsque la houille renferme de la pyrite.

DE LA TOURBE.

137. Tourbe. — Ce combustible est le produit de l'altération qu'éprouvent, dans les lieux bas et marécageux, certaines plantes aquatiques et herbacées. On la trouve surtout le long des rivières dont le cours est lent, mais on en rencontre cependant aussi des gisements considérables sur des plateaux élevés, dans les Vosges, le Jura, les Alpes. Elle est partout en bancs horizontaux, quelquefois fort épais, que l'on trouve très-près de la surface du sol; on y a observé beaucoup de débris, comme des poteries, des médailles, des ustensiles, qui prouvent son origine toute moderne, et la continuation de sa formation à l'époque actuelle.

On peut distinguer deux variétés principales de tourbe, qui correspondent à des états de décomposition différents : 1° la tourbe *compacte* qui est noire ou d'un brun foncé; on n'y distingue plus que ça et là de débris reconnaissables de végétaux ; 2° la tourbe *herbacée* qui est spongieuse et d'un brun clair ; elle est entièrement formée de débris reconnaissables de végétaux.

On exploite la tourbe au printemps, sous forme de briquettes, et on l'expose à l'air pendant l'été suivant pour la dessécher. Cette dessication lui fait éprouver un retrait considérable qui varie de 3/8 aux 4/8. Elle pèse ordinairement entre 250 et 400 kilogrammes par mètre cube.

La tourbe brûle avec flamme, donne une fumée assez épaisse et une odeur très-désagréable. On l'emploie avec avantage dans un très-grand nombre de circonstances ; on s'en sert pour le chauffage des chaudières à vapeur ; elle s'emploie aussi dans quelques localités pour le puddlage de la fonte ; elle peut même servir pour refondre le fer cru et rendre de bons services dans les verreries, les manufactures de faïence, de porcelaine, etc.; dans les fours à tôle, on en use un peu plus de deux fois autant que de bois en volume ; les classes pauvres l'emploient pour le chauffage domestique.

Les cendres que laisse la tourbe contiennent presque toujours des sels alcalins, mais en proportions beaucoup plus faibles que celles du bois. Leur composition, du reste, est variable en raison de la nature du terrain qui avoisine les gîtes tourbeux. Dans les pays calcaires, les cendres de la tourbe se composent presque exclusivement de carbonate de chaux et d'argile, tandis qu'elles sont sablonneuses dans les contrées formées par des grès ou des roches primitives. Les tourbes provenant d'une faible profondeur laissent beaucoup de cendres ; mais celles qui sont extraites plus profondément en donnent environ 7 à 8 pour cent. Voilà pourquoi celles-ci sont beaucoup plus estimées que les premières, qui donnent quelquefois de 18 à 20 pour cent de cendres.

Les cendres de tourbe traitées par les acides donnent quelquefois une odeur d'hydrogène sulfuré. On y trouve souvent du sulfate et du phosphate de chaux. C'est à la présence de la pyrite de fer dans les tourbes qu'il convient d'attribuer l'existence du soufre dans ces combustibles.

Les produits de la distillation de la tourbe sont assez analogues à ceux du bois, mais on y trouve en outre de l'ammoniaque, du sulfure de carbone et probablement divers autres composés sulfurés. Voilà pourquoi leur odeur est beaucoup plus fétide que celle produite par le bois, et cette circonstance diminue l'emploi de la tourbe pour les usages domestiques. La proportion de charbon que laisse la tourbe à la distillation est assez variable, mais elle est presque toujours supérieure à celle que fournit le bois. La tourbe s'enflamme déjà vers 250°.

On peut admettre que la tourbe séchée à l'air renferme encore au moins 25 pour cent de son poids d'eau hygrométrique, qui ne se dégage qu'à une température de 100 à 120°. Le poids de cendres qu'elle laisse après sa combustion varie de 1 à 30 pour cent. En moyenne, elle est composée comme suit : eau hygrométrique 25 ; eau combinée 28,5 ; hydrogène 1,5 ; carbone avec 1 ou 2 de cendres 45. Les tourbes ordinaires, tenant 35 pour cent d'eau et de cendres, vaporisent, en brûlant, $3^k,24$ d'eau.

Le poids du mètre cube de tourbe, à 20 pour cent d'eau, varie, en général, de 210 à 230^k, tandis que celui des briquettes de tourbe, obtenues par compression mécanique, peut s'élever à 500 et même à 600 kilogrammes.

CARBONISATION DE LA HOUILLE.

138. **Des fours à coke.** — Les fig. 1, 2, 3, pl. IV, p. 80, représentent les fours Smet employés à Seraing pour la fabrication du coke. Ils ont une forme rectangulaire de largeur faible et à peu près égale sur toute la longueur. Le déchargement du coke se fait à l'aide d'un repoussoir mû à bras d'hommes ou par la vapeur. Ce mode de défournement exige que les fours soient un peu plus larges du côté de'

la sortie du coke que du côté opposé. La sole et une partie des parois
sont chauffées par les flammes perdues. L'introduction de la houille
dans les fours a lieu par la voûte. Le chargement fait, on bouche les
ouvertures avec des tampons en fonte ou en briques.

Les fours sont associés par batteries, dont le couronnement porte
un système de chemins de fer, pour le transport de la houille qui doit
être enfournée.

Fig. 1, coupe suivant l'axe d'un four. Fig. 2, coupe verticale
suivant l'extrémité gauche de l'axe de la batterie. Fig. 3, coupe
transversale passant par les ouvertures *a*, fig. 1.

La fig. 1, indique les orifices de chargement et les carneaux *d*, qui
chauffent la sole. Les flammes sortent par deux ouvertures *a* pratiquées dans la paroi latérale de gauche et qu'on voit en pointillé. De
ces ouvertures, les flammes se rendent successivement dans les
carneaux latéraux *b*, dans le conduit *c*, dans les deux carneaux de
sole *d*, dans le carneau *e*, puis de ce dernier dans la cheminée *b'*, fig. 2.
Ainsi un four chauffe sa paroi latérale gauche et la sole du voisin de
gauche. La paroi de droite et la sole sont chauffées par le four qui se
trouve à droite de celui qu'on considère. De cette façon, les flammes
du dernier four à gauche restent sans emploi. On les laisse s'échapper
par la cheminée *a'*, fig. 2. Quant au dernier four à droite, il chauffe,
outre son voisin de gauche, sa paroi de droite et sa propre sole,
comme le montre la fig. 3. Ce four reste, par conséquent, plus froid
que les autres.

L'embrasure de chaque porte se trouve garnie d'un cadre ou
châssis en fonte auquel vient s'appliquer la porte et qui sert de soutien
à celle-ci, fig. 4, pl. IV, p. 80. Le battant se compose de deux parties
indépendantes, mobiles sur des gonds, la partie supérieure occupant
un tiers environ de la hauteur totale. Chaque battant partiel consiste
en une caisse en fonte évidée à la grande face et remplie intérieurement de briques réfractaires posées à plat. On ouvre le battant supérieur pour égaliser la houille dans le four après le chargement.

La charge de ces fours est de 3200 kilogrammes et la durée de la
calcination est de 48 heures. 100^k de charbon donnent, en moyenne,
71,34 de coke, 1,26 de petit coke et 3,88 de fraisil ou de grésillon ;
total 76,48. Le coke obtenu est, comme on dit, *métallurgique*, dur,
dense et couvert d'une belle peau grise.

139. **Conditions de la carbonisation.** — Pour obtenir un coke dur
et compacte, il est nécessaire qu'on effectue la carbonisation lentement, graduellement, sous une forte pression, et plus la houille

est grasse, plus il faut éviter une forte chaleur au début de la cuisson. On crée une forte pression sur la houille par une construction convenable du four, en diminuant la largeur de manière que la couche de houille occupe une grande hauteur[1]. Quant aux autres conditions, on cherche à y satisfaire en conduisant le travail d'après la nature de la houille sur laquelle on opère.

140. **Périodes de la carbonisation.** — La carbonisation présente quatre périodes distinctes dont l'ouvrier doit observer avec soin la succession et la durée. Pendant la *première période*, que l'on pourrait appeler la *période du suage*, parce qu'elle est caractérisée par le dégagement de l'eau, les portes sont fermées et lutées et les cheminées sont ouvertes. Il ne s'en échappe que de la fumée sans flamme. Durée de cette période 3/4 d'heure environ.

Lorsqu'on charge le four, celui-ci se trouve refroidi par le défournement antérieur (les fours à deux portes se refroidissent beaucoup plus durant cette opération que les fours à une porte) et la houille apporte 10 à 12 pour 100 d'eau de mouillage retenue du lavage préalable. De plus, cette houille a été broyée et réduite à un grand état de ténuité. Toutes ces circonstances sont favorables au but que l'on a en vue, savoir la production d'une chaleur modérée et lentement ascendante au début de l'opération. En effet, si avec une houille grasse on veut obtenir un grand rendement et un produit dur, dense et compacte, on doit chercher à dégager la plus grande quantité d'oxygène et d'hydrogène à l'état d'eau, et non à l'état de gaz combustibles, ce qui ne se peut qu'à l'aide d'une température relativement basse. Dans les fabriques de gaz, où le coke n'est qu'un produit secondaire, on suit une marche inverse; aussi n'obtient-on qu'une faible quantité de ce produit, et celui-ci est-il boursouflé, léger, hétérogène et dépourvu de ténacité. Un coup de feu énergique dans le commencement de l'opération est également nécessaire lorsqu'on carbonise des houilles maigres qu'on ne parviendrait pas à agglutiner sans ce moyen.

L'eau de mouillage, en s'évaporant, remue doucement la masse,

---

(1) Les fours Appolt, qui ne sont à proprement parler que des fours Smet placés debout, remplissent le mieux cette dernière condition, et, pour cette raison, donnent le coke le plus dense et le plus dur; mais comme la pression, dans ces fours, diminue rapidement à mesure qu'on approche du sommet de la colonne, où elle est nulle, le coke doit manquer d'homogénéité. Pour la description de ces fours, v. GILLON, *Revue Universelle des Mines*, t. 34, p. 205, Liège, 1873.

puis le dégagement de l'eau combinée fait décrépiter les fragments. L'élimination de l'eau ne tarde pas à être accompagnée d'un dégagement d'hydrogène carboné et en même temps il se fait une espèce de fusion lente qui, peu à peu, envahit la charge toute entière, grâce à l'état de division dans lequel elle se trouve.

Deuxième période : inflammation et combustion incomplète des gaz, les cheminées exhalent autant de flamme que de fumée et la flamme est rouge. Durée 1 1/2 heure. Cheminée complètement ouverte ; portes toujours fermées et lutées. — Les fragments de charbon se collent, l'agglutination fait des progrès de plus en plus rapides et la masse tend à se gonfler, ce en quoi elle est cependant contrariée par la résistance des parois du four et par le poids de la charge.

La *troisième période* commence lorsque les gaz brûlent bien ; la flamme est blanche et sans fumée ; la houille est incandescente sur une épaisseur de 3 pouces à partir de la surface : dans cette période, pas plus que dans les autres, on ne laisse jamais arriver l'air par les portes ni dans les carneaux ; il est certain que l'air nécessaire arrive par des fissures qui existent toujours dans les maçonneries. Dès que la distillation se ralentit et que l'incandescence fait des progrès, ce qui arrive 17 heures après le chargement, on ferme de plus en plus et graduellement les registres des cheminées ; le soin avec lequel l'ouvrier fait cette manœuvre influe beaucoup sur la densité du coke.

Quatrième période : les flammes dégagées par les cheminées deviennent de plus en plus rares, la masse est entièrement incandescente, *le coke se perce, il s'est formé*, le bouchage de la porte reste hermétique. Le coke a atteint son maximum de dilatation. Si dans cet état on le retirait du four, il se réduirait en petits fragments. Il faut le maintenir au rouge vif pendant quelques heures, ou mieux le plus longtemps possible, ce qui lui permet de se contracter, le rend plus compacte, plus dense et plus dur, et le fait fendiller. A mesure que la flamme diminue, on ferme de plus en plus les registres et lorsqu'il ne se dégage plus de flamme du tout, les cheminées se trouvent complètement bouchées. L'opération est terminée. On défourne le coke et on l'éteint.

La même houille qui, par une calcination achevée en 23 heures de temps, a donné un coke dont le mètre cube pesait 410 k., a donné, par une calcination poussée jusqu'à 45 heures, un coke d'un poids de 515 k. par mètre cube.

Toutefois, il convient d'observer qu'en général la densité du coke dépend principalement de la lenteur de la cuisson pendant la première période, dont la durée, comme nous savons, se règle après la qualité de la houille. Le temps nécessaire à l'achèvement de la carbonisation est en rapport avec le coup de feu qu'on peut développer. Les fours Appolt paraissent être mieux chauffés que les fours Smet, puisqu'ils sont entièrement entourés de flammes, ce qui n'a pas lieu pour ces derniers ; mais dans les fours Appolt, la flamme s'élève sans exercer de pression sur les parois à échauffer, tandis que dans les fours Smet l'énergie de la flamme s'accroît par la pression dans tous ses mouvements.

L'extinction à l'eau débarrasse le coke d'une partie de son soufre. La houille renferme le soufre à l'état de bisulfure de fer et le coke à celui de protosulfure, lequel est décomposable au moyen de l'eau. Aussi, à poids égal, le coke contient moins de soufre que la houille ; le contraire a lieu pour les quantités de cendres.

L'extinction doit se faire en n'employant l'eau que dans la proportion strictement nécessaire : cette eau s'évapore presqu'en totalité, mais si l'on n'y prend garde, le coke peut retenir 10 pour 100 et absorber même 50 pour 100 d'eau. Toutefois, il peut abandonner de nouveau, quoique lentement, cette dernière quantité à 10 pour 100 près.

141. **Emploi du coke.** — Le poussier de coke ayant peu de valeur, il faut manier et transporter le coke le moins possible, parce que, à chaque manipulation, il subit un déchet qui, pour les cokes très-poreux, peut s'élever jusqu'à 10 pour cent. Pour être d'un bon usage, le coke doit contenir une certaine quantité d'eau que l'on évalue à 6 pour cent et qui lui est fournie par l'arrosage lors de l'extinction. Le poids de l'hectolitre de coke varie de 40 à 45 kilogrammes pour le coke de four et de 30 à 35 kilogrammes pour le coke de gaz.

M. de Marsilly a analysé les cokes d'Agrappe (Société des Charbonnages belges) et du bois du Luc. Voici le résultat de ces analyses :

PROVENANCE DU COKE.	CARBONE.	HYDROGÈNE.	OXYG. ET AZOT.	CENDRES.
Coke d'Agrappe . . .	91,30	0,33	2,17	6,2
Coke du bois du Luc. .	91,59	0,47	2,05	5,89

142. **Essais et qualités.** — Le coke doit avoir été calciné unifor-

mément et au degré convenable, sans quoi sa combustion ne s'effec-
tuerait pas d'une manière régulière, soit dans le foyer des locomotives, soit dans les fours où on se propose de l'utiliser. Il faut qu'il
soit dur, compacte, dense, sonore et peu fragile. En outre, il doit
être d'une peau gris clair, d'un éclat semi-métallique. Cette peau,
formée d'un enduit mamelonné de graphite ou *charbon des cornues*,
doit être uniforme, dénuée de taches irrégulières noirâtres, qui indi-
queraient la présence du sulfure de fer, et d'irrisations, qui témoigne-
raient d'une cuisson incomplète. Non-seulement le coke doit être
autant que possible exempt de cendres, de schistes et de pyrite, mais
il doit, en outre, laisser peu de cendres à la combustion. Les compagnies de chemin de fer n'admettent généralement que 6 pour 100 de
cendres dans le combustible qui leur est livré.

Le soufre que le coke ne renferme que trop souvent provient de la
pyrite dont la houille était mélangée et qui s'est transformée en
proto-sulfure par la carbonisation. Quand on incinère la houille ou le
coke, la pyrite se grille, et il reste de l'oxyde rouge de fer, mélangé
avec les matières terreuses. Pour déterminer la quantité de pyrite
dans le coke ou dans un combustible minéral quelconque, on le pèse,
on le porphyrise et on le fait bouillir avec de l'acide hydrochlorique
jusqu'à ce qu'il ne se dégage plus d'hydrogène sulfuré ; on filtre la
dissolution, on la fait bouillir avec de l'acide nitrique pour suroxyder
le fer, et on précipite celui-ci par l'ammoniaque. 100 de peroxyde de
fer équivalent à 150,5 de bisulfure et à 110 de monosulfure. Dans
cette analyse on doit observer que la houille peut quelquefois renfermer du sulfate de chaux ou de baryte, et que ces sels par leur calcination au contact du charbon, se transforment en sulfures, qui se
comportent comme le sulfure de fer avec l'acide hydrochlorique.

CHARBON DE TOURBE.

143. **Carbonisation de la tourbe.** — La tourbe de bonne qualité,
carbonisée comme le bois, soit en meules, soit en vase clos, donne un
charbon léger, spongieux, qui contient 18 à 20 pour cent de cendres.

Ce charbon brûle lentement, en produisant une légère flamme, et
conserve son volume en brûlant, à cause de la grande quantité de
cendres qu'il contient.

La plupart des inconvénients qu'on reproche à la tourbe crue
disparaissent si elle est carbonisée. En effet, le charbon de tourbe ne

dégageant plus d'odeur désagréable lors de sa combustion, peut très-bien s'employer dans les foyers domestiques.

Il est également d'un bon usage dans les foyers où l'on a besoin d'un combustible brûlant avec moins de rapidité que le bois et la tourbe crue et agissant avec plus de force dans le foyer même. Mais il ne réussit pas dans les hauts-fourneaux et dans les autres fourneaux à cuve, à cause de son grand contenu en cendres.

Le mètre cube de charbon de tourbe, provenant de la carbonisation de tourbe non comprimée, ne pèse pas même 200 kilogrammes par mètre cube; celui qui provient de tourbe malaxée et comprimée pèse de 350 à 380 kil. par mètre cube.

COMBUSTIBLES AGGLOMÉRÉS.

144. Fabrication des agglomérés. — Les agglomérés de combustibles menus se préparent par simple compression, ou par voie d'agglomération à l'aide d'un ciment. La compression ne s'applique qu'aux tourbes et aux lignites terreux.

145. Agglomérés de houille. — Jusqu'à présent les procédés variés auxquels on a recours pour agglomérer les menus de houille, sont tous basés sur l'emploi de ciments. Le plus économique est la terre glaise; les plus usités, le goudron de houille et ses dérivés immédiats, le brai gras et le brai sec.

La terre glaise est le ciment dont on s'est servi en premier lieu. Dès la fin du siècle dernier, on faisait, en Belgique, des briquettes par ce moyen, ou de simples boules pour le chauffage domestique. Mais la terre glaise est un mauvais ciment et elle augmente la teneur en cendres jusqu'à 15 à 20 pour cent, puisque l'argile ajoutée s'élève au dixième de la houille.

Le goudron n'est plus guère employé. Il en est de même du brai gras, sorte de goudron imparfaitement cuit. Le brai sec a seul été conservé. Il s'obtient à l'aide du goudron de houille qu'on concentre jusqu'à 280 ou 300° et dont on retire par distillation 35 à 40 pour cent de matières volatiles. Il devient mou et pâteux vers 80 à 100°, mais ne fond pas à cette température et peut se broyer à froid, s'il a été suffisamment concentré. Dans ce cas, il doit laisser à la carbonisation au creuset de platine au moins 45 à 46 pour 100 de charbon boursouflé. Il a sur le goudron et le brai gras l'avantage de fournir immédiatement des briquettes dures, dégageant peu d'odeur et de fumée, et ne se ramollissant pas vers 50 à 60°. Sa composition moyenne est la suivante :

Carbone . . . . 80 à 85
Hydrogène . . . . 10 » 7
Oxygène . . . . 10 » 8
_____
100

En Belgique, les fabriques d'agglomérés sont surtout groupées autour de Charleroi, qui produit spécialement des charbons maigres.

En 1867, le nombre des usines belges était de sept, et leur production annuelle, de 400,000 tonnes.

D'après M. de Marsilly (Annales des Travaux publics de Belgique, Tome XVIII, p. 408), le pouvoir calorifique des briquettes de l'usine de Gosselies, serait de 7362 calories, et celui des briquettes de l'usine de Montigny-sur-Sambre, de 7289°. Le pouvoir calorifique des houilles du bassin de Charleroi qui servent à la fabrication de ces briquettes varie, d'après le même auteur, entre 7411 et 7166 calories.

146. **Qualités qu'on requiert d'un bon aggloméré.** — Les agglomérés doivent être durs, sonores, homogènes, peu hygrométriques, à peu près dépourvus d'odeur et être fabriqués avec des menus de bonne qualité, de fraîche extraction, lavés avec soin.

Leur densité moyenne ne doit pas être inférieure à 1,19. Ils doivent s'allumer facilement et brûler avec une flamme vive et claire, sans se désagréger au feu et en ne produisant qu'une fumée grise et légère. La proportion des cendres et des résidus ne doit pas excéder 6 à 7 pour cent. Telles sont à peu près les conditions imposées par la marine française et les compagnies de chemins de fer.

Les briquettes préparées au brai sec et avec des houilles bien lavées, demi-grasses, à courte flamme, l'emportent, par leur effet utile dans les locomotives, non-seulement sur la houille en roche d'égale provenance, mais encore sur le coke, lorsque les grilles des foyers sont suffisamment grandes. Cette supériorité tient à ce que les houilles en roche ou en briquettes, permettent de marcher avec une couche mince dans le foyer, ce qui rend la combustion complète ; tandis qu'il faut accumuler le coke sur une plus grande épaisseur, d'où résulte du gaz oxyde de carbone qui s'échappe sans brûler. A l'aide d'appareils fumivores convenables (v. plus loin), on parvient d'ailleurs à brûler la fumée des briquettes.

Nous avons indiqué les quantités de cendres tolerées dans les briquettes par les compagnies de chemin de fer. Mais outre les cendres, fixées par un essai en petit, il faut aussi considérer le mâche-fer et les escarbilles, dont la proportion ne dépend pas exclusivement de celles des cendres.

Voici à cet égard les résultats obtenus à Brest, en 1862, par M. Delantel, ingénieur de la marine :

TABLEAU IX.

DÉSIGNATION DES CHARBONS.	CENDRES ET ESCARBILLES.	MACHE-FER.	TOTAL.
	p. 100.	p. 100.	p. 100.
Cardiff charbon en roche	6,11	2,31	8,42
Newcastle	3,55	1,62	5,17
Anzin	5,70	2,50	8,20
Anzin (briquettes)	3,48	2,91	6,39
Briquettes Évrard (Chazotte) . . .	3,53	3,49	7,02

On voit par ce tableau que les briquettes, provenant de menus lavés, laissent, en général, moins de résidus terreux que les charbons en roche provenant des mêmes exploitations.

Le poids des briquettes varie de 1 à 8 ou 10 kilogrammes.

147. **Charbon de Paris.** — On désigne sous ce nom un aggloméré qu'on fabrique avec du goudron brut et des combustibles menus de toute espèce : charbon de bois et de tourbe, débris de coke et de houille, sciure de bois, etc. Ces matières étant mélangées et façonnées en briquettes, qui ont ordinairement la forme de boudins minces, on les calcine en vase clos jusqu'au rouge, de façon à en expulser tous les éléments volatils. Pour réduire les frais, on brûle d'ailleurs ces vapeurs sous les appareils de carbonisation.

148. **Briquettes de tourbe et de lignites terreux.** — On fabrique également des briquettes de tourbe et de lignites terreux (V. Gruner, annales des mines, 1864).

SECTION DEUXIÈME.

DES CHEMINÉES ET DES MACHINES SOUFFLANTES.

CHAPITRE PREMIER.

DU MOUVEMENT DE L'AIR CHAUD DANS LES CHEMINÉES ET DANS LES CONDUITS DE VENTILATION.

149. Méthode suivie pour la détermination de la vitesse de l'air chaud. — Pour déterminer la vitesse de circulation de l'air chaud dans les cheminées et dans les conduits de ventilation, nous suivrons une marche analogue à celle adoptée par M. Morin dans ses *Études sur la ventilation*, *Paris*, *Hachette*, 1863.

La méthode de M. Morin repose sur le principe bien connu des forces vives et qu'on peut énoncer comme suit : *Lorsqu'une force agit le long d'un certain chemin, sur un corps entièrement libre et partant du repos, le double du travail effectué par la force est égal à la force vive qu'elle communique à ce corps.*

Le *travail* effectué par la force a pour mesure le produit de l'intensité de la force en kilogrammes, par le chemin le long duquel elle a agi sur le corps, ce chemin étant exprimé en mètres. Ce produit donne la valeur du travail en kilogrammètres.

On appelle *force vive* d'un corps en mouvement, le produit de la masse de ce corps par le carré de sa vitesse.

D'après le principe des forces vives, si nous représentons par f la force, par e le chemin le long duquel elle agit sur un corps de masse m, et par v la vitesse imprimée à ce corps, on a :

$$2\,fe = mv^2.$$

Réciproquement, si un corps de masse m, se meut avec la vitesse v, il est capable, en vertu de cette vitesse, de faire un travail fe, donné par l'équation :

$$fe = \frac{mv^2}{2},$$

c'est-à-dire, égal à celui qu'il aura fallu dépenser pour lui communiquer la vitesse qu'il possède.

Le principe des forces vives se déduit facilement des lois de la chute des corps. En effet, lorsqu'un corps tombe dans le vide d'une hauteur h, il acquiert une vitesse $v = \sqrt{2gh}$. Pour développer cette vitesse, la pesanteur doit vaincre, l'inertie du corps le long du chemin h, et, par conséquent, faire un travail égal à ph, p étant le poids du corps. Or, si m représente la masse de celui-ci, on sait que $p = mg$, et comme, d'après la valeur de v, $h = v^2 : 2g$, on aura :

$$ph = \frac{mv^2}{2}, \text{ ou } 2ph = mv^2.$$

D'un autre côté, on sait qu'un corps de poids p, lancé verticalement de bas en haut avec une vitesse v, donnée par l'équation : $v = \sqrt{2gh}$, peut, en vertu de cette vitesse, s'élever précisément à la hauteur h, et, par suite, faire un travail $ph = mv^2 : 2$, puisque $p = mg$ et $h = v^2 : 2g$.

Cela posé : Pour appliquer le principe des forces vives au calcul de la vitesse de l'air chaud, nous ferons remarquer que le mouvement de ce gaz dans les cheminées et dans les tuyaux de ventilation est déterminé par les différences des pressions qui agissent aux extrémités du conduit que le gaz parcourt.

Nous aurons donc à chercher le travail que la pression motrice effectue en une seconde, à retrancher de ce travail celui consommé, pendant le même temps, par le frottement du gaz contre les parois du conduit, et à égaler le double de cette différence à la somme des forces vives possédées et perdues par la masse de gaz qui traverse le conduit aussi pendant une seconde.

150. Évaluation du travail moteur. — Occupons-nous d'abord de la détermination de la pression motrice et de son travail.

A cet effet, considérons une cheminée cylindrique verticale, de hauteur H, comme celle représentée par la fig. 28.

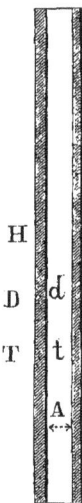

Fig. 28.

Supposons que cette cheminée contienne de l'air chaud à une température moyenne t, supérieure à celle T de l'air extérieur. Désignons aussi par d la densité ou le poids d'un mètre cube de cet air chaud, par D la densité de l'air extérieur et par A la section transversale de la cheminée.

Cela étant, soit P, la pression de l'atmosphère en kilogrammes à la hauteur du sommet de la cheminée, sur une surface égale à la section A de ce tuyau ; p et p', le poids de deux colonnes d'air, ayant le volume du tuyau sous la pression atmosphérique, l'une à la température de l'air extérieur, l'autre à celle de l'air chaud. Il est évident que la pression exercée, de bas en haut, sur la base de la colonne p', sera $P + p$, et que la pression exercée, sur la même base, en sens contraire, sera $P + p'$; ainsi la colonne d'air chaud tendra à s'élever en vertu de la pression $p - p'$. Il résulte de là que, si la cheminée communiquait à sa partie inférieure avec un tuyau horizontal chauffé extérieurement par un foyer, l'air extérieur entrerait constamment dans ce tuyau et s'échapperait échauffé par le sommet de la cheminée. Cet écoulement aurait lieu en vertu de l'excès de p sur p' ou bien, puisque $p = AHD$ et $p' = AHd$, en vertu d'une force égale à $AH(D - d)^k$. Telle est donc l'expression de la pression motrice qui tendra à mettre l'air extérieur en mouvement et à le faire passer dans la cheminée.

Quant au travail que cette force développe pendant chaque seconde, si U désigne la vitesse moyenne dans la cheminée, ce travail sera de $AH(D - d)U^{k.m.}$.

151. Autre expression de la pression motrice. — L'expression $(D - d)AH$ de la pression motrice peut se mettre sous une autre forme. En effet, si nous représentons par a le coefficient de dilatation de l'air ($a = 0,00366$), on aura, puisque le poids d'un mètre cube d'air à 0^u et sous la pression de $0^m,76$, est égal à $1^k,293$:

$$D = \frac{1^k,293}{1 + aT}, \quad d = \frac{1^k,293}{1 + at},$$

et, par conséquent,

$$(D - d)AH = \frac{1^k.293}{1 + at} \cdot \frac{Ha(t - T)}{(1 + aT)} \cdot A.$$

Dans cette expression, $\frac{Ha(t - T)}{(1 + aT)}$, est la hauteur d'une colonne d'air chaud à t^o et de section A, dont le poids est égal à la pression motrice. Cette hauteur est proportionnelle à la pression motrice et peut servir à la mesurer. Nous la représenterons par h.

On exprime souvent en colonne d'eau la pression motrice exercée par la colonne d'air chaud de hauteur h. A cet effet, soit E la hauteur d'une colonne d'eau exerçant la même pression que cette colonne h d'air chaud. Puisque le poids d'un mètre cube d'eau est égal à 1000 kilogrammes et celui d'un même volume d'air à $t°$ et sous la pression de $0^m,76$ de mercure, à $\dfrac{1^k,293}{(1+at)}$, on doit avoir entre E et h la relation :

$$E : h = \frac{1,293}{(1+at)} : 1000,$$

qui donne pour E la valeur suivante :

$$E = \frac{h.\,1,293}{1000\,(1+at)} = \frac{1,293\,\mathrm{H}a\,(t-\mathrm{T})}{1000\,(1+a\mathrm{T})\,(1+at)}.$$

152. Vitesse théorique de l'air chaud. — Si le travail moteur $\mathrm{AH}(\mathrm{D}-d)\mathrm{U}$, n° 150, était employé uniquement à mettre l'air chaud en mouvement, on aurait, d'après le n° 149, en représentant par M la masse de fluide écoulé par seconde :

$$2\mathrm{AH}(\mathrm{D}-d)\mathrm{U} = \mathrm{MU}^2.$$

Si l'on divise le premier membre de cette équation par $\dfrac{\mathrm{AU}d}{g}$, valeur de M, et le second membre par M, on trouve :

$$\mathrm{U} = \sqrt{\frac{2g\mathrm{H}(\mathrm{D}-d)}{d}} = \sqrt{\frac{2g\mathrm{H}a\,(t-\mathrm{T})}{(1+a\mathrm{T})}} \ldots \ldots (1).$$

Dans ces formules, g représente la vitesse acquise par un corps qui tombe pendant une seconde dans le vide. Sous la latitude de Paris, $g = 9^m,8088$.

Comme $\dfrac{\mathrm{H}\,a\,(t-\mathrm{T})}{(1+a\,\mathrm{T})}$ exprime la hauteur de la colonne d'air chaud qui produit la pression motrice, on voit qu'en représentant toujours cette hauteur par h, on a $\mathrm{U} = \sqrt{2gh}$.

Il suit de là que U est égal à la vitesse acquise par un corps qui tomberait dans le vide d'une hauteur h, égale à celle de la colonne motrice.

L'équation ci-dessus permet également de déterminer h en fonction de U, car elle donne $h = \dfrac{\mathrm{U}^2}{2g}$.

153. Volume d'air écoulé par la cheminée. — Il résulte de l'équation (1) ci-dessus que le volume Q d'air à la température t écoulé en une seconde par la cheminée dont la section est A, a pour valeur :

$$\mathrm{Q} = \mathrm{AU} = \mathrm{A}\sqrt{\frac{2g\mathrm{H}a\,(t-\mathrm{T})}{(1+a\mathrm{T})}} \ \ldots \ldots (2),$$

expression dans laquelle $(1+a\mathrm{T})$ diffère peu de l'unité.

154. Poids d'air débité par la cheminée. — Le poids d'un mètre cube d'air à $t°$ et sous la pression de $0^m,76$ de mercure, étant égal à $1^k,293 : (1 + at)$, il s'ensuit que le poids P d'air qui traverse en une seconde la cheminée et qui mesure la puissance du *tirage théorique*, est donné par l'équation :

$$P = \frac{1^k.293\,A}{1 + at}\sqrt{\frac{2g\mathrm{H}a\,(t - \mathrm{T})}{(1 + a\mathrm{T})}} \cdot \cdot \cdot \cdot \cdot (3).$$

On trouvera dans le tableau ci-dessous, emprunté à M. Ser (Cours de physique industrielle de l'École centrale, à Paris), les valeurs de U, Q, P et E, pour diverses valeurs de t, T étant supposé égal à $0°$, $H = 1$ et $A = 1$.

TABLEAU X.

VALEURS DE t.	VALEURS DE U OU Q EN MÈTRES.	VALEURS DE P EN KILOGRAMMES.	VALEURS DE E EN MILLIMÈTRES.	VALEURS DE t.	VALEURS DE U OU Q EN MÈTRES.	VALEURS DE P EN KILOGRAMMES.	VALEURS DE E EN MILLIMÈTRES.
5°	0,5999	0,7620	0,02230	250	4,2424	2,861	0,6188
10	0,8484	1,071	0.04581	275	4,4195	2,864	0,6496
15	1,0389	1,274	0,06747	300	4,6475	2,860	0,6776
20	1,1999	1,446	0,08845	325	4,8372	2,853	0,7036
25	1,3416	1,590	0,1087	350	5,0197	2,841	0,7270
30	1,4695	1,725	0,1293	375	5,1960	2,827	0,7489
40	1,6968	1,915	0,1656	400	5,3664	2,811	0,7691
50	1,8972	2,073	0,2006	500	5,9999	2,736	0,8369
60	2,0781	2,202	0,2334	600	6,5724	2,653	0,8892
80	2,3998	2,400	0,2936	700	7,0979	2,572	0,9307
100	2,6832	2,538	0,3471	800	7,5891	2,493	0,9645
125	2,9998	2,660	0,4068	900	8,0496	2,418	0,9925
150	3,2861	2,741	0,4592	1000	8,4850	2,349	1,016
175	3,5493	2,812	0,5088	1500	10,3571	2,066	1,094
200	3,7945	2,829	0,5473	2000	11,9992	1,860	1,136
225	4,0284	2,851	0,5850				

155. Discussion des formules du tirage théorique. — On voit, par les formules ci-dessus que, si l'on suppose T constant, les valeurs de U, Q et P ne varient qu'avec A, t et H. Nous allons examiner

8

l'influence de chacune de ces trois quantités sur le tirage théorique.

156. Influence de la section de la cheminée sur le tirage. — On voit par l'équation (3), n° 154, que le tirage théorique est proportionnel à l'aire A de la section de la cheminée. L'expérience indique que cette loi n'est guère modifiée par les diverses résistances qui diminuent le tirage des fourneaux. On peut donc la considérer comme suffisamment exacte dans la pratique.

157. Influence de la température de l'air chaud. — Le facteur $(t - \mathrm{T})$ entrant sous le radical au numérateur de la valeur de U, il s'ensuit que cette vitesse croît seulement proportionnellement à sa racine carrée, et, par conséquent, d'autant plus lentement qu'il devient plus grand. Par ce seul motif, il y a donc lieu de renfermer sa valeur dans des limites assez restreintes, d'autant plus que l'excès $t - \mathrm{T}$ de la température intérieure dans la cheminée sur celle de l'air extérieur donne lieu à des pertes de chaleur croissantes avec t.

158. Influence de la section de la cheminée sur la dépense de combustible. — La section A de la cheminée exerce une influence considérable sur la dépense de combustible dans les appareils de chauffage et de ventilation.

En effet, si nous nous reportons à la valeur de P qui mesure la puissance du tirage (n° 154), nous voyons que, pour des valeurs de H et de T supposées constantes, ce poids ne croissant que proportionnellement à $\sqrt{\dfrac{t - \mathrm{T}}{(1 + at)^2}}$, tandis qu'il augmente en proportion directe de la section transversale A de la cheminée, il y a tout avantage à augmenter cette section plutôt qu'à faire croître la température de l'air dans la cheminée pour rendre le tirage plus énergique.

Ainsi, par exemple, si nous supposons successivement $t = 20°$ et $t = 80°$, $\mathrm{T} = 10°$, on aura :

$$\sqrt{\frac{t - \mathrm{T}}{(1 + at)^2}} = 2,946 \text{ ou } 6,470 ;$$

de sorte, que la température de l'air dans la cheminée ayant été quadruplée, le volume d'air à la température extérieure appelé par la cheminée n'aurait augmenté que dans le rapport de 1 à 2,19 ; tandis que si t restant égal à 20°, la section de la cheminée avait été à peu près doublée ou accrue dans le rapport de 1 à 2,19, on aurait obtenu, sans augmentation de dépense journalière, à très-peu près le même résultat.

Or, la consommation de combustible croît comme l'excès $t - T$ de température qu'il s'agit de communiquer à l'air évacué, et dans l'hypothèse précédente, cet excès varie de 10 à 70°. Par conséquent, pour obtenir le même résultat que produirait la dépense une fois faite de la construction d'une cheminée dans le rapport de A à 2,19 A, il faudrait avec une cheminée dont la section ne serait que A, dépenser en service journalier, 7 fois plus de combustible. Cette comparaison met en évidence l'avantage que présentent les grandes sections au point de vue de l'économie de combustible. Mais en tenant compte de ces conséquences, il ne faut pas perdre de vue, dans les questions de ventilation, par exemple, que la stabilité du mouvement de l'air exige que les vitesses atteignent au moins 1 à 2 mètres dans les cheminées principales d'évacuation de l'air vicié.

Dans les cheminées des fourneaux, la vitesse de l'air brûlé ne doit jamais être inférieure à 3 mètres. Avec ces vitesses de 1 à 2 mètres dans les cheminées de ventilation et de 3 mètres dans les cheminées des fourneaux, il faut encore prendre la précaution de disposer le débouché de la cheminée de manière à y obtenir une vitesse plus grande, afin de mettre le courant gazeux à l'abri de l'action variable des vents. A cet effet, on rétrécit les cheminées à leur partie supérieure (v. n° 170), et souvent on les munit, en outre, d'appareils particuliers dont il sera question plus loin.

159. **Maximum de tirage.** — De ce que la vitesse U croît indéfiniment avec t lorsque T est supposé constant, il ne s'ensuit pas que P ou le poids de l'air qui traverse la cheminée en une seconde augmente de la même manière.

En effet, comme il est facile de s'en assurer, dans l'expression de P, le facteur variable avec t n'est plus $t - T$, mais $(t - T) : (1 + at)^2$. Or, ce nouveau facteur ne croît pas indéfiniment avec t, mais il atteint une valeur maxima pour $t = \dfrac{1}{a} + 2T$.

En effet, en posant $y = (t - T) : (1 + at)^2$, on a pour déterminer la valeur de t qui rend y maximum, l'équation :

$$\frac{dy}{dt} = \frac{(1 + at)^2 - 2(t - T)(1 + at)a}{(1 + at)^4} = 0; \qquad \text{d'où}$$

$$1 + at - 2a(t - T) = 0, \quad \text{et par conséquent } t = \frac{1}{a} + 2T.$$

Pour T = 13°,5, ce qui est à peu près la température moyenne de l'air dans nos climats, cette dernière équation donne $t = 273° + 27° = 300°$.

Il suit de là que c'est vers 300° qu'a lieu le maximum de tirage des cheminées. Au-delà il diminue de façon qu'à 1000°, il est plus petit qu'à 100°. C'est ce qui ressort très-bien des nombres de la 3e colonne du tableau X, n° 154, qui indiquent les valeurs du tirage pour diverses températures, celle de l'air atmosphérique étant supposée égale à 0°.

La courbe du tirage, représentée par la fig. 29, permet encore mieux de saisir la marche du phénomène. Les abscisses de cette courbe expriment les valeurs de t pour T = 0, et les ordonnées correspondantes, les valeurs du tirage d'après le tableau dont il s'agit. Ainsi, les ordonnées qui correspondent respectivement aux abscisses de

100°, 200°, 273°, 300°, 400°, 500°,

sont égales à

2,538, 2,829, 2,864, 2,860, 2,811, 2,736.

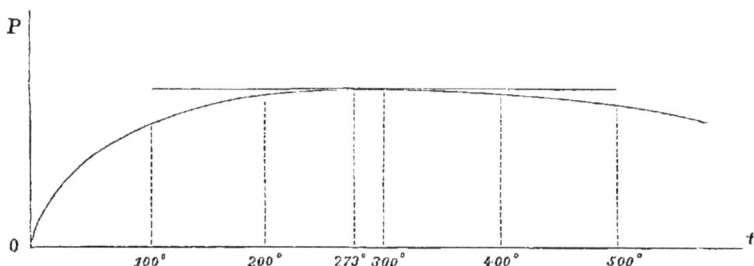

Fig. 29.

Il résulte de ces valeurs que, dans le voisinage du maximum, le tirage ne subit qu'une très-faible variation, même pour d'assez grands changements de la température de l'air chaud. On voit également que le tirage est déjà actif lorsque la température des produits de la combustion est voisine de 100° dans les cheminées, et qu'en tout cas il est bien inutile de leur laisser plus de 200°. C'est un sacrifice en pure perte, puisqu'il ne profite même pas à l'activité de la combustion. Toutes les fois donc que la température des gaz brûlés est supérieure à 200°, au sortir des fourneaux, ainsi qu'il arrive bien souvent dans les ateliers métallurgiques, on peut, sans crainte de nuire au tirage, utiliser cette chaleur pour des opérations accessoires.

Certains faits pratiques viennent, du reste, confirmer les indications de la théorie.

C'est ainsi qu'on a constaté une notable augmentation de tirage
dans les fours à puddler dont on utilise les flammes perdues pour
chauffer des générateurs qui refroidissent les gaz à 200 ou 300°.

On a remarqué également que les fourneaux des usines à gaz
tirent mieux au moment de la mise en train que lorsque les appareils,
après quelque temps de marche, ont déjà acquis une température
élevée.

160. **Température de l'air dans les cheminées de ventilation.** —
L'assainissement des lieux habités exige qu'on y introduise, à une
température déterminée, un volume constant d'air et qu'on extraie
ensuite ce gaz au moyen d'une cheminée de ventilation. Il faut donc
que le poids d'air appelé soit maintenu constant malgré les variations
de la température extérieure, ce qui s'obtient en faisant varier t de
façon que le facteur $(t - T) : (1 + at)^2 (1 + a\,T)$, de l'équation
(3), n° 154, ne change pas de valeur. Comme dans les cheminées de
ventilation t dépasse rarement 40 à 60°, le numérateur de la fraction
ci-dessus influe seul d'une manière notable sur la valeur de la
fraction ou du facteur, de sorte que celui-ci demeure sensiblement
invariable si on rend $t - T$ constant.

Par conséquent, dans la pratique, on satisfera à peu près à la
condition que le poids P d'air soit constant en réglant la marche
des appareils de chauffage de façon que l'excès de température de
l'air dans la cheminée de ventilation sur la température de l'air
extérieur soit toujours le même, ce qui en réalité ne présente pas
de difficulté. L'expérience confirme ce résultat de la théorie.

161. **Influence de la hauteur de la cheminée.** — Cette hauteur
entre au numérateur de U et de P (n⁰ˢ 152 et 154) à la première
puissance sous le radical, et, par conséquent, l'influence de ce facteur
sur U et P est proportionnelle à la racine carrée de sa valeur.

Cette loi cesse d'être rigoureuse lorsqu'on l'applique au tirage
effectif des fourneaux. Toutefois, les erreurs qu'on commet en
l'adoptant dans ce cas sont assez faibles pour pouvoir être négligées.

D'après cela, lorsqu'on aura à appliquer la règle de d'Arcet à
une cheminée dont la hauteur H n'est pas de 10ᵐ, on obtiendra la
section S' à donner à cette cheminée, en multipliant la section S
relative à la cheminée de 10ᵐ, par $\sqrt{10} : \sqrt{H}$. En effet, si nous
désignons respectivement par v et v', les vitesses de l'air chaud
dans les cheminées de 10ᵐ et de Hᵐ de hauteur, il faudra, pour que

le tirage soit le même dans les deux appareils, que l'on ait $Sv = S'v'$, ou bien $S' = Sv : v'$. Or, on vient de voir que $v : v' = \sqrt{10} : \sqrt{H}$. En tenant compte de la valeur de ce rapport de $v : v'$, on obtient donc $S' = S\sqrt{10} : \sqrt{H}$, comme il s'agissait de le démontrer.

162. **Circonstances atmosphériques qui influent sur le tirage des cheminées.** — Ces circonstances sont : 1° la température T de l'air atmosphérique; 2° la pression de l'air; 3° son contenu en vapeur d'eau ; et 4° la direction et la vitesse du vent.

La formule (3), n° 154,

$$P = \frac{1^k,293\,H}{(1 + at)} \sqrt{\frac{2gHa\,(t - T)}{(1 + aT)}},$$

qui donne la valeur du tirage théorique P, permet d'apprécier l'influence de chacune des trois premières de ces circonstances. En effet, elle montre que le tirage diminue à mesure que T augmente. Comme elle est d'ailleurs établie dans l'hypothèse d'une pression de $0^m,76$ de mercure, on voit que si la pression de l'air change, il faudra y remplacer $1^k,293$, par le poids d'un mètre cube d'air sous la nouvelle pression. Le tirage varie donc proportionnellement à la pression atmosphérique. Si l'air contenait de la vapeur d'eau, il faudrait dans la même formule remplacer $1^k,293$, qui est le poids d'un mètre cube d'air sec à 0°, par le poids d'un mètre cube d'air au même degré d'humidité que l'air atmosphérique et aussi à 0°. Or, comme le poids d'un même volume d'air est d'autant moindre que ce gaz contient plus de vapeur d'eau, il s'ensuit que le tirage diminue à mesure que l'état hygrométrique de l'atmosphère augmente.

Pour montrer, par un exemple numérique, l'influence qu'exercent sur le tirage des cheminées, les changements qui surviennent dans la température et dans le contenu en vapeur d'eau de l'air atmosphérique, considérons deux cheminées identiques, l'une alimentée d'air sec à 0° et l'autre d'air saturé de vapeur d'eau à 30°. On sait que la tension f de cette vapeur est égale à $31^{mm},548$, ou, en chiffres ronds, à 32^{mm}.

Comme la densité de la vapeur d'eau est égale à $5/8$, il en résulte que le poids d'un mètre cube d'air saturé et à $0^{o'}$ est égal à

$$\frac{1,293\,(760 - 32)}{760} + \frac{5}{8} \cdot \frac{1,293.32}{760} = 1,238 + 0,034 = 1^k,272.$$

D'après ce calcul, le tirage de la cheminée alimentée d'air saturé de vapeur d'eau à 30°, est à celui de la cheminée alimentée d'air sec à

zéro degré, comme 1,272 : 1,293 ou comme 0,98 : 1. Mais comme
le poids de combustible brûlé par l'air saturé dépend uniquement du
poids de l'air pur qu'il introduit dans le foyer et que chaque kilogramme de cet air saturé ne contient que (760 — 32) : 760 $= 0^k,957$
d'air pur, il s'ensuit que si nous représentons par 1 le poids de combustible brûlé, dans un temps donné, par la cheminée alimentée d'air
sec à 0°, le poids correspondant pour la seconde cheminée sera
seulement égal à 0,98. 0,957 = 0,937.

On voit, d'après ce qui précède, que, dans les temps lourds de l'été,
où l'on trouve à la fois une faible pression, une température élevée et
de l'air presque saturé de vapeur d'eau, la combustion doit être
beaucoup moins active que dans les temps froids et secs, et qui sont
toujours accompagnés d'une grande hauteur de la colonne baromé-
trique. C'est aussi ce qu'on a observé dans toutes les usines.

163. **Influence des vents.** — Quant à l'influence des vents, on peut
dire que les vents horizontaux ne modifient pas sensiblement le tirage,
que les vents dirigés verticalement de bas en haut, peuvent l'augmenter et que ceux qui sont dirigés verticalement de haut en bas,
peuvent, suivant leur vitesse, le diminuer, l'annuler ou même refouler
les gaz qui tendent à s'écouler par l'extrémité supérieure de la
cheminée.

Nous allons démontrer successivement les différents principes que
nous venons d'énoncer.

164. **Influence des vents horizontaux.** — L'observation indique
que les vents horizontaux ne modifient pas sensiblement le tirage.

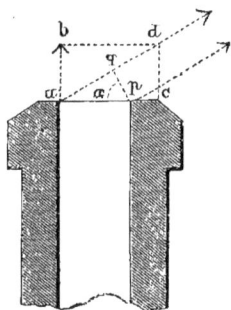

Fig 30.

Pour nous rendre compte de ce phénomène,
soit ab, fig. 30, la vitesse d'écoulement U de
la fumée quand le vent n'agit pas, et ac, la
vitesse v du vent. Sous l'influence de ces
deux vitesses, la veine gazeuse s'infléchira
suivant la diagonale du parallèlogramme
construit sur ab et ac, et se mouvra avec la
vitesse ad, que nous représenterons par V.
Si, en outre, nous désignons par A′, la
section normale pq, de la veine inclinée,
et par α, l'angle $a\,p\,q$, le volume de gaz qui
s'écoule pendant une seconde sera VA′ $=$ V.A cos α. Le volume
écoulé, pendant le même temps, lorsque le vent ne souffle pas est UA.
Mais, ad. cos $\alpha =$ V cos $\alpha =$ U, et, par conséquent, VA′ $=$ UA.
Les volumes de gaz écoulés sont donc les mêmes dans les deux cas.

165. Vent dirigé verticalement de haut en bas. — D'après Péclet (*Traité de la chaleur*, 4ᵉ édition, T. 1), quand le vent est dirigé verticalement de haut en bas, l'effet produit dépend de la vitesse du vent et de celle que l'air brûlé pourrait prendre s'il n'y avait d'autre résistance à vaincre que l'inertie de ce gaz. Ainsi, pour qu'un vent dirigé de haut en bas empêchât la fumée de s'écouler, il ne suffirait pas que la vitesse du vent fût égale à celle de la fumée; il faudrait que sa vitesse fût égale à celle que la fumée prendrait si elle n'éprouvait aucune résistance dans le conduit qu'elle parcourt. En effet, si on suppose que la vitesse du vent augmente progressivement, la vitesse d'écoulement diminuant, les résistances diminueront, et la pression au sommet de la cheminée ira en augmentant.

Si l'équilibre était établi, la pression de l'air brûlé, de bas en haut, serait égale à la pression motrice dans la cheminée; et c'est la vitesse théorique correspondante que devrait avoir le vent, pour que l'écoulement de l'air cessât complètement.

Dans les grandes cheminées d'usine de 30 mètres de hauteur, renfermant de l'air à 300°, la vitesse théorique d'écoulement de l'air chaud est à peu près de 18 mètres, et la vitesse effective à peu près de 3 mètres; une vitesse du vent de haut en bas de 18 mètres serait nécessaire pour détruire le tirage.

166. Vent dirigé verticalement de bas en haut. — Lorsque le vent est dirigé verticalement de bas en haut, son influence sur la vitesse de dégagement de la fumée est nulle ou au moins faible, toutes les fois que sa vitesse est égale ou inférieure à celle de la fumée; dans le cas contraire, elle sera toujours favorable; le vent accélérera la vitesse d'écoulement de la fumée, à cause du frottement intérieur qui se produit entre les molécules de gaz animées de vitesses différentes et en contact les unes avec les autres.

167. Courants obliques. — En général, le vent a une inclinaison plus ou moins grande à l'horizon, mais on peut facilement ramener ce cas général à ceux que nous venons d'examiner; car on peut considérer un courant incliné comme résultant de deux courants, l'un horizontal et l'autre vertical, et on peut facilement conclure de ce qui précède que l'influence du vent pourra être favorable quand il tendra à s'élever, et qu'il sera toujours défavorable dans le cas contraire.

168. Influence des vents sur le tirage des cheminées d'habitation. — Les vents ayant, en général, des directions peu inclinées

à l'horizon, leur influence est très-petite sur les cheminées élevées et
isolées ; mais il n'en est plus ainsi lorsque les cheminées dépassent
peu les toits des bâtiments, ce qui est le cas des cheminées d'habitation, et quand elles sont dominées par des édifices ou des montagnes,
parce que les courants d'air prennent la direction des surfaces qu'ils
rencontrent, et ils peuvent avoir alors des directions très-inclinées à
l'horizon, ou dans un sens, ou dans l'autre. En effet, les courants
d'air ne se réfléchissent pas, mais suivent la direction des surfaces
immobiles qu'ils rencontrent. Pour s'en assurer, il suffit de diriger
le vent d'un soufflet obliquement contre une surface plane ; le courant
prend la direction de la surface.

Voici, pour terminer, quelques indications sur la vitesse des vents :

(Par seconde).

    $0^m,5$ vent à peine sensible.
    1   — sensible.
    2   — modéré.
    5,5   — assez fort.
    10   — fort.
    20   — très-fort.
    22,5   — tempête.
    27   — grande tempête.
    36   — ouragan.
    45   — ouragan qui déracine les arbres et renverse les édifices.

169. **Principe des conduits descendants.** — Lorsque l'air chaud,
après s'être élevé à travers un tuyau vertical, rencontre deux ou
plusieurs autres tuyaux également ascendants et communiquant avec
le premier, il ne se partage pas, d'ordinaire, d'une manière égale
entre ceux-ci, mais il passe de préférence dans ceux qui lui font
éprouver le moindre refroidissement. Il n'en est plus ainsi lorsque
les tuyaux qu'on présente à l'air chaud, au lieu de monter, sont,
au contraire, descendants. Alors, en effet, il finit toujours par se
répartir entre ces tuyaux proportionnellement à leurs sections, ou
d'une manière égale si leur section est la même. Nous désignerons ce
principe sous le nom de *principe des conduits descendants.*

Pour démontrer le principe dont il s'agit, appelons *h*, la hauteur
du tuyau ascendant AB, fig. 31, dans lequel l'air pénètre après
avoir traversé la grille G d'un foyer. Admettons, ce qui ne change
rien à la généralité de la démonstration, que les tuyaux descendants,
tels que CD, qui partent de AB, se terminent au niveau de la

grille et aient, par conséquent, même hauteur h que ce tuyau. Enfin, soit H, la hauteur de la cheminée EF, dans laquelle les tuyaux descendants débouchent; T, la température de l'air extérieur; t, celle de l'air chaud dans la colonne ascendante AB; t', la température dans le tuyau descendant CD que nous considérons, et t'', la température de l'air chaud dans la cheminée EF. Cela étant, cherchons la hauteur de la colonne d'air froid dont la pression détermine le mouvement de l'air chaud dans le tuyau descendant CD. Il est facile de voir que cette colonne est égale à

$$\frac{H}{(1+aT)} - \frac{h}{(1+at)} + \frac{h}{(1+at')} - \frac{H}{(1+at'')}.$$

Dans cette expression, le troisième terme est seul variable et l'on voit que le tirage produit sera d'autant plus faible que t' sera plus grand.

Par conséquent, si, à l'origine, pour l'une ou l'autre raison, l'air chaud s'était réparti inégalement entre les divers tuyaux descendants, ce partage inégal ne persisterait pas longtemps. En effet, la température dans les tuyaux où l'air chaud aurait pénétré, ne tarderait pas à s'élever et, par suite, le tirage à s'affaiblir. Une partie de l'air chaud passerait alors dans les autres tuyaux descendants et bientôt le tirage serait le même dans tous les conduits.

Le principe des conduits descendants se trouve appliqué dans les fours Smet (n° 138), dans la plupart des calorifères à air chaud, dans les appareils de chauffage par circulation

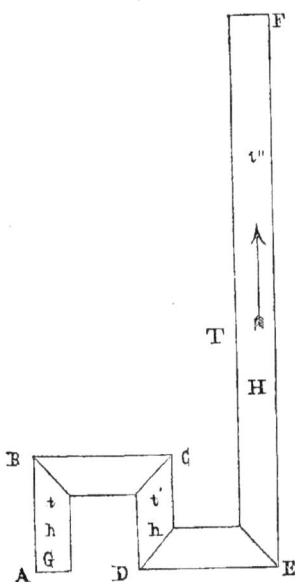
Fig. 31.

d'eau chaude, et, en général, dans toutes les circulations de liquides ou de gaz produites par la chaleur et dans lesquelles on se propose de répartir la masse fluide également entre divers tuyaux de conduite.

170. Influence d'une diminution de section ou d'un rétrécissement au sommet de la cheminée. — Si la cheminée est terminée par un orifice plus petit de section A_1, et si nous désignons par v_1 la vitesse dans la section contractée de la veine gazeuse et par m_1 le coefficient de contraction, nous aurons, en conservant les notations précédentes, $UA = m_1 v_1 A_1$, puisque la masse d'air qui passe, dans le même temps, par chaque section, doit être la même dans toute l'étendue de la conduite.

D'un autre côté, l'équation des forces vives devient, dans le cas qui nous occupe : $2 (D - d) AHU = Mv_1^2$.

En ayant égard à la relation ci-dessus entre U et v_1, cette équation donne, d'une part :

$$U = \frac{m_1 A_1}{A} \sqrt{\frac{2gH (D - d)}{d}},$$

et, d'autre part :

$$v_1 = \sqrt{\frac{2gH (D - d)}{d}}.$$

Si nous supposons $m_1 = 0,75$ et $A_1 = A : 3$, U sera égal au quart de v_1 ou de la vitesse théorique, c'est-à-dire qu'en réduisant la section de la cheminée à son sommet au tiers, on réduirait le tirage de l'appareil au quart de sa valeur primitive. Mais il n'en est pas ainsi en pratique. En effet, par suite des diverses résistances que le courant d'air doit vaincre dans les appareils de chauffage, la vitesse *réelle* ou *effective*, dans une cheminée non rétrécie à son sommet, est rarement supérieure au cinquième de la vitesse théorique, de sorte que l'on a :

$$U = \sqrt{\frac{2gH (D - d)}{(1 + 24) d}}.$$

Par conséquent, lorsque la cheminée est terminée par un orifice A_1 plus petit que la section A, on aura :

$$U = \sqrt{\frac{2gH (D - d}{\left(\frac{A_2}{m_1^2 A_1^2} + 24 \right) d}}.$$

Si nous prenons pour m_1 et A_1 les mêmes valeurs que ci-dessus, on trouvera :

$$\frac{A^2}{m_1^2 A_1^2} = 16, \text{ et } U = \sqrt{\frac{2gH (D - d)}{40d}},$$

de sorte que la vitesse sera réduite environ dans le rapport de 6 à 5. Le tirage ne sera donc pas fortement diminué, mais la vitesse d'écoulement au débouché sera augmentée, ce qui donne plus de stabilité à l'écoulement et soustrait le tirage à l'action perturbatrice

des vents, laquelle est d'autant plus nuisible que la vitesse d'écoulement est plus faible.

Les considérations qui précèdent sont également applicables aux
grands appareils de ventilation, puisque, dans la cheminée principale
de ces appareils, la vitesse d'écoulement est presque toujours comprise entre un tiers et un quart de la vitesse théorique.

Le cas d'une faible vitesse d'écoulement se présente dans les
cheminées de ventilation et presque toujours dans les appareils qui
servent au chauffage domestique. Aussi doit-on munir ces cheminées
d'appareils destinés à les soustraire à l'influence des vents. Pour ce
qui concerne en particulier les cheminées d'habitation, on les
surmonte ordinairement d'un ajutage conique dont la section au
sommet est égale à la moitié de la section de la cheminée.

Dans ce cas, $m_1 = 0,93$ ou $0,96$ et différerait par conséquent assez
peu de l'unité. La formule $UA = m_1 A v_1$ donne alors sensiblement

$$\frac{U}{v_1} = \frac{1}{2} \text{ et } \frac{A^2}{m_1^2 A_1^2} = 4.$$

Il suit de là que le tirage est à peine diminué et que l'on aura
néanmoins doublé la vitesse d'écoulement au débouché de la cheminée.

171. Travail résistant des parois. — Lorsqu'un fluide se meut
dans un conduit, les filets voisins de ce conduit éprouvent une certaine résistance provenant de leur adhérence aux parois ; par suite
du frottement intérieur qui se développe entre les molécules du
fluide animées de vitesse différentes, ces filets, retardés dans leur
marche, ralentissent le mouvement de ceux qui les touchent immédiatement et ainsi de proche en proche, de sorte que la vitesse
doit aller en diminuant de l'intérieur à l'extérieur de la masse fluide.
Les parois offrent donc au mouvement du fluide une résistance qui
doit retarder sa marche et dont il importe de tenir compte. On
admet que cette résistance est proportionnelle à la *masse* du fluide sous
l'unité de volume ou à $\frac{d}{g}$ (d, poids spécifique du fluide, $g = 9^m, 8088$,
vitesse de chute des corps au bout de la première seconde),
au contour S du *périmètre* de la section du conduit, c'est-à-dire au
nombre des filets en contact avec la paroi résistante, et à la *longueur
développée* L de la conduite, puisque toutes les résistances partielles
opposées par les divers éléments de la paroi doivent s'ajouter. Dans
le cas d'une cheminée verticale L = H. Si nous représentons
toujours par U la vitesse moyenne dans la cheminée, lorsque le

mouvement est devenu permanent et uniforme, on admet, en outre, que la résistance des parois est proportionnelle à U^2 (en réalité, elle croît un peu plus rapidement).

Il suit de ce qui précède que, si nous représentons par β un coefficient numérique constant pour une même nature de parois, mais variable d'une nature à l'autre, la résistance des parois de la cheminée sera égale à $\beta SLdU^2 : g$ kilogrammes, et, par conséquent, le travail consommé par cette résistance en une seconde aura pour expression

$$\frac{\beta SLdU^3}{g} \text{ kilogrammètres.}$$

Le travail moteur qui produira le mouvement de l'air et qui servira à vaincre les diverses autres résistances dont il sera question plus loin, sera donc égal à

$$(D - d)\, AHU - \frac{\beta SLdU^3}{g} \text{ kilogrammètres.}$$

S'il n'existe d'autre résistance que celle due à l'inertie de l'air, l'équation du mouvement sera :

$$2\,(D - d)\, AHU - \frac{2\beta SLdU^3}{g} = MU^2.$$

Cette équation donne :

$$U = \sqrt{\frac{\dfrac{2\,(D - d)\,g H}{d}}{1 + \dfrac{2\beta SL}{A}}}\,.$$

Comme nous l'avons dit plus haut, le coefficient β, qui entre dans cette formule, varie avec la nature et le degré de poli de la surface des parois. Les expériences de Girard, de d'Aubuisson et de Poncelet assignent à ce coeficient la valeur de 0,0032 pour le cas des tuyaux en fonte des conduits de gaz. Mais cette valeur doit probablement être plus élevée pour des conduits et pour des cheminées en maçonnerie. Des expériences faites à ce sujet par Péclet semblent indiquer qu'il en est réellement ainsi.

D'après Weisbach, β varierait avec la vitesse du fluide en mouvement et avec la nature et le diamètre des tuyaux. Mais dans les questions relatives aux mouvements de l'air chaud, il suffit d'avoir simplement égard à l'influence de la nature des tuyaux.

Pour un tuyau de laiton de $0^m,0141$ de diamètre, Weisbach a trouvé : $\beta = 0,0032^m$, et pour un tuyau de zinc de $0^m,024$ de diamètre : $\beta = 0,00287$. Comme on le voit, ces valeurs s'éloignent peu de celles que les expériences de d'Aubuisson ont donné pour des tuyaux en fonte.

Pour les cheminées ordinaires, dont les parois se tapissent promptement de suie , leur résistance paraît devoir être indépendante de la nature des matériaux employés à leur construction. Avec Péclet et M. Morin, nous leur appliquerons le coefficient $\beta = 0,01$. Mais de nouvelles expériences seraient nécessaires pour fixer la valeur réelle de ce coefficient.

Lorsque la cheminée est à section circulaire $\dfrac{S}{A} = \dfrac{4}{D'}$, et le terme $\dfrac{2\beta SL}{A}$ prend la forme $\dfrac{8\beta L}{D'}$, D' étant le diamètre de la cheminée.

Le rapport $\dfrac{L}{D'}$ dépend des appareils et souvent de circonstances locales. Il surpasse fréquemment 60 dans les fourneaux de chaudières ; en le supposant seulement égal à ce chiffre, on arrive pour $\dfrac{8\beta L}{D'}$ à la valeur de 4,80 (β est pris égal à 0,01) et pour le dénominateur de l'équation ci-dessus qui donne U, à la valeur 5,80.

Par conséquent, le frottement seul réduirait la vitesse théorique ou le tirage de plus de moitié. Mais en réalité, l'influence du frottement sur le tirage est beaucoup moindre à cause des autres résistances qui existent dans tout appareil de chauffage.

172. Frottement dans un conduit qui se divise en plusieurs tuyaux parcourus simultanément par le gaz. — Nous avons supposé dans ce qui précède que le conduit parcouru par l'air était unique. Mais il arrive souvent que le courant, sur une certaine longueur, se partage entre plusieurs tuyaux égaux, ou réciproquement, que des courants partiels se réunissent en un seul. Cette circonstance se rencontre dans les locomotives, dans beaucoup de calorifères, dans les appareils de ventilation, etc.

Pour montrer de quelle manière on peut, dans ces cas, tenir compte de l'influence du frottement, considérons deux conduits cylindriques de même section A, réunis par un certain nombre de tuyaux également cylindriques, de même longueur l, et de section a. Si la somme des sections de ces tuyaux est égale à la section du conduit en aval et en amont, la vitesse de l'air sera la même dans chaque tuyau que dans le conduit unique et la diminution de pression motrice égale à celle que produit chaque tuyau considéré à part.

Pour trouver la vitesse U de l'air dans le circuit, il suffit donc d'ajouter au dénominateur de l'équation ci-dessus de cette vitesse, au terme $\dfrac{2\beta SL}{A}$, relatif au conduit unique, le terme $\dfrac{2\beta sl}{a}$, dans lequel s est le périmètre de chacun des tuyaux partiels.

Si la somme des sections des conduits partiels était différente de A, la vitesse v dans chacun de ceux-ci serait donnée par la proportion $v : U = A : A'$, et l'on aurait $v = U\dfrac{A}{A'}$.

Le frottement étant proportionnel au carré de la vitesse, on devrait, dans ce cas, ajouter au dénominateur de l'équation qui sert à calculer U, le terme $\dfrac{2\beta sl}{a} \cdot \dfrac{A^2}{A'^2}$.

173. Perte de force vive due à un rétrécissement ou étranglement. — D'après la condition de continuité que remplissent les masses fluides en mouvement, chaque section doit donner passage dans le même temps à un même volume. Il s'ensuit nécessairement que la vitesse au passage par un étranglement est plus grande qu'en avant et en arrière. Cette accélération exige donc la consommation d'une portion du travail moteur employée à imprimer au fluide l'accroissement correspondant de force vive; et, après le passage, cet accroissement de force vive étant détruit par les tourbillonnements et le frottement intérieur dû aux mouvements relatifs des molécules fluides les unes sur les autres, puisque le fluide reprend la vitesse et par suite la force vive qu'il avait avant le passage, il en résulte que le travail développé pour produire l'accélération au passage est totalement perdu. Il suit de là que tout rétrécissement ou étranglement d'une conduite, soit brusque, soit raccordé par des contours plus ou moins continus, produit une perte de force vive ou de travail moteur.

En appelant toujours U la vitesse moyenne dans le tuyau, V la vitesse dans l'étranglement ou plutôt à la section contractée un peu au-delà de ce passage, m' le coefficient de contraction au même endroit; A' l'aire du passage, A l'aire de la conduite ou de la cheminée; la perte de force vive produite par cet étranglement à chaque seconde sera :

$$M(V - U)^2 = M\left(\frac{A}{m'A'} - 1\right)^2 U^2, \quad \text{à cause de} \quad m'A'V = AU.$$

Cette formule suppose que l'air ne change pas de densité au passage à travers l'étranglement.

La même perte de force vive se produira lorsque l'orifice d'entrée dans la conduite ou dans la cheminée a une aire A′ moindre que celle A de la section de la cheminée. C'est ce qui a lieu dans les appareils de chauffage, tels que les calorifères, dont l'orifice d'entrée est rétréci pour activer la combustion. La même perte de force vive se produit au passage de l'air chaud au-dessus du mur de l'autel, dans les fourneaux à réverbère, ou bien encore lorsqu'on abaisse les registres destinés à régler le tirage des foyers, etc.

174. **Registres.** — Les registres peuvent être placés à l'origine de la circulation, ou sur le trajet de l'air froid; mais, en général, ils se trouvent disposés dans l'intérieur de la conduite, c'est-à-dire, sur le trajet de l'air chaud.

Leur effet est très-différent dans les deux cas.

Considérons, en premier lieu, le cas d'un registre placé sur le trajet de l'air chaud.

Dans les grands générateurs à vapeur, la vitesse de U est toujours inférieure à $1/5^e$ de la vitesse théorique, c'est-à-dire de la vitesse que prendraient les produits de la combustion, s'il n'y avait dans la conduite ni frottement, ni aucune perte de force vive.

Il suit de là que dans les appareils dont il s'agit, on aura, en supposant les circonstances les plus favorables :

$$U = \sqrt{\frac{2ga\,(t - T)\,H}{1 + a'T}}\;\sqrt{\frac{1}{25 + \left(\dfrac{A}{m'A'} - 1\right)^2}}\,.$$

Si maintenant nous admettons que, dans la section contractée, un peu au delà du registre, la vitesse V soit égale à 2U, on aura, à cause de $AU = m'A'V$, $\dfrac{A}{m'A'} = 2$ et $\left(\dfrac{A}{m'A'} - 1\right)^2 = 1$.

On voit donc que, sans le registre, la vitesse U eût été égale à $1/5$ de la vitesse théorique, tandis qu'avec le registre, elle est seulement égale à $1 : \sqrt{26}$ de cette même vitesse. Or, dans l'exemple choisi, si l'on suppose $m' = 0,75$, A′ sera égal aux $2/3$ de A, et le rétrécissement produit par le registre égal au tiers de la section primitive, tandis que la dépense n'est diminuée que dans le rapport de 5 à $\sqrt{26}$; il s'ensuit donc que le registre diminue la dépense, mais dans une proportion beaucoup plus petite que le rapport des sections.

Si le registre était placé sur le trajet de l'air froid, son influence sur le tirage serait encore beaucoup moindre. En effet, si nous désignons par v la vitesse de l'air froid dans le conduit de section A qui précède et qui suit le registre, et par m' le coefficient de contraction, nous aurons, comme ci-dessus, pour la perte de force vive :

$$\left(\frac{A}{A'm'} - 1\right)^2 v^2 = \left(\frac{A}{A'm'} - 1\right)^2 \frac{U^2 (1 + aT)^2}{(1 + at)^2}, \quad \text{puisque } v = U \frac{(1 + aT)}{(1 + at)}.$$

Par conséquent, la perte de force vive occasionnée par le registre quand il est placé sur le trajet de l'air froid, est à celle qu'il produit lorsqu'il se trouve sur le parcours de l'air chaud comme $\dfrac{(1 + aT)^2}{(1 + at)^2} : 1$.

Les registres disposés sur le trajet de l'air froid sont cependant fréquemment employés, tantôt, comme dans beaucoup d'appareils de chauffage, dans les calorifères, par exemple, pour activer, par un accroissement de la vitesse de l'air affluent, la combustion en un point du foyer, tantôt, comme dans certains fourneaux, pour arrêter la circulation de l'air pendant la cessation du travail.

Les registres placés sur le trajet de l'air chaud sont indispensables pour régler la marche des foyers selon les besoins du service.

Des expériences avec l'anémomètre exécutées par M. Combes confirment tous les résultats théoriques dont il vient d'être question.

175. **Perte de force vive par un élargissement.** — S'il y a un élargissement de la conduite, il se produit encore en cet endroit une perte de force vive d'autant plus grande que cet élargissement est plus considérable par rapport à la section de la conduite.

Soit U', la vitesse dans la section élargie, O, l'aire de cette section et A, celle du tuyau avant et après cet élargissement. La perte de force vive aura évidemment pour expression :

$$M (U - U')^2 = M \left(1 - \frac{A}{O}\right)^2 U^2, \quad \text{à cause de } OU' = AU.$$

Pour que les phénomènes dont nous venons de parler puissent se produire, il est nécessaire que le tuyau élargi ait une certaine longueur, et il résulte des expériences que la longueur minimum est donnée par la formule $L = 0,5 (D' - d')$, D' étant le diamètre de la section O et d' celui de la section A, les deux sections étant supposées circulaires.

Ce cas se présente, par exemple, lorsque l'air, après avoir traversé le combustible sur une grille, pénètre dans l'intérieur du foyer, ou encore au moment où les produits de la combustion dans les fourneaux à réverbère passent de l'autel dans l'intérieur du four, etc.

La plus grande valeur du facteur $\left(1 - \dfrac{A}{O}\right)^2$ correspond au cas où l'aire de la section élargie serait assez grande par rapport à celle de A du tuyau pour que l'on pût regarder $\dfrac{A}{O}$ comme nul. On aurait alors

$$\left(1 - \frac{A}{O}\right)^2 = 1.$$

Nous supposerons seulement A : O $= 1/2$ et, dans ce cas, on aura :

$$\left(1 - \frac{A}{O}\right)^2 = 0,25.$$

176. Influence d'un changement brusque de direction. — S'il y a dans la direction du conduit un changement brusque ou coude, les filets fluides, rencontrant une paroi dont les arêtes font un angle avec leur direction, se dévient, et il se produit dans la nouvelle conduite, un peu au delà du coude, une contraction d'autant plus sensible que la vitesse est plus grande. Dans cette section, la vitesse du fluide est considérablement augmentée; puis, un peu plus loin, les filets reprennent leur parallélisme, et, si la nouvelle conduite a le même diamètre que l'autre, la vitesse redevient la même. Par conséquent, le travail développé pour produire l'accélération au passage de la veine contractée dans le coude, ou la force vive communiquée, a été complètement perdue. Toute déviation de ce genre occasionne donc une perte de force vive ou de travail moteur et consomme une portion de la charge motrice.

Soit U′ la vitesse dans la section contractée, U la vitesse moyenne que le fluide possédait dans le tuyau avant le coude et qu'il reprend après.

Chaque tranche élémentaire de masse m, perd donc, après ce passage, l'excédant de vitesse U′ — U qu'elle avait acquis et, par conséquent, perd la force vive m (U′ — U)², et comme le mouvement est permanent, ces mêmes effets se reproduisent de la même manière dans chaque élément de temps, de sorte que la perte de force vive éprouvée dans chaque seconde par la masse U de fluide que débite la conduite a pour expression M (U′ — U)². Si l'on désigne par m'', le coefficient de contraction qui s'opère dans un semblable coude, l'on a d'après la permanence du mouvement du fluide, m''AU′ = AU, d'où U′ = U : m'', et l'expression de la perte de force vive produite dans chaque coude par le changement brusque de direction devient

$$\mathrm{M}\left(\frac{1}{m''} - 1\right)^2 \mathrm{U}^2.$$

D'après M. Morin, le coefficient m'' serait compris entre 0,60 et

0,70. Mais, comme nous le verrons dans le numéro suivant, la valeur de m'' paraît souvent être plus faible.

Il est rare que dans une même circulation d'air, on puisse éviter les changements de direction du fluide en mouvement. Dans les fourneaux des chaudières à vapeur, par exemple, il y a ordinairement 8 changements de direction à angle droit et quelquefois même un plus grand nombre.

En admettant le nombre 8 et posant $m'' = 0,70$, ce qui est une supposition très-favorable, le terme $\left(\dfrac{1}{m''} - 1\right)^2$ devra être répété 8 fois et entrera dans le dénominateur de U pour la valeur de

$$8\left(\frac{1}{0,70} - 1\right)^2 = 1,464.$$

177. Formules empiriques de Weisbach. — Suivant Weisbach[1], si l'on désigne par 2φ, le supplément de l'angle que forment

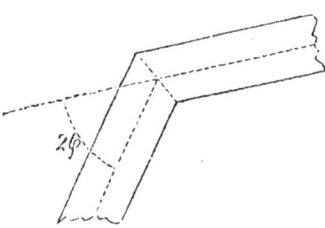 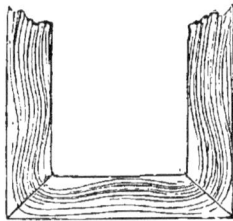 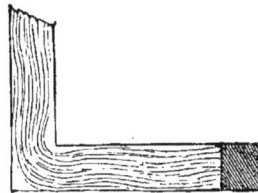

Fig. 32.   Fig. 33.   Fig. 34.

entre elles les directions des deux branches d'un coude, fig. 32, la perte de force vive γ, occasionnée par ce coude, et qui, d'après le n° précédent, est égale à $\left(\dfrac{1}{m''} - 1\right)^2$, est donnée par la formule empirique suivante : $\gamma = 0,9457 \sin^2\varphi + 2,407 \sin^4\varphi$.

Le tableau ci-dessous indique les valeurs de γ, calculées au moyen de cette formule.

TABLEAU XI.

2φ	20°	40°	60°	80°	90°	100°	110°	120°	130°	140°
γ	0,046	0,139	0,364	0,740	0,984	1,260	1,556	1,861	2,158	2,431

---

(1) Les tableaux XI et XII sont empruntés à WEISS, *Allgemeine Theorie der Feuerungs-anlagen.*

Pour un changement brusque à angle droit, on pourra donc prendre $\gamma = 1$, ou $m'' = \frac{1}{2}$.

Lorsque deux coudes à angle droit situés dans le même plan, se trouvent à une petite distance l'un de l'autre, fig. 33, l'expérience indique que γ a la même valeur que si le second changement de direction n'avait pas lieu. Mais il n'en est plus ainsi dans le cas ou le second coude est à angle droit sur le premier (fig. 34). L'effet produit est alors égal à 1,5 fois celui qui résulte d'un seul changement de direction à angle droit. Enfin, si le second coude à angle droit est

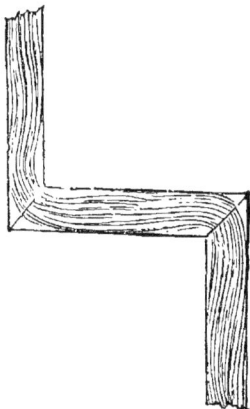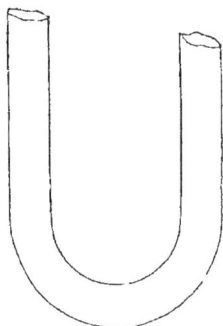

Fig. 35.   Fig. 36.   Fig. 37.

situé dans le même plan que le premier, mais dirigé en sens contraire, fig. 35, la perte de force vive occasionnée par chacun d'eux est la même que si le second n'existait pas.

D'après Weisbach, lorsque les deux branches d'un coude à angle droit sont reliées entre elles par un raccordement en arc de cercle de rayon ρ, le coëfficient de la perte de force vive produite est donné par les deux formules suivantes, dont la première se rapporte à des tuyaux cylindriques de diamètre d et la seconde à des tuyaux rectangulaires de hauteur h :

$$\gamma_c = 0,131 + 1,847\left(\frac{d}{2\rho}\right)^{7/2} \quad \text{et} \quad \gamma_r = 0,124 + 3,104\left(\frac{h}{2\rho}\right)^{7/2}.$$

On trouvera dans le tableau ci-dessous, les valeurs de γ_c et γ_r, pour différentes valeurs de $\dfrac{d}{2\rho}$ et $\dfrac{h}{2\rho}$.

TABLEAU XII.

$\dfrac{d}{2\rho}$ ou $\dfrac{h}{2\rho}$	0,1	0,2	0,3	0,4	0,5	0,6	0,7	0,8	0,9	1,0
γ_c	0,131	0,138	0,158	0,206	0,294	0,440	0,661	0,977	1,408	1,978
γ_r	0,124	0,135	0,180	0,250	0,398	0,663	1,015	1,546	2,271	3,228

On voit, par ces chiffres, que, pour raccorder les deux branches d'un coude à angle droit, il y a avantage à employer des tuyaux circulaires à grand rayon de courbure.

Tout ce qui a été dit plus haut de l'influence mutuelle de deux coudes à angle droit donnant lieu chacun à un changement brusque de direction, est vrai également pour les coudes à angle droit dont les branches sont raccordées par des tuyaux circulaires, fig. 36 et 37.

178. **Rencontre de deux conduits.** — Il se produit des effets anologues à ceux des coudes quand deux conduits d'air se rencontrent sous un certain angle, et cette rencontre donne toujours lieu à des tourbillonnements, à des chocs et à des contractions d'où résultent des pertes de force vive et par suite de travail moteur.

Pour éviter cette perte, il faut disposer dans les différents conduits des diaphragmes qui s'opposent à la rencontre des diverses veines fluides jusqu'au moment où tous les filets gazeux se meuvent parallèlement au conduit unique dans lequel ils doivent pénétrer.

179. **Perte de force vive à l'entrée du conduit.** — Lorsque l'air pénètre dans une conduite, la veine fluide, après s'être contractée, se dilate et remplit le tuyau.

La section transversale de la veine augmentant, sa vitesse diminue, et à chaque instant les tranches élémentaires du fluide qui traversent la section contractée rencontrant la masse fluide qui se meut dans le tuyau avec une vitesse plus petite que la leur, il y a là un choc entre corps mous, et, par conséquent, une perte de force vive.

En appelant v la vitesse dans la section contractée, U la vitesse dans le tuyau au delà de cette section, il est facile de voir que, le mouvement étant arrivé à l'état de permanence, la vitesse dans le tuyau ne change pas, et que ce sont seulement les tranches élémentaires qui passent par la section contractée qui perdent successivement une portion de leur vitesse égale à $v - $ U.

Par conséquent, chacune de ces tranches de masse m perdra dans l'élément de temps θ la force vive $m\,(v - U)^2$; et comme les mêmes effets se reproduisent dans les différents instants exactement de la même manière, puisque le mouvement est arrivé à l'état de permanence, la force vive perdue sera égale à la masse M, écoulée pendant une seconde, multipliée par $(v - U)^2$. Mais, de plus, on a, en appelant toujours A, l'aire de la section du tuyau et m, le coefficient de contraction de la veine, $mAv = AU$, d'où $v = U : m$, et, par suite,

$$M\,(v - U)^2 = M\left(\frac{1}{m} - 1\right)^2 U^2.$$

Telle sera donc la perte de force vive à l'entrée du conduit, en supposant que l'aire de l'orifice soit égale à la section A du tuyau. On pourrait la rendre à peu près nulle, en disposant les contours de l'orifice de manière que la contraction y fût nulle ou à peu près, ce qui donnerait $m = 1$ et $\left(\dfrac{1}{m} - 1\right)^2 = 0$.

Mais ces dispositions n'étant presque jamais observées et le coefficient m de la contraction à l'entrée étant généralement égal au moins à 0,60 (il est rarement inférieur à 0,70 ou 0,80), il s'ensuit que

$$\left(\frac{1}{m} - 1\right)^2 = \left(\frac{1}{60} - 1\right)^2 = 0,444.$$

En ce qui concerne les appareils de ventilation, il convient d'ailleurs d'observer qu'on est souvent obligé de placer à l'entrée des conduits des grillages destinés à s'opposer à l'introduction des corps étrangers et dont la présence accroît cette perte.

180. **Équation générale du mouvement de l'air dans une conduite.** — En supposant que toutes les causes de perte de force vive et de travail moteur que nous venons d'indiquer, se présentent dans une même circulation d'air, et en admettant, en outre, que le gaz s'écoule à l'extérieur à *gueule-bée* par un orifice de même section que le tuyau de la cheminée et, par conséquent, avec la vitesse U, le principe des forces vives appliqué à cette circulation conduit à la relation suivante :

$$2\,(D - d)\,AHU - \frac{2\beta dSLU^3}{g} = MU^2 + M\left(\frac{1}{m} - 1\right)^2 U^2 +$$

$$M\left(\frac{A}{m'A'} - 1\right)^2 U^2 + M\left(\frac{1}{m''} - 1\right)^2 U^2 + M\left(1 - \frac{A}{0}\right)^2 U^2.$$

En divisant tous les termes de cette équation par M ou par sa valeur $\dfrac{d\mathrm{AU}}{g}$, elle prend la forme :

$$\frac{2\,(\mathrm{D}-d)\,g\mathrm{H}}{d} - \frac{2\beta\mathrm{SLU}^2}{\mathrm{A}} = \mathrm{U}^2 + \left(\frac{1}{m}-1\right)^2\mathrm{U}^2 + \left(\frac{\mathrm{A}}{m'\mathrm{A}'}-1\right)^2\mathrm{U}^2 +$$

$$\left(\frac{1}{m''}-1\right)^2\mathrm{U}^2 + \left(1-\frac{\mathrm{A}}{\mathrm{O}}\right)^2\mathrm{U}^2.$$

Sous cette forme, elle est facile à résoudre par rapport à U. On arrive ainsi pour U à la valeur suivante :

$$\mathrm{U} = \sqrt{\frac{2g\mathrm{H}\dfrac{(\mathrm{D}-d)}{d}}{1+\left(\dfrac{1}{m}-1\right)^2+\left(\dfrac{\mathrm{A}}{m'\mathrm{A}'}-1\right)^2+\left(\dfrac{1}{m''}-1\right)^2+\left(1-\dfrac{\mathrm{A}}{\mathrm{O}}\right)^2+\dfrac{2\beta\mathrm{SL}}{\mathrm{A}}}}.$$

Nous savons d'ailleurs que l'on a :

$$\frac{(\mathrm{D}-d}{d} = \frac{a\,(t-\mathrm{T})}{(1+a\mathrm{T})},$$

t désignant toujours la température de l'air chaud et T celle de l'air extérieur (n° 150).

En ayant égard à cette valeur de $\dfrac{\mathrm{D}-d}{d}$, on voit que U est donné par l'une ou l'autre des deux expressions suivantes :

$$\mathrm{U} = \sqrt{\frac{\dfrac{2g\mathrm{H}\,(\mathrm{D}-d)}{d}\ \text{ou}\ \dfrac{2g\mathrm{H}a\,(t-\mathrm{T})}{(1+a\mathrm{T})}}{1+\left(\dfrac{1}{m}-1\right)^2+\left(\dfrac{\mathrm{A}}{m'\mathrm{A}'}-1\right)^2+\left(\dfrac{1}{m''}-1\right)^2+\left(1-\dfrac{\mathrm{A}}{\mathrm{O}}\right)^2+\dfrac{2\beta\mathrm{SL}}{\mathrm{A}}}}.$$

181. Volume d'air débité par la cheminée. — Il résulte de l'équation précédente que le volume Q d'air à la température t, écoulé en une seconde par la cheminée dont la section est A, a pour valeur :

$$\mathrm{Q} = \mathrm{AU} = \mathrm{A}\sqrt{\frac{\dfrac{2g\mathrm{H}\,(\mathrm{D}-d)}{d}\ \text{ou}\ \dfrac{2ga\mathrm{H}\,(t-\mathrm{T})}{(1+a\mathrm{T})}}{1+\left(\dfrac{1}{m}-1\right)^2+\left(\dfrac{\mathrm{A}}{m'\mathrm{A}'}-1\right)^2+\left(\dfrac{1}{m''}-1\right)^2+\left(1-\dfrac{\mathrm{A}}{\mathrm{O}}\right)^2+\dfrac{2\beta\mathrm{SL}}{\mathrm{A}}}}.$$

182. Poids d'air débité par la cheminée. — Le poids d'un mètre cube d'air à $t°$ étant égal à $\dfrac{1^{\mathrm{k}},298}{1+at}$, il s'ensuit que le poids d'air qui traverse en une seconde la cheminée et qui mesure la puissance P du tirage effectif, est donné par l'expression :

$$ P = \frac{1^k,293A}{1+at} \sqrt{\dfrac{\dfrac{2gH(D-d)}{d} \text{ ou } \dfrac{2ga(t-T)}{(t+aT)}}{1+\left(\dfrac{1}{m}-1\right)^2 + \left(\dfrac{A}{m'A'}-1\right)^2 + \left(\dfrac{1}{m''}-1\right)^2 + \left(1-\dfrac{A}{O}\right)^2 + \dfrac{2\beta SL}{A}}} $$

183. **Remarques sur les formules précédentes.** — Les formules ci-dessus supposent qu'il n'existe dans la circulation d'air qu'un seul rétrécissement, un seul changement de direction et un seul élargissement. On voit facilement que s'il n'en était pas ainsi, il suffirait d'ajouter au dénominateur de ces équations pour chaque nouvelle résistance un terme de forme convenable. On voit aussi que si la cheminée ou le conduit était términé par un orifice plus petit de section A_t, il suffirait de remplacer, dans l'équation générale du mouvement de l'air, le terme MU^2 par $\dfrac{MA^2U^2}{m_t{}^2A_t{}^2}$, qui exprime dans ce cas la force vive communiquée à la masse d'air qui s'écoule en une seconde par l'orifice rétréci de la cheminée (n° 170).

Remarquons encore que les formules qui précèdent sont directement applicables à la détermination du mouvement de l'air dans les appareils de ventilation, car pour ces appareils on connaît, principalement par les expériences de M. Morin, les valeurs des différents coefficients qui entrent dans les formules dont il s'agit. Mais il n'en est pas ainsi du mouvement de l'air dans les appareils de chauffage où ce gaz doit traverser la couche de combustible qui se trouve sur la grille du foyer. En effet, le passage de l'air à travers le foyer donne lieu à une résistance considérable dont il serait difficile de déterminer théoriquement la valeur exacte. Cette résistance est d'ailleurs très-variable : elle dépend de la nature et de l'épaisseur du combustible sur la grille et d'une foule d'autres circonstances qu'il est impossible de soumettre au calcul. Tout ce qu'on peut faire, c'est de déterminer cette résistance expérimentalement dans quelques cas particuliers, ne fût-ce que pour avoir une idée des limites entre lesquelles elle varie.

184. **Expériences de Péclet sur la résistance de la grille dans les foyers ordinaires.** — Lorsque l'air doit traverser la couche de combustible qui se trouve sur la grille d'un foyer, il faut introduire dans l'équation générale du mouvement un terme destiné à tenir compte de la perte de force vive qui a lieu lors de ce passage. Par

conséquent, si nous représentons par G, cette perte de force vive, et si, pour n'avoir égard qu'aux résistances principales, nous supposons que, dans la conduite, il n'y ait d'autre perte de travail moteur que celle due au frottement et d'autre perte de force vive que celle provenant de n changements de direction à angle droit des courants, changements dont plusieurs peuvent d'ailleurs deux à deux être considérés comme se réduisant à un seul, parce qu'ils ont lieu dans le même plan, dans le même sens et à une petite distance l'un de l'autre, on aura, pour calculer U, l'équation :

$$U = \sqrt{\dfrac{\dfrac{2g\mathrm{H}a(t - \mathrm{T})}{(1 + a\mathrm{T})}}{1 + n\left(\dfrac{1}{m''} - 1\right)^2 + \dfrac{2\rho\mathrm{SL}}{\mathrm{A}} + \mathrm{G}}} \, .$$

Or, dans le second membre de cette équation, tout est connu excepté G. Par conséquent, pour trouver cette quantité, il suffit de déterminer expérimentalement la valeur de U et de résoudre ensuite l'équation par rapport à G. Telle est la marche qui a été suivie par Péclet pour évaluer la résistance de la grille dans les foyers.

Péclet a appliqué cette méthode à trois fourneaux de chaudières à vapeur dont les cheminées avaient respectivement 10^m, 20^m et 30^m de hauteur. A cet effet, il a mesuré, à l'aide de l'anémomètre, les vitesses d'accès de l'air froid dans les trois fourneaux, et il a trouvé que ces vitesses étaient égales à $1^m,82$; $2^m,44$; et $2^m,80$.

En supposant l'air dans les cheminées à une température moyenne de 300°, U avait pour valeur dans les trois appareils :

$$1^m,82.2 = 3^m,64.$$
$$2^m,44.2 = 4^m,88.$$
$$2^m,80.2 = 5^m,60.$$

En effet, puisque en passant de 0° à 300°, l'air double de volume, la vitesse de l'air chaud devait être égale à deux fois celle de l'air froid.

D'un autre côté, les vitesses théoriques de l'air chaud dans les trois cheminées étaient respectivement

$$14^m,77, \quad 22^m \text{ et } 25^m.$$

Par conséquent, dans la cheminée de 10^m, la vitesse effective de l'air chaud était le quart de la vitesse théorique, et dans les cheminées de 20 et 30^m, environ le cinquième. Pour la première cheminée, le dénominateur de U était donc égal à 16 et pour les deux autres conduits à 25.

Péclet ne donne pas les valeurs de $n\left(\dfrac{1}{m''} - 1\right)^2$ et de $\dfrac{2\beta\,S\,L}{A}$ pour les trois appareils. Mais nous croyons qu'on ne s'éloignera pas beaucoup de la vérité en admettant que, dans les deux derniers, le terme $\dfrac{2\beta\,S\,L}{A}$ était égal à 5 (n° 171) et dans le premier seulement à 3, tandis que $n\left(\dfrac{1}{m''} - 1\right)^2$ était, dans chacun des trois fourneaux, égal à 3.

D'après ce qui précède, pour la cheminée de 10^m, le dénominateur de U était 16 et l'on avait :

$$16 = 1 + 3 + 3 + G,$$

d'où $G = 9$.

Pour les deux autres cheminées, on avait, de même :

$$25 = 1 + 3 + 5 + G,$$

et, par suite, $G = 16$.

La grande différence entre les valeurs de G, semble provenir de ce que les trois foyers n'étaient pas construits d'après les mêmes règles et que le mode de combustion n'y était pas le même. Il est à regretter que Péclet n'ait donné non plus à cet égard aucun renseignement. Quoiqu'il en soit, il résulte de ses expériences que le passage seul de l'air à travers le foyer réduit la vitesse théorique au tiers ou au quart de sa valeur et que dans les fourneaux de chaudières à vapeur, le tirage effectif est, en moyenne, égal au cinquième du tirage théorique.

D'après M. Ser (Cours de physique industrielle de l'école centrale, à Paris), l'on trouve, en pratique, que la variation de pression occasionnée par la résistance de la grille varie entre 5 et 20 millimètres d'eau, et que, pour des tirages énergiques, dans les locomotives, par exemple, cette variation peut s'élever jusqu'à 100 millimètres d'eau.

Comme la densité de l'air à 300°, est environ 2.769 = 1538 fois moindre que celle de l'eau, une colonne de 5 millimètres d'eau équivaut à une colonne d'air à cette température égale à 5.1538=7690^{mm}, ou à 7 mètres environ. A cette colonne d'air correspond une vitesse v, (n° 152), donnée par l'équation :

$$v = \sqrt{2gh} = \sqrt{2.9,8088.7} = \sqrt{137} = 11^m \text{ environ.}$$

Telle serait donc la diminution qu'éprouverait la vitesse théorique par le fait du passage de l'air à travers un foyer donnant lieu à une dépression de 5^{mm} d'eau.

185. **Détermination des dimensions des cheminées.** — L'effet d'une cheminée consiste à appeler dans le foyer le volume d'air nécessaire à la combustion. Le poids de combustible qui doit être brûlé par heure est toujours donné ; la hauteur de la cheminée est en général déterminée par des considérations locales, mais la section dépend du volume d'air employé pour brûler chaque kilogramme de combustible, de la température moyenne que l'air conserve dans la cheminée, des différentes pertes de force vive que l'air éprouve dans son trajet à travers l'appareil et surtout de la résistance de la grille.

Cela posé, pour calculer avec une approximation suffisante dans la pratique, la section à donner à une cheminée de chaudière à vapeur, on se fonde sur ce résultat de la pratique, que la vitesse se trouve réduite au cinquième de la vitesse théorique.

Supposons la température extérieure de 0° et celle de la cheminée comprise entre 250 et 350°. Dans ce cas, le tableau X de la page 97 donne pour le tirage à 300° d'une cheminée d'un mètre de hauteur et d'un mètre carré de section, 2^k,86. Les résistances réduisant cette valeur au cinquième, l'on aura pour le poids écoulé en une seconde P = 0^k,57, et, par conséquent, pour celui qui s'écoulera en une heure 2052^k.

Si l'on suppose que l'on consomme 18 mètres cubes d'air pour un kilogramme de houille (volume double de celui strictement nécessaire), les gaz de la combustion pèseront environ 25^k et la cheminée que nous considérons suffirait à la combustion de 2052 : 25 kilogrammes de houille par heure et par mètre carré.

Le tirage étant proportionnel à $\sqrt{H}$, si la cheminée à construire a une hauteur de H mètres, elle brûlera, par heure, 2052$\sqrt{H}$: 25 kilogrammes de houille par mètre carré de section.

D'après cela, si elle doit brûler P kilogrammes de houille dans le même temps, et si nous représentons sa section en mètres carrés par S, on aura :

$$P = \frac{S.2052\sqrt{H}}{25}, \qquad \text{d'où}$$

$$S = \frac{25.P}{2052\sqrt{H}} = \frac{P}{82\sqrt{H}} = \frac{0,0122.P}{\sqrt{H}}.$$

On trouvera, dans le tableau XIII ci-dessous, les valeurs de P, pour différentes cheminées d'un mètre carré de section, calculées au moyen de cette équation.

TABLEAU XIII.

HAUTEUR DE LA CHEMINÉE.	10^m	15^m	20^m	25^m	30^m	35^m	40^m
Poids de houille brûlée par m. q. de section de la cheminée	260^k	318^k	36%^{k}	410^k	448^k	485^k	520^k

Ces nombres ne diffèrent pas beaucoup de ceux auxquels on arrive par la règle de d'Arcet.

186. Règle de d'Arcet. — La règle de d'Arcet conduit à une formule peu différente de celle que nous venons d'indiquer. En effet, soit S′, la section d'une cheminée de 10 mètres de hauteur, destinée à brûler P kilogrammes de houille par heure.

On aura d'après la règle dont il s'agit (n° 95) :

$$S' = \frac{0^{mq},01.P}{5} \, .$$

D'un autre côté, si nous représentons par v', la vitesse de l'air dans cette cheminée et par v, la vitesse dans une cheminée de hauteur H et de section S, capable de brûler le même poids de combustible, comme le tirage devra être le même pour les deux appareils, on aura $S'v' = Sv$, d'où $S = S'. \dfrac{v'}{v}$.

Or, $v' : v = \sqrt{10} : \sqrt{H}$, et, par conséquent,

$$S = \frac{S'.\sqrt{10}}{\sqrt{H}} = \frac{0^{mq},01.P.\sqrt{10}}{3.\sqrt{H}} = \frac{0^{mq},01054.\,P}{\sqrt{H}} \, .$$

187. Règle de Redtenbacher. — Cette règle s'applique aux cheminées coniques convergentes, d'une pente intérieure de 0^m,013 par mètre et dont la hauteur est égale à 25 le diamètre à la base. Pour une consommation de P kilogrammes de houille par heure, la surface s de cette base serait donnée par la formule :

$$s = \frac{P}{42\sqrt{H}} \, .$$

Mais, comme M. Ferrini (*Technologie der Waerme*, Iéna, 1878) le fait observer avec raison, cette formule, appliquée à la section S au sommet, diffère à peine de celle de d'Arcet, car elle conduit pour cette section à l'équation :

$$S = \frac{0^{mq},010848.P}{\sqrt{H}}.$$

188. Règles de Péclet. — D'après Péclet (*Traité de la chaleur*, 4ᵉ édition, tome I, p. 313), si l'on représente toujours par H, la hauteur d'une cheminée, par S, sa section en mètres carrés, et par P, le poids de houille à brûler par heure, on doit calculer S au moyen des formules suivantes :

Pour le cas des *chaudières ordinaires à bouilleurs*, on aura :

$$S = 0,0127.\frac{P^k}{\sqrt{H}};$$

Pour les *chaudières marines* :

$$S = 0,0060.\frac{P^k}{\sqrt{H}}; \qquad \text{et}$$

Pour les *chaudières à réchauffeurs* :

$$S = 0,0187\frac{P^k}{\sqrt{H}}.$$

Péclet fait observer que ces diverses formules correspondent à la limite d'un bon tirage, et que, par conséquent, on fera bien dans la pratique d'adopter pour S des valeurs un peu plus grandes.

189. Formules de Montgolfier et de Tredgold. — Montgolfier a donné comme règle la formule $S = 0,01\frac{P}{\sqrt{H}}$, qui donne évidemment une section trop petite, de même que la formule $S = 0,008\frac{P}{\sqrt{H}}$, proposée par Tredgold.

190. Cheminées des fourneaux Siemens. — D'après Krans (*Étude sur le four à gaz et à chaleur régénérée de Siemens*, Bruxelles 1869 et 1870), les cheminées des fours Siemens ont une section de $0^m,7$ sur 1^m et une hauteur de 10 à 20 mètres. Avec ces dimensions, la cheminée peut desservir plusieurs gazogènes. A la base de la cheminée se trouve une petite grille sur laquelle on fait du feu pour remettre les gazogènes en activité, après un chômage plus ou moins prolongé. Pour des appareils qui doivent fonctionner d'une manière continue, on donne au conduit des gaz qui sortent du gazogène, une section de 2 à 3 décimètres carrés par tonne de houille transformée en gaz en 24 heures.

191. **Sections des cheminées des générateurs pour différents combustibles.** — D'après Péclet, on peut admettre, comme une approximation suffisante pour la pratique, que les sections des cheminées sont proportionnelles aux volumes de gaz qu'elles doivent laisser écouler pour la combustion d'un même poids des différents combustibles. Alors, si on désigne par S, la section de cheminée nécessaire pour brûler un poids P de houille, par S′, la section de cheminée correspondant à la combustion d'un même poids P d'un autre combustible, par V et V′ les volumes des gaz qui se dégagent à la suite de la combustion d'un kilogramme des deux combustibles, on aura $S′ = SV′ : V$; d'après cela et le tableau IV, page 10, nous obtiendrons les résultats suivants :

Bois sec. . . . . . . $S′ = S.\ \dfrac{10,08}{17,28} = 0,59\ S.$

Bois à 0,30 d'eau. . . . . $S′ = S.\ \dfrac{7,42}{17,28} = 0,43\ S.$

Tourbe à 0,20 d'eau . . . . $S′ = S.\ \dfrac{8,78}{17,28} = 0,51\ S.$

Charbon de bois . . . . . $S′ = S.\ \dfrac{15,28}{17,28} = 0,88\ S.$

Coke à 0,02 de cendres . . . $S′ = S.\ \dfrac{17,40}{17,28} = 1,00\ S.$

Coke à 0,15 de cendres . . . $S′ = S.\ \dfrac{15,10}{17.28} = 0,87\ S.$

Ces nombres supposent nécessairement que les résistances des grilles sont sensiblement les mêmes pour tous les combustibles; et il n'en est pas tout-à-fait ainsi, car tous les combustibles ne sont pas sujets à encrasser les grilles comme la plupart des houilles; mais, comme nous le verrons plus loin, on emploie pour le coke, le bois, le charbon de bois, la tourbe, des surfaces de grille plus petites que pour la houille, de sorte que les résistances des grilles ne doivent pas beaucoup différer. Ils supposent également que les autres résistances ne changent pas avec la section, car c'est à cette condition que les volumes d'air écoulés sont proportionnels aux sections; mais quand les formes des générateurs sont les mêmes, il y a le même nombre de changements de direction, et les différences de section n'ont qu'une faible influence sur la résistance totale. Au reste, il ne faut considérer ces nombres que comme des valeurs approchées, mais représentant toujours des sections produisant un bon tirage.

CHAPITRE DEUXIÈME.

DÉTERMINATION EXPÉRIMENTALE DE LA VITESSE DE L'AIR DANS UNE CONDUITE.

192. Appareils pour mesurer la vitesse des gaz. — Les instruments que l'on emploie pour mesurer la vitesse des gaz sont : 1° l'*anémomètre* de M. Combes, ou celui de M. Morin, qui n'est qu'une modification de ce dernier, et 2° le *manomètre à air libre* ou *tube de Pitot*.

193. Anémomètre. — Avant de nous occuper de l'application des formules qui précèdent aux différents cas qui peuvent se présenter, notamment dans le problème de la ventilation des lieux habités, nous devons faire connaître l'instrument qui sert à vérifier les résultats de la théorie et à déterminer dans les appareils qui fonctionnent le volume d'air mis en mouvement dans un temps donné. Cet instru-

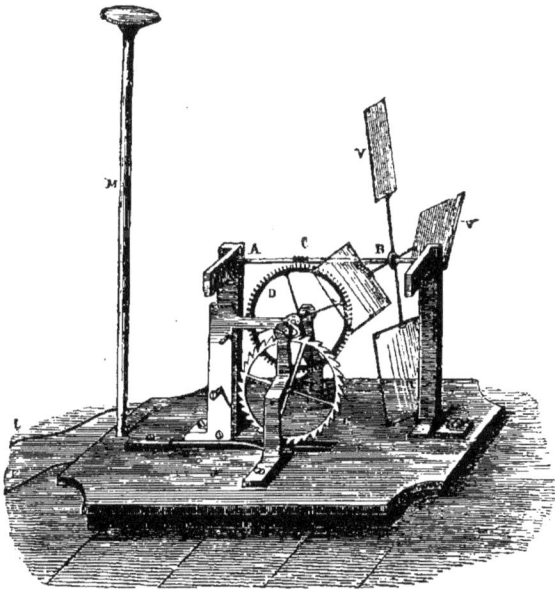

Fig. 38.

ment est l'anémomètre de M. Combes. Il est d'un usage général dans les appareils de ventilation et indispensable à tous les ingénieurs qui s'occupent de chauffage.

L'anémomètre construit par M. Neumann, à Paris, se compose d'un axe très-délié AB, fig. 38, terminé par deux pivots très-fins tournant dans des chapes d'agate que portent deux montants, et sur lequel sont montées quatre ailes planes en mica V, également inclinées sur un plan perpendiculaire à l'axe. Celui-ci porte une vis sans fin C, conduisant une roue D, de 100 dents, qui avance d'une dent pour chaque révolution de l'axe AB. Cette roue est divisée de 10 en 10 dents par un chiffre, et chaque dizaine est sous-divisée, par un petit trou, en deux parties égales de 5 dents chacune. Ainsi la roue D marque les unités et les dizaines de tours.

L'axe de la roue D porte une petite came, qui peut agir sur une roue à rochet E de 50 dents, divisée en cinq dizaines, et chacune de celles-ci en unités. Chaque dent de la roue à rochet vaut un tour de la roue supérieure ou 100 tours de l'axe des ailettes. Ainsi cette roue enregistre les centaines. L'appareil peut donc compter 5000 tours des ailettes.

Mais, dans ces derniers temps, M. Morin a fait construire, chez M. Bianchi, à Paris, des anémomètres à ailettes en aluminium qui permettent de compter 10,000 tours, et d'autres, qu'il appelle *anémomètres totalisateurs* qui comptent même jusqu'à un milliard de révolutions.

Les ailettes tournent dans l'intérieur d'un cadre circulaire en laiton destiné à les protéger contre les chocs. Ce cadre n'est pas représenté sur la figure.

M, est une tige verticale fixée sur la plaque servant à porter l'anémomètre et à le maintenir dans la boîte où on le dispose quand on n'a pas d'expériences à faire.

Lorsque cet instrument est exposé à un courant d'air dirigé parallèlement à l'axe des ailettes, celles-ci prennent un mouvement de rotation d'autant plus rapide que la vitesse du courant d'air est plus considérable. Ce mouvement ne doit se communiquer aux roues-compteurs que pendant la durée de chaque expérience. A cet effet, l'instrument est muni d'un mécanisme qui permet de soulever et d'abaisser l'axe des ailettes, de manière qu'on puisse l'embrayer au commencement et le débrayer à la fin de l'expérience. Ce mécanisme porte un fil fin de laiton recourbé en crochet. Celui-ci pénètre dans la denture de la roue D et maintient cette roue en place lorsque l'axe des ailettes est débrayé. Lors de l'embrayage, ce petit ressort se déplace et la roue D devient libre de tourner.

Enfin, nous ajouterons que l'on peut agir sur le mécanisme, soit directement, soit par l'intermédiaire de deux cordons qui y sont attachés : l'un de ces cordons est bleu et sert à l'embrayage ; l'autre est rouge et sert à débrayer à la fin de l'expérience.

Pour se servir de l'instrument, on remet au zéro les roues-compteurs, en commençant par la roue à rochet E, qu'on pousse avec le doigt, en la faisant marcher soit en avant, soit en rétrogradant, à volonté, jusqu'à ce que le point rouge qu'elle porte soit revenu devant l'index qui marque le zéro.

Ensuite, on passe à la roue supérieure D, en la faisant marcher comme la précédente, mais expressément à rebours, ou en sens inverse de ses chiffres, jusqu'à ce que son point rouge soit revenu aussi au zéro, c'est-à-dire, au-devant de l'index. Sans cette précaution, elle pourrait marquer au commencement une centaine de tours de trop.

Le petit ressort à crochet dont nous avons parlé plus haut pourrait gêner pour la mise au zéro que nous venons d'expliquer. Pour éviter cet inconvénient, on embraye l'axe des ailettes, puis on souffle sur celles-ci, pour faire rétrograder la roue D, ou bien on fait simplement glisser, avec légèreté, le doigt sur la vis sans fin, pour faire tourner l'axe, qui conduira la roue à sa place. Quand ce résultat est obtenu, on débraye.

Nous ferons encore remarquer que si, dans une expérience précédente, l'arrêt s'est produit au moment où le zéro de la roue D se trouvait à une distance de moins de 10 dents de son index, soit en deçà, soit au delà, on sentira une résistance pour mouvoir la roue de 50 dents, à cause de la came qui sera engagée. Alors on aura l'attention de souffler un peu sur les ailettes pour changer la position de la roue D, puis on opérera comme il a été dit.

L'instrument étant réglé, on l'assujétit, par une vis de pression, sur une planchette ou sur un pied de forme convenable, au moyen du manche recourbé auquel il est fixé. Puis, on place l'instrument dans la section du canal où circule l'air, de manière que l'axe des ailettes soit dans la direction du courant et que celui-ci frappe les ailettes de façon à les faire tourner dans le sens voulu.

Pour faire partir ou lâcher les roues-compteurs, au moment où les ailettes ont pris une marche régulière, on tire le cordon bleu, ce qui détermine l'abaissement de l'axe des ailettes et produit l'embrayage; puis, au moment de finir, on exerce une légère traction sur le cordon rouge qui produit le débrayage.

Si l'expérimentateur est pourvu d'un compteur à secondes qui se manœuvre avec une seule main, il aura son autre main libre pour manœuvrer l'anémomètre. Si non, il aura un aide, et alors celui qui a l'anémomètre donne le signal en disant : lâchez ou simplement stop. Et après, c'est au contraire, celui qui tient le compteur à secondes qui donnera le signal d'arrêter quand il approche de 50 secondes (durée ordinaire d'une expérience), en disant successivement, comme avertissement, une, deux et trois. A ce dernier mot, chacun arrête l'instrument qu'il tient.

On retire ensuite l'anémomètre, et l'on évalue le nombre de tours de l'axe des ailettes par le nombre de dents qui se sont déplacées pendant l'expérience sur chaque roue, en comptant depuis et non-compris la dent rouge au zéro, jusque et y compris la dent dont la pointe se trouve en regard de la pointe de l'index, en suivant sur chaque roue le sens de ses chiffres.

La durée de l'expérience ayant été de 50″, il suffit de doubler le nombre de tours obtenu et de le diviser par 100 pour obtenir le nombre n de tours par seconde.

Ce nombre n, étant déterminé, si nous désignons par V, la vitesse du courant d'air exprimée en mètres, et par a et b deux coefficients variables d'un instrument à un autre, mais constants pour le même appareil et les mêmes conditions de température et de pression, on aura pour calculer V l'équation suivante : $V = a + bn$.

Pour l'instrument qui se trouve au cabinet de physique de l'Université de Gand, $a = 0^m,105$ et $b = 0^m,125$.

L'équation applicable à cet anémomètre est donc

$$V = 0^m, 105 + 0^m, 125\, n.$$

Par conséquent, cet appareil est construit pour mesurer les courants d'air très-faibles, comme ceux dont la vitesse est de $0^m,17$, jusqu'à ceux d'une vitesse de 12^m à peu près par seconde.

194. **Démonstration de la formule de l'anémomètre.** — Pour démontrer la formule ci-dessus, nous ferons remarquer d'abord que la pression du gaz sur les ailettes peut se décomposer en une composante parallèle au plan des ailettes et en une autre perpendiculaire au même plan. La première ne produit d'autre effet que de faire glisser les molécules du gaz sur les ailettes, mais la seconde imprime à celles-ci leur mouvement de rotation.

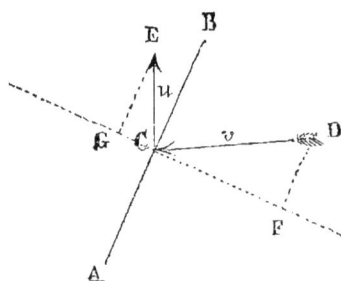

Fig. 39.

Nous ferons remarquer, en second lieu, que, lorsque le mouvement des ailettes est devenu uniforme, le courant gazeux leur transmet, par seconde, un travail égal à celui L, qui est absorbé par les frottements.

Cela posé : soit AB, fig. 39, la section d'une ailette par un plan parallèle à l'axe de rotation, et CE, la direction d'un plan perpendiculaire à cet axe. Si nous désignons par α l'angle de ce dernier plan avec le plan des ailettes, les composantes des vitesses V et u, du gaz et d'un des points de l'ailette, perpendiculairement au plan de celle-ci, seront, respectivement, V cos α et u sin α. Comme ces composantes sont dirigées dans le même sens, il s'ensuit que le courant de gaz ne frappe l'ailette normalement à son plan qu'avec une vitesse V cos α — u sin α.

Par conséquent, si nous représentons par γ, le poids de l'unité de volume du gaz, par S, la surface totale des ailettes et par h, un coefficient constant, on aura, pour le travail transmis aux ailettes, pendant une seconde,

$$\frac{k\gamma S \, (V \cos \alpha - u \sin \alpha)^2}{2g},$$

et, par suite,

$$\frac{k\gamma S \, (V \cos \alpha - u \sin \alpha)^2}{2g} = L.$$

De cette dernière équation, on déduit pour V, la valeur suivante :

$$V = \frac{1}{\cos \alpha} \sqrt{\frac{2gL}{kS} \cdot \frac{1}{\gamma}} + u \, \mathrm{tang} \, \alpha,$$

que l'on peut mettre sous la forme :

$$V = \frac{c}{\sqrt{\gamma}} + bn = a + bn,$$

c, b et a, étant des constantes pour le même appareil et n, le nombre de tours des ailettes pendant chaque seconde.

195. **Détermination des constantes.** — Pour déterminer les constantes a et b, on fixe l'appareil à l'extrémité d'une barre horizontale qui reçoit un mouvement de rotation uniforme autour d'un axe vertical, au moyen d'un mécanisme d'horlogerie dont on règle la vitesse en faisant varier l'inclinaison des ailes du volant. Deux expériences avec des vitesses de rotation différentes donnent deux équations qui permettent de calculer a et b. Mais, on arrive à des valeurs plus exactes en multipliant les expériences et prenant la moyenne des résultats obtenus.

C'est en déterminant ainsi les constantes a et b d'un même appareil, par un grand nombre d'expériences, que M. Combes a vérifié l'exactitude de la formule qui donne la vitesse V.

Les constructeurs indiquent toujours les valeurs des coefficients a et b relatifs aux instruments qu'ils fournissent. Pour vérifier l'exactitude de ces valeurs, on peut opérer comme suit : On tient devant soi l'instrument, l'axe dirigé perpendiculairement au corps, puis on marche, pendant 50″, d'un pas aussi uniforme que possible. On détermine ensuite le nombre n de tours de l'instrument et la vitesse V avec laquelle on a marché. On arrive ainsi à une première relation entre a et b. Pour en obtenir d'autres, on répète l'expérience un certain nombre de fois, mais en marchant chaque fois avec une vitesse différente, on combine les équations trouvées deux à deux, comme nous l'avons indiqué plus haut, et l'on prend la moyenne des valeurs obtenues.

196. Correction du coefficient a. — Le coefficient b de la formule de l'anémomètre dépend uniquement de l'inclinaison des ailettes, et, par conséquent, il est invariable. Le coefficient a, au contraire, dépend surtout de la densité du fluide dans lequel on opère, et varie en raison inverse de la racine carrée de cette densité.

Les coefficients de l'anémomètre de l'Université de Gand ont été déterminés par 0ᵐ,785 de pression et par 15° C. de température. Or, la densité de l'air dans ces conditions était égale à 1,187 (on suppose l'air à demi-saturé de vapeur d'eau). D'après cela, si d représente la densité de l'air sous une autre pression et à une température différente, et si nous désignons par a' la valeur du coefficient a dans ces nouvelles conditions, nous aurons :

$$0,105 : a' = \sqrt{d} : \sqrt{1,187} = \sqrt{1000d} : \sqrt{1187} = \sqrt{1000d} : 34,5.$$

Il suit de là que

$$a' = \frac{0,105.34,5}{\sqrt{1000d}} = \frac{3,6225}{\sqrt{1000d}}.$$

Cette dernière formule conduit, pour obtenir le coefficient a', à une règle facile à énoncer.

La correction que nous venons d'expliquer est inutile chaque fois que la température de l'air en mouvement ne diffère pas sensiblement de celle de l'air atmosphérique, et que pareillement la pression s'éloigne peu de celle de 0ᵐ,76. Elle est inutile également, quand même la densité du gaz en mouvement diffère notablement de 1,293, lorsque la vitesse est au moins 20 fois plus grande que la valeur du coefficient a, car alors ce coefficient devient négligeable à côté de bn.

197. **Précautions à prendre dans l'emploi de l'anémomètre.** — Dans les canaux de grande section, les veines élémentaires ont des vitesses en général très-inégales. Pour pouvoir calculer le volume de gaz écoulé, il faut donc obtenir la vitesse moyenne. A cet effet, si le tuyau est circulaire, ce qui arrive ordinairement, et assez long pour que l'on puisse admettre que les vitesses des veines élémentaires soient les mêmes à la même distance du centre, on place l'anémomètre successivement dans un grand nombre de points, on multiplie chacune des vitesses obtenues par la circonférence du cercle correspondant et l'on divise la somme de ces produits par la somme des circonférences ; dans ce calcul, les circonférences peuvent évidemment être remplacées par des rayons. Un calcul analogue est applicable aux tuyaux à section carré. Dans le cas de tuyaux circulaires, l'expérience indique que l'on obtient une valeur suffisamment approchée de la vitesse moyenne, en plaçant l'anémomètre à un tiers du rayon à partir de la surface.

TUBE DE PITOT.

198. **Inconvénients de l'anémomètre.** — L'usage des anémomètres, outre la nécessité d'avoir à sa disposition un instrument dont la tare soit exacte et fréquemment vérifiée, présente, pour certains cas, des difficultés assez grandes et même des incertitudes.

Toutes les fois que les vitesses sont grandes et dépassent 10 à 12^m par seconde, les instruments, qui ne sont ordinairement construits que pour les observations où les vitesses sont généralement inférieures, sont sujets à des accidents, et quand, en outre, les orifices ou les sections des veines fluides sont assez faibles, l'aire de projection de l'instrument sur un plan perpendiculaire à la direction de la veine fluide devient assez grande pour que la présence de cet instrument dans la veine soit susceptible d'altérer les résultats.

Dans des cas analogues on peut recourir à l'emploi du tube de Pitot ou manomètre ordinaire à air libre, si ce n'est comme instrument précis, au moins comme pouvant donner des résultats suffisamment exactes pour la pratique.

199. **Formule du tube de Pitot.** — Le tube de Pitot, appliqué à la mesure de la vitesse de l'air, consiste essentiellement en un tuyau coudé à angle droit, présentant une branche horizontale à l'action du courant et une branche verticale, dans laquelle le fluide s'élève.

Supposons le tube d'égal diamètre dans toute sa longueur, et sa branche horizontale dirigée exactement dans le sens de la vitesse v du courant d'air.

Soit h, la hauteur de la colonne d'air dont la pression produit la vitesse v. Nous aurons, d'après le n° 152, $v = \sqrt{2gh}$. Par conséquent, si nous connaissions h, nous pourrions calculer v. Or, cette donnée nous est fournie par le tube de Pitot.

En effet, supposons que la branche verticale de ce tube contienne une colonne h d'air de même densité que celui qui s'écoule. Je dis que le courant qui pénètre dans la branche horizontale maintiendra cette colonne en équilibre et l'empêchera de tomber.

Pour le montrer, considérons une tranche d'air qui pénètre dans cette branche horizontale. Soient p le poids de cette tranche et e son épaisseur. En vertu de sa vitesse v, elle est capable de faire un travail ph (n° 149) ou le travail équivalent $p\dfrac{h}{e} \cdot e$. Or, comme $p \cdot \dfrac{h}{e}$ représente le poids de la colonne d'air que nous supposons dans la branche verticale du tube, on voit que la tranche en rencontrant cette colonne immobile la soulèvera à la hauteur e et perdra ainsi sa vitesse v. Réciproquement, la colonne h, en retombant de la hauteur e, détruira la vitesse d'une nouvelle tranche qui arrive à la suite de la première. Puis une troisième tranche soulèvera de nouveau la colonne à la hauteur e, d'où elle retombera encore une fois et ainsi de suite. Elle oscillera donc entre des limites très-étroites et se maintiendra dans le tube, comme il s'agissait de le démontrer. Seulement, le tube de Pitot ne donne pas directement h, mais la hauteur h', d'une colonne d'eau capable d'exercer la même pression. Mais, comme la densité de l'eau est à celle de l'air dans le rapport de 769,2 à 1, on a évidemment $h = 769,2.h'$, et, par suite : $v = \sqrt{2.769,2.h'.g}$.

Il faut évidemment prendre pour élément du calcul la dénivellation qu'on obtient à l'extrémité des tuyaux de conduite, au débouché du gaz, la branche horizontale du manomètre étant placée dans l'axe et dans le sens de l'arrivée du gaz qui s'écoule. En opérant de cette manière sur le tuyau d'écoulement d'un ventilateur, le tuyau étant complètement ouvert, M. Morin a trouvé une dénivellation, exprimée en colonne d'eau, de 0^m,021, et en colonne d'air de 16^m,91. En appliquant la formule $v = \sqrt{2gh}$ à cette expérience, on obtient $v = 18^m,21$. La valeur de v déterminée, directement au moyen de l'anémomètre, était de 18^m,16 (MORIN, *Études sur la ventilation, Annales du Conservatoire des Arts et métiers*, 1861-62 T. 2. p. 318).

200. **Pression statique.** — Si, au lieu de placer le manomètre à l'extrémité du tuyau de conduite, on le place en un autre point de celle-ci, la dénivellation observée sera la somme de deux pressions, l'une déterminant la vitesse du fluide, et l'autre, que l'on peut appeler statique, et qui mesure la perte de charge depuis le point où le manomètre est appliqué jusqu'à l'extrémité de la conduite.

Pour éliminer l'effet de cette pression statique, on fait communiquer l'extrémité supérieure du manomètre avec l'intérieur du tuyau, fig. 5, pl. III, p. 64, ce qui permet d'établir la pression statique au-dessus du liquide, et, par conséquent, d'annuler son influence sur la dénivellation.

201. **Inconvénients du manomètre.** — Le manomètre est peu précis, car pour des variations assez fortes dans la vitesse, la colonne liquide varie très-peu et de plus les oscillations de la colonne liquide peuvent donner lieu à des erreurs plus ou moins considérables.

On a essayé de rendre le manomètre plus sensible en remplaçant la branche verticale par une branche inclinée. On obtient de la sorte des déplacements longitudinaux beaucoup plus grands, et l'on peut ensuite calculer facilement les dénivellations verticales correspondantes. Mais ce qui rend l'instrument ainsi modifié très-paresseux, c'est l'adhérence de l'eau devenue plus grande, à cause de l'accroissement de la surface de contact avec les parois du tube.

202. **Analyse des produits de la combustion.** — Pour apprécier la marche d'un appareil de chauffage, il ne suffit pas d'avoir déterminé, au moyen de l'anémomètre, le volume d'air qui a traversé le foyer, il faut encore connaître la manière dont le combustible a été brûlé et à cet effet analyser les produits de la combustion.

Ces produits peuvent ne consister qu'en acide carbonique, en azote, en vapeur d'eau et en un excès plus ou moins grand d'oxygène. Mais ce cas d'une combustion complète ne se réalise que d'une manière exceptionnelle. En général, on trouve dans les produits des foyers ordinaires, outre les gaz précités, de l'oxyde de carbone, de l'hydrogène libre, du gaz des marais et du gaz oléfiant.

On emploie maintenant pour faire d'une manière assez rapide l'analyse des produits de la combustion, soit l'appareil d'Orsat, soit celui de Winkler[1].

(1) *Anleitung zur chemischen Untersuchung der Industrie-gaze*, von prof. Dr CL. WINKLER. Freiberg, 1876.
Pour l'appareil d'Orsat, V. DINGLER, *Polytechn. Journ.*, Bd. 221, p. 468.

203. Calcul du volume d'air qui pénètre dans le fourneau. — Lorsqu'on connaît la composition du combustible brûlé, la consommation par heure, et la composition moyenne des produits de combustion qui traversent la cheminée, on peut calculer le volume d'air qui pénètre, pendant le même temps, dans le fourneau. A cet effet, on cherche le poids d'azote et celui de carbone contenus dans un volume quelconque des gaz brûlés, et à l'aide de ces données, comparées au contenu en carbone du combustible, on résout facilement le problème dont il s'agit.

204. Volume d'air qui pénètre à travers les fissures des fourneaux. — Dans les parois des fourneaux, il se forme toujours de petites fissures qui donnent lieu à un appel d'air extérieur et diminuent le tirage du foyer. En outre, il arrive presque toujours qu'il existe un intervalle assez considérable entre les bords des registres et ceux de leurs cadres en fonte. Par cet intervalle, il s'introduit également de l'air froid dans la cheminée.

Il faut autant que possible éviter ces rentrées d'air, qui refroidissent inutilement le fourneau et ne contribuent en rien à la combustion.

On détermine le volume d'air qui pénètre dans les fourneaux par suite des deux causes que nous venons d'indiquer, en retranchant du tirage déduit de l'analyse des gaz brûlés, le tirage à travers le foyer, mesuré au moyen de l'anémomètre.

CHAPITRE TROISIÈME.

DE LA CONSTRUCTION DES CHEMINÉES.

205. Fonctions des cheminées. — Les cheminées remplissent deux fonctions : elles rejettent à de grandes hauteurs dans l'atmosphère l'air qui a servi à la combustion, et qui, chargé d'acide carbonique, et souvent de gaz combustibles, serait toujours incommode et souvent nuisible, s'il se dégageait à de petites hauteurs ; 2° elles produisent dans le foyer l'appel d'air nécessaire à la combustion.

206. Cheminées communes. — Dans la plupart des grandes usines, on ne construit qu'une seule cheminée pour tous les fourneaux ; on y trouve deux avantages : 1° une économie dans les frais de construction ; 2° une uniformité de tirage qui n'existe point dans une cheminée qui ne correspond qu'à un seul foyer.

L'économie est évidente, car une seule cheminée coûte moins de construction que plusieurs, en supposant même la section unique égale à la somme des sections des autres.

Quant au second avantage, il faut remarquer que, dans un fourneau ayant une cheminée spéciale, le tirage est très-variable ; il est faible immédiatement après le chargement de la grille, il s'élève à mesure que la combustion devient plus active, et s'affaiblit ensuite ; mais il diminue surtout par l'ouverture de la porte du foyer, à cause du refroidissement considérable produit par l'entrée de l'air qui pénètre dans le fourneau sans traverser la couche de combustible placée sur la grille.

Si, au contraire, plusieurs fourneaux communiquent avec une cheminée commune, et si on a soin de ne charger les foyers que successivement, il s'établira dans la cheminée un tirage moyen, qui sera d'autant plus régulier que les fourneaux seront plus nombreux.

On peut encore ajouter au nombre des avantages que présentent les cheminées communes, celui de produire un plus faible refroidissement de la fumée, et par conséquent de développer un plus grand tirage quand la température de la fumée est de beaucoup inférieure à celle qui correspond au maximum de tirage.

On donne ordinairement pour section à une cheminée commune la somme des sections partielles qui correspondraient à chaque fourneau. La section ainsi obtenue est certainement trop grande, parce que la résistance est beaucoup plus petite que la somme des résistances dans les cheminées partielles qu'elle remplace. Mais cet excès de tirage, qu'on peut toujours modérer à volonté, ne présente aucun inconvénient (Péclet, t. 1, p. 317).

207. **Construction des cheminées.** — Elle comprend l'examen des matériaux à employer, les épaisseurs et les formes des parois. C'est à cet examen que nous allons nous livrer, en considérant successivement les cheminées d'usine et les cheminées d'habitation.

208. **Cheminées d'usine.** — Elles sont quelquefois en tôle, mais le plus souvent en briques.

209. **Cheminées en tôle.** — Les cheminées en tôle sont enduites extérieurement et intérieurement d'une couche de goudron de houille, pour les préserver de l'oxydation. Elles sont coniques ou cylindriques. Leur hauteur n'excède jamais 10 à 12 mètres. L'épaisseur du métal varie de 4 à 7 millimètres.

Le corps de la cheminée est fixé par des rivets à un socle en fonte,

fixé lui-même sur un massif de maçonnerie au moyen de quatre boulons qui traversent le massif.

Quand ces cheminées sont très-élevées, on les maintient par des
haubans amarrés dans le sol ou dans les constructions voisines.

210. Forme des cheminées en briques. — On leur donne généralement la forme cylindrique ou conique, parce que, pour la même
section, le périmètre étant minimum, on réalise une économie dans le
cube de la maçonnerie. Sous cette forme, elles sont d'ailleurs plus
élégantes et résistent mieux à l'action du vent que sous la forme
prismatique ou pyramidale à section carrée ou rectangulaire.

211. Pentes des parois. — Il est impossible de calculer les pentes
intérieure et extérieure à donner aux parois des cheminées, parce
que le calcul devrait reposer sur un trop grand nombre d'éléments
inconnus, tels que le maximum d'action des vents, la force de liaison
des matériaux, l'élasticité de l'ensemble, etc. Nous nous contenterons
de rapporter les pentes qui ont été reconnues suffisantes par l'expérience. Dans les grandes cheminées d'usine, la pente intérieure par
mètre courant est d'environ $0^m,012$ à $0^m,018$, et la pente extérieure
varie de $0^m,025$ à $0^m,035$.

En Belgique, lorsqu'il s'agit de très-hautes cheminées, on donne
souvent à la maçonnerie au sommet une épaisseur de deux briques de
Boom, c'est-à-dire d'environ 40^{cm}, joints compris. D'après cela, si
on désigne par d le diamètre intérieur du sommet d'une cheminée,
par d' son diamètre extérieur, et par D et D' les diamètres intérieur
et extérieur, au bas de la cheminée, on aura : $d' = d + 0^m,80$,

$$D = d + 2Hm \text{ et } D' = (d + 0^m,80) + 2Hm',$$

H étant la hauteur de la cheminée, m le coefficient de pente intérieure et m' celui de pente extérieure. En France, l'épaisseur de la
maçonnerie au sommet est de 11 ou de 22 centimètres, la largeur ou
la longueur d'une brique ordinaire.

Si l'on voulait construire des surfaces coniques intérieures et
extérieures, l'exécution serait assez difficile, et on serait obligé
d'entamer beaucoup de briques, ce qui exigerait une main-d'œuvre
coûteuse; d'ailleurs, les briques résistent beaucoup moins quand
elles sont entamées que quand elles sont entières, parce que leur
croûte extérieure a une bien plus grande ténacité que les parties
intérieures.

Les fig. 40, 41, 42, 43 et 44, représentent la disposition qui est
généralement adoptée. Fig. 40, élévation de la cheminée; fig. 41,

coupe verticale; fig. 42, coupe horizontale au niveau du rampant; fig. 43, coupe horizontale au niveau du sol; fig. 44, plan du chapiteau G qui surmonte la colonne. La cheminée est conique à l'extérieur, et l'épaisseur de la maçonnerie varie par sauts brusques; ordinairement les retraits ont lieu par 10 centimètres. La cheminée se compose ainsi de parties de 4 à 10 mètres de longueur dans l'étendue de chacune desquelles l'épaisseur reste invariable. Ces parties s'appellent des *rouleaux*.

L'accroissement d'épaisseur des murs de la cheminée, par mètre courant, étant, en général, de $0^m,030 - 0^m,015 = 0^m,015$, la hauteur des rouleaux sera égale à $0,1 : 0,015 = 6^m,66$.

Les fig. 40 à 44, sont relatives à une cheminée construite, d'après les dessins du célèbre ingénieur Robert Stephenson, pour les chaudières de deux machines à vapeur, de la force de soixante chevaux chacune. La fondation A de la cheminée, fig. 41, est un massif en pierres de taille à base carrée de $7^m,20$ de côté et de $1^m,20$ de hauteur; au-dessus est un tronc de pyramide en briques, ayant à la base $5^m,70$ de côté, supportant un prisme de 3 mètres de côté qui s'élève jusqu'au niveau du sol I. La partie inférieure CD de la cheminée, se raccorde par un arc de cercle de 35 mètres de rayon avec la partie moyenne E, qui a 15^m de haut et qui porte la partie supérieure F, ayant 18 mètres de hauteur; enfin, le tout est couronné par le chapiteau G, construit en

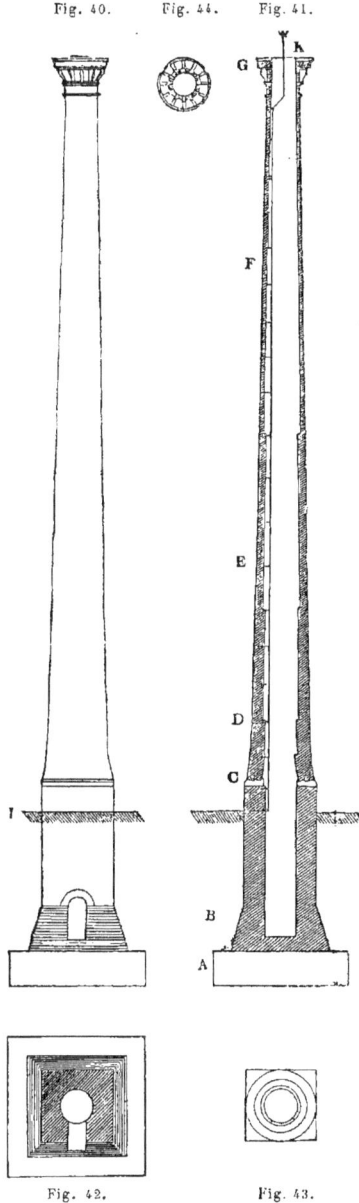

Fig. 40.   Fig. 44.   Fig. 41.

Fig. 42.   Fig. 43.

pierres de taille consolidées par un anneau en fer. K est le paratonnerre.

212. **Dimensions de quelques cheminées.** — 1° Cheminée d'usine
à section circulaire, construite par MM. Laurens et Thomas. Hauteur 40^m. Diamètre à la base 3^m,35, au sommet 2^m,02 ; ainsi la pente
intérieure par mètre sur l'axe est de 0^m,016. Diamètre extérieur au
bas 5^m,65, et en haut 2^m,52 ; la pente extérieure est donc de 0^m,030
par mètre. La cheminée est formée de 5 rouleaux ayant chacun à peu
près 8^m de hauteur, et coniques à l'intérieur et à l'extérieur ; l'épaisseur de la maçonnerie est de 3 briques pour la première partie et se
réduit successivement à 2 briques 1/2, 2 briques, 1 brique 1/2 et
1 brique pour les autres parties (PÉCLET, *Traité de la chaleur*,
4e édit., T. I).

2° Cheminée desservant 5 foyers brûlant ensemble 500 kilogrammes
de houille par heure : hauteur 32^m,50 ; section à la base 6^{mq},75 ;
section au sommet 1^{mq},69. Cette dernière section correspond à 2^k,98
par décimètre carré ; le tirage est bon.

3° Cheminée desservant 4 feux brûlant environ 300 kilogrammes
de houille par heure : hauteur 32^m.50 ; section à la base 4^{mq},00 ;
section au sommet 1^{mq},00.

Les cheminées en briques ont ordinairement 20 mètres à 30 mètres
de hauteur, plus rarement 40. Cependant on cite, en Angleterre,
quelques cheminées de 60 à 80 mètres de hauteur. M. Taunzen, à
Glasgow, en a même fait une qui est un véritable monument
(DE FREYCINET, *Annales des mines*, 1864, 6e série, T. 5). Du bas des
fondations au sommet, elle ne mesure pas moins de 142 mètres. Elle
a 9^m,75 de diamètre à la ligne de terre, 3^m,70 à la couronne et a
coûté 200,000 francs. Elle sert au dégagement des mauvaises odeurs
qui résultent de la fabrication d'engrais artificiels.

213. **Cheminées divergentes.** — On sait depuis longtemps que les
ajutages coniques divergents augmentent les volumes de gaz ou de
liquides qui s'écoulent sous une pression donnée. Seulement, pour
que l'effet soit le plus grand possible, il est nécessaire que la veine
remplisse complètement toutes les sections de l'ajutage, ce qui a lieu
pour les gaz, d'après les expériences de Péclet, lorsque l'angle du
cône est égal à 6° 36' (*Traité de la chaleur*, 4e éd., T. 1, p. 187).

En se fondant sur ces expériences et sur des considérations théoriques qu'il nous est impossible de développer ici, on devrait donc,
pour le vide intérieur des cheminées, adopter plutôt la forme conique
divergente que la forme convergente que l'on a préférée jusqu'ici.

C'est ce qu'ont fait effectivement quelques ingénieurs. Seulement, pour ne pas trop augmenter le poids de la partie supérieure des cheminées, ils donnent au vide intérieur la forme d'un cône dont l'angle est de beaucoup inférieur à 6° 36′.

D'après Ferrini (*Technologie der Waerme*, p. 208), l'ingénieur Odazio, qui depuis longtemps construit en Italie des cheminées divergentes, augmente d'un centimètre le diamètre intérieur pour chaque accroissement de hauteur de 2 à 3 pieds, ce qui correspond à un angle de 0° 12′ à 0° 16′.

L'ingénieur Purgold a appliqué le même principe à une cheminée à section carrée qu'il a établie en Bohême. Dans cette cheminée, les côtés de la section intérieure sont portés de 0^m,80 à 1^m,40, pour une augmentation de hauteur de 9^m,45. L'angle des faces opposées de la cheminée est donc égal à 3° 38′, et malgré la faible valeur de cet angle la section du sommet de la cheminée est trois fois plus grande que la section à la base (voir la revue italienne l'*Industriale*, 15 fév., 1874).

Pour les cheminées de locomotives, on adopte également la forme divergente. Dans les locomotives du système de M. Belpaire, par exemple, les cheminées ont 465 millimètres de diamètre à la base et 535 millimètres au sommet. Leur hauteur est de 1^m,57.

214. **Socles.** — Les cheminées en briques sont montées sur des socles cylindriques percées de deux ouvertures opposées ; l'une est destinée à recevoir le canal qui doit amener la fumée dans la cheminée ; l'autre, qui est ordinairement fermée par une porte en fer ou par des briques réunies par de la terre crue, sert à introduire dans la cheminée l'ouvrier qui doit la réparer ou la nettoyer. Pour ces opérations, la cheminée est garnie de barres de fer horizontales doublement recourbées et espacées de 50 centimètres les unes des autres. Ces barres forment une échelle au moyen de laquelle l'ouvrier s'élève facilement jusqu'au sommet. L'ouvrier, en montant, se place dans l'intérieur de l'espèce d'arc formé par les barres de fer, le dos tourné vers la paroi de la cheminée. De cette façon, il peut ressaisir l'échelle en cas de chute.

215. **Fondations.** — Il est bien important de n'établir une cheminée que sur des fondations bien solides et qui ne cèdent pas sous son poids ; car l'affaissement se fait toujours inégalement, et quand il a lieu, il en résulte, sinon la chute de la cheminée, au moins une déviation nuisible et dangereuse.

La fig. 5, pl. IV, p. 80, représente une coupe du socle et des fondations d'une cheminée de 45^m de hauteur, construite à St Nicolas, d'après les dessins de M. Cardon, architecte à Gand. Les fondations, établies sur un grillage en bois, consistent en un massif A, de 8^m,45 de côté et de 1^m de hauteur, portant une pyramide B, de 2^m de hauteur, sur laquelle repose le socle qui porte la cheminée. Ce socle a 1^m,50 de hauteur. La cheminée est construite pour les fourneaux d'une machine de 300 chevaux.

216. Maçonnerie des cheminées. — Dans les Flandres, les cheminées se construisent avec des briques de Boom. — On emploie des briques entières et des $^3/_4$ de briques. Les premières ont 19 centimètres de longueur, 9^{cm} de largeur et 4^{cm} $^1/_2$ d'épaisseur.

A l'intérieur du rouleau inférieur et du socle, on ne met de briques réfractaires que si les produits de combustion s'échappent à une température très-élevée, comme cela a lieu dans les cheminées des usines à gaz et des fourneaux à réverbère; pour les cheminées des chaudières à vapeur ce revêtement n'est pas nécessaire. Quant à la disposition des briques, il faut que les joints se croisent le mieux possible.

Les grandes cheminées peuvent se construire sans échaffaudage extérieur, quand leur diamètre est assez grand; l'ouvrier s'élève progressivement sur des étais qu'il place dans des cavités qu'il ménage. Pour monter les matériaux, il pose sur 4 ou 5 rangs de briques à sec une traverse avec une poulie sur laquelle s'enroule une corde. Cette corde à la partie inférieure vient passer sur une poulie à l'entrée de la cheminée, puis s'enroule sur un treuil manœuvré à la main.

217. Armatures des cheminées. — Quand les cheminées isolées sont très-élevées, et qu'elles doivent recevoir de l'air à une haute température, il est nécessaire de les armer pour augmenter leur résistance. Les armatures des cheminées de forges à double muraillement (n° 68), consistent en un système d'ancrage pour la paroi extérieure et en un système de cadres en fer de trois pouces de large qu'on place dans l'épaisseur de la maçonnerie réfractaire (voir B. VALÉRIUS, *Traité de la fabrication du fer et de l'acier*, p. 64).

Dans les cheminées rectangulaires de chaudières à vapeur, on réduit l'armature à la pose, dans la maçonnerie, d'un certain nombre de fers feuillards reployés par les deux bouts pour embrasser deux ou trois rangs de briques et qui se croisent alternativement. La fig. 45 montre la disposition de ces armatures. Ce mode d'armature s'emploie aussi pour les parois des fourneaux de chaudière. Pour les

Fig. 45

cheminées coniques, on place des cercles en fer dans l'épaisseur des maçonneries. Ces cercles sont espacés d'un mètre environ.

218. **Chapiteau.** — Les cheminées sont ordinairement terminées par une partie d'un plus grand diamètre, et qui ressemble au chapiteau d'une colonne; cette partie de la cheminée est principalement destinée à lui donner une forme plus élégante.

Les chapiteaux se font en briques, et pour les préserver contre l'infiltration des eaux pluviales, qui les détérioreraient promptement, on les recouvre d'une plaque de fonte qui se relève extérieurement à angle droit et porte des nervures latérales. Elle se compose de huit ou de douze parties, pour qu'on puisse l'introduire par l'intérieur de la cheminée. Ces parties sont réunies deux à deux par des boulons. Chacune d'elles est, en outre, fixée sur la maçonnerie au moyen d'une barre de fer, doublement recourbée; l'une des branches parallèles de cette barre pénètre dans la maçonnerie jusqu'à une profondeur de deux briques, et l'autre, plus longue, s'applique contre la paroi interne de la cheminée.

Enfin, pour protéger la plaque en fonte contre l'action de la fumée, on prolonge la cheminée au-dessus de la partie horizontale de la plaque à une hauteur de 1 à 2^m environ. Les briques dont se compose ce prolongement sont réunies avec du ciment. En outre, on a soin de recouvrir la maçonnerie d'une couche du même corps. Toutes ces dispositions se voient sur la fig. 6, pl. IV, p. 80, qui représente, sur une échelle de 1/2 centimètre par mètre, le chapiteau de la cheminée de St Nicolas dont il a été question plus haut. Vers sa circonférence, la plaque de fonte doit être percée de petits trous, pour l'écoulement des eaux pluviales.

219. **Paratonnerres des cheminées.** — Les cheminées d'usine isolées et très-élevées provoquent la chute de la foudre, et par leur élévation, et par la grande conductibilité de la suie qui recouvre quelquefois leur surface intérieure; aussi les arme-t-on d'un paratonnerre.

220. **Disposition des carneaux.** — Dans les grandes usines où l'on emploie des cheminées communes, il est important de disposer dans le canal qui doit recevoir l'air brûlé de tous les fourneaux des diaphragmes destinés à empêcher les veines de gaz d'agir les unes sur les autres.

221. **Registres.** — Dans tous les appareils de chauffage, quelles que soient d'ailleurs leurs dimensions et leurs destinations, il est toujours nécessaire de placer au bas ou au sommet des cheminées une plaque de tôle ou de fonte au moyen de laquelle on puisse, à

volonté, diminuer le tirage, et même l'annuler pour éteindre le foyer. Les registres sont très-utiles dans les appareils qui ne fonctionnent que par intermittence, parce que le courant d'air étant intercepté, le fourneau se refroidit très-lentement.

222. Diverses dispositions des registres. — On peut disposer les registres d'un grand nombre de manières différentes.

Dans les appareils d'une petite dimension dont les cheminées ou les tuyaux à fumée sont en tôle ou en fonte, dans les calorifères, par exemple, on règle l'ouverture du conduit par une plaque circulaire, mobile autour d'un axe qui traverse les parois opposées du tuyau et que l'on fait mouvoir par une clef extérieure, fig. 4, pl. V, p. 160.

Dans les grands appareils, on emploie des trappes qui se meuvent verticalement et qui sont soutenues par un contre-poids. La figure 2, pl. V, p. 160, est une coupe de l'appareil suivant la longueur du canal : R, plaque en fonte ; *cf*, coulisse en fonte fixée dans la maçonnerie ; *g*, *g*, chaîne de suspension de la plaque ; M, poulie de renvoi ; P, contre-poids de la plaque. Ce contre-poids doit avoir un poids égal à celui de la plaque ; le frottement de la poulie est alors suffisant pour maintenir la plaque à la hauteur à laquelle elle est abandonnée.

Cette disposition, qui est généralement employée, a cependant un grand inconvénient provenant de ce qu'il existe toujours un intervalle assez considérable entre les bords de la plaque et les rainures du cadre de fonte dans lequel elle se meut ; d'où il résulte qu'une grande quantité d'air froid est appelée dans la cheminée, et diminue d'une manière notable le tirage du foyer. Un registre *b*, formé par une plaque verticale, mobile autour d'un axe vertical, éviterait cet inconvénient, fig. 3, pl. V, p. 160 ; on pourrait le faire battre contre des arêtes en fonte qui permettraient une fermeture complète.

Quand la température de l'air chaud dépasse cinq à six cents degrés, on doit régler le tirage de la cheminée par une plaque mobile placée à l'orifice supérieur de la cheminée, parce que la plaque, étant toujours refroidie d'un côté par l'air, s'échauffe peu. La fig. 2, pl. IV, p. 80, montre la disposition qu'on adopte dans ce cas.

223. Cheminées d'habitation. — D'après les ordonnances françaises de 1712 et de 1723, les cheminées d'habitation ordinaires devaient avoir, dans œuvre, 3 pieds de largeur sur 10 pouces de profondeur, et les cheminées des cuisines et de grands appartements, 5 pieds de largeur sur 10 pouces de profondeur.

Ces dimensions excessives avaient de grands inconvénients ; car, indépendamment de la place inutilement occupée par le tuyau de la cheminée, la grande section du canal et sa forme aplatie étaient très-favorables à l'établissement des doubles courants, et par suite à l'introduction de la fumée dans les pièces.

On a reconnu par expérience que, pour une cheminée d'appartement ordinaire, un tuyau circulaire de 15 à 20 centimètres de diamètre ou de toute autre forme ayant 3 ou 4 décimètres carrés de surface, était presque toujours suffisant.

224. Construction des cheminées d'habitation. — Les meilleurs matériaux pour les cheminées sont les briques; et la manière la plus convenable de les disposer est celle qui a été imaginée par M. Gourlier et qui est maintenant généralement en usage, du moins à Paris. Dans cette nouvelle disposition, les cheminées sont placées dans les murailles,

Fig. 46.

dont elles n'augmentent pas l'épaisseur et dont elles ne diminuent pas non plus la solidité; elles sont construites avec des briques plus épaisses que les briques ordinaires, et qui ont des formes appropriées à la forme et aux dimensions du canal qu'elles doivent limiter (fig. 46).

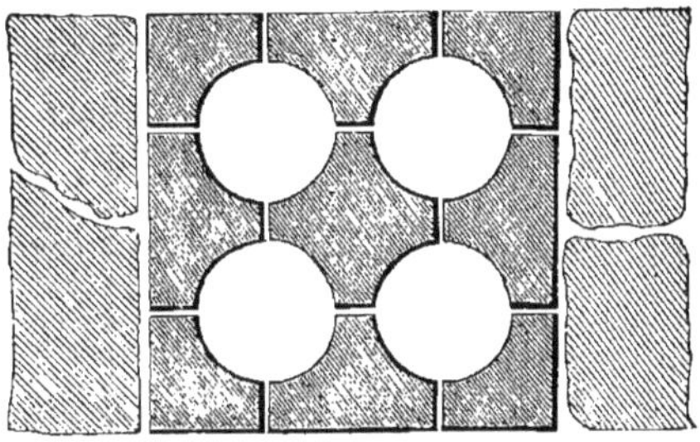

Ce mode de construction présente une grande solidité, mais il a l'inconvénient d'exiger un grand nombre de modèles de briques, non-seulement à raison des différents diamètres des cheminées et du nombre des tuyaux groupés, mais pour chaque grandeur et pour chaque groupe.

225. Appareils destinés à soustraire le tirage à l'influence des vents et des pluies. — Comme la vitesse d'écoulement de l'air par l'orifice des cheminées d'habitation est généralement très-faible, il faut soustraire le courant à l'action des vents qui pourraient faire refluer la fumée dans les appartements. A cet effet, on a imaginé un nombre considérable d'appareils plus ou moins compliqués que l'on appelle des *mitres*, et dont les uns sont mobiles, tandis que les autres sont fixes.

226. Mitres mobiles. — Parmi les mitres mobiles, celle qui est représentée par la fig. 47, nous paraît le mieux remplir son but. On la désigne quelquefois sous le nom de *loup*.

Elle se compose d'un tuyau en tôle, à deux branches cylindriques perpendiculaires entre elles, l'une verticale et l'autre horizontale. La première, mobile autour de son axe, enveloppe un tuyau également cylindrique et en tôle fixé dans la partie supérieure de la cheminée. La seconde branche A, qui est horizontale, reçoit à l'une de ses extrémités un cône tronqué I, dont la petite base se trouve sur l'axe de la cheminée et dont la grande base est égale à la section de la branche A, qui est garnie d'une girouette BC. L'air qui pénètre par le cône I dans cette branche A, agit par aspiration pour augmenter le tirage.

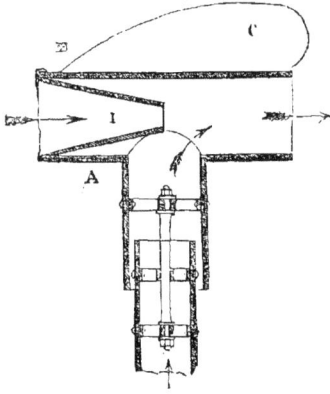

Fig. 47.

Ce mode d'action du vent est analogue à celui de la vapeur dans l'injecteur Giffard. Comme ce dernier appareil est passé d'une manière sérieuse dans la pratique industrielle et que le principe sur lequel il repose est souvent appliqué, nous croyons devoir ici en donner une description sommaire.

227. **Injecteur Giffard.** — La vapeur sort de la chaudière par le tuyau AB, fig. 48, muni d'un robinet d'arrêt; elle pénètre dans un second tube C, perpendiculaire au premier, par de petits trous : ce second tuyau est terminé en cône du côté de la chaudière.

L'extrémité du tube C est conique en dedans et en dehors, et elle peut être rapprochée ou écartée de la pièce H, qui est conique

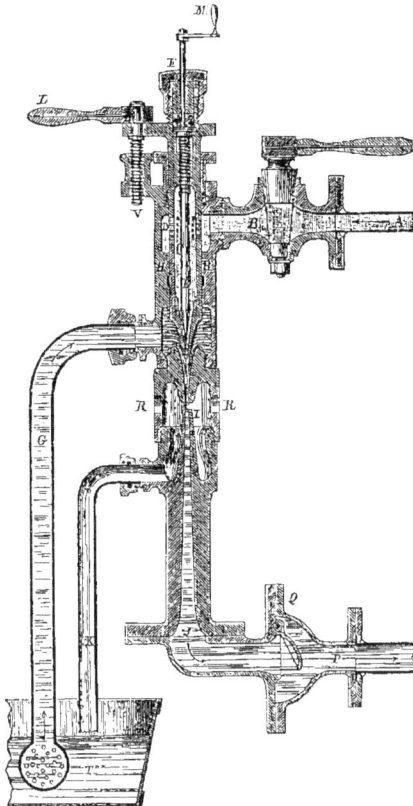

Fig. 48.

intérieurement, par le jeu du levier L ; celui-ci agit sur une vis à pas rapide, et fait marcher le tuyau C, avec tout son système.

Une autre tige à vis E, terminée d'un bout par un cône, et de l'autre par une manivelle M, en reçoit le mouvement, et sert à régler ou même à intercepter entièrement le passage de la vapeur qui vient de la chaudière.

Un tuyau d'aspiration G plonge dans la bâche, et conduit l'eau aspirée par l'injecteur à l'extérieur du tuyau C.

JJ est un ajutage divergent qui reçoit l'eau amenée par le tuyau d'aspiration, et à laquelle la vapeur de la chaudière, en s'échappant par le bout conique du tube C, imprime une grande partie de sa vitesse en se condensant. Cet ajutage va en augmentant de diamètre du côté de la chaudière, et il est muni d'un clapet de retenue qui empêche l'eau de sortir du générateur quand l'appareil ne fonctionne pas. Un bouchon à vis Q permet de visiter à volonté le clapet. P est un tuyau qui conduit ensuite l'eau d'alimentation dans la chaudière.

Il y a enfin un tuyau de trop plein ou de purge K, par lequel s'écoule l'excès d'eau que l'appareil peut aspirer.

Dès que la vapeur s'échappe avec une très-grande vitesse par l'ouverture conique du tube C, elle fait le vide dans l'espace annulaire resté au milieu de la bague H ; l'eau de la bâche monte, appelée à une hauteur de 3 ou 4 mètres : le jet de vapeur qu'elle rencontre là se condense immédiatement, et en même temps cette vapeur imprime au volume d'eau appelé une vitesse telle, qu'il peut soulever le clapet et pénétrer dans le générateur.

228. Inconvénients des appareils mobiles. — Ainsi que Péclet le fait observer avec raison, les appareils mobiles, comme celui que nous venons de décrire, seraient évidemment les meilleurs de tous s'ils pouvaient conserver la mobilité qu'ils possèdent lorsqu'on vient de les établir. Mais, il n'en est pas ainsi, à cause de la rouille et des poussières qui envahissent leurs diverses articulations et les empêchent bientôt de fonctionner d'une manière convenable. Aussi, commence-t-on à y renoncer et à leur préférer les appareils fixes.

229. Aspirateur de Wolpert. — La fig. 49, représente la mitre ou aspirateur de Wolpert, très-employée dans toute l'Allemagne. Elle consiste en un cylindre en tôle *a*, engagé, en partie, dans l'intérieur du sommet de la cheminée et, en partie, libre. Ce cylindre est surmonté d'un aspirateur *b*, légèrement concave à l'extérieur. Enfin, au-dessus et à une distance convenable, se trouve fixée une plaque de tôle *c*.

D'après Wolpert, l'action de cet appareil repose sur les deux principes suivants : 1° tout courant d'air qui se meut dans une masse d'air immobile, entraîne, par frottement intérieur, une partie de cette masse et donne lieu à un courant secondaire de même sens ; 2° lorsqu'un courant d'air rencontre une surface solide, il s'étale le long de celle-ci et lorsqu'il la quitte, il détermine dans l'air ambiant un courant secondaire dans le sens de sa nouvelle direction.

Pour montrer de quelle manière, dans cet appareil, l'action du vent est utilisée pour augmenter le tirage de la cheminée, exami-

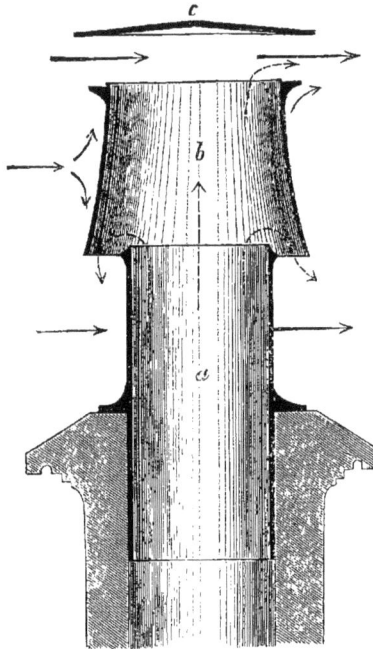

Fig. 49.

nons, par exemple, l'influence d'un vent horizontal soufflant de gauche à droite. Le courant qui passera entre la plaque c et l'aspirateur b, agira évidemment par aspiration et entraînera la fumée contenue dans celui-ci. Le courant qui frappe la surface extérieure et concave de b, se partage en deux parties, l'une ascendante, l'autre descendante : la première agira par aspiration sur la partie supérieure de b, et la seconde, sur la partie inférieure. Enfin, le courant d'air qui frappe le cylindre a, agit de même par aspiration sur b.

Le sommet de la cheminée est terminé en biseau, afin de changer, par réflexion sur celui-ci, le sens du mouvement des vents dirigés obliquement de haut en bas, et tirer ainsi parti de ces courants pour renforcer le tirage.

La mitre de Wolpert est employée, avec succès, pour la ventilation des voitures de chemins de fer (V. *Heusinger's Organ für die Fortschritte des Eisenbahnswesens*, 1877, et la note de M. Schröter, dans l'ouvrage de FERRINI : *Technologie der Wärme*, p. 501).

La fig. 50, montre une autre disposition très-simple et également très-efficace. Dans la partie supérieure de la cheminée se trouve un cylindre de tôle auquel est soudé un cône extérieur dont les génératrices font un angle d'environ 45° avec la verticale. A ce cône est fixée, à une hauteur un peu moindre que le diamètre de l'embouchure de la cheminée, une plaque de tôle dont le diamètre est au moins trois fois plus grand que celui de la même embouchure.

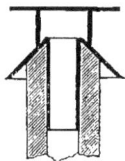

Fig. 50.

Le cône est principalement destiné à empêcher les courants verticaux ascendants, formés par réflexion sur le corps de la cheminée, de venir rencontrer la plaque de tôle, ce qui pourrait avoir pour effet un refoulement de la fumée.

La fig. 6, pl. II, p. 44, représente une cheminée de ventilation dans l'intérieur de laquelle est placée la cheminée d'un calorifère, pour activer le tirage. Le sommet de celle-ci dépasse celui de la cheminée enveloppante, et chacune d'elles est terminée par un chapeau en forme de calotte sphérique, dont les bords inférieurs sont au-dessous des bords supérieurs du tuyau. Cette disposition est très-efficace.

Dans les grandes cheminées d'appel où l'on a une vitesse qui dépasse rarement 2 mètres par seconde, on se contente de fermer la partie supérieure de la cheminée, et de percer au-dessous un grand nombre d'orifices rectangulaires, dont la somme des surfaces soit égale à deux ou trois fois la section de la cheminée, et jamais on n'a constaté de variation sensible de tirage par l'action des vents. Nous décrirons plus loin différents appareils dans lesquels cette disposition a été adoptée.

230. **Mitre de Sclessin.** — Cette mitre, qui diffère peu d'une de celles dont on garnit quelquefois les cheminées d'appartements, se trouve adaptée à Sclessin à une grande cheminée d'aérage de houillère.

Elle se compose d'une simple plaque en tôle un peu plus grande que la section supérieure de la cheminée, maçonnerie comprise, et soutenue à l'aide de trois pieds en fer, à quelque distance au-dessus de l'embouchure. C'est, en un mot, la mitre de la fig. 50, moins le cône. Cette disposition empêche l'entrée de l'air dans la cheminée et favorise, en outre, l'écoulement de la fumée.

Pour les cheminées d'habitation, on se borne souvent à les surmonter d'un tuyau en terre cuite de 50 à 60 centimètres de hauteur et qui a la forme d'un cône tronqué dont la petite base est en haut et sert d'orifice d'écoulement à la fumée. La section de cet orifice est ordinairement égale à la moitié de l'ouverture supérieure de la cheminée (n° 175).

CHAPITRE QUATRIÈME.

DES MACHINES SOUFFLANTES.

231. Définition des machines soufflantes. — Ces machines ont pour but d'aspirer de l'air, de le comprimer plus ou moins et de le lancer ensuite, soit dans la partie inférieure d'un appareil de chauffage pour y activer la combustion, soit directement dans l'atmosphère ou dans un local habité pour en chasser l'air vicié.

L'air comprimé est amené aux fours soufflés par un conduit désigné sous le nom de *porte-vent*.

L'embouchure extrême plus ou moins conique de ce tube est nommée *buse*.

On appelle *tuyère* l'orifice percé, pour le passage de la buse, au travers des parois du four.

Parmi les machines soufflantes, les *machines à piston* et les *ventilateurs* sont les plus employées.

Les premières permettent d'obtenir, à volonté, de l'air fortement ou faiblement comprimé et pour ce motif on les emploie dans les fourneaux à cuve où le combustible et la matière à chauffer sont accumulés en couche très-épaisse et opposent au passage de l'air une résistance considérable qu'il serait impossible de vaincre si on voulait produire le tirage à l'aide d'une cheminée. Les ventilateurs sont incapables de comprimer l'air au même degré que les machines à piston. On les emploie surtout pour les fours à cuve de faible hauteur, tels que les cubilots, pour les réverbères et pour la ventilation des mines et des locaux habités.

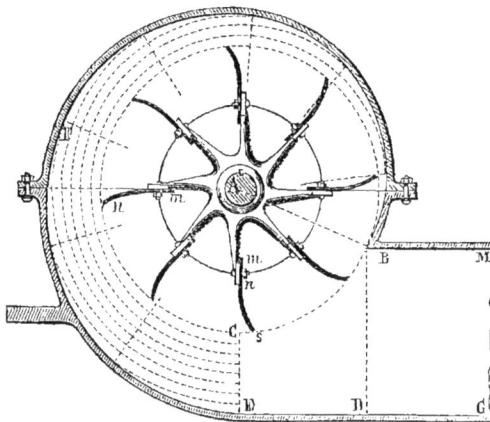

Fig. 51.

Nous ne nous occuperons ici que de ces derniers appareils. Nous renvoyons pour les machines à piston, aux ouvrages spéciaux et aux traités de métallurgie.

232. Ventilateurs à force centrifuge. — L'espace dont nous disposons ne nous permet, ni de décrire tous les ventilateurs proposés, ni de discuter leur mérite. Nous nous bornerons à l'examen du *ventilateur ordinaire*, qu'on emploie pour le soufflage de certains fourneaux, et du *ventilateur de M. Guibal*, qui est réservé exclusivement à la ventilation des mines et des locaux habités. Nous ajouterons quelques mots sur le ventilateur de MM. Geneste et Herscher, qui est réservé exclusivement pour la ventilation par pulsion.

233. **Ventilateur ordinaire.** — Le ventilateur que nous avons reproduit fig. 51, se compose simplement d'un axe à palettes, capable de recevoir, à l'aide d'une courroie et d'une poulie, un mouvement de rotation dont la vitesse peut atteindre 1500 à 1800 tours par minute. Ces palettes tournent dans un tambour cylindrique, en fonte ou en tôle, dont les joues planes présentent autour de l'axe de larges ouvertures, appelées *ouïes;* en un point de la surface cylindrique s'ouvre un large tuyau BMGE, ordinairement à section rectangulaire. Les palettes, en tournant, emportent l'air dans leur mouvement de rotation, et la force centrifuge qu'il acquiert l'oblige à se porter vers les extrémités des palettes, en quittant les points voisins de l'axe. En ces points, il se fait ainsi une raréfaction continuelle qui appelle l'air extérieur par les ouïes, en même temps que l'air intérieur, comprimé à la circonférence, s'écoule par le tuyau MG.

Les ventilateurs peuvent être employés comme machines *aspirantes* et comme machines *soufflantes*. Dans le premier cas, une seule des joues du ventilateur est percée d'une ouverture et l'on fait communiquer celle-ci avec le débouché du conduit à travers lequel les produits de la combustion, préalablement refroidis, doivent s'écouler pour être ensuite rejetés dans l'atmosphère. Dans le second cas, on conduit l'air lancé par le ventilateur, soit dans la partie inférieure du fourneau, s'il s'agit d'un fourneau à cuve, soit dans le cendrier fermé, s'il s'agit d'un fourneau à reverbère. Dans les deux cas, on laisse, à l'arrière du fourneau, une petite cheminée d'évacuation.

234. **Détails relatifs à la construction des ventilateurs ordinaires.** — Les palettes sont presque toujours planes et de forme rectangulaire. Elles sont dirigées, en général, suivant les rayons du tambour et elles ne dépassent pas les bords des ouvertures percées dans les joues de ce dernier.

Dans les anciens ventilateurs, la base du tambour était circulaire et concentrique à l'axe de rotation; mais on a reconnu qu'il était plus avantageux de lui donner la forme d'une développante de cercle à faible diamètre. Voici le tracé que l'on adopte pour construire cette courbe.

L'excentricité de l'enveloppe est la distance CE, de la circonférence ayant pour rayon AB ou R, au plan DE du fond du tuyau porte-vent, plan qui est perpendiculaire à celui du mouvement de rotation. Cette excentricité doit augmenter avec la vitesse de l'extrémité des ailettes : d'après M. Dollfus, elle doit être égale aux $^2/_5$ du rayon R pour des vitesses de 700 à 1000 tours par minute.

Cela étant, on partage CE et l'arc BFC de la circonférence de rayon R en un même nombre de parties égales ; puis, par les points correspondants de chacune de ces divisions, on fera passer, d'une part, des arcs de cercle concentriques à l'axe A, et de l'autre, des rayons dont les intersections respectives avec ces arcs seront autant de points de la développante, qui doit être raccordée tangentiellement avec le plan EDC.

La largeur de l'orifice d'écoulement doit être celle de la caisse et sa hauteur BD égale à $^5/_5$ R, augmenté de l'excentricité de la caisse. BM est parallèle à EC.

Si l'on désigne par N le nombre de tours du ventilateur en une minute, par Q le volume de fluide aspiré dans chaque seconde de temps, exprimé en mètres cubes, on a, d'après M. Boileau [1],

$$R = 3 \sqrt[3]{\frac{Q}{N}} .$$

D'après M. Dollfus, de Mulhouse, le nombre des palettes doit grandir avec le diamètre. On peut prendre 4 ailettes, lorsque le diamètre est au-dessous de $0^m,50$; 6 pour $0^m,60$; 8 pour $0^m,70$ à $0^m,80$, et jusqu'à 10, lorsque le diamètre atteint 1 mètre. Le diamètre des orifices d'entrée de l'air aspiré est sensiblement la moitié du diamètre extrême des ailettes.

Un ventilateur de $0^m,80$ de diamètre et de $0^m,10$ de largeur d'ailes, marchant à la vitesse de 1500 à 2000 tours, peut à la rigueur, d'après M. Gruner, comprimer l'air jusqu'à la pression de $0^m,020$ à $0^m,025$ de mercure ; mais la compression ordinaire, due aux ventilateurs plus larges et à ailes courtes, est rarement aussi forte ; elle est plutôt comprise entre 10 et 15 millimètres.

Les ventilateurs ordinaires utilisent rarement plus de 25 à 30 pour 100 du travail moteur dépensé.

---

[1] *Complément du Dictionnaire des Arts et manufactures*, par M. CH. LABOULAYE, 4ᵉ édition, 2ᵉ tirage, article *Ventilateurs*.

235. Vitesse d'écoulement de l'air. — La vitesse v, avec laquelle l'air s'échappe du ventilateur est donnée par la formule :

$$v^2 = 2gh.\ 1000 : 1,293 = 123^2.\ h,$$

h étant la hauteur en centimètres de la colonne d'eau qui égale l'excès de la pression de l'air dans la buse soufflante sur la pression de l'air extérieur supposée égale à $0^m,76$ de mercure.

236. Ventilateur Guibal appliqué à la ventilation par pulsion. — Ce ventilateur tourne entre deux parois verticales dont une seule est percée d'une *ouïe* par laquelle arrive l'air aspiré ; l'autre paroi n'est percée que d'une petite ouverture circulaire traversée par l'arbre de l'appareil qui reçoit le mouvement de la machine motrice. Une enveloppe cylindrique en maçonnerie entoure complètement le ventilateur et communique, sur une étendue égale à environ un quart de son pourtour, avec un conduit évasé ou cheminée, qui s'y raccorde tangentiellement. Les bras qui portent les ailes du ventilateur sont fixés sur un manchon polygonal à claire-voie. Ils sont droits, sauf à leur extrémité libre qui est recourbée dans le sens du rayon de l'enveloppe cylindrique. Le rebord intérieur des ailes ne doit pas atteindre tout à fait la circonférence de l'ouïe.

La fig. 5, pl. V, p. 160, représente la disposition du ventilateur Guibal employé pour la ventilation du Palais de la nation à Bruxelles. d, ventilateur. La cheminée est partagée en deux compartiments b et b'. L'air lancé dans le compartiment inférieur b est destiné à être chauffé. Celui du compartiment supérieur b' reste froid. Deux vannes, c', c'', mobiles dans des rainures en fonte, servent à régler les sections libres des deux conduits, afin qu'on puisse, suivant les circonstances, faire varier les volumes d'air froid et d'air chaud. Ces gaz se rendent ensuite dans une chambre de mélange, et de là, à une température d'environ 18°, dans la salle de la Chambre des représentants.

Lorsqu'on imprime à ce ventilateur un mouvement tel que la concavité des ailes s'avance vers la partie inférieure du conduit évasé, l'air entre par l'ouïe, s'engage entre les ailes, puis arrive à l'ouverture de ce conduit, dans lequel il pénètre avec la vitesse que les ailes possèdent à leur extrémité libre.

La forme de la cheminée doit être telle que la nappe fluide, qui s'enfle en la parcourant, en remplisse toujours complètement toutes les sections, afin qu'il n'y ait nulle part de remous, ni de rentrées d'air extérieur par une partie de la section supérieure.

M. Guibal prolonge généralement la cheminée de ses ventilateurs de 7 à 9^m au delà de l'axe de rotation de l'appareil[1]. Il a adopté pour règle d'évasement du conduit un angle d'environ 8°, c'est-à-dire que la section de ce conduit augmente, dans le plan du mouvement du ventilateur, de 0^m,14 par mètre de longueur comptée sur l'axe de l'évasement courbe ; l'autre dimension de la section est constante et égale à la largeur du ventilateur[2].

Au lieu de disposer la cheminée verticalement, on peut aussi la rendre horizontale, pour pouvoir la mettre en communication avec les conduits souterrains dans lesquels se trouvent les appareils de chauffage. Cette dernière disposition a été adoptée à l'hôpital de la Byloque, à Gand.

237. Dépression produite par le ventilateur Guibal. — Soient H cette dépression exprimée en millimètres d'eau, R et r, les rayons extérieur et intérieur des ailes du ventilateur (le rayon de l'ouïe doit être un plus petit que le rayon intérieur des ailes, pour empêcher l'air de sortir en partie par le pourtour de cette ouïe), N le nombre de tours du ventilateur par minute, p le poids du mètre cube d'air ($p = 1^k,135$, parce qu'on suppose l'air plus ou moins saturé de vapeur d'eau), s et S les sections de la cheminée à sa base et à son débouché, on a[3] :

$$H = 0,00056.p.N^2\left[R^2\left(2 - \frac{s^2}{S^2}\right) - r^2\right].$$

L'expérience a indiqué que la dépression H′, réalisée pratiquement, n'est, en moyenne, que les 0,822 de la dépression théorique H. On a, par conséquent :

$$H' = 0,00056.1^k,135\ N^2\left[R^2\left(2 - \frac{s^2}{S^2}\right) - r^2\right]0,822,$$

ou bien

$$H' = 0,000523N^2\left[R^2\left(2 - \frac{s^2}{S^2}\right) - r^2\right]^{(4)}.$$

On prend ordinairement S = 4s et R = 2r à 3r. R varie entre 3 et 7^m; N entre 40 et 90, et la largeur l du ventilateur entre 1^m,50 et 2^m,50.

---

(1) V. le remarquable ouvrage de M. Devillez, *sur la ventilation des mines*, Mons, 1875, p. 213.

(2) V. même ouvrage, p. 212.

(3) Devillez, *Ventilation des mines*, p. 199.

(4) Idem, p. 222.

238. Détermination de la section *s*. — On connaît toujours le volume V d'air, en mètres cubes, que le ventilateur doit, par seconde, introduire dans le local à ventiler. En outre, on peut se donner R et N. La vitesse v à l'extrémité libre des ailes sera $v = 2\pi\text{R}.\text{N} : 60$, et la section théorique $s' = \text{V} : v$. L'expérience a démontré que, pour tenir compte de la contraction de la veine à l'entrée de la cheminée, il fallait faire $s = 2\,s'$ [1]. D'après cela, la hauteur h de la section s sera donnée par l'équation $s = lh$.

239. Règlement de la vanne. — Lorsque la section d'entrée de la cheminée n'est pas assez grande pour permettre le passage de tout le volume d'air que la dépression correspondante à la vitesse du ventilateur peut appeler, l'appareil ne débite que le volume qui peut passer par l'orifice, avec la vitesse que les ailes possèdent à leur extrémité et qui constitue le maximum de vitesse que la lame fluide peut posséder à son passage par cet orifice.

Pour reconnaître si ce cas se présente, il suffit de soulever progressivement la vanne et, au moyen d'un manomètre à eau, placé devant l'ouïe du ventilateur, de mesurer la dépression produite. Tant que l'on constatera un accroissement de dépression, ce sera un signe que l'orifice d'entrée de la cheminée est encore trop petite. Elle aura la grandeur voulue lorsqu'en soulevant encore la vanne, on ne voit plus la dépression augmenter [2].

240. Calcul du volume d'air débité par un ventilateur Guibal. — D'après ce qui précède et lorsque la vanne occupe la position voulue, le volume d'air débité par le ventilateur est égal au produit de la section d'entrée de la cheminée par la moitié de la vitesse de l'extrémité des ailes.

241. Effet utile. — Le travail en kilogrammètres produit par un ventilateur Guibal a pour expression le produit du volume d'air débité en une seconde par la dépression exprimée en millimètres d'eau [3].

L'effet utile de ces ventilateurs, bien supérieur à celui des autres appareils, varie entre 0,30 et 0,63 [4]. L'effet utile, pour un même ventilateur, est d'ailleurs d'autant plus grand qu'il débite plus d'air.

242. Ventilateur à ailes en hélice de Geneste et Herscher. —

---

(1) DEVILLEZ, *Ventilation des mines*, p. 217.
(2) Idem, p. 215.
(3) Idem, p. 247.
(4) Idem, p. 244.

Ces constructeurs avaient présenté à l'Exposition universelle de Paris, en 1878, un ventilateur composé de deux enveloppes tronc-coniques, concentriques et mobiles autour de leur axe commun. Les surfaces de ces troncs de cône sont parallèles et réunies de distance en distance par des ailes ou aubes ayant une forme en hélice. La longueur de chaque aile ne correspond qu'à une fraction plus ou moins grande du pas de l'hélice.

Lorsque cet appareil reçoit un mouvement rapide de rotation, il aspire l'air du côté de la petite base des enveloppes et le rejette du côté opposé, parallèlement à l'axe de rotation.

Comme l'enveloppe intérieure est fermée à ses deux bases, on a trouvé utile, pour augmenter l'effet de l'appareil, de prolonger l'axe de cette enveloppe de chaque côté par un cône de même base que la base correspondante de l'enveloppe.

On se propose d'employer cet appareil pour la ventilation du nouveau Palais de justice qu'on est occupé à construire à Bruxelles. J'ignore l'effet utile de ce ventilateur.

CHAPITRE CINQUIÈME.

DES DIFFÉRENTS MOYENS DE PRODUIRE LE TIRAGE.

243. Calcul de l'effet utile d'une calorie employée à produire le tirage dans une cheminée. — Le tirage par les cheminées est fort coûteux et exige une grande dépense de combustible. Pour nous en assurer, cherchons l'effet utile d'une calorie.

Voici par qu'elles considérations M. Ser (*Cours de physique industrielle* de l'école centrale de Paris) résout le problème dont il s'agit.

Soit P, le poids de l'air froid appelé par seconde dans le foyer, m, sa masse et v, sa vitesse.

Le travail produit sera (n° 149) :

$$\frac{mv^2}{2} = \text{P}.\frac{v^2}{2g}.$$

Or, de quelque manière qu'on réalise le tirage, l'air, dans le fourneau, devra être porté à la même température et vaincre les mêmes résistances. Nous pouvons donc faire abstraction de celles-ci et admettre que la vitesse U de l'air dans la cheminée est égale à la vitesse théorique qui correspond à sa température t et à la hauteur H du conduit. D'après cela, si T, est la température de l'air extérieur, on aura :

$$U = \sqrt{\frac{2g\,Ha\,(t - T)}{(1 + aT)}}.$$

D'un autre côté, si le canal d'arrivée de l'air froid est supposé avoir même section que la cheminée, nous aurons :

$$v : U = (1 + aT) : (1 + at), \text{ et, par suite :}$$

$$P.\frac{v^2}{2g} = P.\frac{(1 + aT)}{(1 + at)^2}. Ha\,(t - T).$$

Le poids P d'air qui s'écoule à la température t, a absorbé $Pc\,(t-T)$ calories, c représentant le calorique spécifique de ce gaz. Par conséquent, pour obtenir le travail Q, produit par une calorie, il suffira de diviser le travail réalisé, par la chaleur dépensée $Pc\,(t-T)$. On trouve de cette manière :

$$Q = \frac{Ha}{c} \cdot \frac{(1 + aT)}{(1 + at)^2}.$$

Si l'on fait $H = 20^m$, $T = 0°$, $t = 272°$, on trouve $Q = 0,0734$ kilogrammètres.

Pour $H = 20^m$ et $t = 20°$, $Q = 0,2936$ k.m., et pour $H = 40^m$, $t = 20°$, $Q = 0,587$ k.m.

On voit, par ces exemples, que le travail d'une calorie est d'autant plus grand que t est plus faible et la hauteur H de la cheminée plus considérable. Dans tous les cas, comme nous allons le montrer, Q est très-faible comparativement au travail d'une calorie utilisée par une machine à vapeur.

244. Dépense de combustible pour produire le tirage dans les fourneaux ordinaires. — Nous pouvons évaluer la dépense de combustible nécessitée pour la production du tirage dans les fourneaux ordinaires en comparant la température de l'air dans la cheminée à celle qu'il possède à sa sortie du foyer.

Si le combustible brûlé était du charbon de bois, et si la combustion avait lieu avec le double du volume d'air strictement nécessaire, la température T développée serait donnée par l'équation :

$$T = \frac{8080}{\frac{11}{3}\cdot 0,2169 + \frac{8}{3}\cdot 3,33.0,244 + \frac{8}{3}\cdot 4,33.0,2375} = 1445°.$$

La plupart des houilles, en tenant même compte de leur contenu en cendres, développeraient une température plus élevée, parce que leur carbone a un pouvoir calorifique plus élevé que celui du charbon de bois. Mais, d'après Scheurer-Kestner (*Bulletin de la Société industrielle de Mulhouse,* 1868), la combustion de ces combustibles n'est jamais complète. En effet, ce savant a constaté qu'en brûlant de la houille sous des chaudières à vapeur, on peut retrouver dans les produits non brûlés, jusqu'à 18 et 19 pour cent du carbone total de la houille, lorsque l'excès d'air n'est que de 6 à 7 pour cent; avec un excès d'air de 20 à 25 p. 100, la perte en carbone descend à 7 et même à 5 et 4 p. 100. D'autre part, la proportion d'hydrogène non brûlé s'élève, presque toujours, à 15 ou 20 p. 100 de l'hydrogène total de la houille, et cela, même lorsque l'excès d'air est considérable. On ne parvient à brûler complètement les produits distillés que lorsqu'on opère la combustion dans une enceinte très-chaude, ce qui n'est pas le cas dans les fourneaux ordinaires où le corps à chauffer détermine un refroidissement rapide des produits de la combustion.

En tenant compte de cette combustion incomplète, on ne peut pas évaluer à plus de 1400 ou 1500° la température de combustion de la houille dans les fourneaux de chaudières.

Mais toute la chaleur contenue dans les produits de la combustion ne peut pas être considérée comme utilisable. En effet, une partie de cette chaleur est cédée aux parois du fourneau et doit être considérée comme perdue. La partie restante pourrait être utilisée pour le chauffage spécial qu'on a en vue. La perte de chaleur occasionnée par les parois des fourneaux varie d'après l'épaisseur de ces parois, leur nature et leurs dimensions. Que nous sachions, elle n'a pas encore été déterminée. Mais à défaut de données précises sur sa valeur, nous croyons que, dans les fourneaux des chaudières à vapeur, elle abaisse au moins de 200° environ la température des produits de la combustion, de sorte qu'on peut admettre que ceux-ci, en sortant du foyer, possèdent encore une température de 1200° à peu près.

D'après ce chiffre, qui est également admis par Péclet (*Traité de la chaleur*, 4ᵉ édition, T. 1, p. 319), si les produits de la combustion s'échappent vers 300°, ils emportent le quart, non de la chaleur totale développée, mais de la chaleur utilisable.

On peut donc admettre que dans les fourneaux de chaudières où la fumée s'échappe rarement à une température inférieure à 300°, le quart environ du combustible brûlé est employé à produire le tirage.

Or, dans ces appareils, le poids de houille nécessaire pour obtenir la force d'un cheval-vapeur pendant une heure est, en moyenne, de 4 kilogrammes.

Mais de ces quatre kilogrammes, il n'y en a que trois qui servent réellement à produire la force motrice, le quatrième étant, d'après ce qui précède, consommé pour déterminer le tirage. Ces trois kilogrammes de houille dégagent en brûlant, environ $3.7500 = 22,500$ calories utilisables et produisent un travail de $75.3600 = 270,000$ kilogrammètres, ce qui correspond à 12 kilogrammètres par calorie, et, par conséquent, à un chiffre beaucoup plus élevé que les diverses valeurs que nous avons trouvées pour Q.

245. **Divers moyens pour remplacer le tirage par les cheminées.** — La grande dépense de chaleur nécessaire pour produire le tirage à l'aide des cheminées, a conduit les ingénieurs à examiner s'il ne serait pas avantageux de les remplacer par d'autres moyens de ventilation. Cette question ayant une grande importance, nous devons au moins en dire quelques mots.

Les moyens qui se présentent pour remplacer le tirage par les cheminées, sont au nombre de deux : 1° on peut, à l'aide d'un procédé mécanique, soit *souffler* de l'air sur le combustible, soit *aspirer* de l'air en le forçant à passer au travers des matières en combustion ; et 2° on peut produire le tirage par un jet de vapeur à haute pression lancé dans la cheminée, ou sous la grille dans le cendrier fermé. Ce dernier moyen n'est guère employé comme auxiliaire de la cheminée, mais plutôt comme modificateur du mode de combustion de l'appareil (n° 103).

246. **Tirage mécanique, par insufflation ou par aspiration.** — Les *ventilateurs* sont les seules machines soufflantes que l'on ait cherché à employer pour remplacer les cheminées, soit dans les fourneaux, soit dans les appareils de ventilation.

C'est qu'en effet, par la continuité de leur action et par la simplicité de leur mécanisme, ces appareils sont éminemment propres à un travail qui doit être continu.

247. **Comparaison entre le tirage produit par le ventilateur et le tirage par les cheminées.** — L'effet utile du ventilateur étant supposé égal à 0,20, et le travail d'une calorie utilisée dans une machine à vapeur étant égal à 12 kilogrammètres, on voit que le ventilateur produira 2,4 kilogrammètres de travail par calorie dépensée à le mouvoir. Ce travail produit est, dans tous les cas, plus grand que celui que l'on réalise par l'emploi des cheminées, et cette supériorité du ventilateur avait donné l'idée de le substituer aux cheminées. Mais, après quelques essais faits aux bains Vigier, à Paris, et à la brasserie belge, à Louvain, on en est revenu aux cheminées, d'abord parce

qu'il est rare qu'on ait l'emploi utile de la chaleur entraînée par la fumée, et ensuite, parce que les ventilateurs exigent un moteur et des frais d'entretien qui compensent jusqu'à un certain point les avantages qu'on pourrait retirer de leur emploi.

248. Tirage par un jet de vapeur. — Lorsqu'on lance verticalement de bas en haut dans la partie inférieure d'une cheminée un jet de vapeur à haute pression, la vapeur chasse devant elle l'air de la cheminée et détermine ainsi, par aspiration, un accroissement énergique de tirage. On peut obtenir de cette façon, des dépressions d'eau allant jusqu'à 20^{mm}. Un jet intermittent produit plus d'effet qu'un jet continu.

Ce moyen de produire le tirage est employé dans les locomotives, dont les cheminées basses et de petit diamètre seraient insuffisantes à déterminer l'appel d'air nécessaire à l'énorme consommation de combustible qu'on doit faire dans ces machines. Pour les mêmes motifs, on y a également recours dans les machines de bâteaux à vapeur et dans les locomobiles.

La fig. 52, montre les dispositions adoptées pour le tirage dans les locomotives. EFGH, boîte à fumée; t, t, tubes qui amènent les produits de la combustion ; MNDC, cheminée divergente ; K, tuyère pour l'arrivée de la vapeur qui s'échappe par l'orifice f, placé à une distance de la cheminée comprise entre une et deux fois le diamètre de la base de celle-ci.

248. Résultats sur le tirage produit par la vapeur. — 1°. D'après les expériences de MM. Nozo et Geoffroy, une cheminée de section donnée produit le tirage maximum lorsque sa hauteur est égale à sept fois son diamètre, et cela quelle que soit la section de passage des gaz, celle de l'échappement et la pression de la vapeur. M. Zeuner a trouvé, au contraire, que la longueur de la cheminée paraît indifférente, tant

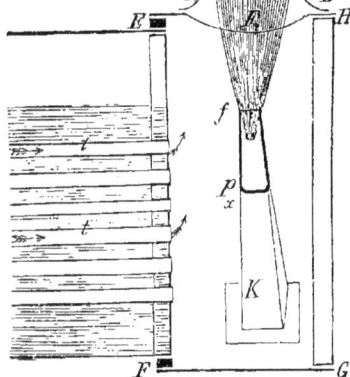

Fig. 52.

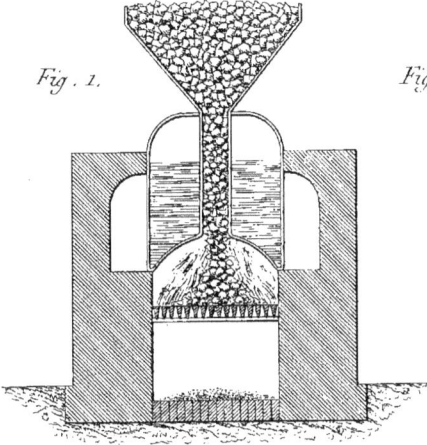

Fig. 1.

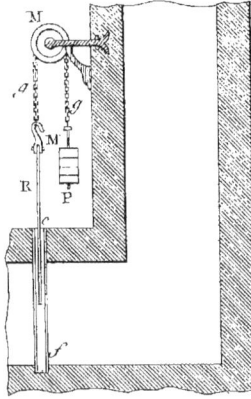

Fig. 2.

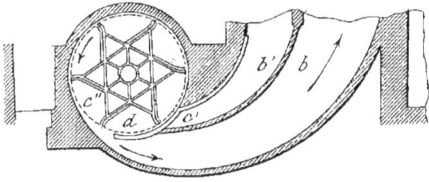

Fig. 5. 1/200.ᵉ

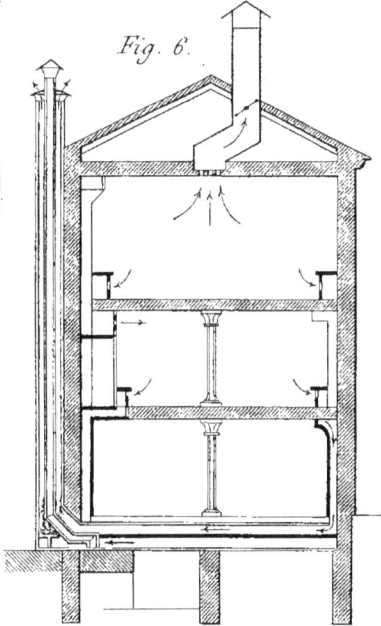

Fig. 6.

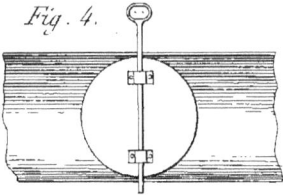

Fig. 4.

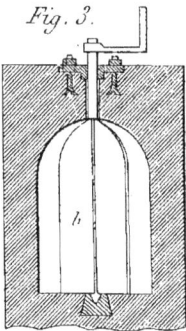

Fig. 3.

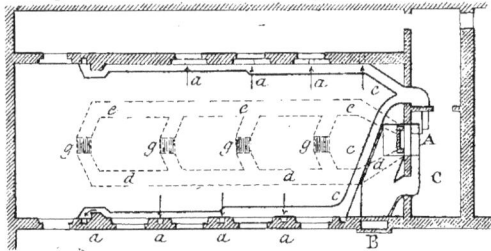

Fig. 7.

qu'elle ne descend pas jusqu'au triple de son diamètre, auquel cas la vapeur ne la remplit pas assez pour empêcher l'air extérieur de s'y précipiter et de produire des remous latéraux.

2° Selon M. Zeuner [1], l'écartement du bas de la cheminée et de l'orifice de la tuyère n'a qu'une influence à peine sensible tant que la tuyère n'est pas abaissée au point de permettre au jet de vapeur de s'épanouir en une nappe plus grande que la section de la cheminée, ou bien qu'elle ne soit élevée jusqu'au niveau de la base de la cheminée ou même dans l'intérieur de celle-ci. Alors la dépression intérieure se trouve nulle dans le premier cas, et fort amoindrie dans le second, parce que sans doute la vapeur fait l'office d'un obturateur qui arrête les masses d'air appelées vers la cheminée. M. Zeuner indique, comme le plus convenable, un écartement égal à une ou deux fois le diamètre de la cheminée.

3° L'aspiration déterminée par un poids donné de vapeur s'échappant par une cheminée également donnée, est indépendante de la tension de la vapeur (Zeuner).

4° L'effet produit par une cheminée divergente est supérieur à celui qu'on réalise au moyen d'une cheminée convergente ou cylindrique.

5° M. Zeuner a également démontré que pour une section F_1 de passage de l'air appelé, une section f de l'orifice d'échappement de la vapeur et une dépense donnée de vapeur, il existe une section F de la base de la cheminée qui rend le tirage maximum.

Si l'on désigne par n, le rapport entre les sections de la cheminée à son sommet et à sa base, et si l'on pose $\dfrac{1 + n^2}{2n^2} = \rho$, on peut, d'après M. Zeuner, admettre, sans erreur sensible, que la section F qui rend le tirage maximum, est donnée par l'équation :

$$F = \rho f + \sqrt{\rho^2 f^2 + 2\frac{\rho F_1^2}{1 + \beta}} \quad \cdots \quad (a).$$

Dans cette expression, β représente la somme des résistances que l'air appelé rencontre sur son passage jusqu'au moment de son entrée dans la boîte à fumée.

M. Zeuner démontre également que, dans les circonstances ordinaires, on trouve, pour le rapport entre le poids G d'air appelé par seconde et le poids V de vapeur dépensé, la relation :

$$\frac{G}{V} = \frac{F_1}{f} \cdot \sqrt{\frac{2f(F - \rho f)}{2\rho F_1^2 + (1 + \beta) F^2}} \quad \cdots \quad (b).$$

(1) *Das Locomotiven-Blasrohr*, von Dr GUSTAVE ZEUNER, Zürich, 1863.

En supposant, d'après le *Guide du mécanicien* de Le Châtelier :
$F_1 = 0^{mq},225$; $F = 0^{mq},1$; $f = 0^{mq},008$ (valeur moyenne) et, avec
Zeuner : $1 + \beta = 12$, la formule (*b*) donne :

$$\frac{G}{V} = 2,294, \text{ et l'équation (} a \text{)} :$$

$F = 0,008 + \sqrt{0,000064 + 0,008437} = 0,1$, résultat qui démontre que la valeur de F adoptée dans la pratique est précisément celle qui correspond au maximum du tirage.

S'il s'agissait d'une cheminée divergente dont la base supérieure aurait un diamètre double de celui de la base inférieure, et si les valeurs de F_1, f et $1+\beta$ étaient les mêmes que ci-dessus, on aurait $n = 4$, $\rho = 0,53125$, et l'on trouverait d'une part : $F = 0^{mq},07153$ et, d'autre part : $\frac{G}{V} = 2,719$. Ces résultats font voir les avantages des cheminées divergentes.

SECTION TROISIÈME.

DES FOYERS.

249. Classification des foyers. — On peut diviser les foyers en *foyers à flamme droite, foyers à flamme renversée* et *foyers à gaz*. Nous nous sommes déjà occupé de ces derniers ; de sorte qu'il ne nous reste plus qu'à examiner ceux des deux premières classes.

CHAPITRE PREMIER.

DES FOYERS A FLAMME DROITE.

250. Parties d'un foyer. — Comme on le voit par les fig. 53 et 54, qui représentent le fourneau d'une chaudière de Watt, les foyers se composent de quatre parties qui sont : 1° l'*ouverture qui donne accès à l'air* ; 2° le *cendrier*, qui est l'espace où se réunissent les cendres ; 3° la *grille* sur laquelle on place le combustible ; et 4° l'espace dans lequel se développe la flamme et qui constitue le *foyer proprement dit*. Nous allons étudier successivement les formes et les dispositions de ces quatre parties.

251. Ouverture qui donne accès à l'air. — Cette ouverture est généralement placée au-dessous de la porte du foyer. Elle doit avoir

Fig. 53.

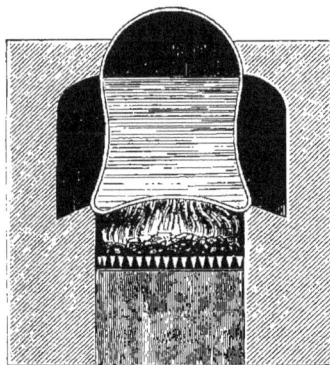

Fig. 54.

une section au moins égale à celle de la cheminée ; mais il n'y a jamais d'inconvénient à la rendre plus grande.

Il est toujours utile de garnir cette ouverture d'une porte qui puisse fermer hermétiquement. Cette porte et le registre de la cheminée dont nous nous sommes déjà occupé (n°s 221 et 222), permettent d'empêcher l'air de passer à travers le fourneau pendant la cessation du travail, de s'opposer ainsi au refroidissement, et, par conséquent, de faire une économie notable de combustible.

252. **Cendrier.** — Le cendrier est l'espace libre qui se trouve au-dessous de la grille ; la grandeur de cet espace est entièrement arbitraire ; il faut seulement qu'il ne soit point étranglé, et que sa plus petite section soit suffisante pour laisser passer la quantité d'air froid nécessaire à la combustion.

Le fond du cendrier est souvent occupé par une bâche pleine d'eau. Ce petit bassin, en absorbant la chaleur rayonnante du foyer de haut en bas, et en éteignant les escarbilles à mesure qu'elles tombent, diminue beaucoup la température de la partie inférieure de la grille, ce qui la conserve plus longtemps et empêche qu'elle ne soit obstruée aussi fortement par l'adhérence des scories. De plus, la vapeur d'eau qui se dégage, et qui est décomposée en traversant le foyer, donne plus de longueur à la flamme, et la maintient lorsque le charbon, transformé en coke, n'en produirait plus par un courant d'air sec. Cette disposition est surtout avantageuse dans les foyers à combustion vive, comme ceux des fourneaux à réverbère et des fourneaux servant à chauffer les cornues à gaz d'éclairage.

253. **Des grilles.** — Les grilles sont formées de barres de fer ou de fonte placées parallèlement les unes à côté des autres. Leur épaisseur et leur écartement dépendent de la nature du combustible et de la grosseur des morceaux ; car ces intervalles ne doivent laisser passer que les cendres. Pour les grands foyers, on donne généralement aux barreaux une largeur de 2 à 3^{cm}, et on laisse entre eux un intervalle d'environ 5 à 10^{mm}. On adopte ce premier intervalle chaque fois que l'on doit brûler des menus de houille, ou des combustibles qui se divisent dans le foyer à mesure que la combustion fait des progrès, et dont une partie pourrait tomber avec les cendres. La largeur des grilles varie de 0^m,40 à 1^m ; quant à leur longueur, elle dépasse rarement 1^m,80 à 2^m. On regarde même 1^m,30 comme une longueur assez forte.

On proportionne les deux dimensions de la grille de façon à obtenir la surface voulue pour la combustion du poids de combustible qu'il s'agit de brûler par heure. En général, la quantité de houille brûlée, par mètre carré et par heure, varie entre 60 et 120^k. Mais on s'est souvent écarté de ces limites. Dans les foyers du Cornouailles, on ne brûle que 20^k ; dans d'autres, on est allé jusqu'à 200^k et même 300^k, avec des moyens de tirage spéciaux. On peut prendre comme une bonne moyenne, pour les foyers de chaudières, par mètre carré et par heure, 80 à 100^k. La somme des vides entre les barreaux de la grille varie, d'après Weiss [1], entre 1/4 et 1/3 de la surface totale de la grille.

Dans les foyers à combustion lente, l'épaisseur de la couche de houille sur la grille est de 6 à 8 centimètres pour les houilles grasses et de 10 à 12 centimètres pour les houilles maigres. Dans certains foyers à combustion vive, cette épaisseur varie de 12 à 20 centimètres; elle est, par exemple, de 15 centimètres dans les fours à puddler et de 20 centimètres dans les fours à réchauffer le fer.

254. Forme des grilles. — Une grille d'une étendue déterminée peut varier de forme ; elle peut être carrée ou avoir la forme d'un rectangle plus ou moins allongé. A cet égard, on peut poser comme règle que, si l'on veut réduire les pertes de chaleur par les parois, il faudra se rapprocher, autant que possible, de la forme *carrée* ; mais que, pour chauffer, d'une façon *uniforme*, toutes les parties d'un four, il faudra souvent s'en écarter beaucoup.

Dans le cas d'un réverbère, par exemple, on donne à la grille une forme carrée dont le côté est égal à la largeur du four près de l'autel. Cette forme a l'avantage, tout en favorisant la combustion des fuliginosités entraînées par la flamme, de ne pas trop éloigner le centre du foyer du corps à chauffer. Dans les fours à galères, on est, au contraire, obligé d'adopter la forme rectangulaire. La longueur de la grille est alors déterminée par celle des banquettes.

255. Vitesse de l'air. — La vitesse de l'air dans l'ouverture du cendrier varie entre 0^m,30 à 1^m. Au passage entre les barreaux de la grille, cette vitesse s'élève à 3 ou 4^m, et même jusqu'à 5^m. Enfin, au passage à travers la couche de combustible, la vitesse est encore doublée. Cette vitesse doit être en rapport avec l'épaisseur de la couche de combustible. Dans les foyers des locomotives, au moins dans ceux où la charge a presque toujours 0^m,30 à 0^m,40 d'épaisseur, MM. Foucou et Amigues, de Marsilly et d'autres expérimentateurs ont constaté qu'avec une vitesse faible, ou lorsque la locomotive est au repos, il se forme une quantité notable d'oxyde de carbone; que lorsque la vitesse augmente, cette quantité d'oxyde diminue jusqu'à une vitesse de 50 kilomètres à l'heure ; enfin que, si

---

(1) *Allgemeine theorie der Feuerungsanlagen.*

la vitesse augmente encore, l'oxyde reparaît dans une proportion qui s'accroît avec la vitesse. Ce dernier phénomène paraît devoir être attribué à la dissociation qui résulte de la forte élévation de température développée par le grand volume d'air introduit dans le foyer.

Voici, du reste, à l'appui de ce qui précède, la composition des gaz d'une locomotive à marchandises, recueillis par MM. Foucou et Amigues, et analysés sous la direction de M. Lucca.

		VITESSE A L'HEURE.				
	Repos.	18 kilom.	40 kilom.	50 kilom.	60 kilom.	70 kilom.
Acide carbonique . .	11,25	14,20	17,05	17,45	16,95	15,77
Oxyde de carbone . .	7,24	4,95	2,10	1,80	2,60	3,05
Hydrogène	1,33	0,15	0,10	0,40	0,17	0,21
Oxygène	4,20	4,45	1,95	2,70	2,39	2,37
Azote	74,00	76,40	78,80	77,65	77,89	78,60
Carbures d'hydrogène.	1,98	0,05	0,05	0,00	traces.	traces.

Pour une vitesse de 70 kilomètres, la proportion de l'oxyde de carbone peut donc remonter à 3,05.

256. **Grilles des foyers à bois.** — Pour les foyers à bois, les grilles doivent être beaucoup plus petites que pour les foyers à houille : d'abord, parce qu'il faut moins d'air pour brûler 1^k de bois que pour brûler 1^k de houille ; ensuite, parce que les ouvertures ne sont pas sujettes à s'obstruer. D'après les observations de M. Edouard Koechlin, il faut 1^{mq} de grille, ayant un quart de surface libre, pour brûler 350^k de chêne vieux par heure, ce qui fait à peu près 3^{dq} pour 10^k de bois. En général, la quantité de bois qu'on brûle par heure et par mètre carré de grille varie entre 130 et 200^k. Ces chiffres s'appliquent également aux foyers à tourbe. L'épaisseur de la couche de combustible sur la grille est de 15 à 20^{cm}, si le foyer est à combustion lente, et de 30 à 40^{cm} dans le cas d'une combustion vive. D'après Weiss, le bois et la tourbe exigeraient les 2/3 de la surface de grille qu'il faudrait pour brûler un poids égal de houille. La surface totale des vides varierait de 1/7 à 1/4 de la surface totale de la grille.

257. **Foyers à coke.** — Dans les foyers où l'on brûle du coke, la consommation de combustible par mètre carré de grille et par heure, est, en moyenne, de 120 à 130^k, mais elle peut s'élever jusqu'à 200 et même 300^k. Dans les foyers des locomotives, l'épaisseur du coke sur la grille varie de 40 à 60^{cm}. Pour les combustions plus lentes on réduit cette épaisseur à 30^{cm}.

258. **Construction des grilles.** — Examinons maintenant la construction des grilles.

Pour les chaudières à vapeur fixes et, en général, dans les foyers à température modérée, on se sert de barreaux en fonte. Dans les foyers à tirage actif et à température élevée, on préfère les barreaux en fer doux, qui résistent mieux, et qui, d'ailleurs, peuvent aisément se redresser lorsqu'ils se voilent.

259. Barreaux en fonte. — Les barreaux en fonte ont la forme indiquée par les figures 55 à 58; leur hauteur est plus grande au milieu que vers les extrémités (fig. 55, A), afin qu'ils résis-tent mieux à la flexion; leur épaisseur va en diminuant de haut en bas (fig. 55, B), afin de faciliter l'accès de l'air, la chute des scories et le dégorgement de la grille par une barre de fer plate et recourbée qu'on introduit en dessous à travers les barreaux; ils sont munis aux deux extré-mités (fig. 56) et au milieu (fig. 57) quand ils ont une longueur de plus de 0ᵐ,80, d'appendices dont l'épaisseur est égale à la moitié de l'intervalle qui doit les sépa-rer; souvent on ne met des appendices que d'un côté (fig. 58). Les fig. 56 à 58 représentent l'ajustement des barreaux; ils reposent par leurs extrémités sur des barres de fonte ou de fer fixées dans la maçonnerie. L'épaisseur de chaque bar-reau à la partie supérieure varie de 18 à 30 millimètres, et la hauteur au milieu de 10, 12, 15, jusqu'à 30ᶜᵐ. Cette grande hauteur a pour but de favoriser le refroi-dissement des barreaux par l'air froid qui afflue sur le combustible. De cette façon, les barreaux résistent mieux et durent plus longtemps.

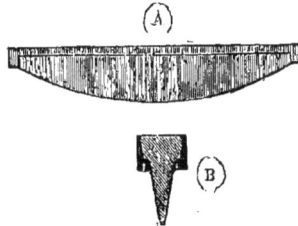

Fig. 55.

Fig. 56.

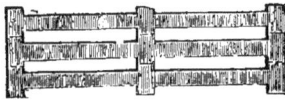

Fig. 57.

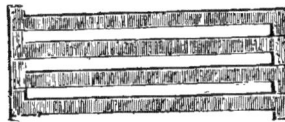

Fig. 58.

Lorsque la longueur de la grille dépasse 1ᵐ,10, on met deux ran-gées de barreaux avec un sommier au milieu, sans cela les barreaux fléchiraient trop et s'useraient trop rapidement. La hauteur la plus convenable de la grille au-dessus du sol est de 0ᵐ,75.

On ménage aux extrémités de la grille un jeu suffisant pour qu'elle puisse se dilater librement. On estime ce jeu à 1/24ᵉ de la longueur des barreaux.

Dans les foyers ordinaires, la grille est le plus souvent horizontale. Cependant on l'incline aussi fréquemment de 1/10ᵉ vers le fond, ce qui

donne à la flamme plus de développement sous la chaudière, et rend
en même temps le nettoyage de la grille plus facile.

260. **Barreaux en fer doux.** — Aux barreaux en fer doux on
donne, en général, dans les forges, une section carrée de 0ᵐ,03
à 0ᵐ,04 de côté. Ils reposent librement sur deux sommiers en fonte.
Ces supports ont la forme de prismes triangulaires, s'appuient par
leurs extrémités dans les murs latéraux, sur des plaques de fonte, et
se trouvent encastrés solidement dans ces murs.

Quant aux barreaux de grilles en fer doux des locomotives, on leur
donne, en général, un profil trapézoïdal semblable à celui des barreaux en fonte, c'est-à-dire, 0ᵐ,10 de hauteur sur 0ᵐ,015 à 0ᵐ,020
de largeur vers le haut, et 0ᵐ,010 dans le bas.

261. **Grilles à barreaux minces.** — On améliore beaucoup la combustion par l'emploi de grilles à barreaux minces d'une hauteur au
milieu de 7 à 10 centimètres sur 0ᵐ,012 d'épaisseur au-dessus,
0ᵐ,004 au-dessous et 0ᵐ,750 à 1 mètre de longueur. Ces barreaux
restent froids à la partie inférieure et sur les côtés, de sorte que,
malgré leur faible épaisseur, ils se soutiennent sans flexion sur leurs
appuis. La multiplicité des jours facilite l'accès de l'air et favorise la
combustion.

Voici, d'après les expériences de M. Ivan Schlumberger, de Mulhouse, les avantages de ces grilles : 1° par le grand nombre et la
régularité des vides qu'elles présentent, l'air est introduit dans le
foyer en grande quantité et assez uniformément sur toute la surface ;
2° elles améliorent le tirage et, par suite, rendent la combustion
plus régulière et même presque complète, comme le démontre la couleur de la cendre qui est blanche comparativement à celle des
autres foyers ; 3° la durée des barreaux minces est pour ainsi dire
indéfinie, ce qui provient de ce que, à raison de leur faible masse,
l'air froid les rafraîchit facilement et les empêche de se brûler ou de
se fondre ; et 4° par suite de la température peu élevée à laquelle ces
barreaux arrivent, le charbon ne s'agglutine pas autant et le mâche-
fer s'attache moins à la grille.

262. **Foyer proprement dit.** — L'espace qui est au-dessus de la
grille doit avoir une étendue suffisante pour contenir le combustible
et pour permettre à la flamme de se développer. On conçoit, en effet,
que si la chaudière était trop rapprochée, comme elle est à une température beaucoup moins élevée que la flamme, elle l'éteindrait, et,
par suite, on obtiendrait de la fumée et une mauvaise combustion ;
si, au contraire, elle était trop éloignée, elle ne recevrait qu'une

partie du rayonnement et les parois latérales du foyer, devenues nécessairement plus grandes, occasionneraient, par transmission, une perte inutile de chaleur.

On a reconnu, par l'expérience, que, pour les foyers à houille, il faut mettre, entre la grille et la chaudière ou le fond des bouilleurs, une distance de 30 à 35^{cm}, et de 40^{cm} pour les très-grands foyers. Si la grille est inclinée, on met 32^{cm} en avant et 38^{cm} en arrière. La distance doit être de 70 à 75^{cm} dans les foyers à bois, de 50 à 55^{cm} dans les foyers à tourbe, et de 60^{cm} et plus dans ceux où l'on brûle du coke.

Mais si la chaudière devait être portée à une température très-élevée, peu différente de celle que prend l'air chaud à sa sortie du foyer, il faudrait, au contraire, placer la chaudière au milieu de la flamme, et négliger presque la circulation de l'air chaud, qui pourrait même dans certains cas la refroidir ; à cause de la haute température de la chaudière, la combustion ne serait point ralentie. Il y aurait alors une grande perte de chaleur ; mais elle serait inévitable. parce que l'air ne peut s'échapper à une température inférieure à celle du corps chauffé, et par conséquent la perte de chaleur serait d'autant plus grande que la température de la chaudière serait plus élevée.

263. **Parois latérales des foyers.** — Les foyers sont toujours encaissés latéralement et au fond. Le mur du fond s'appelle *autel* ou *pont de chauffe ;* il a pour but, non-seulement de contenir le combustible et de l'empêcher de pénétrer, avec les cendres, dans le carneau inférieur, mais surtout, en recourbant et étranglant la flamme, de favoriser le mélange des gaz combustibles avec l'air qui afflue à travers la grille.

264. **Porte des foyers.** — Entre l'extrémité antérieure de la grille et la porte du foyer, on doit laisser un intervalle de 0^m,25 à 0^m,40, suivant la grandeur du foyer ; quand la distance est trop petite, les portes rougissent, ce qui occasionne une perte de chaleur, et elles se détruisent rapidement. Cet espace est ordinairement occupé par une plaque de fonte engagée dans la maçonnerie, ou soutenue par des barres de fer. L'embrasure de la porte doit nécessairement être assez grande et les murs latéraux du foyer doivent être assez évasés, au besoin, pour que le chauffeur puisse facilement charger sur toute l'étendue de la grille, même dans le cas où le foyer est plus large que la porte.

On termine quelquefois en biseau la plaque de fonte du côté de la grille ainsi que les barreaux de celle-ci. De cette façon, les barreaux peuvent se dilater sans produire de poussée contre la plaque.

Les portes doivent avoir seulement les dimensions nécessaires pour que le chargement de la grille se fasse avec facilité ; on leur donne ordinairement 25 à 35 centimètres de hauteur, sur 35 à 40 centimètres de largeur. Maintenant on les construit toujours en fonte, et elles sont montées sur des plaques de même métal maintenues, contre la face antérieure du fourneau, par des boulons scellés dans la maçonnerie.

Les portes sont à un ou à deux battants, suivant leur grandeur ; dans ce dernier cas, elles se maintiennent ouvertes ou fermées par le frottement des gonds, et elles sont garnies d'un crochet au moyen duquel le chauffeur les fait mouvoir. Souvent la plaque de fonte, sur laquelle se trouvent les gonds de la porte, se prolonge, à la partie supérieure, pour soutenir directement la tête des bouilleurs, et à la partie inférieure, pour recevoir la porte du cendrier.

Quand les chaudières à vapeur sont à basse pression et sans bouilleurs, comme il y a en avant de la chaudière un canal à fumée, il y aurait quelquefois une trop grande distance de la porte à la grille, si on mettait la porte dans le plan de la face du fourneau ; pour la rapprocher, on soutient en avant une partie de la maçonnerie par une voûte ou par une plaque de fonte inclinée.

Quelquefois les portes sont garnies intérieurement d'un cadre rempli de terre à briques. Cette disposition est très-bonne pour diminuer la perte de chaleur ; elle est surtout utile pour les très-grands foyers, parce qu'elle permet de réduire la distance de la grille à la porte.

CHAPITRE DEUXIÈME.

DES FOYERS A FLAMME RENVERSÉE.

265. Principe des foyers à flamme renversée. — La flamme s'élève verticalement par la légèreté spécifique que la chaleur donne aux gaz combustibles et à ceux qui sont produits par la combustion. Mais cette direction ne peut exister que dans un air calme, ou qui se meut dans le sens que la flamme tend à suivre naturellement. Quand le mouvement de l'air a une direction différente, les gaz combustibles prennent une direction qui résulte de leur vitesse propre et de la vitesse de l'air ; et lorsque la vitesse du courant d'air est très-grande relativement à celle des gaz qui se dégagent, la flamme suit sensiblement la direction de ce courant. Il résulte de là que, si le courant d'air s'introduisait par la partie supérieure du foyer, la flamme se propagerait verticalement de haut en bas ; et pour produire ce mouvement, il suffirait que l'espace qui se trouve au-dessous de la grille communiquât avec une cheminée préalablement échauffée.

Les foyers à flamme renversée, que l'on désigne ordinairement sous le nom d'*alandiers,* ont l'avantage de brûler complètement la fumée, parce que les gaz combustibles, qui tendent naturellement à s'élever à cause de leur densité moindre que celle de l'air, vont en quelque sorte à la rencontre du courant d'air et se mêlent intimement avec lui ; puis ils sont entraînés à travers le combustible incandescent qui remplit le bas du foyer ; là ils s'échauffent fortement, et mêlés avec l'air, ils se trouvent dans toutes les conditions voulues pour brûler complètement. Mais ces foyers ne peuvent être employés pour la houille disposée sur une grille horizontale : en effet, celle-ci se trouverait en contact avec la surface incandescente du combustible et serait bientôt détruite. Cet inconvénient n'existe pas dans les foyers ordinaires, parce que la grille y est continuellement refroidie par l'air qui vient alimenter la combustion ; et, d'ailleurs, la combustion n'est bien active qu'à une certaine distance au-dessus de la grille, puisque, pour brûler, l'air doit préalablement acquérir une certaine température.

266. **Foyers à bois à flamme renversée.** — Ils consistent en un canal en maçonnerie en arc de cercle dont l'ouverture supérieure communique avec l'air extérieur et l'autre extrémité avec le fourneau à chauffer. C'est dans cette espèce de trémie, qui doit être garnie de plaques en tôle ou de fonte, qu'on engage le bois à brûler. Celui-ci descend par son propre poids, auquel peut s'ajouter une pression exercée par le chauffeur ; il doit être coupé d'une longueur égale à la largeur de la trémie dont la section est celle d'une grille destinée à brûler la même quantité de bois dans le même temps. Ces foyers marchent très-bien, sans donner de fumée et sans produire d'accumulation de cendres dans le foyer proprement dit ; toutes celles qui se produisent sont entraînées dans les carneaux ; la combustion est si complète que les carneaux sont à peine noircis. Ce sont les foyers fumivores par excellence.

267. **Foyers à houille à flamme renversée.** — Dans les foyers à poteries communes, on brûle souvent la houille dans des espèces de foyers à flamme renversée disposés comme l'indiquent les

fig. 59 et 60, et dont la première représente le plan et la seconde, une coupe verticale d'un de ces foyers. La combustion est alimentée, et par l'air qui passe à travers la bouche supérieure b, et par celui qui pénètre à travers l'orifice b', qui sert à introduire le combustible et qu'on ferme entièrement ou en partie lorsque le feu est bien allumé (n° 78). On règle cette double admission d'air à l'aide de registres. Ces foyers produisent peu de fumée.

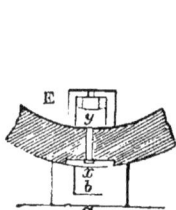

Fig. 59.

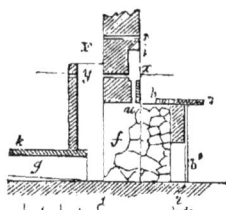

Fig. 60.

CHAPITRE TROISIÈME.

DES PRINCIPALES DISPOSITIONS IMAGINÉES POUR AMÉLIORER LES FOYERS ORDINAIRES. — FOYERS FUMIVORES.

268. **Inconvénients des foyers ordinaires.** — Les foyers ordinaires doivent être alimentés par un volume d'air beaucoup plus grand que celui qui serait nécessaire à la combustion complète du combustible brûlé : de là une perte considérable de chaleur qu'il est impossible d'éviter lorsqu'on emploie des combustibles solides. En outre, ils produisent de la fumée et une combustion incomplète, pendant la durée du chargement et quelque temps après.

L'intervalle entre deux chargements peut se diviser en trois périodes, suivant que la fumée est : 1° fortement colorée, 2° légèrement noirâtre, et 3° tout à fait incolore.

La durée de chaque période varie d'ailleurs avec la nature du combustible et la manière de charger.

269. **Expériences de M. Burnat.** — M. Burnat (*Bulletin de la Société industrielle de Mulhouse*) a trouvé qu'en brûlant 200^k de houille grasse et fumeuse par mètre carré de grille et par heure, avec 5^{mc} d'air par kilogramme de houille, on était dans les conditions qui donnent le plus de fumée. L'intervalle entre deux chargements étant, en moyenne, de 25 minutes, on a observé qu'il y avait :

8 minutes de fumée noire,
8,25 »   »   » légère,
8,75 »   »   » incolore.

Si l'on brûle 54^k de houille par mètre carré et par heure, et que l'on donne 16^{mc} d'air par kilogramme de houille, on se trouve dans les conditions du minimum de fumée, et l'on constate les résultats suivants :

1   minute de fumée noire,

6,75 minutes »   » légère,

17,25   »   »   » incolore.

Pour des houilles moyennement grasses, l'on peut admettre :

2,50 minutes de fumée noire,

7,50   »   »   » légère,

15,00   »   »   » incolore.

270. Quantité de charbon entraîné par la fumée. — A l'aide des données qui précèdent, il sera facile de calculer la quantité de charbon qui peut-être entraînée dans la cheminée.

Dans les usines où l'on produit le noir de fumée, et, par conséquent, où l'on tâche de produire le plus de fumée possible, on compte que 1000^k de houille donnent 33^k de noire de fumée. On recueille donc 3,3 pour cent de cette substance. On pourra admettre, par suite, que, lorsque la fumée est complètement noire, elle entraîne 3 °/₀ du charbon brûlé. L'on admet de même que cette proportion est de 1 °/₀ dans la fumée légèrement noire, et de 0 °/₀ dans la fumée incolore.

En supposant donc qu'on brûle 1000^k de houille pendant les 25 minutes qui s'écoulent entre deux chargements successifs, on trouve, pour les quantités de charbon entraînées, les résultats suivants :

Pendant les 2,5 minutes de fumée noire on brûle 100^k de houille, et il se dégage 3 °/₀ de charbon, c'est-à-dire 3^k;

Pendant la période de fumée légère, qui dure 7,50 minutes, on brûle 300^k de houille; il se degage 1 °/₀ de charbon, c'est-à-dire 3^k;

Pendant la période de fumée nulle, il n'y a pas de charbon entraîné.

En somme, 1000^k de houille donnent un dégagement de 6^k de charbon. Le rapport du charbon qui passe au charbon qui est brûlé, est donc de 0,006. On peut même dire que cette proportion n'est jamais atteinte. En lavant la fumée, on n'a pas recueilli $0,001^e$ du charbon brûlé.

271. Perte de combustible par suite de la combustion incomplète. — Si la perte de combustible par suite de la fumée est insignifiante, il n'en est pas de même pour celle qui résulte de la combustion incomplète. C'est ce dont on peut se convaincre par les analyses suivantes de M. Debette, qui font connaître la composition, en volume, des produits de la combustion pendant les 3 périodes de l'intervalle entre deux chargements :

	Fumée noire.	Fumée légère.	Fumée incolore.
Acide carbonique.	11,00	8,00	10,86
Oxygène	7,20	12,90	11,48
Oxyde de carbone	1,55	0,18	»
Hydrogène	0,58	0,93	0,33
Azote	79,67	77,99	77,33.

On n'a pas tenu compte de la vapeur d'eau et du carbone libre.

On conçoit, d'après ces nombres, combien il importe de rechercher les moyens à l'aide desquels on puisse réaliser une combustion complète dans les foyers ordinaires.

272. Calcul de la chaleur perdue dans les diverses périodes. — *Fumée noire opaque :*

CALORIES.

	Produites.	Perte.
Gaz CO^2 : 11^{mc} ou $21^k,88$, contenant $5^k,97$ de carbone	47760	»
CO : 1,550 ou $1^k,92$, » $0^k,82$ » »	1312	5248
H : 0,580 ou $0^k,052$ non brûlé	»	1749
Vapeur d'eau calculée $0^k,398$	13731	»
	62803	7042
Total		69845

Le rapport du nombre de calories perdues 7042, au nombre de calories disponibles dans le combustible est donc 7042 : 69845 ou 10,08 °/₀.

2° *Fumée légère :*

CALORIES.

	Prod.	Perte.
Gaz CO^2 : 8^{mc} ou $15^k,91$, contenant $4^k,34$ de carbone	34720	»
CO : 0,180 ou $0^k,224$. » 0,095 » »	152	608
H : 0,930 ou $0^k,083$ non brûlé.	»	2863
Vapeur d'eau calculée, $0^k,210$	7245	»
	42017	3471
Total		45588

Le rapport du nombre de calories perdues 3471, au nombre total disponibles 45588 est donc 3471 : 45588 ou 7,61 °/₀.

3° *Fumée incolore :*

CALORIES.

	Produits.	Perte.
Gaz CO^2 : $10^{mc},860$ ou $21^k,6$ contenant $5^k,9$ de carbone	47200	»
CO	»	»
H : 0,330 ou $0^k,029$	»	1000
Vapeur d'eau calculée $0^k,36$.	12420	»
	59620	1000
Total		60620

Le rapport du nombre de calories perdues au nombre total de calories disponibles est donc 1000 : 60620 ou 1,64 °/₀.

273. **Causes de la fumée et de la combustion incomplète dans les foyers ordinaires.** — La fumée noire provient surtout du refroidissement considérable que le foyer éprouve pendant qu'on charge la grille. Ce refroidissement résulte de l'introduction du combustible qui s'échauffe aux dépens du foyer, mais principalement de l'énorme volume d'air froid qui pénètre par l'ouverture de la porte pendant le chargement. Par suite de cet abaissement de température, une partie de l'hydrogène des gaz combustibles brûle seule, et le carbone, qui a moins d'affinité, reste en suspension. La combustion incomplète qu'on constate pendant la période de fumée noire est due aussi au refroidissement du foyer.

Quant à la fumée légère et à la combustion incomplète qu'on observe pendant la seconde période, elles sont dues à un défaut d'air et, souvent aussi, à un mélange imparfait de l'air avec les gaz combustibles, circonstance qui peut résulter, soit de l'espacement trop grand entre les barreaux de la grille, soit de ce que le chauffeur a chargé trop de combustible à la fois. En effet, le combustible introduit diminue le tirage par la résistance qu'il oppose à l'entrée de l'air, et, en outre, par la distillation qu'il éprouve, il donne lieu à un tel dégagement de gaz, que le volume d'air appelé par le tirage, même non modifié, peut devenir insuffisant pour en déterminer la combustion complète, surtout lorsque le mélange de ces gaz avec l'air, par les raisons indiquées ci-dessus, n'est pas assez intime.

274. **Mode de combustion suivant le volume d'air employé.** — MM. Scheurer-Kestner et Ch. Meunier ont fait, à ce sujet, dans les usines de Mulhouse, une série d'expériences fort intéressantes (*Bulletin de la Société industrielle de Mulhouse*, 1868). Elles ne portent, il est vrai, que sur des foyers de générateurs à vapeur, dont l'action réfrigérante est un obstacle permanent à l'union complète de l'oxygène et des gaz combustibles; mais les résultats obtenus n'en sont pas moins significatifs, et prouvent, à n'en pas douter, qu'un combustible solide est difficile à brûler, d'une façon complète, sur une simple grille.

Voici, d'après M. Grüner (*Métallurgie*, t. 1, p. 439), le résumé des recherches de MM. Scheurer-Kestner et Meunier.

Les analyses ont été faites sur des gaz qui furent aspirés, d'une façon continue, pendant plusieurs heures et recueillis sur du mercure.

Le volume d'air, consommé sur la chauffe, a été calculé en comparant la composition de la houille à celle des gaz brûlés (n° 203). On a fait varier ce volume, c'est-à-dire l'intensité du tirage, entre des limites assez larges. Les limites extrêmes ont été de 16^k,6 et 92^k,5 de houille brûlée par heure et par mètre carré. Le chiffre inférieur correspond à un combustion languissante, le chiffre supérieur, à un tirage déjà fort actif, lorsqu'il s'agit de chaudières à vapeur, car la consommation ordinaire, au moins à Mulhouse, est rarement supérieure à 50 kilogrammes par heure et par mètre carré.

Pendant les expériences, le chargement de la houille fut constamment surveillé avec le plus grand soin. On chargeait par intervalles égaux des poids de houille toujours identiques (7 kilogrammes en général), de façon à conserver à la couche de combustible une épaisseur uniforme.

Par ces soins, on est arrivé à des résultats exceptionnellement satisfaisants, de sorte que, si malgré cela, la combustion est encore imparfaite, on en peut conclure, qu'elle doit certainement laisser beaucoup à désirer dans les foyers ordinaires, presque toujours abandonnés à des ouvriers peu soigneux.

Les analyses de MM. Scheurer-Kestner et Meunier permettent de conclure :

1° Que les produits de la combustion renferment toujours des éléments non brûlés, même dans le cas d'une charge peu épaisse et d'un excès d'air de plus de 50 p. 100, c'est-à-dire avec des volumes de 15 mètres cubes d'air par kilogramme de houille brûlée, au lieu de 8 à 10 mètres cubes ;

2° Que la dose de carbone dans les gaz non brûlés varie entre

6 et 18 pour cent du carbone total, lorsque le volume d'air est de 8 à 9^{mc},
4 et 7 » » » pour un volume d'air de 10 à 12^{mc},
0,9 et 3 » » » pour un volume d'air de 12 à 15^{mc};

3° Que la proportion d'hydrogène non brûlé atteint, en moyenne, jusqu'à 20 p. 100 de l'hydrogène total, et cela même dans le cas où le foyer reçoit jusqu'à 12 et 15 mètres cubes d'air par kilogramme de houille, de sorte que l'hydrogène semble plus difficile à brûler, dans ces conditions, que l'oxyde de carbone ;

4° Que dans les conditions ordinaires des chauffes de Mulhouse, où la couche de combustible n'est jamais épaisse, le carbone *non brûlé* se trouve dans les gaz, plutôt sous forme d'hydrocarbure que d'oxyde de carbone. Lorsque l'acide carbonique forme, mesuré au volume, 13 à 15 p. 100 des gaz brûlés, l'oxyde de carbone atteint rarement plus de 1 p. 100 ; tandis que le carbone des hydrocarbures monte assez souvent au double de celui de l'oxyde de carbone.

5° Que, sauf les cas d'un courant d'air très-actif, la proportion des gaz non brûlés augmente avec l'épaisseur de la couche de houille sur la grille. Il faut donc une faible épaisseur et des charges fréquentes et régulières.

6° Qu'au carbone perdu sous forme de gaz et d'escarbilles, il faut ajouter celui qui est entraîné à l'état de noir de fumée et qui s'élève de 1/2 à 3/4 et, au maximum, à 1 p. 100 du carbone total de la houille brûlée. Ces expériences et celles de M. de Marsilly prouvent d'ailleurs qu'un mètre cube de fumée très-noire ne retient pas en suspension au-delà de 2 grammes à 2^{gr},50 de carbone floconneux.

7° Enfin, que, sur 100 parties de chaleur produite :

60,5 se retrouvent, en moyenne, dans la vapeur,
7   se perdent par le carbone et l'hydrogène non brûlés,
8   sont retenues par la fumée, sous forme de chaleur sensible,
24,5 se perdent par les maçonneries, là du moins où l'on fait usage de chaudières à foyers ordinaires, non intérieurs.

La perte de 7 p. 100 due à l'oxyde de carbone et aux hydrocarbures est un *minimum*. Elle suppose un soin tout particulier apporté au chargement de la houille et au règlement du registre de la cheminée. L'influence considérable de ce double élément est rendue sensible par le fait suivant. Il y a quelques années, la Société industrielle de Mulhouse ouvrit un concours parmi les meilleurs chauffeurs des ateliers de cette ville. Chacun d'eux devait, à tour de rôle, chauffer la même chaudière, pendant une journée entière, en produisant le même poids de vapeur. Eh bien ! entre le meilleur et le moins habile de ces bons chauffeurs, la différence fut de 23 p. 100 sur le poids de la houille brûlée, c'est-à-dire, que le moins habile a consommé et perdu, pour produire le même effet, sous forme de gaz combustibles et de chaleur sensible, 23 p. 100 de houille de plus que le chauffeur le plus soigneux.

275. **Appareils fumivores.** — On a fait de nombreuses recherches pour obtenir la fumivorité et la combustion complète dans les foyers. La fumée a, en effet, de grands inconvénients, surtout dans les grandes villes, où elle obscurcit l'atmosphère, et devient une cause incessante de malpropreté.

On croit généralement qu'en réalisant la fumivorité, on réalise en même temps la combustion complète. Il n'en est point ainsi. La fumée résulte surtout du refroidissement des gaz combustibles, tandis que la combustion incomplète est le résultat d'un défaut d'air ou d'un mélange imparfait de l'air avec les gaz combustibles.

En effet, dans les foyers à combustion vive, tels que les foyers des fourneaux à réverbère, la combustion est incomplète et cependant ces foyers ne dégagent de fumée que pendant la durée du chargement. Toutefois, lorsqu'il s'agit des foyers à combustion lente, on peut dire que la fumivorité est un indice d'une bonne combustion.

En général, la fumivorité s'obtient par un grand excès d'air. Comme l'introduction de ce gaz froid occasionne une grande perte de chaleur, on conçoit que les appareils fumivores ne puissent pas réaliser une économie notable de combustible. Leur seul but reste donc de faire disparaître les inconvénients de la fumée dans les villes manufacturières.

276. **Classification des appareils fumivores.** — Les appareils fumivores peuvent être divisés en 8 classes : 1° Foyers à grille inclinée; 2° Foyers à double grille; 3° Foyers à grilles à gradins; 4° Foyers doubles combinés; 5° Foyers chargés par le dessous; 6° Foyers à introduction d'air; 7° Foyers à alimentation continue; et 8° Foyers à grilles inclinées de grandes dimensions et à barreaux minces peu espacés.

277. **Foyers à grille inclinée.** — Pour empêcher la formation de la fumée dans les foyers, on a imaginé les grilles inclinées de haut en bas et d'avant en arrière, d'environ $0^m,040$ à $0^m,050$ par mètre.

Lorsqu'on veut charger ces grilles, on repousse le combustible carbonisé et presque consumé sur l'arrière de la grille où il tend du reste à s'amasser de lui-même, et l'on dispose le combustible frais sur le devant.

De cette façon, les produits de la distillation rencontrent l'air fortement chauffé qui a traversé la partie postérieure de la grille, chargée de combustible carbonisé, et brûlent, au moins partiellement. Cette disposition est donc avantageuse, mais elle ne suffit pas seule pour faire disparaître complètement la fumée. Il faut, en outre, pour atteindre ce but, que la grille ait une grande surface et qu'elle soit formée de barreaux minces peu espacés.

278. **Foyers à double grille.** — Pour prévenir la formation de la fumée, Watt a imaginé de placer à la suite l'une de l'autre deux grilles, la première chargée de houille à la manière ordinaire, et la seconde chargée avec le combustible incandescent repoussé de la première. Cette disposition revient simplement à celle d'une grille unique au bout de laquelle on aurait toujours soin de repousser la houille en pleine combustion, pour ne charger la houille fraîche que sur le devant de la grille, comme le fait tout bon chauffeur.

279. Foyers à grilles en escalier ou à gradins. — Ces grilles ne constituent qu'une modification des grilles inclinées. Elles sont formées (fig. 61) de barreaux plats et larges en fonte, disposés à la manière des marches d'un escalier et se recouvrant les uns les autres. A la suite de cette grille se trouvent quelques barreaux disposés comme dans une grille ordinaire. Le nombre et l'écartement de ces barreaux dépendent de la pureté et de la nature du combustible. La houille chargée sur les plaques supérieures est successivement poussée sur les plaques inférieures.

Ces grilles sont employées depuis longtemps, surtout en Allemagne, pour brûler des combustibles très-menus, ou pour des combustibles qui décrépitent et tombent en poussière, comme certains lignites et quelques houilles sèches.

L'air s'introduit par les sections verticales qui restent entre deux plaques ou gradins successifs. Ces sections ont pour mesure la lon-

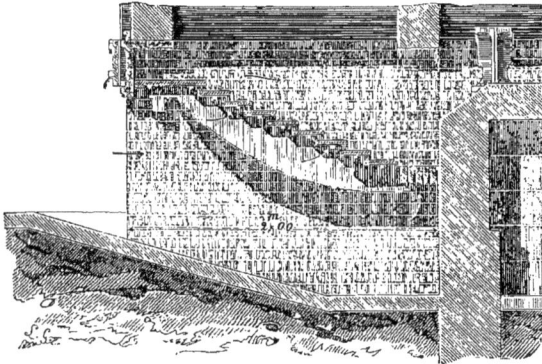

Fig. 61

gueur des plaques multipliée par la distance verticale de deux plaques successives, et rien n'empêche de faire cette distance assez grande, en faisant avancer chaque plaque sur celle qui lui est immédiatement inférieure, pour que la houille forme un petit talus allongé se soutenant de lui-même. On a donc, avec les grilles à gradins, la faculté de brûler les menus les plus fins, tout en conservant à l'air de larges passages.

Les grilles à gradins ont été appliquées aux locomotives, pour y brûler de la houille. Mais après quelque temps d'emploi, on en est revenu aux grilles ordinaires inclinées. Ce résultat était facile à prévoir, parce que, avec les grilles à gradins, il est impossible d'obtenir un mélange intime des nappes d'air avec les nappes parallèles formées par les gaz combustibles. D'ailleurs avec ces grilles, la distance moyenne à la chaudière est nécessairement trop grande.

280. **Foyers doubles combinés.** — Il existe différents systèmes de doubles foyers. Le meilleur est celui que Fairbairn emploie dans ses chaudières tubulaires. Les deux grilles sont placées dans deux tubes-foyers circulaires, comme dans les chaudières de Cornwall du même constructeur, fig. 62, mais avec cette différence que les tubes ont seulement la longueur du foyer et débouchent dans une chambre de combustion. On charge alternativement chaque foyer, et la fumée du foyer qui vient d'être chargé se mélange avec les gaz de l'autre où le combustible est réduit en coke et laisse passer un grand volume d'air.

Fig. 62.

Voici, d'après Péclet (*Traité de la chaleur*, 4e édition, t. 2, p. 178), les dimensions d'une chaudière de ce genre pour une surface de chauffe intérieure de 100 mètres carrés. Le corps de chaudière a $1^m,92$ de diamètre et $7^m,40$ de longueur, les deux-tubes foyers ont $0^m,74$ de diamètre et $2^m,66$ de longueur. Les grilles ont $1^m,70$ de longueur ; la chambre de combustion a $1^m,66$ de diamètre horizontal, $0^m,98$ de diamètre vertical et $1^m,20$ de longueur. Les tubes en fer ont 76 millimètres de diamètre, leur longueur entre les plaques est de $3^m,55$, leur nombre est de 105, la longueur de la boîte à fumée est de $0^m,68$.

281. **Foyers se chargeant par le dessous.** — Le principe des foyers à flamme renversée se retrouve dans les foyers se chargeant par le dessous. Il est clair, en effet, qu'on doit obtenir le même résultat, soit en chargeant le combustible frais sur le combustible déjà en pleine ignition et en obligeant la flamme à descendre, comme on le fait dans les foyers à flamme renversée, soit en chargeant le combustible frais sous le combustible incandescent et en laissant la flamme s'élever, comme cela se pratique dans les foyers qu'on charge par le dessous. Dans les deux cas, on atteindra le même but, qui est de faire passer les produits de la distillation du combustible frais à travers le combustible incandescent, pour les réchauffer et en assurer ainsi la combustion complète.

Malheureusement, le principe des foyers se chargeant par le dessous est difficile à réaliser ; il n'existe, en effet, d'autre disposition pratique de ce système que celle du foyer Arnott, qui a été appliqué au chauffage domestique. Ce foyer consiste en un cylindre vertical en fonte dans l'intérieur duquel peut se mouvoir un piston. Vers la partie supérieure, le cylindre est percé d'un certain nombre d'ouvertures permettant l'accès de l'air. Le cylindre est du reste disposé verticalement à la partie inférieure d'un foyer domestique. On place sur le piston une charge de charbon suffisante pour toute la journée. De temps en temps on élève le charbon, préalablement allumé à la partie supérieure. Pour cela le piston est muni d'une crémaillère. Cet appareil donne peu de fumée.

282. **Foyers à introduction d'air.** — Pour brûler les gaz combustibles qui se développent en très-grande abondance quelques instants après le chargement et qui dans les foyers ordinaires échappent partiellement à la combustion par suite de l'insuffisance du tirage, on a imaginé d'introduire de l'air dans le foyer au-delà des points où se produit la fumée.

283. **Foyer de d'Arcet.** — D'Arcet a le premier réalisé cette idée. A cet effet, il a pratiqué dans l'autel une fente étroite, horizontale, qui laissait arriver dans le foyer un courant d'air pris dans le cendrier et qui venait à la rencontre de la flamme. Le chauffeur pouvait régler à volonté le volume d'air admis au moyen d'un clapet qu'il suffisait à cet effet d'éloigner plus ou moins de l'orifice du conduit qui communiquait avec la fente.

Cette disposition, établie en 1814, aux bains du Pont-Royal à Paris, paraît avoir donné de bons résultats. Elle assure, en effet, assez bien le mélange de l'air avec les gaz combustibles.

284. **Foyer de Wye Williams.** — Wye Williams dispose immédiatement au-delà de l'autel une caisse percée d'un grand nombre d'orifices, par lesquels l'air froid s'écoule à la rencontre des gaz chauds. Cet appareil est assez répandu en Angleterre, où il est regardé comme d'une grande efficacité. Cependant, ainsi que le fait remarquer avec raison M. Pérard (*Revue de l'exposition de* 1867, NOBLET, Liége, 1870), on atteindrait à peu près le même but que par les dispositions de d'Arcet et de Williams, en laissant, après le chargement de la grille, la porte du foyer entre-bâillée, de manière à donner accès à un léger filet d'air passant au-dessus de la couche de combustible. Cet artifice est, du reste, parfaitement connu des chauffeurs de locomotives pourvues du foyer Belpaire (v. appareils fumivores des locomotives).

285. Expériences de M. Combes. — M. Combes, après avoir
essayé une disposition analogue à celle de M. Wye Williams, a
reconnu que l'on arrivait au même résultat en faisant simplement
déboucher l'air au-delà de l'autel par deux canaux ménagés dans les
parois latérales du foyer, et qui, présentant leur orifice verticalement dans le foyer, dirigent le jet d'air horizontalement et dans une
direction perpendiculaire à celle du courant de fumée. En regardant
dans le foyer à travers une ouverture ménagée à dessin, on a constaté que, lorsque ces canaux étaient fermés, et lorsqu'on venait de
charger le feu, il se dégageait au-delà de l'autel une fumée épaisse,
et qu'aussitôt que les canaux étaient ouverts, cette fumée s'enflam-
mait, et l'on ne voyait au bout du foyer qu'une flamme brillante ; en
même temps la cheminée cessait d'émettre de la fumée.

Comme les expériences de M. Combes sont extrêmement instruc-
tives et qu'elles vérifient complètement les idées théoriques émises
dans les articles qui précèdent, je vais en rapporter succinctement
les principaux résultats numériques.

« Les expériences ont été faites sur le foyer d'un générateur à deux
bouilleurs de la forme ordinaire ; la surface de la grille était de
$0^{mq},65$, la somme des espaces vides était le quart de la surface totale ;
la hauteur de la cheminée était de 20^m, la section au sommet de
$0^{mq},20$; la surface de chauffe du générateur de 15^{mq} ; on brûlait par
heure sur la grille environ 80 kilogrammes de houille menue très-
fumeuse, à peu près $1^k,23$ par décimètre carré. De chaque côté de la
grille, on avait pratiqué un canal s'ouvrant à l'extérieur et débouchant
en arrière de l'autel, à $0^m,15$ de distance ; ces deux ouvertures étaient
pratiquées dans les faces latérales de la maçonnerie, et produisaient
des jets opposés ; chacune avait $0^m,20$ de hauteur verticale et $0^m,065$
de largeur ; leur surface réunie était de $0^{mq},0234$, à peu près 0,16 de
la surface libre de la grille et 0,12 de celle de la cheminée au sommet.
Les orifices d'admission de l'air pouvaient être fermés à volonté. Les
charges successives étaient à peu près de 20^k, et les intervalles de
chargement de 12 à 14 minutes ; on tisait une fois dans cet intervalle.

Lorsque les ouvreaux pour l'admission de l'air extérieur étaient
fermés, une fumée noire se manifestait après chaque chargement et
durait de 3 à 4 minutes ; à cette fumée succédait une fumée jaunâtre,
à peu près de même durée, qui s'éclaircissait ensuite graduellement,
de manière à disparaître complètement à la fin de l'intervalle qui
séparait deux chargements successifs ; le tisage donnait toujours lieu
à une fumée noire d'une minute au plus de durée.

Lorsqu'au contraire les ouvreaux restaient constamment ouverts, la combustion étant poussée activement, on n'avait plus de fumée noire, même après le chargement.

On a mesuré avec l'anémomètre les volumes d'air qui pénétraient dans le fourneau à travers la grille et les canaux d'admission. Il résulte de ces expériences, que la quantité d'air qui s'introduit par le cendrier est très-faible après chaque chargement; que cette quantité augmente à mesure que la houille se transforme; et qu'à la fin de l'intervalle qui sépare deux chargements, elle est à peu près quatre fois plus grande qu'au commencement. Le tisage, qui donne lieu à une bouffée de fumée noire, a aussi pour effet de diminuer la quantité d'air qui traverse la grille. Celle qui s'introduit par les ouvreaux demeure à peu près constante : immédiatement après le chargement, elle est plus du double de celle qui traverse la grille ; à la fin de l'intervalle qui sépare deux chargements, elle n'en est guère que la moitié. Pour une combustion de 80^k de houille par heure, le volume d'air entrant par les conduits complètement ouverts était de $14^{mc},33$ par minute; cet air devait jaillir dans le courant de fumée avec une vitesse de 8^m par seconde. Le volume d'air entrant par le cendrier et traversant la grille était de $5^{mc},34$, immédiatement après un chargement, et s'élevait à 19^{mc} à la fin de l'intervalle qui sépare deux chargements. En supposant que la variation ait été uniforme, on trouve que le volume d'air appelé par kilogramme de houille brûlé a été de $19^{mc},87$.

La quantité d'eau vaporisée par kilogramme de houille a varié de $4^k,87$ à $5^k 37$. L'admission de l'air, par les conduits tenus constamment ouverts, n'a eu aucune influence sur l'économie de combustible, probablement parce que l'accroissement de chaleur, produit par la combustion complète des gaz, était compensé par l'abaissement de température provenant d'un excès d'air, quand le combustible était presque entièrement transformé en coke. Il y aurait alors de l'avantage à ne laisser entrer l'air dans le fourneau, que pendant les premiers instants qui suivent chaque chargement. »

286. **Disposition plus simple pour l'introduction de l'air.** — Au lieu d'admettre l'air par des ouvertures situées près de l'autel, on préfère généralement l'introduire par la porte de chargement, soit à l'aide d'une série de trous de 7 à 8^{mm} de diamètre, pratiqués sur la surface de la porte à 2 ou 3^{cm} les uns des autres, et pouvant dans les appareils soignés être démasqués à volonté; soit à l'aide d'un seul orifice dont la porte est munie. Mais cette dernière dispo-

sition est mauvaise, parce que l'air entrant d'une pièce ne se mélange pas assez aux gaz et s'échappe par la cheminée avant d'avoir pu opérer la combustion.

287. **Foyers à alimentation continue.** — Lorsqu'on charge un foyer, ainsi que nous l'avons déjà dit, il s'introduit par la porte ouverte une énorme quantité d'air froid, même si l'on abaisse autant que possible le registre du fourneau. L'entrée de cet air occasionne nécessairement un grand abaissement de température du fourneau, et partant une forte perte de chaleur. En outre, comme on est obligé, pour ne pas répéter trop souvent le chargement du foyer, d'introduire chaque fois une quantité plus ou moins grande de combustible frais, celui-ci refroidit à son tour le fourneau, d'abord parce qu'il s'échauffe à ses dépens et ensuite parce qu'il se décompose en partie, ce qui occasionne également un abaissement de température. De là la production de fumée qui succède au chargement.

Il est évident qu'on éviterait tous ces inconvénients, si on pouvait charger le foyer d'une manière pour ainsi dire continue, par portions très-petites à la fois, brûlant au fur et à mesure qu'elles seraient introduites, et si en même temps on pouvait effectuer cette alimentation sans ouvrir la porte du foyer. Tel est le but qu'on s'est proposé en imaginant les *distributeurs mécaniques*.

Nous ne décrirons pas les différents systèmes plus ou moins ingénieux qui ont été essayés; aucun d'eux n'a véritablement réussi. La raison en est que le problème n'est pas susceptible d'une solution confiée à un agent mécanique, quelque parfait qu'il soit. Car, un pareil agent ne saurait après tout que distribuer uniformément le combustible sur la grille. Or, cela ne suffit pas. Il faut, en effet, maintenir l'épaisseur du combustible entre certaines limites, et pour cela répandre plus de ce combustible tantôt d'un côté et tantôt de l'autre, suivant que la combustion aura été plus active en un point du foyer qu'en un autre. Nous croyons donc qu'on agirait sagement en renonçant à imaginer des combinaisons nouvelles de distributeurs mécaniques, parce que, répétons-le, elles ne sauraient donner la solution d'un problème qui ne peut être résolu que par un être intelligent.

288. **Foyer de Player.** — En terminant, nous devons cependant faire remarquer que l'on est parvenu, mais seulement pour un combustible qui présente des propriétés spéciales, l'anthracite, à le brûler dans des foyers à alimentation continue, mais sans avoir recours à un distributeur mécanique; la fig. 1, pl. V, p. 160,

donnera une idée de ces foyers imaginés par M. Player. Le foyer se compose d'une grille à barreaux étroits, au-dessus de laquelle se trouve un tube constamment rempli d'anthracite, qui, à partir de l'orifice inférieur, forme un talus s'étendant jusqu'aux bords de la grille, de sorte que le combustible descend à mesure qu'il se consume. Il n'y a point de porte à ouvrir et à fermer, par conséquent, point de courant d'air froid sur le combustible ; et l'anthracite, étant échauffée progressivement à mesure qu'elle descend, ne décrépite plus dans le foyer, et n'éteint plus celle qui est en ignition, en la refroidissant. L'alimentation est régulière, et le chauffeur n'a d'autre travail à faire que de remplir de temps en temps la trémie qui surmonte le tube d'alimentation et de régler l'activité de la combustion par le registre de la cheminée.

Nous croyons cependant devoir faire observer que ce mode de combustion ne nous paraît pas pouvoir être très-parfait sous le rapport de l'effet utile du combustible, car la couche d'anthracite est trop épaisse et trop inégale ; il doit se former beaucoup d'oxyde de carbone.

289. **Grille inclinée à grande surface et à barreaux minces peu espacés.** — Les grilles à grande surface permettent seules de brûler le combustible en couche mince, ce qui est la condition la plus favorable pour éviter la formation de l'oxyde de carbone. En second lieu, par l'emploi de barreaux minces peu espacés, on produit le mélange intime de l'air avec les gaz combustibles, et on assure ainsi leur combustion complète (n° 261). D'un autre côté, l'inclinaison de la grille facilite le mouvement du combustible vers le fond du foyer à mesure qu'il se transforme en coke. De sorte que, si l'on a soin de charger le combustible frais sur le devant de la grille, les gaz inflammables qu'il développe rencontreront nécessairement de l'air fortement chauffé sur leur trajet vers le fond du foyer et pourront brûler complètement. Enfin, si l'on ne charge chaque fois qu'un faible poids de combustible, le peu de fumée qui se produit pourra être brûlé au moyen d'un volume convenable d'air qu'on laissera pénétrer dans le foyer à travers quelques ouvertures ménagées dans la porte de celui-ci. En remplissant toutes les conditions que nous venons d'indiquer, on réalisera donc à la fois la fumivorité et la combustion aussi complète que possible.

A l'appui de ce que nous venons de dire sur le meilleur mode de chargement des foyers, nous citerons le fait suivant constaté par M. Burnat, à savoir que dans les concours de chauffeurs, ceux qui obtiennent les résultats les plus satisfaisants ne laissent pas s'écouler

3 ou 4 minutes entre deux périodes de chargement et jettent sur un foyer consommant 100 kilogrammes de houille par heure, environ 5 kilogrammes de combustible à la fois, en plusieurs pelletées.

Comme nous le verrons plus loin, les principes ci-dessus servent de base à la construction du foyer que M. Belpaire emploie pour le chauffage des locomotives. Sans doute, ces principes étaient connus avant les travaux du savant ingénieur belge, mais on avait mal apprécié leur importance, et, d'ailleurs, personne, avant lui, n'avait songé à les réunir en faisceau, pour les appliquer tous ensemble dans un même appareil.

APPAREILS FUMIVORES DES LOCOMOTIVES.

290. **Système Beattie.** — Ce système est le plus généralement employé en Angleterre, sous diverses formes ; il se caractérise par les trois points suivants :

1° Une voûte de briques scellée de ciment est bâtie dans le foyer suivant les indications de la fig. 7, pl. IV, p. 80. La voûte se bâtit dans le foyer même sur un mandrin de bois, avec des briques de forme voulue, fabriquées exprès en excellente terre réfractaire ; les côtés du foyer où s'appliquent les premières briques sont munis de crampons saillants. Une voûte bien faite peut durer huit mois.

2° Une double porte à coulisse qu'une manette ouvre à volonté, permet l'entrée de l'air dans le foyer.

3° Un rabat d'air, espèce de pelle en tôle renversée, part du dessus de la porte jusqu'auprès de l'arête inférieure de la voûte pour bien lancer la nappe d'air sous la voûte et au-dessus du combustible ; cette tôle n'est pas fixe ; on la retire à l'aide de son manche, quand il est besoin. Elle dure à peu près trois mois.

Cette disposition est compliquée et ne semble nullement réunir les conditions requises pour une bonne combustion et la destruction de la fumée.

291. **Système Tenbrinck.** — La porte du foyer subsiste, mais elle ne sert plus que pour visiter les tubes.

Au-dessous de la porte, est pratiquée, dans la double paroi de la boîte à feu et du foyer en cuivre, une grande ouverture rectangulaire, divisée en deux compartiments affectés, l'un au chargement de la houille, l'autre à l'introduction facultative de l'air dans le foyer. Le compartiment inférieur reçoit la caisse à houille, dans laquelle le chauffeur introduit ce combustible en soulevant un clapet. Cette caisse est inclinée de 36 à 40°, et son fond inférieur plein se raccorde avec la grille, formée de deux parties : l'une, celle qui fait suite au fond de la caisse, et inclinée comme lui, est fixe; l'autre, horizontale, peut, basculer pour jeter le feu ou le mâchefer. Une ouverture ménagée au-dessous de la caisse à houille, permet de piquer, en marche, la grille inclinée. Au-dessus de la caisse à houille, se trouve la prise d'air munie d'une palette mobile qui se manœuvre à l'aide d'un levier. De cette façon, l'air s'introduit sous forme d'une nappe inclinée qui vient rencontrer, dès leur émission, les gaz provenant de la distillation de la houille. Un bouilleur méplat, dirigé à peu près parallèlement à la grille inclinée, divise la boîte à feu en deux compartiments. Il a pour but d'infléchir les gaz chauds qui s'élèvent du foyer et de les mêler intimement à l'air froid et aux produits de distillation de la houille, pour assurer la combustion de ces derniers. Toute la masse gazeuse passe ensuite par l'espace libre entre la paroi antérieure du foyer et le bouilleur, puis dans la partie supérieure de la boîte à feu et de là dans les tubes.

Cette disposition, en forçant les gaz à faire deux mouvements avant d'entrer dans les tubes, n'avait d'autre effet que de contrarier le tirage et n'a pas répondu aux espérances qu'on en avait conçues. Nous pensons que ce système est aujourd'hui complètement abandonné, de même que celui de Beattie dans lequel les gaz qui s'élèvent du foyer avaient un mouvement analogue. Aucun de ces deux systèmes ne produit une combustion complète, ce qui ne doit pas étonner, puisque, comme nous allons le montrer, dans aucun d'eux les conditions d'une bonne combustion n'étaient réalisées. Cependant le système Tenbrinck a été l'objet d'un rapport très-favorable de la part de M. Couche, professeur à l'école des Mines (*Ann. des mines*, 1862, t. I).

292. **Locomotives et foyer Belpaire.** — Construire des locomotives légères, de formes simples, mais offrant néanmoins pleine sécurité au point de vue de la résistance ; développer, dans le foyer de ces appareils, la plus grande quantité de vapeur ou de force motrice, et produire cette vapeur avec le moins de dépense possible, c'est-à-dire, à l'aide de combustibles d'un prix peu élevé : tel est le problème complexe que M. Belpaire, Membre du Comité d'Administration des chemins de fer de l'État belge, s'est posé, et qu'il a résolu, depuis 1864, d'une manière si complète que les locomotives de son système ont été adoptées, non-seulement sur toutes les lignes belges, mais encore, sous des formes plus ou moins modifiées, sur plusieurs autres grandes lignes de l'Europe.

293. Caractères distinctifs des locomotives Belpaire. — Nous ne pouvons ici donner une description complète de ces locomotives. Nous nous bornerons à signaler les points essentiels par lesquels elles se distinguent des autres systèmes. Ces traits distinctifs sont : 1° La forme rectangulaire et la grande capacité de la boîte à feu, qui est entièrement libre et ne présente dans son intérieur ni voûte, ni bouilleur. 2° Le mode de consolidation du ciel de foyer, au moyen d'entretoises taraudées sur deux diamètres différents, afin de permettre leur introduction facile par la paroi extérieure de la boîte à feu. 3° Le mode particulier d'attache du corps cylindrique de la chaudière à la plaque tubulaire du fond de la boîte à feu. 4° La faible longueur des tubes à fumée (environ 3^m), et leur espacement plus grand à la partie supérieure du faisceau, dans le but de faciliter le dégagement de la vapeur. 5° La disposition spéciale pour la prise de vapeur. Et 6° le placement d'un essieu sous la boîte à feu. Cette disposition, qui est très-avantageuse au point de vue de la répartition du poids, a été rendue possible par la faible hauteur qu'il est permis de donner à la boîte à feu, à cause de la section considérable qu'elle doit présenter pour recevoir la grille à grande surface du foyer. La présence de cet essieu au-dessous du foyer n'offre d'ailleurs aucun danger au point de vue de l'échauffement de cet axe, car l'expérience a prouvé que les grilles à barreaux peu écartés, telles que M. Belpaire les emploie, restent constamment à une température relativement basse [1] (n°s 261 et 289).

Grâce aux dispositions que nous venons d'indiquer, le poids d'une locomotive à marchandises, exerçant une traction de 5 1/2 tonnes et pourvue de 226 tubes à fumée de $3^m,467$ de longueur, a pu être réduit à $30^t,206$.

On peut voir la plupart de ces dispositions sur la fig. 1, pl. VI, p. 192, qui représente la coupe longitudinale du foyer d'une chaudière de locomotive à marchandises à six roues accouplées. B, boîte à feu ; $m, m, \ldots$, entretoises verticales vissées dans les trous taraudées des deux enveloppes de la boîte à feu et serrées, en bas, par des écrous ; $n, n, \ldots$, entretoises transversales ; S, plaque tubulaire du fond de la boîte à feu ; $f, f, \ldots$, tubes à fumée ; E, essieu placé sous le

---

(1) Pour plus de détails sur la construction des locomotives Belpaire, nous renvoyons à l'excellent ouvrage de l'ingénieur Alphonse Petzholdt, intitulé : *Die Locomotive der Gegenwart und die Principien ihrer Construction*. Braunschweig, Friedrich Vieweg und Sohn, 1875.

cendrier de la boîte à feu; L, enveloppe de la chaudière, pour la préserver contre le refroidissement et cacher la vue des entretoises.

294. **Foyer Belpaire.** — Ce foyer, fig. 1, pl. VI, p. 192, a 1m,100 de large sur 2m,740 de profondeur à partir de l'embrasure de la porte jusqu'à la paroi S, dans laquelle sont fixés les tubes à fumée. La grille est divisée en cinq parties, dont quatre fixes et inclinées R, et une cinquième F, mobile et horizontale, de 30 à 35 centimètres environ de longueur, suivant les dimensions du foyer. On laisse entre deux parties successives de la grille, en haut, un intervalle libre de 5mm, pour la dilatation des barreaux. Chacune des quatre parties R, a 57 centimètres de longueur, ce qui donne, pour la longueur totale de la partie inclinée de la grille, y compris quatre espaces de 5mm pour la dilatation, 2m,30. L'extrémité antérieure de la grille se trouve de 30 centimètres plus bas que l'extrémité du côté de la porte. L'inclinaison de la grille est donc de 30 sur 230 ou de trois vingt-troisième de la longueur. L'espace entre la porte et la grille est occupé par une plaque en fonte p, de 10 à 12 centimètres de largeur, légèrement inclinée de bas en haut et d'arrière en avant. Les barreaux de la partie fixe de la grille s'appuient sur des sommiers s, au moyen du rebord supérieur d'une partie rentrante qu'ils présentent à la base de chacune de leurs extrémités (fig. 3, pl. VI, p. 192). La partie mobile F est contenue dans un cadre qui peut tourner autour de l'axe r. Elle est attachée à la tige l, et on peut la faire basculer autour de r, en faisant marcher, d'arrière en avant, au moyen de la vis V, l'écrou g, qui, par l'intermédiaire du levier coudé h, fait alors descendre la tige l.

L'intervalle entre les barreaux est de 4 millimètres, parce que le foyer est construit pour brûler des menus de houilles maigres ou demi-grasses, en couche de 10 à 12 centimètres d'épaisseur. La distance qui sépare la grille de la première rangée de tubes est de 0m,50.

La porte du foyer est à deux battants, formés chacun de deux plaques de fonte parallèles a et b, séparées par un intervalle vide A. La paroi extérieure est percée en haut d'une ouverture c, qui donne accès à l'air extérieur. On règle cette admission d'air au moyen d'un registre d. La paroi intérieure b, ne se prolonge que jusqu'à une certaine distance du seuil de la porte. De cette façon, l'air aspiré par l'ouverture c, après s'être chauffé au contact de b, que le rayonnement du combustible maintient à une température voisine du rouge, peut pénétrer en dessous dans le foyer et y servir immédiatement à activer la combustion, en brûlant, au moins, en partie, la fumée qui se produit toujours immédiatement après qu'on vient de charger le foyer.

La paroi *b*, est, en outre, percée de trois rangées d'ouvertures qui donnent également accès à l'air extérieur. Cet air est utilisé dans le foyer, mais il sert, en même temps, à rafraîchir constamment la porte, ce qui en prolonge la durée.

Le cendrier présente une partie rentrante pour le passage de l'essieu E. Il se compose de deux compartiments D et D′, à fond incliné d'arrière en avant, pour obliger les cendres à s'écouler par les ouvertures O, O′, qui servent en même temps pour l'admission d'une partie de l'air destiné à activer la combustion. Des clapets C, C′, qui se manœuvrent au moyen de leviers, permettent de fermer et d'ouvrir ces orifices à volonté. Le compartiment D qui se trouve du côté du chauffeur, est plus petit que l'autre D′, dans lequel tombe la majeure partie des cendres et presque tout le mâchefer qui se produit. D′ présente, en outre, sur le devant, une prise d'air O″, dans laquelle l'air pénètre avec la vitesse même de la locomotive. Cette ouverture, qu'on avait essayé de supprimer, a été rétablie, parce que l'on a trouvé que le tirage produit par les ouvertures O et O′, était insuffisant. O″ est pourvu d'un clapet C″, pour modérer le tirage. Les clapets C et C′ servent principalement à ralentir la combustion pendant que la locomotive est au repos.

Nous ajouterons que les tubes à fumée sont en laiton. L'intérieur de la boîte à feu est toujours en cuivre rouge d'environ 12 millimètres d'épaisseur; la plaque tubulaire du fond, qui est plate, a environ 25 millimètres d'épaisseur.

La fig. 2, pl. VI, p. 192, représente une section transversale des barreaux *i* de la partie horizontale F de la grille. Ces barreaux, qui n'ont que 50 millimètres de hauteur, portent, à leur partie supérieure, un renflement ou *tête* de forme trapézoïdale de 15 millimètres de hauteur sur 8^{mm} de largeur au-dessus et de 7^{mm} en bas. Sur la partie restante de leur hauteur, qui se raccorde en haut, par des congés, avec la tête, ils n'ont que 3^{mm} d'épaisseur. A leurs deux extrémités, ils sont coupés en biais, pour faciliter la chute des cendres, et ils présentent, en bas, une partie rentrante, par laquelle ils reposent sur leurs supports.

Les barreaux de la partie inclinée de la grille ne diffèrent de ceux de la partie horizontale que par leur longueur.

On réunit les barreaux en paquets de 10, au moyen de trois rivets.

A cet effet, ils sont percés vers leur partie inférieure de trois trous, l'un au milieu et les deux autres près de leurs extrémités (fig 3). Comme nous l'avons dit, le vide qui doit rester en haut entre les barreaux, est de 4^{mm}. On maintient ce vide au moyen de plaques triangulaires en fonte t, de 9^{mm} d'épaisseur, interposées entre les barreaux et enfilées sur les mêmes rivets que ceux-ci.

La partie horizontale de la grille est fixée dans son cadre au moyen d'une tringle qui traverse les côtés latéraux de celui-ci, ainsi que les appendices u dont chaque paquet est muni en son milieu (fig. 2).

Les paquets de la partie inclinée de la grille sont munis à l'une de leurs extrémités d'un crochet q, qui saisit le dessous du sommier correspondant et les maintient dans une position invariable.

Comme nous l'avons dit, les barreaux de la grille sont répartis en cinq rangées. Chacune d'elles se composant de 91 barreaux, la grille entière en exige 5.91 = 455. La largeur du foyer étant de 1^m,100, il s'ensuit que les barreaux occupent 7.91 = 637^{mm}, et les vides entre ceux-ci 1100^{mm} — 637 = 463^{mm}.

Les tubes à fumée ont 40^{mm} de diamètre intérieur. Comme il y en a 226, la surface totale qu'ils offrent au passage de la fumée est :

$$\frac{226.40^2\pi}{4} = 0^{mq},2840.$$

La surface totale libre pour le passage de l'air entre les barreaux de la grille est :

$$2,740.0.463 = 1^{mq},4076.$$

Les deux sections de passage sont donc entre elles comme 1 : 5, ce qui est un rapport excessivement favorable.

Ce calcul, emprunté à Petzholdt, se rapporte à un modèle de foyer qui diffère un peu de celui que nous avons décrit.

295. Consommation de combustible. — Dans les foyers Belpaire, pour une vitesse de 70 kilomètres par heure, on brûle pour les trains de voyageurs composés de 15 wagons (d'un poids brut de 10 tonnes) 560 kilogrammes de menus de houille, ce qui fait 1 1/2 à 2 kilogrammes par décimètre carré de grille et par heure et 8 kilogrammes par kilomètre pour la grille tout entière.

La tonne de ce charbon coûte 12 francs.

296. Dispositions qui caractérisent le foyer Belpaire. — M. Belpaire est le premier qui ait cherché à construire des foyers de locomotives capables, comme les foyers des chaudières fixes, de brûler, dans de bonnes conditions, des combustibles menus d'un prix peu élevé, au lieu de houille en roche, de briquettes ou de coke que l'on avait employés jusqu'alors.

Pour atteindre ce but, dont la portée était immense, puis jue sa réalisation devait réduire, dans une proportion notable, les frais d'exploitation des chemins de fer, pour atteindre ce but, disons-nous, M. Belpaire a trouvé qu'il fallait adopter les dispositions suivantes :

1° *Employer des grilles à grande surface.* En effet, pour produire, dans un temps donné, une quantité déterminée de vapeur, il faut brûler un certain poids de combustible. Or, si le charbon gailletteux peut être brûlé en couche de 30 à 40 centimètres, il n'en est pas de même lorsqu'il s'agit de combustibles menus qui empêcheraient le passage de l'air s'ils formaient sur la grille une couche de plus de 5 à 10 centimètres d'épaisseur. Il faut donc brûler ces combustibles en couche mince, ce qui, pour une même consommation, oblige à employer des grilles à surface plus grande.

2° *Construire la grille au moyen de barreaux minces et peu espacés.* Cette disposition procure les avantages suivants : 1° elle empêche la chute du combustible à travers les vides de la grille, surtout si l'on prend, comme on le fait toujours, la précaution de ne charger le combustible qu'après l'avoir préalablement mouillé au degré voulu ; 2° elle a pour effet de diviser le volume d'air qui arrive par en dessous de la grille en lames minces dont tous les filets arrivent immédiatement en contact avec le combustible à brûler ; 3° la vitesse avec laquelle l'air traverse les grilles à grande surface étant relativement faible, le contact entre ce fluide et le combustible se prolonge assez longtemps, malgré la faible épaisseur de la couche, pour assurer une bonne combustion et empêcher qu'il ne se produise de fumée ; 4° les barreaux minces offrant, sous le même poids, une surface beaucoup plus grande que les barreaux épais, à l'air froid qui arrive du cendrier, ils s'échauffent peu, ce qui contribue à leur conservation et les empêche de subir une flexion entre leurs appuis.

3° *Donner à la grille une assez forte inclinaison d'arrière en avant, vers le fond de la boîte à feu.* Grâce à ce dispositif, le combustible frais chargé à l'entrée du foyer, par suite des trépidations de la machine, descend le long de la grille et se trouve placé dans d'excellentes conditions pour éprouver une combustion complète.

4° *Placer le plan de la grille au niveau du seuil de la porte.* Le combustible n'occupant qu'une faible épaisseur, la grille doit être chargée très-souvent, toutes les 3 à 4 minutes, en introduisant chaque fois seulement quelques pelletées de combustible à l'entrée du

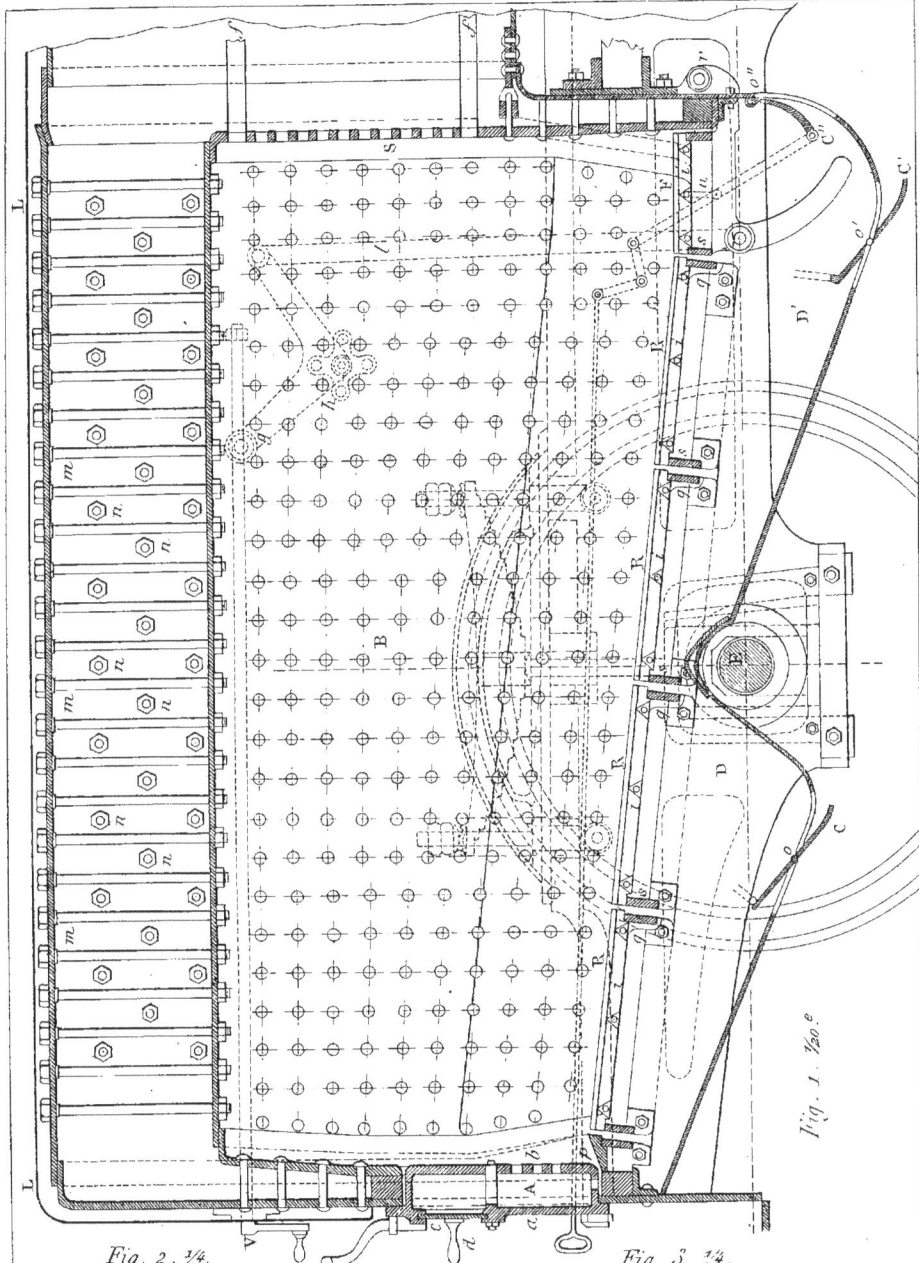

Fig. 1. 1/20 e.

Fig. 2. 1/4.

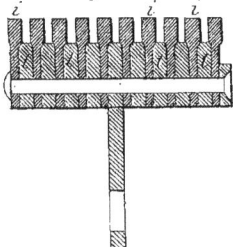

Fig. 3. 1/4.

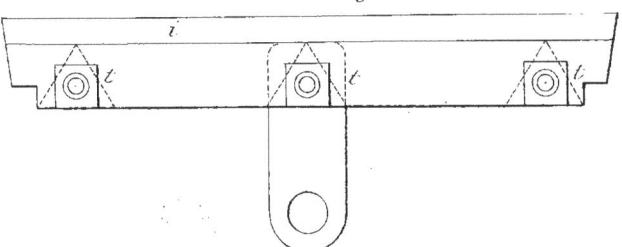

foyer, comme nous l'avons dit plus haut. Pour faciliter cette opération, il fallait que la grille fût d'un accès facile, et, à cet effet,
on l'a placée au niveau du seuil de la porte.

297. **Avantages du foyer Belpaire.** — Voici les principaux avantages que présente le foyer Belpaire sur les autres foyers employés
jusqu'ici :

1° Il permet de brûler toute espèce de combustibles menus, tels que
des menus de houille, des tourbes terreuses, de la sciure de bois, etc.

2° L'accès du foyer et le chargement sont faciles.

3° Ce foyer dure longtemps et occasionne peu de frais d'entretien.

4° Il est complètement fumivore. Il doit cette précieuse qualité à l'inclinaison de la grille, mais surtout au faible espacement des barreaux qui la composent. Comme nous l'avons dit
plus haut, le chargement fréquent de la grille, par petites quantités
à la fois de combustible qu'on dépose à proximité de la porte,
contribue également à faire disparaître la fumée, car celle qui
se forme au moment du chargement, est brûlée par l'air qui
s'introduit entre les deux parois de la porte et par l'air chaud
qu'elle rencontre en passant sur la longue surface incandescente
de la houille, transformée partiellement en coke, qui recouvre la
partie restante de la grille. D'ailleurs, si une partie de la fumée
s'échappait sans être brûlée, il suffirait d'entre-bâiller légèrement les
battants de la porte pour la faire disparaître, au moyen de l'air qui
pénétrerait de cette manière dans le foyer.

5° Dans les foyers où l'on brûle le combustible en couche de 30 à
40 centimètres de hauteur, la quantité de chaleur rayonnée vers les
parois du foyer, pour une même consommation, est nécessairement
beaucoup moindre que dans les foyers Belpaire, où le combustible,
répandu en couche beaucoup plus mince sur une surface de grille plus
grande, présente une surface rayonnante plus considérable. Les foyers
Belpaire utilisent donc mieux la chaleur rayonnante, ce qui permet
de réduire la surface de chauffe indirecte et, par suite, la longueur
des tubes à fumée. Comme les gaz qui traversent ces tubes sont nécessairement à une température moins élevée que dans les foyers où le
rayonnement du combustible vers les parois est moindre, ils altèrent
et brûlent moins promptement ces tubes, ce qui est également à considérer.

M. Petzholdt (*Die Locomotive der Gegenwart*, p. 20) estime que
chaque mètre carré de surface de chauffe directe équivaut à 10 ou
12 mètres carrés de surface de chauffe indirecte. On voit, d'après

cela, tout l'avantage qu'il y a à employer des grilles à grande surface.

6° D'après Petzholdt, les frais d'exploitation au moyen de locomotives à petites grilles peuvent être 5 à 10 fois plus considérables qu'avec les locomotives Belpaire (*Die Locomotive der Gegenwart*, p. 58).

Nous ferons remarquer, en terminant, que tous les principes relatifs à la construction du foyer Belpaire sont directement applicables aux foyers fixes. En les observant, on assurerait bien mieux la fumivorité de ces foyers, que par toutes les dispositions compliquées ou coûteuses que l'on a imaginées pour atteindre ce but.

298. Conduite du feu et nettoyage de la grille. -- On ne brûle que des menus de houilles maigres ou demi-grasses. On mouille le combustible avant de le charger, afin de lui donner une certaine cohésion, et on égalise la charge sur la grille avec un ringard.

On n'ouvre jamais que l'un des deux battants de la porte pour le chargement.

Au premier abord le nettoyage d'une grille de près de 3^m de longueur semble devoir présenter d'assez sérieuses difficultés. Cependant, il n'en est pas ainsi si l'on conduit l'opération comme nous allons l'indiquer.

A cet effet, on ramène vers la porte le charbon qui se trouve à l'extrémité du foyer. On dégarnit donc la grille à peu près sur la moitié de sa longueur. Puis, on détache les mâchefers que l'on fait tomber par le jette-feu ou grille horizontale. Cette opération faite, on repousse vers le bout du foyer tout le charbon qu'on avait ramené vers la porte et on procède au nettoyage de la partie antérieure de la grille, en retirant les mâchefers par la porte.

Toute l'opération se fait très-aisément, même en marche. L'expérience a prouvé que, dans ce dernier cas, la perte de pression ne dépasse guère une atmosphère et demie. En outre, comme la couche de combustible est fort mince, le feu est rapidement remis en état et la pression remonte en peu d'instants à sa valeur primitive, ce qui n'a pas lieu dans les anciens foyers.

299. Données principales relatives aux locomotives Belpaire. — On trouvera, dans le tableau ci-dessous, les données principales relatives aux locomotives Belpaire.

TABLEAU XIV.

LOCOMOTIVES.	SURFACE DE CHAUFFE :			NOMBRE DES TUBES.	DIAMÈTRE INTÉRIEUR DES TUBES.	LONGUEUR DES TUBES.
	DIRECTE.	INDIRECTE.	TOTALE.			
A marchandises à 6 roues	10mq,92	99mq,6334	110mq,5534	226	40mm	3m,51
A 4 roues couplées	10mq,64	79mq,9042	90mq,5442	208	»	3 ,10
Pour rampes des plans inclinés à 8 roues de 1m,05.	112mq,930	120mq,2030	137mq,4960	251	»	4 ,00

EMPLOI DES PÉTROLES POUR PRODUIRE DE LA CHALEUR.

300. Appareil à grille pour la combustion des pétroles. — Les combustibles liquides sont rarement employés pour produire de la chaleur. Le prix des huiles ordinaires et des matières grasses est trop élevé pour que l'on puisse sérieusement songer à les brûler comme simples combustibles dans les arts. On ne peut guère employer, comme tels, que les pétroles, et cela même seulement dans les contrées où ce combustible abonde, comme aux États-Unis.

Comme les hydrocarbures se réduisent en vapeurs aussitôt qu'ils arrivent dans le foyer, il faut pour les brûler mélanger intimement ces vapeurs avec l'air comburant, ce qui s'obtient, comme dans les fourneaux à gaz, en faisant alterner, en lames minces, l'air et la vapeur combustible.

L'appareil à grille inventé par M. Audouin et perfectionné par M. H. Sainte-Claire Deville, réalise cette condition.

La chauffe se compose d'une chambre de combustion, dont le fond, la voûte et les deux parois latérales sont formés de briques réfractaires. La paroi antérieure, la *face de tête* de la chauffe, est divisée en deux. Le haut, comme le reste de la chambre, est en briques réfractaires ; le bas est occupé par la grille *aa*, comme le montrent les fig. 1 et 2, pl. VII, p. 240, dont la première est une coupe verticale du foyer, suivant XY, et la seconde, un plan suivant UT. La face opposée est libre ; c'est un large carneau *bb*, qui conduit directement vers l'enceinte *cc*, que l'on se propose de chauffer.

La grille verticale *aa*, est une pièce massive en fonte, percée de part en part, pour l'arrivée de l'air, sur une partie de sa hauteur, par une série de fentes étroites évasées vers l'extérieur.

La face intérieure du massif est sillonnée, parallèlement aux fentes à air, de rigoles semi-cylindriques, le long desquelles l'huile minérale coule lentement de haut en bas et s'y volatilise. Pour ralentir la vitesse, cette face intérieure est légèrement inclinée sur la verticale.

Le pétrole arrive, dans le haut des rigoles, par une série de tubes arqués dd, surmontés d'entonnoirs qui sont alimentés par le tuyau horizontal h et les tubulures à robinets g.

Pour la mise en feu, on jette quelques copeaux de bois allumés sur le sol de la chambre de combustion, au voisinage de la grille en fonte. Lorsque celle-ci est légèrement échauffée, on ouvre les robinets, en ne laissant d'abord couler le pétrole que goutte à goutte, le long des rigoles. Il s'enflamme aussitôt et sert à son tour à chauffer de proche en proche la pièce de fonte et la chambre de combustion, ce qui permet d'accroître graduellement l'afflux du pétrole : mais il faut toujours régler l'écoulement de telle sorte, que les filets du liquide soient complètement volatilisés et brûlés, avant d'avoir atteint le bassin transversal, situé à l'extrémité inférieure de la série des rigoles. Une petite grille de $0^m,15$ de hauteur sur $0^m,15$ à 0^m18 de longueur, pourvue de cinq fentes de $0^m,005$ à $0^m,010$ d'ouverture, et de quatre rigoles de $0^m,02$ de largeur peut facilement brûler par heure 12 à 15 litres de pétrole et, d'après M. Gruner (*Métallurgie*, t. I, p. 472), fondre des laitiers de hauts fourneaux et de l'acier doux, lorsque le tirage est activé par une cheminée de 8 à 10 mètres.

SECTION QUATRIÈME.

DES APPAREILS DE CHAUFFAGE.

301. Division des appareils de chauffage. — On peut diviser les divers appareils employés pour utiliser la chaleur développée par la combustion en trois classes, suivant qu'ils sont destinés à transmettre cette chaleur à des liquides, à des solides ou à des gaz.

Les appareils qui servent au chauffage des liquides comprennent : 1° les appareils de *vaporisation*, destinés à produire la vapeur qui doit servir comme force motrice ou comme véhicule de la chaleur; 2° les appareils *distillatoires*, qui servent à la production de vapeurs qui doivent être condensées et recueillies; 3° les appareils d'*évaporation*, ayant pour but de vaporiser un liquide, sans le recueillir, pour le séparer d'un autre non vaporisable ou qui l'est moins; 4° les appareils de *séchage*, dont le but est d'enlever un corps liquide qui mouille un corps solide, en réduisant le liquide en vapeur; enfin, 5° les appareils qui servent au *chauffage des liquides*, lorsqu'on se propose simplement d'élever plus ou moins leur température, mais sans les réduire en vapeur.

Les fourneaux qui servent au chauffage des solides sont extrêmement nombreux et ils varient de forme et de disposition suivant la nature des corps à chauffer et suivant la température à produire. Nous avons déjà donné quelques indications à cet égard, dans le 3° chapitre de la 1re section de cet ouvrage.

Enfin, les appareils très-variés qui servent au chauffage de l'air, portent le nom générique de *calorifères*.

Tel est le vaste sujet que nous aurons à étudier sommairement dans cette quatrième section. Mais auparavant, nous devons nous occuper des lois de l'émission et de la transmission de la chaleur, parce que ces lois servent de base aux règles d'après lesquelles on doit construire les appareils de chauffage.

CHAPITRE PREMIER.

DE L'ÉMISSION ET DE LA TRANSMISSION DE LA CHALEUR.

302. Refroidissement et réchauffement des corps. — Lorsqu'un corps est placé dans une enceinte dont la température θ est inférieure à celle t de ce corps, si l'enceinte n'est pas vide, le corps se refroidit par *rayonnement* et par *contact* avec le milieu ambiant.

Représentons par M le nombre de calories que le corps perd par heure et par mètre carré de surface.

Si l'excès $t - \theta$ de la température du corps sur celle de l'enceinte ne dépasse pas 20 à 21°, et si r et f représentent respectivement le nombre de calories que le corps perdrait par heure et par mètre carré de surface, par rayonnement et par contact, pour un excès de température d'un degré, on aura, d'après la loi de Newton, applicable dans ces conditions :

$$M = (r + f)(t - \theta) = h(t - \theta), \qquad (1)$$

h désignant la somme des coefficients de refroidissement par rayonnement et par contact.

Si l'enceinte était, au contraire, à la température t et le corps à la température θ, celui-ci se réchaufferait et il recevrait par heure et par mètre carré de surface une quantité de chaleur qui serait égale à celle M qu'il perdait auparavant, dans le même temps, et pour la même surface. Cela résulte, d'une part, de ce que le *pouvoir émissif* des corps est égal à leur pouvoir *absorbant*, et, d'autre part, de ce que la quantité de chaleur qui passe d'un corps à un autre ne dépend que de la différence de température de ces corps.

Nous appellerons h le *coefficient de refroidissement* ou de *réchauffement* du corps, suivant que sa température est plus élevée ou moins élevée que celle de l'enceinte où il se trouve.

303. Valeurs du coefficient de refroidissement par rayonnement. — Les valeurs du coefficient de refroidissement par rayonnement ont été déterminées avec beaucoup de soin par Péclet, pour le cas d'une enceinte terne et remplie d'air, comme celles formées par les parois des lieux habités. Ces valeurs dépendent de la nature et de l'état de la surface du corps qui se refroidit, mais elles sont indépendantes de la forme et de la disposition de cette surface, pourvu que les rayons de chaleur émis puissent se dissiper librement.

VALEURS DE *r* POUR DIFFÉRENTES SUBSTANCES.

Argent poli.	0,13	Craie en poudre.	3,32
Papier argenté.	0,42	Peinture à l'huile	3,71
Laiton poli.	0,258	Papier	3,77
Papier doré.	0,23	Noir de fumée	4,01
Cuivre rouge	0,16	Pierre à bâtir	3,60
Zinc.	0,24	Plâtre	3,60
Tôle polie.	0,45	Bois	3,60
Tôle ordinaire.	2,77	Étoffes de laine.	3,68
Tôle oxydée	3,36	Coton	3,65
Fonte neuve	3,17	Soie	3,71
Fonte oxydée.	3,36	Eau et corps humides	5,31
Verre	2,91	Huile	7,24

304. **Influence de la disposition et de la forme de la surface du corps chaud sur la valeur du coefficient de refroidissement par contact.** — Le coefficient f de refroidissement par contact, ne dépend, ni de la nature, ni de l'état, mais seulement de la forme et de la disposition de la surface du corps qui se refroidit.

L'influence de la disposition du corps chaud est facile à comprendre. En effet, considérons deux tuyaux cylindriques traversés par l'air chaud d'un foyer, l'un horizontal et l'autre vertical. A surface égale, le premier se refroidira évidemment davantage que le second, parce que l'air froid qui vient en contact avec lui s'élève immédiatement après s'être échauffé et cède la place à une nouvelle quantité d'air froid qui s'échauffe à son tour, et ainsi de suite. De sorte que la différence de température entre le tuyau et l'air avec lequel il est en contact reste toujours la même. Il n'en est pas ainsi dans le cas du tuyau vertical si l'air chaud qui vient du foyer le traverse de bas en haut. En effet, l'air froid qui s'est échauffé au contact de la partie inférieure du tuyau, reste alors en contact avec celui-ci, à mesure qu'il s'élève, et la différence entre sa température et celle du tuyau va sans cesse en diminuant, ce qui affaiblit la transmission de chaleur.

L'influence de la forme de la surface du corps chaud sur la valeur du coefficient de refroidissement s'explique par des considérations analogues.

305. **Valeurs du coefficient de refroidissement par contact.** — D'après Péclet, les valeurs de ce coefficient sont comprises entre 2 et 3. Mais ces valeurs ont été déterminées dans des conditions particulières qui n'existent jamais en pratique. Suivant M. Ser (*Cours de physique industrielle de l'école des Arts et manufactures*, à Paris),

il convient d'augmenter ces nombres, et de prendre $f = 4$, pour les corps qui se trouvent dans une enceinte fermée, et, en moyenne, $f = 5$, si le corps est exposé à l'air libre où le refroidissement est plus rapide. En réalité, dans ce dernier cas, f varie entre 3 et 6, car le refroidissement augmente avec l'état d'agitation de l'air et probablement suivant que le corps est mouillé ou non.

306. **Expériences de Dulong et Petit** — Dulong et Petit ont étudié le refroidissement des corps pour des différences de température supérieures à 25° et s'élevant jusqu'à 250°. Ils ont trouvé que la valeur de M était donnée par la formule :

$$M = 125 \, ra^\theta \, (a^{t-\theta} - 1) + 0,55 f(t - \theta)^{1,233}; \qquad (2)$$

dans cette formule, a est un coefficient constant égal à 1,0077.

307. **Formules pratiques.** — La formule de Dulong et Petit, exacte jusqu'à $t - \theta = 250°$, est trop compliquée pour être d'un usage facile. Du reste la pratique ne demande qu'une certaine approximation. En général, on admet la loi de Newton, en ayant soin de faire varier les coefficients de refroidissement suivant les excès de température. On pose :

$$M = mr \, (t - \theta) + nf(t - \theta) = (mr + nf) \, (t - \theta) = k(t - \theta); \quad (3)$$

Pour $m = 1$ et $n = 1$, ou retombe sur la formule du n° 302. On adoptera ces valeurs de m et de n pour de faibles excès de température. Le tableau ci-dessous donne les valeurs de m et de n, déduites de la formule de Dulong et Petit, pour divers excès de température.

Valeurs de $t - \theta$ . .	25	50	75	100	125	150	175	200	225	250
Valeurs de m . . .	1,20	1,30	1,50	1,62	1,80	2,02	2,27	2,56	2,88	3,40
Valeurs de n . . .	1,18	1,37	1,51	1,61	1,70	1,78	1,83	1,89	1,95	2,00

Ce tableau montre combien la loi de Newton est erronée quand l'excès de température est grand. En effet, pour $(t - \theta) = 250°$, la valeur m est environ 3 fois plus grande que pour $(t - \theta) = 25°$, et celle de n est à peu près doublée.

Quant aux valeurs de m et de n, relatives à des différences de température qui ne se trouvent pas dans le tableau ci-dessus, on les calcule par simple interpolation, en supposant que, pour de faibles différences de température, les accroissements de ces coefficients sont proportionnels aux différences de température correspondantes.

S'agit-il, par exemple, de la valeur de m, pour un excès de température de 85°, on établira la proportion $100 - 75 : 85 - 75 = 1,62 - 1,50 : x$; d'où $x = 0,05$ et $m = 1,50 + 0,05 = 1,55$.

308. Transmission de chaleur à travers un mur à faces planes parallèles. — Soit un mur à faces parallèles planes A et B (fig. 63), maintenues, la première à la température t_a et la seconde à une température moindre t_b. Il est évident qu'à travers ce mur il s'établira un flux constant de chaleur de A vers B. du moins lorsque les différentes sections du mur parallèles aux faces auront pris des

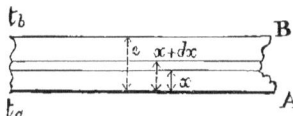

Fig. 63.

températures invariables, ce qui arrivera toujours au bout d'un certain temps. On démontre que ce flux de chaleur M, par heure et par mètre carré de surface, est donné par la formule :

$$M = \frac{C\,(t_a - t_b)}{e} \text{ calories,} \qquad (4)$$

e représentant l'épaisseur du mur exprimée en mètres, et C le coefficient de conductibilité intérieure, c'est-à-dire, le nombre de calories qui passeraient par heure à travers une surface de 1^{mq} du mur, si son épaisseur était égale à 1^m et si ses deux faces étaient maintenues à des températures dont la différence serait égale à $1°$.

Il suit de ce qui précède que si nous considérons dans l'intérieur du mur deux sections parallèles aux faces et à des distances x et $x + dx$ de la face A (fig. 63), nous pourrons assimiler la couche comprise entre ces deux sections à un mur d'épaisseur dx et dont les faces seraient maintenues aux températures t et $t + dt$. A travers une surface S_x de ce mur, il passera donc, d'après l'équation (4), par heure, une quantité M_s de chaleur donnée par l'équation :

$$M_s = -\, S_x\, C\, \frac{dt}{dx},$$

équation qu'on peut mettre sous la forme :

$$\frac{M_s}{C} \cdot \frac{dx}{S_x} = -\, dt.$$

Si nous intégrons cette équation entre les limites t_a et t_b, $x = 0$ et $x = e$, nous aurons :

$$\frac{M_s}{C} \int_0^e \frac{dx}{S_x} = t_a - t_b. \qquad (5)$$

Dans un mur dont les faces parallèles sont planes et de mêmes dimensions, les surfaces des couches successives traversées par la même quantité de chaleur sont évidemment égales entre elles, de sorte que S_x ne varie pas avec x. Mais, il n'en sera plus de même si les faces du mur, tout en restant parallèles, sont courbes, ou si, étant planes, l'une d'elles est plus grande que l'autre. Dans ce cas, S_x sera fonction de x et si la forme de cette fonction est connue, on pourra également intégrer le premier membre de l'équation (5) ci-dessus et déterminer M_s, ainsi que nous le montrerons plus loin.

309. **Valeurs du coefficient de conductibilité intérieure pour différents corps.** — Plusieurs physiciens se sont occupés de la détermination du coefficient C pour les différents corps. On trouvera dans le tableau ci-dessous quelques uns de leurs résultats pour

TABLEAUX XV.

NOMS DES SUBSTANCES.	POIDS SPÉCIFIQUE.	COEFFICIENT DE CONDUCTIBILITÉ INTÉRIEURE.
Marbre gris, à grains fins	2,68	3,48
» blanc saccharoïde à gros grains . .	2,77	2,78
Pierre calcaire à grains fins.	2,34	2,08
» »	2,27	1,69
» »	2,17	1,70
Plâtre	1,25	0,52
Terre cuite.	1,98	0,69
» »	1,85	0,51
Bois de sapin, perpendiculairement aux fibres	0,48	0,093
» » parallèlement » »	»	0,170
Chêne, perpendiculairement » »	0,80	0,241
» parallèlement » »	»	0,211
Bois de noyer, perpendiculairement » »	0,70	0,100
» » parallèlement » »	»	0,170
Verre	2,44	0,75
»	2,55	0,88
Fer	7,79	28
Cuivre	8,90	69
Étain	7,29	22
Air stagnant		0,04
Sable quartzeux	1,47	0,27
Brique pilée, gros grains	1,0	0,139
Coke pulvérisé	0,77	0,160
Coton en laine.		0,040
Laine cardée		0,044
Toile de chanvre	0,51	0,052

métaux, matériaux de construction, substances peu condutrices, etc.
Ces valeurs de C ont été déduites par Péclet des expériences de
Despretz et des siennes propres.

310. **Transmission de chaleur à travers un mur à faces parallèles, en contact avec des milieux à des températures différentes.** — Soit un mur à faces parallèles et d'épaisseur e. Considérons
une partie APCD de ce mur, limitée par des normales aux faces AP
et CD, fig. 64. Supposons AP en contact avec un milieu à la température T, et CD, avec un autre milieu à une température moindre, θ.
Le régime ou l'état stationnaire une fois établi dans toute l'étendue
du mur, les deux faces AP et CD
auront des températures invariables
que nous représenterons respectivement
par t et t'.

Cela posé : partageons le mur en
couches d'épaisseur dx, par des sections
parallèles aux faces. La quantité de
chaleur M_s qui traversera par heure
la couche comprise entre les deux sec-
tions mn et pq, aux distances x et $x + dx$ de la face AP, sera
donnée, d'après (5), par l'équation :

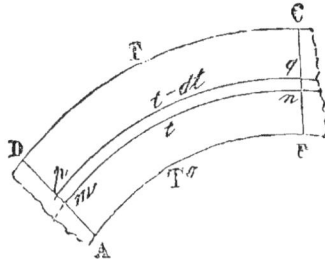

Fig. 64.

$$\frac{M_s}{C} \int_0^e \frac{dx}{S_x} = t - t',$$

S_x étant l'aire de la base mn de cette couche.

D'un autre côté, M_s, doit être égal, d'une part, à la quantité de
chaleur qui pénètre par AP, et, d'autre part, à celle qui sort, par
heure, à travers la surface CD. Or, ces quantités de chaleur sont,
respectivement, $S_a\, k\, (T - t)$ et $S_c\, k'\, (t' - θ)$, S_a et S_c représentant les surfaces AP et CD, k et k', les coefficients de réchauffement
et de refroidissement.

Nous aurons, par conséquent, les trois équations suivantes pour
déterminer M_s, t et t' :

$$\frac{M_s}{C} \int_0^e \frac{dx}{S_x} = t - t', \qquad (6)$$

$$\frac{M_s}{k\, S_a} = T - t, \qquad \text{et} \qquad (7)$$

$$\frac{M_s}{k'\, S_c} = t' - θ. \qquad (8)$$

Ajoutons ces équations membre à membre, il viendra :

$$M_s \left(\frac{1}{C} \int_0^e \frac{dx}{S_x} + \frac{1}{h\, S_a} + \frac{1}{h'\, S_c} \right) = T - \theta,$$

d'où

$$Ms = \frac{T - \theta}{\dfrac{1}{C} \displaystyle\int_0^e \frac{dx}{S_x} + \frac{1}{h\, S_a} + \frac{1}{h'\, S_c}}. \qquad (9)$$

Multiplions et divisons le second membre de cette dernière équation par S_a, nous aurons :

$$M_s = \frac{S_a\, (T - \theta)}{\dfrac{S_a}{C} \displaystyle\int_0^e \frac{dx}{S_x} + \frac{1}{h} + \frac{1}{h'} \cdot \frac{S_a}{S_c}},$$

d'où, en posant,

$$\frac{1}{Q'} = \frac{S_a}{C} \int_0^e \frac{dx}{S_x} + \frac{1}{h} + \frac{1}{h'} \cdot \frac{S_a}{S_c}, \qquad (10)$$

$$M_s = S_a Q'\, (T - \theta). \qquad (11)$$

Q' s'appelle le *coefficient de transmission* à travers la surface S_a.

En multipliant et en divisant le second membre de l'équation (9) par S_c, on trouverait de même pour la quantité de chaleur qui sort par cette surface :

$$M_s = \frac{S_c\, (T - \theta)}{\dfrac{S_c}{C} \displaystyle\int_0^e \frac{dx}{S_x} + \frac{1}{h} \cdot \frac{S_c}{S_a} + \frac{1}{h'}} = S_c\, Q''\, (T - \theta). \qquad (12)$$

Q'' désignant le *coefficient de transmission* à travers la surface S_c.

Pour obtenir t et t', il suffit de remplacer dans les équations ci-dessus, (7) et (8), qui donnent $T - t$ et $t' - \theta$, M_s, dans la première, par $S_a\, Q'\, (T - \theta)$, et, dans la seconde, par $S_c\, Q''\, (T - \theta)$. On trouvera ainsi :

$$t = T - \frac{Q'\, (T - \theta)}{h}, \qquad (13)$$

$$\text{et} \quad t' = \theta + \frac{Q''\, (T - \theta)}{h'}. \qquad (14)$$

311. Murs à faces parallèles planes. — Dans le cas de murs à faces planes, $S_x = S_a = S_c = A$, $Q' = Q'' = Q$, et, pour $A = 1$, les formules ci-dessus deviennent :

$$\frac{1}{Q} = \frac{e}{C} + \frac{1}{h} + \frac{1}{h'}, \qquad (15)$$

$$M = Q(T - \theta), \qquad (16)$$

$$t = T - \frac{Q(T - \theta)}{h}, \quad \text{et} \qquad (17)$$

$$t' = \theta + \frac{Q(T - \theta)}{h'}. \qquad (18)$$

312. **Transmission de chaleur à travers les parois d'un tuyau cylindrique.** — Soit fig. 65, ABCD, une section de ce tuyau limitée par les rayons OC et OA. Soient, en outre, R, le rayon intérieur du tuyau, R', le rayon extérieur et r, le rayon ON d'une section quelconque S_x, parallèle aux parois AB et CD. Appelons aussi e, l'épaisseur AC du tuyau et l, la longueur de la portion à travers laquelle la chaleur se transmet.

Si nous désignons par φ, l'arc du cercle de rayon 1 qui mesure l'angle COD, nous aurons, en conservant les notations précédentes :

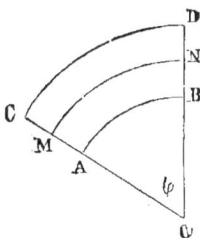

Fig. 65.

$S_a = \varphi R l$, $S_c = \varphi R' l$, $S_x = \varphi l (R + x)$, et, par conséquent :

$$\int_0^e \frac{dx}{S_x} = \int_0^e \frac{dx}{\varphi l (R + x)} = \frac{1}{\varphi l} \cdot ln \frac{R'}{R},$$

et, d'après (10), n° 310 :

$$\frac{1}{Q'} = \frac{R}{C} ln \frac{R'}{R} + \frac{1}{h} + \frac{R}{h'R'}.$$

L'équation (11), n° 310, nous donne d'ailleurs pour M_s :

$$M_s = \varphi R l . Q' (T - \theta),$$

et, pour un tuyau cylindrique :

$$M_s = 2\pi R l . Q' (T - \theta).$$

313. **Mur compris entre deux troncs de cône parallèles.** — Soient R et R', fig. 66, les rayons intérieur et extérieur de la section moyenne des deux troncs de cône et l, la lon-

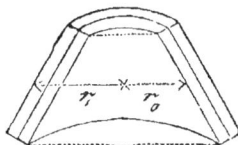

Fig. 66.

gueur des côtés de ceux-ci. On aura : $S_a = 2\pi Rl$, $S_c = 2\pi R'l$, $S_x = 2\pi (R + x) l$; et par suite,

$$\int_0^e \frac{dx}{2\pi (R + x)} = \frac{1}{2\pi} \cdot ln \frac{R'}{R},$$

$$\frac{1}{Q'} = \frac{Rl}{C} \cdot ln \frac{R'}{R} + \frac{1}{k} + \frac{R}{R'k'} \qquad \text{et}$$

$$M_s = 2\pi Rl.Q' (T - \theta).$$

314. Transmission de chaleur à travers une lame comprise entre deux portions de surfaces sphériques concentriques. — Soient R et R', (fig. 65), les rayons des deux surfaces et φ, la partie de surface sphérique de rayon 1 ayant même angle au centre que les surfaces données, on aura : $S_a = \varphi R^2$; $S_c = \varphi R'^2$; $S_x = \varphi(R + x)^2$, et, par suite :

$$\int_0^e \frac{dx}{\varphi (R + x)^2} = \frac{1}{\varphi} \cdot \frac{R' - R}{RR'}, \qquad \text{d'où}$$

$$\frac{1}{Q'} = \frac{R}{C} \cdot \frac{R' - R}{R'} + \frac{1}{k} + \frac{R^2}{k'R'^2} \cdot$$

Pour la sphère entière, on aurait : $M_s = 4\pi R^2. Q' (T - \theta)$.

315. Observation sur les formules des n°s 312 et 314. — Dans la pratique, on fait rarement usage des formules dont il s'agit. En effet, l'épaisseur des tuyaux qu'on emploie est très-faible par rapport à R et R', de sorte qu'on peut considérer les parois de ces tuyaux comme des lames comprises entre des surfaces parallèles et égales. On leur applique donc les formules du n° 311, relatives à ce cas. On en agit de même à l'égard des parois sphériques.

316. Transmission de chaleur à travers les murs d'un local habité. — Considérons d'abord une enceinte limitée par des murailles dont une seule est exposée à l'air extérieur et maintenue intérieurement à une température T, plus élevée que la température θ de l'air extérieur. Le régime une fois établi, nous pourrons appliquer à ce mur les formules relatives à la transmission de la chaleur à travers des parois comprises entre deux faces planes parallèles (311).

Supposons l'épaisseur du mur en contact avec l'air extérieur égale a 0^m,50. Supposons de plus le mur construit en moellons. Pour

trouver M, il faut remplacer e, C. k, k', T et θ par leurs valeurs.
Nous savons que $k = mr + nf$. Nous prendrons $m = n = 1, r = 3,77$,
puisque le mur est recouvert de papier peint (n° 303), et $f = 4$.
Nous aurons donc $k = 3,77 + 4 = 7,77$. Nous avons de même
$k' = m'r' + n'f'$. Dans cette expression, nous prendrons de nouveau
$m' = n' = 1$, puisque $t' - \theta$ est faible; $f' = 5$ et $r' = 6$, puisque
du côté de l'air extérieur le mur est habituellement humide
(n°s 305 et 303). En tenant compte de ces valeurs, on trouve
$k' = 6,00 + 5 = 11,00$. Comme le mur est en moëllons, C = 1,70
(n° 309), et, par conséquent,

$$M = \frac{T - \theta}{\dfrac{0,5}{1,70} + \dfrac{1}{7,77} + \dfrac{1}{11,00}} = 1,94\,(T - \theta).$$

En hiver, les températures moyennes étant T = 16°, θ = 6°,
nous aurons $T - \theta = 10°$, et, par suite, M = 19,4 calories. Si,
comme cela arrive par les grands froids, $\theta = -5°$, $T - \theta = 21°$ et
M = 41,74 calories.

Pour un mur qui n'aurait que 10^{cm} d'épaisseur, on trouverait
M = 4,43 (T − θ). Si nous supposons, comme plus haut, $T - \theta = 10°$,
M = 44,3, et, par conséquent, la perte de chaleur serait plus que
doublée.

On voit, par ces chiffres, que la perte de chaleur par transmission
à travers les murs augmente à mesure que leur épaisseur diminue.
Par conséquent, dans les salles où le chauffage doit être permanent,
jour et nuit, il y a avantage à donner de fortes épaisseurs aux murs.
L'accroissement de dépense qui en résulte, dans les frais de construction, est compensé, au moins dans les pays où le combustible est
cher, par l'économie de combustible que les murs épais permettent de
réaliser. Mais les conditions ne sont plus les mêmes dans les locaux
qui ne doivent être chauffés que d'une manière temporaire, et à des
intervalles plus ou moins éloignés. Dans ces locaux, l'emploi de murs
minces est préférable à celui de murs épais, qui absorbent trop de
chaleur pour se réchauffer.

317. **Transmission de chaleur à travers les vitres.** — Pour déterminer la perte de chaleur à travers les vitres d'une pièce dont une
seule face est exposée à l'air extérieur, il suffit de remplacer dans la
formule (16), n° 311, qui donne M, e par l'épaisseur du verre à
vitres, c'est-à-dire par 0^m,001, 0^m,002 ou 0^m,003. Pour le verre

C $= 0,80$, $r = r' = 2,91$, $m = n = m' = n' = 1$, $f = 4$, $f' = 5$, et par conséquent, $k = 6,91$ et $k' = 7,91$. D'après ces valeurs,

$$M = \frac{T - \theta}{\dfrac{0,001}{0,80} + \dfrac{1}{6,91} + \dfrac{1}{7,91}} = 3,67 \, (T - \theta).$$

En supposant $T - \theta$ successivement égal à 10 et à 21°, comme nous l'avons fait plus haut, on trouve, dans le premier cas, $M = 36,70$ calories, et, dans le second, $M = 77,07$ calories.

Si $r = 6$, ce qui arrive lorsque la surface intérieure des vitres est recouverte d'une couche, même à peine perceptible, de vapeur d'eau condensée (n° 303), le coefficient de transmission Q devient égal à environ 4°,5. Comme ce cas se présente souvent en hiver, c'est cette valeur qu'il faut admettre plutôt que celle de 3°,67, indiquée plus haut. Péclet (*Traité de la chaleur*, 4ᵉ éd., t. 3, p. 232) prend Q $= 4$, et, d'après M. le professeur Rousseau, pour les grands vitrages des jardins d'hiver, ce coefficient serait égal à 5°,5, pendant les temps secs, à 9° et même davantage, pendant les jours de pluie et de neige, et, en moyenne, à 6°,2 environ. M. Rousseau a déduit ces valeurs de nombreuses expériences qu'il a faites, pendant l'hiver de 1877-1878, sur les appareils de chauffage à eau chaude établis au jardin d'hiver du Château royal de Laeken.

318. **Simplification des formules dans le cas de lames minces.** — Dans l'expression de M ci-dessus, le terme $\dfrac{e}{C} = \dfrac{0,001}{0,80} = 0,00125$, est négligeable. Dans la pratique, on peut considérer ce fait comme général pour les corps très-minces. Il se vérifie même pour les corps qui présentent de très-grandes différences dans leur conductibilité pour la chaleur. En effet, si nous cherchons les valeurs de $\dfrac{e}{C}$ pour des plaques de cuivre et de tôle de fer ayant respectivement 0ᵐ,003 et 0ᵐ,010 d'épaisseur, nous trouvons, pour le cuivre, dont la conductibilité est 69, $\dfrac{e}{C} = 0,0000435$, et pour le fer, dont le coefficient C est égal à 28, $\dfrac{e}{C} = 0,000357$, chiffres négligeables à côté de $\dfrac{1}{k} + \dfrac{1}{k'}$, sauf pour la lame de fer lorsqu'elle se trouverait en contact des deux côtés avec un liquide en ébullition ou une vapeur qui se condense, car alors $k = k' = 10000$ (N° 323), $\dfrac{1}{k} + \dfrac{1}{k'} = 0,0002$ et

la valeur de $\frac{1}{C}$ ne pourrait plus être négligée à côté de $\frac{1}{k} + \frac{1}{k'}$.

Mais ce cas ne se présente pas dans la pratique. On peut donc considérer la transmission de la chaleur à travers des plaques minces comme indépendante de la substance dont elles sont formées. L'expérience confirme ce résultat de la théorie. C'est ainsi qu'on a remarqué depuis longtemps que l'on avait la même transmission de chaleur avec une chaudière en cuivre de 2 à 3^{mm} qu'avec une chaudière en tôle de fer de 10^{mm} d'épaisseur.

D'après celà, lorsqu'il s'agit de parois minces, nous pouvons dans le facteur Q des formules du n° 311 qui donnent les valeurs de t et t', négliger le terme $\frac{e}{C}$. Alors, si $k = k'$, ce qui est sensiblement vrai pour les vitres, on a $k = 2Q$, et les valeurs de t et de t' deviennent $t = t' = \frac{T + \theta}{2}$, c'est-à-dire, la moyenne entre les températures intérieure et extérieure. En effet, si, dans le cas des vitres, par exemple, pour avoir la valeur rigoureuse de $t - t'$, nous prenons la formule $M = \frac{C}{e}(t - t')$, et si nous remplaçons dans cette formule $\frac{e}{C}$ par sa valeur $\frac{0,001}{0,80} = 0,00125$, relative à une vitre de 0^m,001 d'épaisseur, et M par 36,70 calories, valeur trouvée plus haut pour T — θ = 10°, nous obtenons $t - t' = 0,04$. La différence entre t et t' est donc négligeable, et nous pouvons considérer les températures t et t' comme égales entre elles.

Lorsque l'une des deux quantités k et k' est très-grande relativement à l'autre, on peut négliger l'une ou l'autre des deux fractions $\frac{1}{k}$ et $\frac{1}{k'}$, et, s'il est permis de négliger, par exemple, $\frac{1}{k'}$, l'on aura $\frac{1}{Q} = \frac{1}{k}$, et, par suite, $t = t' = \theta$. Dans ce cas, la paroi prendra, par conséquent, la température du milieu le plus froid. Ce serait l'inverse si l'on pouvait négliger $\frac{1}{k}$, car alors on aurait $\frac{1}{Q} = \frac{1}{k'}$ et $t = t' = T$.

319. **Local dont toutes les murailles sont exposées à l'air extérieur.** — Dans ce cas, le réchauffement des surfaces intérieures des murailles a lieu seulement par le contact de l'air chaud de la pièce, parce que toutes les surfaces intérieures étant à la même tempéra-

ture, leur rayonnement réciproque est sans influence ; alors, en conservant les notations précédentes, on aura :

$$M = \frac{C\,(t - t')}{e} ; \quad M = nf\,(T - t) \text{ et } M = k'\,(t' - \theta).$$

Ces équations peuvent se mettre sous la forme :

$$M \cdot \frac{e}{C} = t - t' ; \; M \cdot \frac{1}{nf} = T - t ; \; M \cdot \frac{1}{k'} = t' - \theta.$$

En les additionnant, nous aurons :

$$M \left(\frac{e}{C} + \frac{1}{nf} + \frac{1}{k'} \right) = T - \theta, \text{ d'où } M = \frac{Cnfk'\,(T - \theta)}{C\,(k' + nf) + enfk'}.$$

Cette formule conduit pour la transmission de chaleur à des chiffres moindres que pour le cas d'un seul mur exposé à l'air extérieur. Mais dans la pratique, on n'établit aucune différence entre les deux cas théoriques que nous venons de supposer, et pour les murs, comme pour les vitres, on calcule la perte de chaleur par transmission comme si tous les points de l'enceinte avaient la température de l'air intérieur. C'est qu'en effet, aucun des deux cas que nous venons de considérer ne se rencontre jamais exactement ; dans le premier cas, les surfaces intérieures des murailles qui ne sont pas exposées à l'air extérieur n'ont jamais rigoureusement la température de l'air de la pièce, à cause de leur rayonnement vers les surfaces intérieures des autres murailles et des vitres ; dans le second cas, il y a toujours des parties de l'enceinte, les planchers et les plafonds, qui ne sont pas exposées au refroidissement extérieur, et souvent il s'y trouve des maçonneries intérieures, comme celles qui séparent les nefs des églises. Ces maçonneries sont chauffées par l'air et rayonnent vers les surfaces intérieures des murs en contact avec l'air froid de l'atmosphère.

Enfin, dans les deux cas, s'il y a un chauffage par des surfaces rayonnantes, par des poêles, des calorifères ou des tuyaux, les rayons de chaleur arrivent sur les surfaces intérieures de l'enceinte, en élèvent la température, et augmentent la perte de chaleur par transmission.

320. **Murs composés de couches de matériaux différents.** — Prenons deux murs contigus A et B, d'épaisseurs e et e' (fig. 67). Soient t et t', les températures des deux faces de A, et t' et t'', celles des deux faces de B.

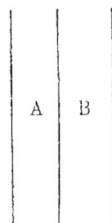

Fig. 67.

t' est donc la température de la surface par laquelle les deux murs sont en contact l'un avec l'autre. Soient, en outre, C et C', respectivement, les coefficients de conductibilité des murs A et B.

En désignant par T la température du milieu qui est en contact avec la face libre de A, et par θ, celle du milieu du côté libre de B, on aura pour déterminer M, t, t' et t'', les équations suivantes :

$$M = k\,(T - t),$$

$$M = \frac{C}{e}\,(t - t'),$$

$$M = \frac{C'}{e'}\,(t' - t''),$$

$$M = k'\,(t'' - θ),$$

qu'on peut mettre sous la forme

$$M \cdot \frac{1}{k} = T - t,$$

$$M \cdot \frac{e}{C} = t - t',$$

$$M \cdot \frac{e'}{C'} = t' - t'',$$

$$M \cdot \frac{1}{k'} = t'' - θ.$$

En additionnant, nous obtenons la formule :

$$M = \frac{T - θ}{\dfrac{1}{k} + \dfrac{e}{C} + \dfrac{e'}{C'} + \dfrac{1}{k'}},$$

et la manière dont nous sommes arrivés à cette formule nous montre que, d'une façon générale, nous aurions :

$$M = \frac{T - θ}{\dfrac{1}{k} + \dfrac{1}{k'} + \dfrac{e}{C} + \dfrac{e'}{C'} + \dfrac{e''}{C''} + \dfrac{e'''}{C'''} + \cdots}.$$

Il résulte de cette formule que l'influence d'un accroissement d'épaisseur donné aux murs diminue à mesure que l'épaisseur augmente.

321. **Murs séparés deux à deux par une couche d'air**. — Considérons deux murs m et n, fig. 68, d'épaisseurs e et e'' et de conductiblités C et C'', séparés par une couche d'air a, d'épaisseur e'. Conservons les notations précédemment indiquées et appelons t' la température stationnaire de la seconde face du premier mur m et t'' celle de la première face du second mur. Si la couche d'air a plus

de cinq centimètres d'épaisseur, on peut admettre qu'elle prend dans toute sa masse la température t'. Comme on peut d'ailleurs négliger la transmission à laquelle elle donne lieu par conductibilité, il s'ensuit que le second mur recevra une quantité de chaleur égale à $k\,(t' - t'')$, k étant le coefficient de réchauffement de la première face de ce mur.

On aura, par conséquent, en désignant par Q' le coefficient de transmission :

$$\frac{1}{Q'} = \frac{e}{C} + \frac{e''}{C''} + \frac{1}{h} + \frac{1}{k} + \frac{1}{k'}.$$

Si les deux murs m et n étaient en contact, le coefficient de transmission Q serait donné par l'expression :

$$\frac{1}{Q} = \frac{e}{C} + \frac{e''}{C''} + \frac{1}{h} + \frac{1}{k'}.$$

On voit donc que $Q' < Q$.

Lorsque la couche d'air a moins de cinq centimètres d'épaisseur, on peut l'assimiler à une lame solide interposée entre les deux murs, parce que l'influence du frottement que ses molécules éprouvent de la part de ces murs devient alors assez considérable pour les empêcher de se déplacer et de se mettre en équilibre de température les unes avec les autres. Dans ce cas, si on néglige la transmission de chaleur par conductibilité à travers la couche d'air, il est évident que le second mur ne reçoit plus d'autre chaleur que celle rayonnée par le premier, car l'air étant supposé immobile, les molécules de ce fluide en contact avec le second mur seront nécessairement à la température t''. La chaleur reçue par le second mur sera donc égale à $r\,(t' - t'')$, r étant le coefficient de rayonnement de ce mur :

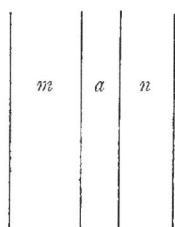

D'après cela, on aura :

$$\frac{1}{Q''} = \frac{1}{h} + \frac{1}{k'} + \frac{e}{C} + \frac{e''}{C''} + \frac{1}{r}.$$

Enfin, si l'on a égard à la quantité de chaleur transmise par conductibilité à travers la couche d'air, on trouvera

$$\frac{1}{Q'''} = \frac{1}{h} + \frac{1}{k'} + \frac{e}{C} + \frac{e''}{C''} + \frac{1}{r + \dfrac{C'}{e'}},$$

Q''' désignant le coefficient de transmission et C' la conductibilité de l'air.

Pour des murs en briques, $C = C'' = 0,69$, $h = 7,77$, $k' = 8,60$, $r' = 3,60$, $C' = 0,04$ (n°s 303 et 309).

En ayant égard à ces valeurs, et en se donnant les valeurs de e, e' et e'', on déterminera facilement les valeurs numériques de Q, Q', Q'' et Q'''. On trouvera ainsi que Q'' représente le minimum de la valeur du coefficient de transmission et que Q''' devient d'autant plus grand que la valeur de $\dfrac{C'}{e'}$ devient elle-même plus considérable, c'est-à-dire que e' est moindre.

On voit, par ce qui précède, que la transmission à travers un mur creux est toujours moindre que la transmission à travers un mur continu dont l'épaisseur serait égale à la somme des épaisseurs des parois du mur creux et qu'il y a une épaisseur de la couche d'air qui rend cette transmission un minimum. Le coefficient de cette transmission minimum est donné par l'équation :

$$\frac{1}{Q''} = \frac{1}{k} + \frac{1}{k'} + \frac{e}{C} + \frac{e''}{C''} + \frac{1}{r}.$$

322. Vitres multiples. — La transmission à travers deux vitres séparées par une couche d'air se déduit facilement des considérations que nous avons exposées dans le n° précédent. En effet, si nous supposons la couche d'air entre les deux vitres assez mince pour pouvoir faire abstraction des mouvements de ses molécules et si nous pouvons, en outre, négliger la transmission à laquelle elle donne lieu par sa conductibilité propre, on aura, pour déterminer le coefficient de transmission Q de la double fenêtre, l'équation :

$$\frac{1}{Q} = \frac{2e}{C} + \frac{1}{k} + \frac{1}{k'} + \frac{1}{r},$$

e étant l'épaisseur de chacune des vitres, r le coefficient de rayonnement et C le coefficient de conductibilité du verre. h et k' conservent la signification indiquée précédemment.

Pour le verre $r = 2,91$, $h = 6,91$ et $k' = 7,91$. De plus, comme nous l'avons vu, on peut négliger $\dfrac{e}{C}$, de sorte qu'on aura :

$$\frac{1}{Q} = \frac{1}{6,91} + \frac{1}{7,91} + \frac{1}{2,91} = \frac{1}{3,67} + \frac{1}{2,91} = 0,60.$$

D'où $Q = 1,02$.

D'un autre côté, nous avons trouvé pour la transmission à travers une seule vitre Q $= 3,67$ (n° 317). La transmission à travers le double vitrage est donc à peu près deux fois moindre que celle qui a lieu par une seule vitre. C'est ce qui explique les avantages des doubles fenêtres employées dans les contrées du nord.

323. Paroi métallique mince, en contact, d'un côté, avec de la vapeur, et, de l'autre, avec de l'eau en ébullition. — Supposons qu'il s'agisse de vaporiser l'eau d'un vase, à l'aide d'un tuyau traversé par de la vapeur. Pour calculer la transmission de chaleur dans ce cas, nous nous appuierons sur une expérience de M. Thomas, rapportée par Péclet, 4e éd., t. 2, p. 329. M. Thomas a trouvé qu'un serpentin en cuivre de 4^{mq},48 de surface, traversé par de la vapeur à 135°, avait vaporisé 250^k d'eau à 100° en 11 minutes. On en conclut qu'en une heure le même serpentin eût donné par mètre carré et pour une différence de température de 1° (au lieu de 35°) un poids de vapeur

$$X = 250.\frac{1}{4,48} \cdot \frac{1}{35} \cdot \frac{60}{11} = 8^k,70.$$

Dans une autre expérience, le même serpentin traversé par un courant de vapeur à 121° a fourni 196^k de vapeur à 100° par mètre carré et par heure. Il eût donc fourni dans les mêmes conditions et pour une différence de température de 1°, au lieu de 21°, un poids de vapeur $X = \dfrac{196}{21} = 9^k,33$.

En multipliant par 537, chaleur latente de la vapeur à 100°, nous aurons le nombre Q de calories transmis par mètre carré et par heure, pour une différence de température de 1°. Nous voyons que cette quantité a varié entre $8,70.537 = 4672^c$ et $9,33.537 = 5010^c$. La différence entre ces deux résultats tient à ce que l'ébullition a été plus rapide dans la seconde expérience que dans la première.

A l'aide de ces données, on peut déterminer, au moins d'une manière approximative, les valeurs de k et k'. A cet effet, nous supposerons que la condensation se fait d'un coté avec le même coefficient que la production de vapeur de l'autre, c'est-à-dire, nous poserons $k = k'$.

Or,
$$\frac{1}{Q} = \frac{1}{k} + \frac{1}{k'} + \frac{e}{C}$$

(n° 311), et puisque nous supposons $k = k'$, on a :

$$\frac{1}{Q} = \frac{2}{k} + \frac{e}{C}.$$

En introduisant dans cette dernière équation pour Q sa valeur 4672^c, et prenant $e = 0^m,002$ et $C = 69$, on trouve $k = 10860^c$. Nous adopterons, par la suite, en chiffre rond, 10000^c, pour la valeur de k.

Cependant, nous devons faire remarquer que l'hypothèse sur laquelle repose le calcul précédent n'est pas tout à fait rigoureuse. En effet, dans un serpentin plongé au milieu de l'eau, la température de tous les points de la surface intérieure est la même, et, par conséquent, l'influence du rayonnement disparaît dans le réchauffement de cette surface. k n'exprime donc que le coefficient de réchauffement par contact de la vapeur. k', au contraire, se compose de deux termes, l'un relatif au rayonnement extérieur des parois du serpentin, et l'autre relatif au refroidissement par le contact de l'eau. k' doit donc avoir une valeur plus grande que k. Mais comme le rayonnement du serpentin vers le liquide extérieur est faible, on peut, comme nous l'avons fait, négliger la différence entre k et k' et écrire $k = k'$.

324. Paroi métallique mince, en contact, d'un côté, avec de la vapeur, et, de l'autre, avec de l'eau au-dessous de 100°. — Voici les résultats d'une expérience de M. Thomas relative au cas dont il s'agit. Un tuyau de cuivre de 34^{mm} de diamètre extérieur et de 42^m de long, traversé par de la vapeur à 3 atmosphères, a porté à l'ébullition en 4 minutes, 400^k d'eau à 8°. La température de la vapeur d'eau à 3 atmosphères est environ de 135°. La température moyenne de l'eau a été de $\dfrac{100 + 8}{2} = 54°$, et, par suite, la moyenne des différences de température entre la vapeur et cette eau a été de $135 - 54 = 81°$.

La quantité de chaleur transmise en 4 minutes a été de 400.(100 — 8) calories, et, par conséquent, par heure, de 400.(100 — 8). 15 calories.

Il est facile, d'après cela, de voir que la quantité de chaleur transmise, par heure et par mètre carré, pour une différence de température de 1°, eût été

$$Q = \frac{400\,(100 - 8)\,15}{4,48.81} = 1531 \text{ calories.}$$

Une expérience de Clément-Désormes, exécutée probablement au moyen d'une chaudière à double fond, d'où l'air n'avait pas été complètement expulsé, a donné $Q = 750^c$. Ce chiffre revient à une condensation de 1^k,4 de vapeur d'eau à 100°, par mètre carré, par

heure et pour une différence de température de 1°. Péclet a trouvé
Q = 1600 calories, lorsque l'air pouvait s'échapper au moyen d'un
robinet placé à la partie supérieure du double fond (Péclet, 4ᵉ éd.,
t. 2, p. 328).

Il résulte de ces diverses expériences que, si l'eau ne bout pas,
la valeur de Q peut varier entre 750 et 1500ᶜ.

325. Vapeur d'un côté et air de l'autre. — Pour déterminer la
valeur de Q relative à ce cas, nous prendrons $k = 10,000^\circ$ (n° 323).

En outre, nous négligerons la fraction $\dfrac{e}{C}$, qui est toujours très-petite.

De cette façon, la valeur de Q devient $Q = k'$ et $t = T = t'$ (n° 311).
Mais $k' = m'r' + n'f'$ (nᵒˢ 305 et 307). En supposant $T - \theta = 85°$,
$m' = n' = 1,55$, r' (pour une surface terne) $= 3,36$; $f' = 4$, et,
par conséquent, $k' = 11°,40$. Pour $T - \theta = 85°$, $M = 11°,40.85$
$= 969^\circ$.

**326. Transmission de chaleur à travers un tuyau métallique
chauffé par la vapeur.** — Nous venons de voir que le tuyau prend
la température T de la vapeur et que le coefficient de transmission Q
est égal au coefficient de refroidissement k' du métal. Ce dernier
coefficient est égal à $m'r' + n'f'$. Les valeurs de m' et n' dépendent de la différence entre T et la température moyenne θ de l'air
qu'on se propose de chauffer. On les trouve dans le tableau du
n° 307, ou bien on les calcule de la manière que nous avons indiquée.
C'est ainsi qu'ont été calculées, dans l'exemple cité au n° 325,
les valeurs de m' et n'. L'exemple dont il s'agit est relatif à un
tuyau de fonte placé dans une enceinte à la température moyenne
de 15ᵒ.

Le poids de vapeur condensée s'obtient en divisant la quantité de
chaleur transmise par la chaleur latente de la vapeur, qui, à 100°,
est égale à 537ᶜ. Pour la transmission de 969ᶜ, calculée plus haut,
n° 325, on trouve ainsi 969 : 537 = 1ᵏ,80. C'est ce que donne l'expérience.

Ce qui précède suppose que l'air a été complètement expulsé de
l'espace où circule la vapeur. S'il n'en était pas ainsi, la transmission
de chaleur serait moindre, parce qu'alors l'air restant s'attache
aux parois du tuyau et y forme une couche peu conductrice qui
s'oppose au passage de la chaleur. C'est au moins à cette circonstance
que Péclet attribue ce fait observé par lui que les tuyaux condensent
d'autant moins de vapeur, que leur diamètre est plus grand. Il a
trouvé, en effet, que, dans une enceinte à 15°, des tuyaux horizontaux

en fonte de 10, 20 et 30 centimètres, out condensé, par heure et par mètre carré de surface, respectivement, $1^k,58$; $1^k,44$; et $1^k,35$ de vapeur.

A l'appui de ce qui précède on peut encore citer le résultat suivant d'une expérience. Ayant fait passer un courant de vapeur d'eau à 100° à travers un serpentin librement exposé à l'air dont la température était de 25°, on a trouvé qu'il se condensait, par heure et par mètre carré de surface, $1^k,50$ de vapeur, ce qui correspond à une transmission M de $1,5.536^c,5 = 804^c,75$, pour une différence de température de 75°, et à une transmission Q égale à $10^c,73$, pour une différence d'un degré.

327. Eau des deux côtés de la paroi métallique. — M. Lacombe a trouvé, dans une expérience, que 1200 litres de moût de bière, portés à l'ébullition, ont été refroidis à 22° en 2 heures par 8^{mq} de surface de 2000 litres d'eau froide qui ont été chauffés à 65°. La température initiale de l'eau froide était de 18°.

Les 1200 litres de moût de bière ayant été refroidis de 100° à 22°, ont abandonné $1200.78 = 93600^c$. D'autre part, les 2000 litres d'eau froide, chauffés de 18° à 65°, ont absorbé $2000 (65 - 18) = 94000^c$.

La température moyenne du moût était $\dfrac{100 + 22}{2} = 61°$, et celle de l'eau $\dfrac{65 + 18}{2} = 41°,5$. La différence moyenne de température était donc de $61 - 44,5 = 19°,5$.

D'après cela, on trouve pour la valeur de Q :

$$Q = \frac{94000}{19,5 \cdot 8 \cdot 2} = 301^c.$$

Un calcul plus exact, fondé sur la formule (3), n° 335, relative à la transmission de la chaleur lorsque le corps chaud et le corps froid se meuvent en sens contraire, a conduit M. Grashof au chiffre de 410^c (GRASHOF, *Maschinenlehre*, t. 1, p. 942, Leipzig, 1875).

D'après Péclet, pour des différences de température de 10 à 25° (au maximum), Q varie entre 100 et 300°.

Dans le cas qui nous occupe, on peut, sans grande erreur, poser $k = k'$ et négliger $\dfrac{e}{C}$. On aura donc $\dfrac{1}{Q} = \dfrac{2}{k}$, et, pour Q = 301, $k = k' = 602$.

La température du métal est la moyenne entre les températures des deux liquides avec lesquels il est en contact (n° 311).

328. **Eau d'un côté de la paroi métallique, air de l'autre.** — $k =$ 600 et comme $\frac{e}{C}$ est négligeable, on aura $\frac{1}{Q} = \frac{1}{k'}$, ou bien $Q = k'$.

$k' = m'r' + n'f$. Si l'on suppose l'eau à 100° et l'air à 0°, $T - \theta = 100°$. $m' = n' = 1,62$ (n° 307); $r' = 3,36, f = 4$, et par suite $k' = 11°,92$.

La température t' de la surface extérieure de la paroi est très-sensiblement égale à celle de l'eau.

329. **Air des deux côtés de la paroi métallique.** — Dans le cas d'un tuyau métallique parcouru par les produits de la combustion, le coefficient k d'échauffement de la surface intérieure est moindre que le coefficient k' de refroidissement de la surface extérieure, car celle-ci cède sa chaleur par rayonnement et par contact, tandis que l'autre ne s'échauffe que par le contact des gaz chauds. On pourrait rendre ces deux coefficients sensiblement égaux au moyen d'une surface métallique disposée en croix dans l'intérieur du tuyau, afin d'obtenir un rayonnement intérieur.

En admettant que cette condition soit réalisée, nous pourrons poser $k = k'$. Comme $\frac{e}{C}$ est de nouveau négligeable, nous aurons $\frac{1}{Q} = \frac{2}{k}$, ou bien $Q = \frac{k}{2}$.

On peut admettre, de plus, comme dans le cas des vitres (n° 318), que t et t' ont pour valeur la moyenne entre T et θ. De sorte que si l'on suppose l'air chaud à 400° et l'air extérieur à 0°, $T - \theta = 400$, et $t = 200°$.

En prenant les valeurs $r' = 3,36$; $f = 4$; $m' = 2,56$ et $n' = 1,89$ (n° 307), on obtient $k = k' = 16°,16$ et $Q = 8°,08$. Dans ce cas $M = Q (T - \theta) = 8,08 . 400 = 3232°$.

Si l'on supposait $T - \theta = 200°$, on trouverait $Q = 6°,74$.

330. **Résumé des valeurs de Q.** — On trouvera dans le tableau ci-dessous les valeurs de Q, pour les différents cas que nous venons d'examiner. Dans ce tableau, les chiffres les plus forts s'appliquent au chauffage rapide.

Vapeur et eau bouillante (ou liquide analogue à l'eau) . . .	Q = 4500 à 5000°
Vapeur et eau non-bouillante	750 à 1500
Vapeur et air	10 à 14
Eau et eau	100 à 300
Eau et air	8 à 13 1,2

	Paroi métallique mince. { Faible excès de température . . .	4 à 6
Air et air.	{ Grand excès (de 300 à 500°) . . .	8 à 10
	Mur de 0^m,50 d'épaisseur	1,94
	» » 0^m,10 »	4,43
	Vitres	4,50

331. Température du métal d'une chaudière chauffée par un foyer. — Si la surface chauffée est en contact avec un liquide, la température du métal diffère peu de celle de ce liquide. En effet, soient T la température des produits de la combustion et θ la température du liquide contenu dans la chaudière. Nous aurons,

(n° 311), $\dfrac{1}{Q} = \dfrac{e}{C} + \dfrac{1}{k} + \dfrac{1}{k'}$, $\quad t' = \theta + Q\,\dfrac{(T-\theta)}{k'}$ et $t - t' = \dfrac{e}{C}\cdot Q\,(T-\theta)$.

Supposons $T = 1000°$, $\theta = 200°$, $e = 0^m,01$, $C = 28$, $\dfrac{e}{C} =$ $= 0{,}000357$, k', coefficient de refroidissement du côté du liquide, égal $10000°$ (n° 323); k, coefficient de réchauffement du côté du foyer, égal à 16 (n° 329) (la valeur exacte de k n'est pas connue, mais elle est certainement supérieure à 16 et probablement même à 23°, ainsi que nous le montrerons, n° 333); nous aurons $\dfrac{1}{Q} = 0{,}0003 + \dfrac{1}{16} +$ $+ \dfrac{1}{10{,}000}$, ou bien $Q = 16$. A l'aide de cette valeur de Q, nous trouvons, d'autre part, $t' = 200° + 0{,}32$, et $t = t' + \dfrac{e}{C}\,Q\,(T-\theta) =$ $= t' + 4{,}50 = 204{,}82$. Ainsi, dans le cas d'un liquide et pour $k = 16$, la température du métal diffère d'environ 4° à 5° de la température du fluide à échauffer. Pour $k = 23$, on trouverait $t = 206°{,}82$, différence encore très-faible. C'est ce qui explique la bonne conservation du métal dans ces conditions.

Dans le cas où le fluide que l'on chauffe est un gaz ou une vapeur qui ne se condense pas, la température du métal est, sensiblement, la moyenne entre la température des produits de la combustion et celle du fluide que l'on chauffe. En effet, comme $\dfrac{e}{C}$ est négligeable, et $k = k'$, les formules du n° 311 donnent $Q = \dfrac{k}{2}$ et $t = t' =$ $= \theta + \dfrac{T-\theta}{2} = \dfrac{\theta+T}{2}$.

Si, par exemple, les produits de la combustion sont à 1000° et le fluide chauffé à 200", $t = \dfrac{1000 + 200}{2} = 600°$.

A cette température, la tôle s'altère promptement. On voit donc combien il importe dans les chaudières à vapeur d'employer des formes telles que la vapeur produite ne puisse pas rester en contact avec les parois qui reçoivent l'action du feu.

332. **Transmission de chaleur dans le cas où le corps chaud se déplace parallèlement à la face de la paroi avec laquelle il est en contact.** — Dans tout ce qui précède nous avons supposé implicitement que le corps chaud aussi bien que le corps froid restaient constamment immobiles, ou en d'autres termes que chacun de ces deux corps restait toujours en contact avec les mêmes points des deux faces du mur ou de la lame.

Nous allons maintenant considérer le cas où le corps chaud se déplace parallèlement à la surface de transmission, comme cela arrive, par exemple, pour les produits de la combustion qui chauffent une chaudière à vapeur ou l'air extérieur en circulant à travers un tuyau en tôle, etc.

A cet effet, supposons que le corps à chauffer soit de l'eau en ébul-

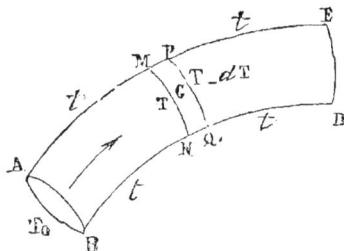

Fig. 69.

lition à la température constante t. Soit ABCD, fig. 69, une portion de la conduite à travers laquelle le corps chaud circule, T_0 et T_i les températures de celui-ci à son entrée et à sa sortie de la conduite, enfin T et $T — dT$, ses températures aux sections normales infiniment voisines MN et PQ. Si nous désignons par p la quantité de chaleur qu'il faut pour chauffer de $1°$ le poids du corps chaud qui passe par heure à travers chacune de ces sections, la chaleur transmise à travers la portion dF de la paroi comprise entre les deux sections MN et PQ sera évidemment

$$dM = — p\,dT.$$

D'un autre côté, en appelant Q le coefficient de transmission qui correspond à l'élément de paroi dF, nous aurons aussi :

$$dM = Q\,(T — t)\,dF, \text{ et, par conséquent, } — p\,dT = Q\,(T — t)\,dF.$$

En désignant par F la surface totale de chauffe, et en mettant l'équation ci-dessus sous la forme

$$\frac{d\,T}{T — t} = — \frac{Q}{p}\,dF,$$

on trouvera, en intégrant depuis T_0 jusqu'à T_i et depuis 0 jusqu'à F :

$$ln \frac{T_i - t}{T_0 - t} = - \frac{Q}{p} \cdot F, \qquad (a)$$

d'où l'on tire

$$T_i - t = (T_0 - t)\, e^{-\frac{QF}{p}}, \qquad (b)$$

expression dans laquelle e est la base des logarithmes népériens.

Pour la quantité M_F de chaleur qui pénètre, par heure, dans la paroi F, on aura :

$$M_F = p\,(T_0 - T_i) = p \left[T_0 - t - (T_0 - t)\, e^{-\frac{QF}{p}} \right] =$$

$$p\,(T_0 - t) \left(1 - e^{-\frac{QF}{p}} \right). \qquad (c)$$

Il résulte de cette valeur de M_F que si l'on fait croître F par parties égales, la transmission à travers ces parties successives diminue en progression géométrique. En effet, supposons que l'on double F. La transmission à travers la surface $2F$ sera proportionnelle à $1 - e^{-\frac{2QF}{p}}$ et la transmission à travers la première surface F à $1 - e^{-\frac{QF}{p}}$. Par conséquent, la chaleur transmise à travers la surface F qu'on a ajoutée à la première sera proportionnelle à

$$\left(1 - e^{-\frac{2QF}{p}} \right) - \left(1 - e^{-\frac{QF}{p}} \right) = e^{-\frac{QF}{p}} - e^{-\frac{2QF}{p}} = \left(1 - e^{-\frac{QF}{p}} \right) e^{-\frac{QF}{p}},$$

d'où il suit que cette seconde surface F transmet $e^{-\frac{QF}{p}}$ fois moins de chaleur que la première. On verrait de même qu'une troisième surface F transmetrait $e^{-\frac{QF}{p}}$ fois moins de chaleur que la seconde, et ainsi de suite.

Nous montrerons plus loin, n° 337, que cette loi, établie par Havrez, est vérifiée par les expériences de Graham, de Wye Williams et de Péclet sur la vaporisation de l'eau dans les différentes parties des chaudières à vapeur.

333. **Détermination de Q**. — On admet que la production moyenne des chaudières, est de 20^k de vapeur à $100°$, par heure et par mètre carré, ce qui correspond à une transmission de $20.536^c,5$. Or, à leur

sortie du foyer, la température des produits de la combustion est d'environ 1000° et de 300° à leur entrée dans la cheminée. Nous aurons, par conséquent, pour la valeur de Q, déduite des équations (a) et (c),

$$ln\ \frac{T_0 - t}{T_1 - t} = \frac{QF}{p} \qquad \text{et}$$

$$M_F = p\ (T_0 - T_1),$$

$$Q = \frac{M_F}{F} \cdot \frac{1}{T_0 - T_1}\ ln\ \frac{T_0 - t}{T_1 - t}. \qquad (c')$$

En remplaçant dans le second nombre de cette équation $\dfrac{M_F}{F}$ par $20.536^c,2$ et T_0, T_1, t, respectivement, par 1000, 300 et 100, on trouve $Q = 23^c$, conformément aux indications de Redtenbacher.

334. **Méthode pratique pour déterminer la transmission de chaleur dans le cas où le corps chaud se meut le long de la surface de chauffe.** — En conservant aux diverses lettres les significations indiquées ci-dessus, on calcule la chaleur transmise M'_F à l'aide de la formule :

$$M'_F = QF\left(\frac{(T_0 + T_1)}{2} - t\right) = QF\left(\frac{T_0 + T_1 - 2t}{2}\right), \qquad (d)$$

qui revient à supposer que le corps chaud possède dans tout son parcours la température moyenne entre ses températures initiale et finale.

Cette règle conduit pour la chaleur transmise à une valeur plus grande que celle donnée par la formule (c). Pour le démontrer, remplaçons, dans la formule (a), p par sa valeur $M_F : (T_0 - T_1)$, nous aurons :

$$M_F = \frac{F.\ Q\ (T_0 - T_1)}{ln\ \dfrac{T_0 - t}{T_1 - t}},$$

équation qu'on peut, en développant $ln[(T_0 - t) : (T_1 - t)]$, mettre sous la forme :

$$M_F = F.\ Q.\ \frac{(T_0 + T_1 - 2t)}{2} \cdot \frac{1}{L},$$

L, étant une fonction de T_0, T_1 et t plus grande que l'unité. M_F est donc plus petit que M'_F donnée par la formule (d).

335. **Transmission de chaleur dans le cas de courants parallèles, de même sens ou de sens contraires.** — Soient ABCD et A'B'C'D', fig. 70, deux tuyaux concentriques séparés par un espace annulaire.

Supposons le tuyau ABCD traversé, de A vers C, par un fluide chaud, dont nous désignerons les températures, en A, par T_0, en C, par T_1 et, en un point intermédiaire quelconque, par T. Supposons, en outre, que dans l'espace annulaire entre les deux tuyaux se meuve un autre fluide qui doive être chauffé par le premier, au moyen de la chaleur transmise à travers les parois de ABCD. Pour le cas de courants dirigés dans le même sens, représentons par t_0, t_1 et t, les températures de ce second fluide aux points où celles du premier sont respectivement T_0, T_1 et T. On aura $T_0 > T > T_1$ et $t_0 < t < t_1$. Si, au

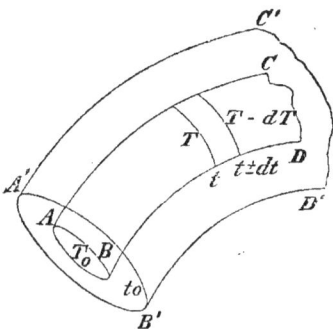

Fig. 70.

contraire, les deux courants marchent en sens opposé, t_1 et t_0 correspondront respectivement, à T_0 et à T_1 et nous aurons les mêmes inégalités que ci-dessus.

Cela posé : considérons une portion dF de la surface intérieure du tuyau ABCD, comprise entre deux sections normales infiniment voisines. Soient T et $(T - d$T$)$, les températures du corps chaud à la première et à la seconde de ces deux sections. Soient, en outre, t et $t \pm dt$, les températures correspondantes du corps froid, de l'autre côté de la paroi de transmission. Le signe + se rapporte au cas de courants dans le même sens et le signe − à celui de courants opposés. Représentons par Q le coefficient de transmission et par p et p' les capacités calorifiques des poids des deux fluides qui traversent par heure chaque section des conduits dans lesquels ils se meuvent respectivement. En désignant, en outre, par dM la quantité de chaleur transmise à travers la surface dF, nous aurons, pour le cas de courants de même sens, les trois équations suivantes :

$$dM = Q (T - t) dF ; dM = - pdT ; dM = + p'dt.$$

D'où :

$$dT = - \frac{Q}{p} (T - t) dF, - dt = - \frac{Q}{p'} (T - t) dF,$$

et, par conséquent,

$$d (T - t) = - \left(\frac{1}{p} + \frac{1}{p'} \right) Q (T - t) dF, \text{ ou bien}$$

$$\frac{d (T - t)}{T - t} = - \left(\frac{1}{p} + \frac{1}{p'} \right) Q \, dF.$$

En intégrant de $F = 0$ à $F = F_1$ et de $T_0 - t_0$ à $T_1 - t_1$, on trouve

$$\ln \frac{T_0 - t_0}{T_1 - t_1} = \left(\frac{1}{p} + \frac{1}{p'}\right) Q F_1. \qquad (1)$$

Nous avons, en outre, $M_{F_1} = p (T_0 - T_1)$, et $M_{F_1} = p' (t_1 - t_0)$. En remplaçant dans l'équation (1), p et p' par leurs valeurs, on trouve pour la valeur de F_1, dans le cas de courants de même sens :

$$F_1 = \frac{M_{F_1}}{Q} \cdot \frac{ln\,(T_0 - t_0) - ln\,(T_1 - t_1)}{(T_0 - t_0) - (T_1 - t_1)} = F_{ms}. \qquad (2)$$

Le symbole F_{ms} que nous employons ici, a pour but d'indiquer que la transmission de la chaleur à travers F_1, a lieu au moyen d'un corps chaud qui se meut dans le même sens que le corps froid.

Pour le cas de courants opposés, les équations différentielles ci-dessus deviennent : $dM = Q (T - t) dF$, $dM = - pdT$, et $dM = - p'dt$; d'où :

$$\frac{d(T - t)}{T - t} = - Q \left(\frac{1}{p} - \frac{1}{p'}\right) dF.$$

En intégrant cette dernière équation de $T_0 - t_1$ à $T_1 - t_0$ et de $F = 0$ à $F = F_1$, on trouvera :

$$F_1 = \frac{M_{F_1}}{Q} \cdot \frac{ln\,(T_0 - t_1) - ln\,(T_1 - t_0)}{(T_0 - t_1) - (T_1 - t_0)} = F_0. \qquad (3)$$

F_0 indique que la surface est employée pour le chauffage au moyen de courants opposés.

La démonstration des formules qui précèdent est empruntée à Ferrini : *Die Wärmelehre*, p. 80.

336. **Chauffage méthodique.** — Les formules (2) et (3) montrent que pour transmettre une même quantité M_F de chaleur, il faut une surface de chauffe beaucoup moindre dans le cas de courants opposés que dans celui de courants dirigés dans le même sens. On peut s'en assurer au moyen de quelques applications numériques. Si l'on suppose, par exemple, qu'il s'agisse de chauffer de l'air froid de $t^0 = 20°$ à $t_1 = 300°$, au moyen des produits de la combustion dont la température initiale $T_0 = 1000°$ et la température finale $T_1 = 600°$, on trouve que les surfaces de chauffe F_{ms} et F_0, nécessaires dans les deux cas, sont entre elles comme 174 : 157. Si l'on voulait refroidir les produits de la combustion jusqu'à $T_1 = 500°$, on trouverait entre

F_{ms} et F_0 le rapport de 204 : 171 (GRASHOF, *Machinenlehre*, t. I, p. 949 et 950).

Du reste, l'avantage de pouvoir réduire la surface de chauffe lorsqu'on fait marcher le corps froid en sens contraire du corps chaud, au lieu de faire marcher les deux corps dans le même sens, cet avantage, disons-nous, est facile à expliquer. Il résulte tout simplement de ce que la quantité de chaleur transmise d'un corps chaud à un corps froid augmente suivant une loi très-rapide avec la différence de température entre ces deux corps, et de ce que cette différence devient de plus en plus faible lorsque ces corps marchent dans le même sens, tandis qu'elle va, en général, en augmentant dans le cas de courants opposés. C'est pour ce motif qu'on appelle ce dernier mode de chauffage, le *chauffage méthodique*. C'est de tous les systèmes de chauffage le plus rapide et le plus économique. Il permet de porter le corps froid presque à la température même du corps chaud. Si les deux corps marchaient dans le même sens, le corps froid ne pourrait acquérir qu'une température moyenne entre la sienne et celle du corps chaud, en supposant toutefois que les deux corps soient de même nature et de même poids. Si le corps froid était, par exemple, de l'air à 20° et le corps chaud également de l'air, mais à 300°, la première masse d'air ne pourrait être chauffée que jusqu'à $\dfrac{300 + 20}{2} = 160°$, car alors elle aurait la même température que l'air chaud.

337. **Longueur des chaudières à vapeur.** — Si une chaudière est courte, la quantité de chaleur transmise par mètre carré est grande ; mais les gaz, incomplètement refroidis, s'échappent en emportant une quantité notable de chaleur. Si la chaudière était très-longue, les gaz seraient bien mieux refroidis, mais, à mesure que diminue la différence entre la température des gaz et celle de la chaudière, la chaleur transmise diminue aussi. Dans ce cas, l'on aurait donc augmenté les dimensions de la chaudière pour absorber peu de chaleur, et l'on aurait ainsi fait inutilement de grands frais de premier établissement. Delà la nécessité de déterminer avec soin les meilleures dimensions qu'il convient d'employer.

Le décroissement rapide de la transmission de chaleur aux parties successives de la même chaudière et la loi de ce décroissement d'après la formule de Havrez (n° 332), sont parfaitement démontrés par les expériences de Wye Williams. Ce savant avait partagé, par des cloisons, une chaudière en quatre compartiments égaux de $0^m,30$ de longueur, et il a trouvé que ces compartiments produisaient, respec-

tivement, par heure et par mètre carré de surface, les nombres
suivants de kilogrammes de vapeur :

	n° 1	n° 2	n° 3	n° 4
	4,4	3,2	2,3	1,7
Rapport.	1,37	1,39	1,35	

La moyenne de ces trois rapports et, par conséquent, la raison de
de la progression, est égale à 1,37. D'après cela, on trouve que
si l'on avait prolongé la chaudière à l'infini, elle aurait produit
$\frac{4,4.1,37}{1,37-1} = 16^k,3$ de vapeur. Or, les quatre premiers compartiments
ayant déjà produit ensemble $11^k,6$ de vapeur, on voit qu'il serait
parfaitement inutile de porter la longueur de la chaudière au-delà de
celle de ces quatre compartiments.

Autrefois, l'on recherchait avant tout l'économie de premier
établissement, et l'on demandait à la chaudière 25^k de vapeur par
mètre carré de surface totale. Plus tard, l'on est tombé dans l'excès
contraire, et, pour perdre moins de chaleur par la cheminée, on
faisait produire à la chaudière 10, 8 et même seulement 5^k de vapeur.
Au lieu de lui donner, comme on le fait habituellement, 7 fois la
longueur de la surface de chauffe directe, on lui donnait jusqu'à
40 fois cette longueur. Mais, l'utilisation ainsi réalisée etait loin de
correspondre à l'augmentation des frais de premier établissement.

On prend aujourd'hui un terme moyen; dans les chaudières avec
ou sans bouilleurs, on fait produire de 15 à 25^k de vapeur par mètre
carré de surface de chauffe totale. En moyenne, on peut donc compter
sur une production de 20^k de vapeur par mètre carré de chauffe
totale. Dans les locomotives et pour les foyers des bâteaux, où il
importe de diminuer le plus possible la surface de chauffe et, par
suite le poids de la chaudière, on produit de 30 à 35^k de vapeur
par mètre carré de surface totale.

CHAPITRE DEUXIÈME.

PRINCIPALES FORMES DES CHAUDIÈRES A VAPEUR.

338. Division des chaudières. — Une *chaudière* est un vase métallique à moitié plein d'eau, entouré de conduits appelés *carneaux* dans lesquels circulent les produits de la combustion. La partie supérieure où se rassemble la vapeur s'appelle *chambre à vapeur*.

La vapeur se dégage par un conduit muni d'un robinet destiné à régler l'écoulement.

Pour maintenir le niveau constant, on foule de l'eau, à l'aide d'un tube dit d'alimentation, qui descend jusqu'au fond de la chaudière.

On divise les chaudières en deux classes : chaudières à *foyer extérieur* et chaudières à *foyer intérieur*.

339. Chaudières à foyer extérieur. — La première disposition adoptée a été celle indiquée par Watt et connue, en France, sous le nom de chaudière à tombeau (fig. 71 et 72). Cette forme avait le

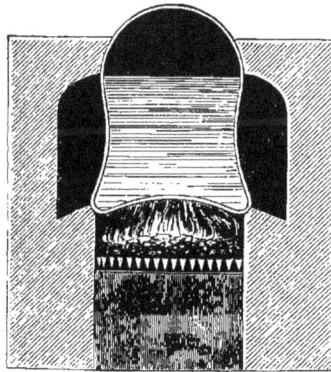

Fig. 71.   Fig. 72.

grand inconvénient de se modifier sous l'influence de la pression. Elle n'est plus guère employée pour ce motif.

Aujourd'hui, on donne aux chaudières la forme d'un cylindre terminé par deux hémisphères. Cette forme résiste à la pression. La fumée chauffe d'abord la partie inférieure de la chaudière, puis elle passe dans un premier carneau latéral, revient sur le devant du fourneau, pénètre dans un second carneau latéral, et se rend ensuite dans la cheminée.

La chambre à vapeur doit avoir un volume assez grand pour que l'eau ne puisse pas être entraînée sous forme de gouttelettes pendant le dégagement de la vapeur. En général, la ligne de niveau correspond au diamètre horizontal du cylindre. Il n'y a donc que la moitié de la surface qui soit utilisée. Pour une chaudière de 1^m de diamètre, cette surface correspond pour 1^m de long à 1^{mq},50. Par conséquent, si on avait besoin de 60^{mq} de surface, la chaudière devrait avoir, dans ces conditions, 40^m de longueur. Pour éviter ces dimensions excessives, on a été conduit à construire des bouilleurs.

340. **Chaudières à bouilleurs.** — La fig 73 représente la section longitudinale d'une chaudière à deux bouilleurs. Les bouilleurs BB,

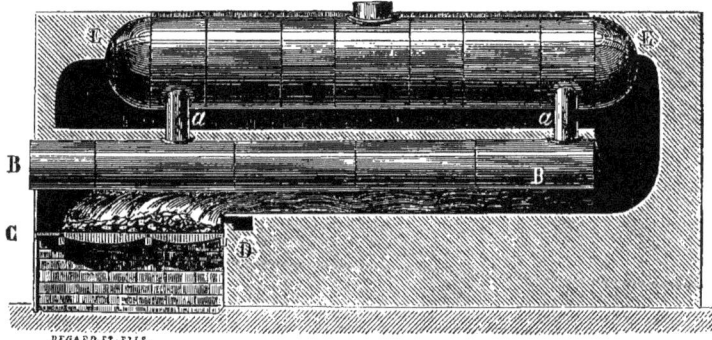

Fig. 73.

consistent en des tubes de 0^m,50 de diamètre environ. On en emploie ordinairement deux, et on les dispose parallèlement au-dessous de la chaudière EE. C, foyer. D, carneau d'admission d'air extérieur, pour rendre le foyer fumivore.

La surface entière des bouilleurs est utilisée comme surface de chauffe. On obtient de cette façon, par mètre de longueur, une surface de chauffe de 3^{mq} pour les deux bouilleurs et de 1^{mq},50 pour la chaudière, donc en tout 4^{mq},50. La surface de chauffe se trouvant ainsi triplée par l'emploi des deux bouilleurs, on peut réduire la longueur de la chaudière.

La circulation de la fumée a lieu, comme pour les chaudières en tombeau, par trois carneaux. Le carneau inférieur reçoit la fumée au sortir du foyer et chauffe les bouilleurs; les deux carneaux latéraux chauffent la chaudière. On établit la communication entre celle-ci et chaque bouilleur, au moyen de deux cuissards a, a, dont l'un sert pour le dégagement de la vapeur et l'autre pour la rentrée de l'eau. Ordinairement on rapproche ces cuissards autant que possible

l'un de l'autre, pour qu'ils se dilatent également. Il convient aussi
de donner aux bouilleurs une certaine pente. On fait naître les
cuissards au point le plus haut et à partir de là on donne une
inclinaison de 1/20.

341. Réchauffeurs. — L'eau des chaudières atteint ordinairement
une température de 150 à 160°. Par conséquent, les produits de la
combustion ne peuvent s'échapper à une température inférieure. On
a essayé de diminuer la perte de chaleur qui en résulte en établissant
des *réchauffeurs* qui ont pour but d'abaisser encore la température
des produits de la combustion. C'est dans ces appareils qu'on puise
l'eau d'alimentation de la chaudière.

Un réchauffeur est construit comme un bouilleur ordinaire. Il est
disposé au milieu d'un conduit en maçonnerie dans lequel on fait
passer les gaz chauds qui sortent des carneaux.

La fig. 74 représente la chaudière à réchauffeurs de Farcot. La
chaudière a 8 à 10 mètres
de longueur et 1 mètre de
diamètre. Les réchauffeurs,
de 0^m,60 de diamètre et au
nombre de quatre, sont placés à côté de la chaudière
et au-dessus l'un de l'autre.
Ils sont réunis l'un à l'autre
par deux culottes longues et
un peu flexibles placées à
l'une et à l'autre extrêmité
du bouilleur. Le réchauffeur
supérieur communique avec
la chaudière par un tuyau
en fonte de 10 ou 12 centimètres de diamètre, par
lequel la vapeur produite
dans les réchauffeurs se

Fig. 74.

réunit à celle de la chaudière; le réchauffeur inférieur reçoit à une
de ses extrémités l'eau d'alimentation froide envoyée par la pompe
alimentaire. Cette eau passe d'un réchauffeur dans un autre, en les
parcourant dans toute leur longueur, et arrive enfin dans la chaudière
par le tuyau qui part du réchauffeur supérieur, et qui va plonger
dans l'eau de la chaudière où il porte l'eau d'alimentation fortement
chauffée, et, en même temps, la vapeur produite. La fumée se meut

en sens contraire de l'eau d'alimentation, ce qui la dépouille d'une portion considérable de sa chaleur.

Les chaudières Farcot produisent $7^k,20$ et même 8 kilogrammes de vapeur par kilogramme de houille.

Outre l'économie de combustible qu'ils procurent, les réchauffeurs offrent l'avantage de diminuer les incrustations dans les chaudières, parce que les matières qui forment ces incrustations se déposent en majeure partie dans les réchauffeurs eux-mêmes. Ceux-ci n'étant pas chauffés à feu directe, les dépôts qui s'y forment ne présentent pas les mêmes inconvénients que ceux des chaudières.

342. **Manière de supporter les bouilleurs.** — On fait reposer les bouilleurs par l'intermédiaire de chandeliers, sur la voûte qui forme le plancher du carneau inférieur. Ces chandeliers sont en fonte. La partie antérieure des bouilleurs repose sur un ou deux sommiers en fonte fixés dans la maçonnerie du fourneau.

343. **Cuissards.** — Les chaudières sont rivées aux bouilleurs par les cuissards, qui établissent en même temps la communication. En outre, elles portent des oreilles par lesquelles elles reposent sur la maçonnerie. De cette façon, on peut enlever les bouilleurs, qui demandent souvent des réparations, sans être forcé de soutenir la chaudière par un échaffaudage provisoire dispendieux et souvent difficile à établir.

344. **Calcul des dimensions d'une chaudière à deux bouilleurs.** — Soit P le poids de vapeur à produire par heure et T sa température. En supposant que l'on prenne l'eau à $0^{"}$, chaque kilogramme de ce liquide exigera pour sa transformation en vapeur $Q = 606,5 + 0,305T$ calories. Pour $T = 153^c, Q = 653^c$. D'après cela, la puissance calorifique de la houille marchande étant supposée égale à 7800^c, chaque kilogramme de ce combustible pourrait vaporiser $7800 : 653 = 11^k,94$ d'eau. Mais, en pratique, on n'obtient, en moyenne, que 6^k de vapeur; 7 à 8 dans de bonnes chaudières. Si nous comptons sur une production de 7^k de vapeur pour 1^k de houille brûlé, le poids de la houille à brûler sera $P : 7 = p$.

La surface totale de chauffe C, se détermine en admettant une production de 15 à 25^k de vapeur par mètre carré et par heure, ou bien, en moyenne, de 20^k de vapeur. On aura donc $C = P : 20$. On pourrait aussi, à l'exemple de beaucoup d'ingénieurs, établir le calcul en ne comptant que sur une production de 15^k de vapeur par heure et par mètre carré de surface de chauffe. On obtiendrait ainsi une surface plus grande qui refroidirait davantage la fumée et utiliserait mieux le combustible.

Les constructeurs comptent sur une dépense de 33^k de vapeur par heure et par cheval de force. A une production de P kilogrammes de vapeur par heure correspond, par conséquent, une puissance de P : 33 = n chevaux de force.

D'un autre côté, d'après M. Morin, la capacité V de la chaudière, dans les machines à basse pression, ne peut varier qu'entre 0,66.n et 0,594n mètres cubes et le volume V_e, réservé à l'eau, entre 0,40n et 0,264 n mètres cubes.

Supposons qu'il s'agisse d'une chaudière à basse pression, à deux bouilleurs, d'une force de 20 chevaux. Soit l la longueur commune de la chaudière et des bouilleurs, d le diamètre de ceux-ci et D celui de la chaudière. Dans ce cas, on compte comme surface de chauffe la moitié de la surface totale de la chaudière et toute la surface des bouilleurs. On aura, par conséquent,

$$C = \pi l \left(\frac{D}{2} + 2d \right) = \frac{33.20}{20} = 33^{mq}. \qquad (a)$$

Pour avoir égard à la règle de Morin énoncée ci-dessus, nous écrirons, en outre,

$$\pi l \left(\frac{D^2}{4} + \frac{d^2}{2} \right) = 0,6.20. \qquad (b)$$

En prenant $d = 0^m,50$, les deux équations (a) et (b) peuvent se mettre sous la forme

$$\pi l \, (D + 2) = 66 \, ; \text{ et } \pi l \, (2D^2 + 1) = 96.$$

En éliminant l par division, on obtient :

$$22D^2 - 16D - 21 = 0 \, ;$$

d'où l'on tire, en prenant la valeur positive de la racine carrée qui entre dans la valeur de D, D = 1^m,40.

En introduisant dans l'équation (a) cette valeur de D, on trouve, $l = 6^m,18$.

Comme ces valeurs de D et de l se trouvent entre les limites indiquées par l'expérience, on peut les admettre. Mais si l'on trouvait $l > 10^m$, il faudrait recommencer les calculs avec d'autres valeurs de d ou de V.

La chaudière dont nous venons de calculer les dimensions exige qu'on brûle un poids de houille $p = \dfrac{33.20}{7} = 94^k,3$. A raison de 40^k de houille brûlés par heure et par mètre carré, ces 94^k,3 exigeront une surface de grille de 2^{mq},36. La surface vide entre les barreaux pourra être prise égale à 1/4 de 2^{mq},36. Elle sera donc de 59 décimètres carrés. Si on donne à la grille une largeur égale au diamètre de la chaudière, savoir 1^m,40, sa longueur devra être de 1^m,68.

Si la cheminée a 25^m de hauteur, sa section sera $S = p : 410$ (tableau XIII, p. 124). On peut donner la même section aux carneaux, ou même une section plus grande, à cause de la température élevée des gaz qui les parcourent. Ainsi, on pourra donner aux deux premiers carneaux une section de $p : 300$ mètres carrés, et au 3e, la section même de la cheminée.

345. Chaudières à foyer intérieur. — On distingue deux espèces de ces chaudières : 1° celles à gros tubes, de plus de 0^m,10 de diamètre, et 2° celles à petits tubes, ou chaudières tubulaires.

346. Chaudières de Cornwall. — Ces chaudières, dont la fig. 75 représente une coupe transversale, sont à gros tubes. Elles portent intérieurement deux tubes, contenant les foyers. Les produits

Fig. 75.

de la combustion circulent dans ces tubes, reviennent sur le devant du fourneau par les deux carneaux latéraux, puis se réunissent pour traverser le carneau qui règne au-dessous de la chaudière et se rendent ensuite dans la cheminée. Afin de laisser à la flamme l'espace nécessaire à son développement, on est obligé de donner aux tubes de Cornwall 0^m,70 à 0^m,80 de diamètre, ce qui oblige de prendre 2^m,20 pour le diamètre du grand corps cylindrique. Les chaudières de Cornwall offrent une grande surface de chauffe, 6 à 7^{mq} par mètre courant.

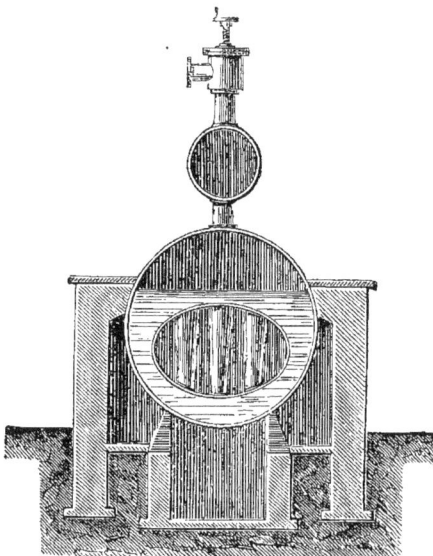

Fig. 76.

347. Chaudière de Galloway. — Un perfectionnement important apporté aux chaudières du Cornwall est celui dû à Galloway, représenté fig. 76. Il a supprimé l'un des deux tubes et disposé, à l'extrémité de l'autre, qu'il a rendu central, des tubes presque verticaux, qui forment bouilleurs, sur lesquels la colonne des produits de la combustion vient se briser, ce qui augmente d'une manière très-notable la vaporisation.

348. **Chaudières tubulaires.** — Comme type des chaudières tubulaires, on peut prendre les chaudières des locomotives. Nous renvoyons, pour ces chaudières, aux ouvrages spéciaux.

349. **Production de vapeur.** — Nous donnons dans le tableau ci-dessous, emprunté à M. Ser (*Cours de physique industrielle* de l'École centrale, à Paris), les résultats de l'expérience sur la production de vapeur des différentes formes de chaudières. Nous faisons suivre ce tableau d'un autre dans lequel se trouvent indiqués les résulats des expériences de MM. Scheurer et Meunier, sur le poids d'eau vaporisée par diverses variétés de houille et par le charbon de bois.

TABLEAU XVI.

NATURE DE LA CHAUDIÈRE.	PRODUCTION DE VAPEUR	
	par m. q. de surf. de chauf.	par kil. de houille.
Chaudière ordinaire à 1, 2, 3, bouilleurs, sans réchauffeur	35k à 30k	5k à 5k,30
» » » »	10k à 12k	5k,50 à 5k,90
Chaudière à 2 bouilleurs avec 1 ou 2 réchauffeurs.	20k à 15k	6k,70 à 7k,00
Chaudières du Cornwall	12k à 10k	7k,50 à 8k,00
Chaud. tubul. de locomotive, avec jet de vapeur.	40k à 35k	6k,50 à 7k,50
Chaudières de bâteaux	25k à 20k	6k,50 à 7k,50
Chaudière à foyer intérieur avec très-grand réchauffeur tubulaire	12k à 10k	8k,50 à 7k,90

TABLEAU XVII.

Expériences de MM. Scheurer et Meunier.

ORIGINE DE COMBUSTIBLE.	COMPOSITION.					TEMPÉRATURE DE LA FUMÉE A SON ENTRÉE DANS LA CHEMINÉE.	POIDS D'EAU A 0°, VAPORISÉE PAR KIL. DE COMBUSTIBLE BRULÉ.		AIR PAR KILOGRAMME DE COMBUSTIBLE.			RAPPORT ENTRE LE VOL. D'AIR RÉELLEMENT EMPLOYÉ ET LE VOLUME THÉORIQUE.	CLASSE DU COMBUSTIBLE.
	C	H	n + o	Eau.	Cendres.		Maréch'd.	Pur.	Volume réel, m. c.	Poids théorique, kilog.	Volume théorique, m. c.		
Houille de Ronchamp	75,93	4,04	6,63	0,66	12,74	145°	7,14	8,72	10,3	10,267	7,9	1,3	H. grasse maréchale.
»	73,10	3,75	5,87	1,09	16,19	151	7,62	9,16	10,6	9,852	7,6	1,4	» » »
de Friedrichsthal (Saarbrück).	67,81	4,19	14,30	1,00	12,70	121	6,31	7,73	10,4	9,000	6,97	1,5	» grasse à long. flam.
Blanzy (tout venant)	66,6	4,43	13,72	4,97	10,28	176	6,30	7,41	8,7	8,964	6,9	1,3	
anthracite de Blanzy	67,38	3,61	6,39	2,01	20,95	192	6,69	8,69	10,2	9,056	7,0	1,5	
du Creusot	87,38	3,46	3,74	1,79	3,76	158	8,64	9,15	16,7	11,566	8,9	1,9	
de Duttweiler	71,25	4,10	9,65	1,75	13,25	136	6,79	8,25	10,9	9,594	7,4	1,5	
de Heinitz (Saarbrück)	70,33	4,30	12,01	1,79	11,57	147	6,91	7,83	9,75	9,444	7,3	1,3	Houilles grasses à longue flamme du bassin de Saarbrück.
de Sultzbach	73,27	4,56	10,09	1,63	10,46	156	6,61	7,76	11,25	9,980	7,7	1,5	
d'Altenwald	69,30	4,26	10,40	2,54	13,50	157	6,95	8,27	10,7	9,396	7,3	1,5	
maigre de Louisenthal	64,69	3,94	13,52	3,57	12,28	128	6,06	7,29	9,45	8,628	6,6	1,4	Saarbrück.
Charbon de bois	89,40				0,50	170		7,62	18,5	10,740	8,3	2,2	

350. Épaisseur des chaudières. — On la détermine par la formule $e = 1,8 \, (n - 1) \, D + 3$; e, est exprimé en millimètres, n, est la pression de la vapeur en atmosphères, et D, le diamètre de la chaudière, en mètres. Pour $n = 1$, on a $e = 0^m,003$.

D'après Radinger (*Die Dampfkessel der Wiener Welt-Austellung : Officieller Bericht*, Wien, 1874), si l'on conserve les notations précédentes et si l'on représente par n' l'excès de la pression normale de la vapeur sur la pression atmosphérique, on aurait pour calculer e, la formule : $e = 1,1 D n' + 3^{mm}$. Le coefficient 1,1 a été déduit, comme moyenne de toutes les chaudières exposées par les principaux constructeurs européens.

351. Armatures des fourneaux. — Les fourneaux se construisent en briques ordinaires pour la partie extérieure et en briques réfractaires pour le foyer. Ils doivent toujours être défendus fortement contre la poussée des chaudières ou des pièces métalliques qu'ils renferment, et contre l'action du feu qui tourmente la maçonnerie, surtout près des foyers. A cet effet on les consolide par des armatures en fer ou en fonte. Ces armatures consistent en bandes de métal que l'on enterre de 30 centimètres, et qu'on réunit par de grands boulons à la partie supérieure.

CHAPITRE TROISIÈME.

DE LA DISTILLATION.

352. Alambics. — Les appareils distilatoires les plus simples s'appellent des *alambics* et se composent de deux parties distinctes : 1° le *vaporisateur*, et 2° le *condenseur* (fig. 3, pl. VII, p. 240).

Le vaporisateur est une chaudière A, chauffée à feu nu ; elle renferme le liquide à distiller, soit un mélange d'eau et d'alcool, soit de l'eau ou d'autres liquides.

Le condenseur se compose, en général, d'un serpentin dont l'extrémité supérieure est en communication avec la chaudière. Le liquide provenant de la condensation des vapeurs s'écoule par l'extrémité inférieure du serpentin. L'écoulement se règle au moyen d'un robinet m. Pour rendre la condensation plus rapide, on fait plonger le serpentin dans une cuve remplie d'eau froide. A mesure que cette eau s'échauffe, elle s'élève, puis elle se déverse par un trop plein ou bien elle s'écoule par un tuyau latéral. L'eau froide qui doit la remplacer, est amenée par un tuyau *t* qui s'ouvre à la partie inférieure de la cuve. On voit que le refroidissement de la vapeur est méthodique.

Le condenseur représenté par la fig. 77, est construit pour éviter d'élever l'eau froide dans un réservoir supérieur. Il repose sur le même principe que le siphon ordinaire. L'eau froide, contenue dans le réservoir M, s'élève dans le réfrigérant à travers le tube *ab* et s'écoule ensuite par le tube *cd*, qui joue le rôle de la longue branche du siphon. *e*, réservoir dans lequel se rend l'air dissous dans l'eau et que la chaleur met en liberté. *q*, robinet pour le dégagement de ce gaz. *ss*, serpentin. *r*, robinet pour régler l'écoulement du liquide produit par la condensation des vapeurs.

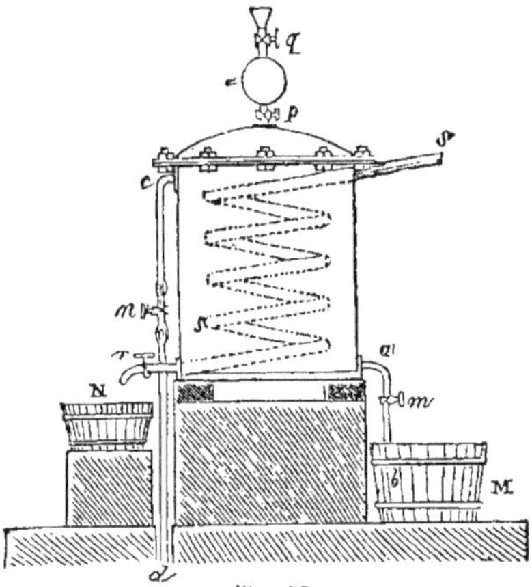

Fig. 77.

Cet appareil est compliqué et on l'emploie très-rarement.

353. Dimensions des appareils distillatoires. — Supposons qu'on distille un vin à 10°/₀ d'alcool et qu'on l'épuise à peu près (on ne peut pas l'épuiser complètement à cause des dépôts de tartre qui se forment dans la chaudière); la vapeur formée ne contiendra que 30°/₀ d'alcool.

Calculons d'abord la quantité de chaleur nécessaire pour obtenir dans la vapeur condensée 1ᵏ d'alcool. Comme le liquide recueilli contient sur 100 parties 30 p. d'alcool et 70 p. d'eau, le poids de liquide qu'il aura fallu réduire en vapeur pour obtenir ce kilogramme d'alcool sera évidemment égal à 3ᵏ,33, qui contiendront 2ᵏ,33 d'eau.

L'alcool pur bout à 76°, son calorique spécifique est 0,622 et sa chaleur latente 207ᶜ. Par conséquent, la formation d'un kilogramme de vapeur d'alcool exige 0,622.76 + 207 = 254 calories.

La vaporisation de 2ᵏ,33 d'eau exige, d'un autre côté, une dépense de chaleur de 2,33.100 + 2,33.557 = 1484 calories. La chaleur nécessaire pour vaporiser 3ᵏ,33 du mélange alcoolique dont il s'agit est donc 254 + 1484 = 1738 calories.

Mais pour recueillir ces 3ᵏ,33 de vapeur, il a fallu soumettre à la distillation 10ᵏ de vin, et, par conséquent, chauffer à 100°,6ᵏ,67 d'eau, ce qui a nécessité une dépense de 6,67.100 = 667 calories. La dépense totale de chaleur sera donc de 1738 + 667 = 2405 calories.

Quant à la surface de chauffe de la chaudière, nous savons que, dans un appareil construit convenablement et qui donne 6_k de vapeur par kilogramme de houille, chaque mètre carré de surface de chauffe produit au moins 15 à 20 kilogrammes de vapeur d'eau, ce qui correspond à une transmission par mètre carré, d'au moins 15.650 = 9750° par heure. Chaque kilogramme de houille brûlée produit un effet utile de 650.6 = 3900°. Avec ces données, on calculera facilement, dans chaque cas, la surface de la chaudière et le poids de houille à brûler.

En se condensant, les 3^k33 de vapeur dont il a été question plus haut abandonneront 207 + 2,33.550 = 1488°. Pour que le serpentin puisse transmettre cette quantité de chaleur, dans un temps donné, il doit avoir une surface dont il est facile de déterminer les dimensions. En effet, si nous représentons par T la température d'ébullition du liquide soumis à la distillation, par t la température de l'eau chaude qui s'écoule de la cuve du serpentin et par θ la température initiale de l'eau froide, la température moyenne de l'eau du réfrigérant sera $\dfrac{t+\theta}{2}$ et la différence moyenne entre la température de la vapeur à condenser et l'eau du réfrigérant sera $T - \dfrac{t+\theta}{2}$. Or, on sait que dans le cas qui nous occupe, le liquide réfrigérant n'étant pas en ébullition, une surface de 1 mètre carré transmet par heure, pour une différence de 1°, de 750 à 1500° (n° 324). Avec ces données et sachant combien de vapeurs alcooliques on veut condenser par heure, on trouvera aisément la surface de serpentin à employer. Quant à la température T, elle est obtenue par l'expérience. Voici, à cet égard, quelques chiffres qu'il peut être utile de connaître.

TABLEAU XVIII.

PROPORTION D'ALCOOL RENFERMÉE DANS LE MÉLANGE.	TEMPÉRATURE D'ÉBULLITION T.	PROPORTION D'ALCOOL DU LIQUIDE DISTILLÉ.
1	75°,8	1
0,92	76,7	0,93
0,65	80	0,87
0,30	85	0,78
0,15	90	0,66
0,05	95	0,42
0	100	0

Le calcul du poids Q d'eau froide nécessaire à la condensation des vapeurs n'offre aucune difficulté : dans l'exemple ci-dessus, il se déduit de l'équation : $Q (t - \theta) = 1251 + 207 = 1458$ calories. En effet, 1251 et 207 calories représentent, respectivement, les quantités de chaleur latente des $2^k,33$ de vapeur d'eau et du kilogramme de vapeur d'alcool à condenser, et c'est le poids Q d'eau qui, en passant de θ à t^o, doit absorber ces quantités de chaleur.

354. Distillations successives. — Nous avons vu plus haut que lorsqu'on soumet à la distillation un liquide renfermant 10 % d'alcool, le produit en contient 30 %. Si l'on voulait avoir un liquide plus riche en alcool, il faudrait procéder à une nouvelle distillation. En soumettant ce nouveau produit à la distillation, on augmentera encore la richesse en alcool, de sorte que par un certain nombre de distillations successives, on obtiendrait presque de l'alcool pur.

On a cherché à éviter ces distillations successives et l'on a réussi à construire des appareils qui permettent, par une seule opération, d'obtenir un liquide alcoolique d'un titre déterminé. Ces appareils ont reçu le nom d'appareils d'*analyse des vapeurs alcooliques*. Il en existe un grand nombre. Mais ils reposent tous sur un ou plusieurs des principes suivants.

355. Principes des appareils d'analyse des vapeurs alcooliques. — Ces principes sont les suivants :

1° Un mélange d'eau et d'alcool bout à une température d'autant moins élevée que le mélange renferme moins d'eau et plus d'acool (Tableau XVIII, n° 353).

2° Lorqu'un mélange de vapeurs d'eau et de vapeurs d'alcool parcourt un réfrigérant, les premières vapeurs qui se condensent sont les plus aqueuses, et les dernières les plus alcooliques ; de sorte que si le réfrigérant a une étendue suffisante, les vapeurs échappées à cette condensation pourront renfermer une proportion donnée d'acool.

3° Lorsque de la vapeur d'eau un peu chargée d'alcool rencontre un liquide alcoolique à une plus basse température, une partie de la vapeur d'eau se condense, et une partie de la chaleur provenant de la condensation forme des vapeurs alcooliques.

Parmi les appareils d'analyse de vapeurs, un des plus complets et des plus employés est celui de Cellier-Blumenthal, construit par Derosnes.

356. Appareil distillatoire de Cellier-Blumenthal, construit par Derosnes. — Cet appareil, dont nous empruntons la description à Péclet (*Traité de la chaleur*, 4° édition, t. 2, p. 264), est essentiellement composé (fig. 4, pl. VII, p. 240), de deux chaudières A et A', d'une colonne distillatoire B, d'un rectificateur C, d'un condensateur chauffe-vin D, d'un réfrigérant F, d'un seau de vidange à robinet régulateur E. et d'un réservoir à vin G.

La chaudière A′ est munie d'une douille destinée à la remplir, d'un robinet R, destiné à la vider et d'un tube de niveau. Le tuyau Z conduit la vapeur au fond de la chaudière A.

La chaudière A est chauffée par le conduit à fumée du foyer de la chaudière A′; elle est munie, comme la première, d'un tube de niveau; le robinet R′ sert à faire passer le liquide de la seconde chaudière dans la première.

La colonne distillatoire B renferme une série de diaphragmes, formés de plaques courbes disposées alternativement en sens contraires et de diamètres différents; les plus grands ont leur concavité tournée vers le haut et sont percés d'un grand nombre de petits orifices. Il résulte de cette disposition que les vapeurs qui s'élèvent rencontrent de grandes surfaces mouillées par le liquide qui descend et des filets de liquide qu'elles sont obligées de traverser. Dans la colonne d'analyse C, il y a également des diaphragmes; mais ils sont percés de grandes ouvertures garnies de rebords en dessus et recouverts d'un chapeau, de sorte que les vapeurs sont forcées, pour passer à travers chacun d'eux, de vaincre la pression d'une colonne liquide d'environ 2 centimètres de hauteur.

Le condensateur D est un cylindre de cuivre placé horizontalement; il renferme un serpentin à hélices verticales dont l'origine communique, par le tuyau M, avec la colonne distillatoire, et qui aboutit au tuyau O. Chaque spire reçoit à sa partie inférieure un petit tube qui sort du condensateur, et communique avec un tuyau en pente, lequel, au moyen d'un autre tuyau et de robinets convenablement disposés, peut conduire le liquide, condensé dans une partie ou dans la totalité des spires, soit dans le tuyau O, soit dans le rectificateur. L est un tuyau qui conduit le vin chaud du condensateur à la colonne distillatoire.

Le réfrigérant est un cylindre de cuivre fermé de toutes parts; il contient un serpentin dont l'origine communique avec le tuyau O, et dont l'extrémité inférieure permet l'écoulement au dehors du produit de la distillation. Il est surmonté d'un tuyau K, qui alimente de vin le condensateur. La partie inférieure du réfrigérant est alimentée elle-même par le tuyau I qui amène le vin froid.

Le seau de vidange E est muni d'un robinet qui sert à régler l'écoulement du vin dans l'appareil et à maintenir le liquide à un niveau constant : ce vase est alimenté par le réservoir G, au moyen du robinet à flotteur *r*.

Pour mettre l'appareil en fonction, on commence par remplir les chaudières A et A' du liquide à distiller. On ouvre alors le robinet du vase E : le tube I, le réfrigérant F et le condensateur D se remplissent de vin ; l'air s'échappe par des robinets placés à la partie supérioure, et aussitôt que l'on reconnaît, par l'élévation du niveau du liquide dans la chaudière A, que le vin déverse par le tuyau L, on ferme le robinet du seau de vidange. On allume le foyer placé sous la chaudière A'. Aussitôt que le vin renfermé dans cette chaudière entre en ébullition, la vapeur s'échappe par le tuyau Z, vient se condenser dans la chaudière A, élève la température du liquide qui s'y trouve, et, comme cette chaudière est en outre chauffée par la fumée du foyer, le liquide ne tarde pas à y entrer en ébullition, les vapeurs alcooliques s'élèvent dans la colonne B, pénètrent dans les spires du serpentin D, s'y condensent en grande partie, et les produits retournent dans le rectificateur. Lorsque le chauffe-vin D est assez échauffé pour que l'on ne puisse plus y tenir la main on ouvre le robinet du vase E, et la distillation continue. Le vin arrivé par le tuyau I monte dans le réfrigérant F, où il commence déjà à s'échauffer, et il arrive dans le chauffe-vin D, où sa température s'élève presque jusqu'à l'ébullition ; de là il tombe par le tube L dans la colonne B, qu'il parcourt dans toute sa hauteur, et arrive dans la chaudière A. Quand le liquide de la chaudière A' ne contient plus d'alcool, on fait écouler la vinasse par le robinet R, et on ouvre le robinet R' pour remplir de nouveau la chaudière A' avec une partie du liquide de la chaudière A. Quant à la vapeur, elle suit la même route, mais son mouvement est dirigé en sens inverse. Quand elle a été condensée dans le réfrigérant F, elle s'écoule dans le vase N, qui contient un aréomètre, et de là dans le réservoir H.

On conçoit facilement que l'alcool que l'on obtiendra sera d'autant plus rectifié, que l'on fera communiquer avec le rectificateur un plus grand nombre de spires du serpentin du chauffe-vin D. On détermine par expérience, suivant la richesse du liquide et le degré de l'alcool que l'on veut obtenir, quels sont les robinets qu'on doit laisser ouverts.

Fig. 3.

Fig. 4.

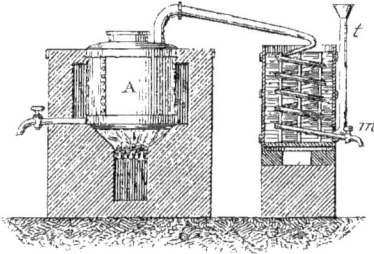

Fig. 1.

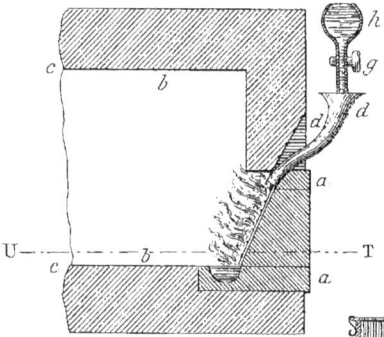

Coupe suivant X Y.

Fig. 2.

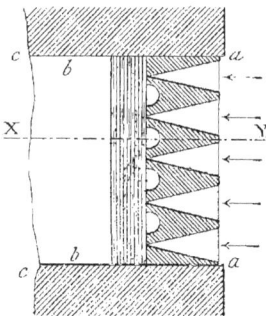

Plan suivant U-T.

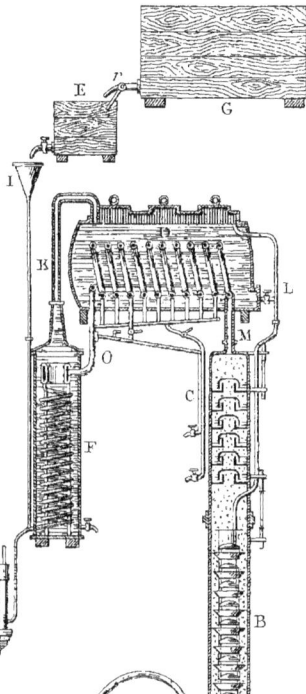

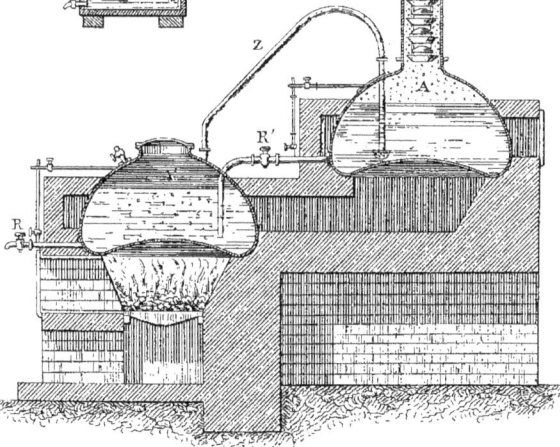

CHAPITRE QUATRIÈME.

DE L'ÉVAPORATION.

357. Définition de l'évaporation. — L'*évaporation* a pour but de séparer, en partie ou en totalité, un corps fixe ou volatil d'un liquide qu'on transforme à cet effet en vapeur, mais sans recueillir celle-ci.

358. Diverses méthodes d'évaporation. — L'évaporation peut s'effectuer de deux manières : 1° par l'action de la chaleur atmosphérique ; c'est la méthode de l'évaporation spontanée à l'air libre ; et 2° par l'action de la chaleur artificielle.

359. Évaporation spontanée. — A cause de son action essentiellement irrégulière et malgré l'économie qu'elle présente, on ne l'emploie guère que pour concentrer les dissolutions de sel marin, soit par la méthode des marais salants, soit par celle des bâtiments de graduation. La première de ces méthodes consiste à exposer à l'air la dissolution saline dans de grands bassins d'une petite profondeur, et la seconde, à l'élever au-dessus d'un bâtiment à claire-voie en bois, rempli de fascines, à travers lesquelles on la laisse tomber, pour la diviser et produire ainsi son évaporation rapide.

360. Évaporation par la chaleur. — Les principales méthodes employées sont : 1° l'évaporation sous la pression atmosphérique, soit à la température d'ébullition, soit à une température moindre ; et 2° l'évaporation dans le vide.

261. Évaporation au-dessous du point d'ébullition. — Cette méthode entraîne à une grande perte de chaleur. En effet, il faut toujours faire passer un courant d'air au-dessus du liquide, pour dissoudre la vapeur formée, et ce courant d'air doit être chauffé, en pure perte, à la température d'évaporation du liquide. Aussi la méthode dont il s'agit n'est-elle plus employée que dans des cas rares.

362. Évaporation à la température d'ébullition. — La forme et la disposition des chaudières employées dans ce cas varient d'après la nature du liquide à chauffer. Ainsi, dans les salines, on se sert de très-grandes chaudières ouvertes, chauffées seulement à la partie inférieure ; pour la concentration de l'acide sulfurique, on emploie des chaudières en plomb ; quand les liquides à évaporer produisent des dépôts dont l'accumulation pourrait nuire à la conservation des chaudières, on donne quelquefois à celles-ci une forme conique et l'on recueille le corps solide déposé, dans un vase métallique suspendu près du fond de la chaudière ; enfin, quand l'évaporation doit avoir lieu à

une température élevée, on emploie une série de chaudières, placées
les unes à la suite des autres. La première, qui est placée au-dessus
du foyer, est destinée à produire ou à terminer l'évaporation ; les
autres, à la commencer, ou du moins à échauffer le liquide, qui passe
successivement d'une chaudière dans la suivante, jusqu'à ce qu'il
arrive finalement dans la chaudière qui se trouve au-dessus du foyer.

363. **Évaporation dans le vide.** — Cette méthode s'applique principalement aux jus sucrés que l'on veut évaporer à une température
assez basse pour en éviter l'altération.

Les appareils que l'on emploie se composent de deux parties : 1° la
pompe destinée à faire le vide, et 2° le vaporisateur proprement dit.
Celui-ci consiste ordinairement en une chaudière à double fond

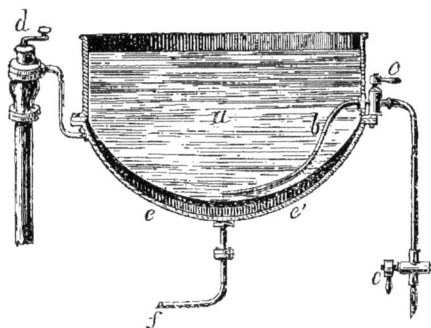

Fig. 78.

chauffée par la vapeur et disposée à peu près comme celle
représentée fig. 78, sauf qu'elle
est fermée au moyen d'un couvercle muni de deux regards
en verre épais, servant, l'un
à éclairer l'intérieur de l'appareil, l'autre, à voir ce qui s'y
passe. Le double fond est muni
d'un tuyau d, qui amène la
vapeur, et d'un tube, placé du
côté opposé, pour le dégagement de l'air qu'on doit laisser échapper
lorsque l'appareil est mis en action. Au point le plus bas du double
fond ee', se trouve un troisième tube f, pour l'écoulement de la vapeur
condensée. Chacun de ces tubes est muni d'un robinet. Souvent, on
remplace le double fond par un serpentin plongé au milieu du liquide
à évaporer et la vapeur circule dans l'intérieur du serpentin.

Le siphon b sert à soutirer le liquide par les robinets cc.

La vapeur qui se dégage de la chaudière se rend d'abord dans un
vase qui recueille le liquide entraîné et de là elle passe dans le
condenseur. C'est un vase fermé dans lequel on injecte de l'eau
froide divisée à l'aide d'une pomme d'arrosoir. La condensation des
vapeurs détermine un vide relatif.

Le condenseur est mis en communication avec une pompe à air
qui enlève l'eau froide injectée pour la condensation, l'eau de condensation et l'air qui se dégage de l'eau. Si cette pompe est bien construite, on réduit la pression à 1/10° ou 1/20° d'atmosphère. Sous cette
pression, le liquide bout à 46° ou à 33°. On peut très-bien utiliser

dans cet appareil les vapeurs d'une machine sans condensation.

Le poids P de l'eau froide nécessaire pour la condensation de chaque kilogramme de vapeur est facile à calculer. En effet, soit t la température de l'eau froide et t' la température qu'elle prend dans le condenseur; la chaleur qu'elle aura absorbée sera $P(t' - t)$. Si nous supposons, en outre que la vapeur se forme à la température t', chaque kilogramme de ce fluide dégagera en se condensant $600,5 + 0,305\ t' - t'$ calories ; de sorte que l'on aura, $P(t' - t) = 606,5 + 0,305\ t' - t'$. En effet, on sait, d'après Regnault, que, pour réduire un kilogramme d'eau à 0° en vapeur à t', il faut lui communiquer une quantité de chaleur égale à $606,5 + 0,305\ t'$.

A l'aide de l'équation ci-dessus on trouve, pour $t' = 45°$ et $t = 15°$, $P = 19$ kilogrammes environ. Il faut donc 19^k d'eau pour condenser un kilogramme de vapeur.

364. Calcul de la surface de chauffe des doubles fonds et des serpentins. — Nous avons vu (n° 324) que lorsqu'il s'agit de la transmission de la chaleur par la vapeur à un liquide à travers une paroi métallique, la quantité de chaleur qui passe par mètre carré de surface, par heure et pour une différence de température de 1°, varie de 750 à 1500 calories, correspondant à une condensation de vapeur de 1^k,40 à 2^k,80.

Le premier de ces chiffres peut être pris comme base pour le calcul de la surface des doubles fonds et le second pour celle des serpentins, dans le cas où le liquide n'est pas porté à une ébullition vive. La faible condensation des doubles fonds est due à ce qu'il y reste toujours une certaine quantité d'air qu'on ne parvient pas à expulser et dont la présence diminue la transmission de la chaleur (n° 326).

Lorsque le mouvement est tumultueux, la transmission est beaucoup plus rapide, et on condense, avec un serpentin, de 8 à 10 kilogrammes de vapeur, par mètre carré, par heure et par degré de différence de température. Cette condensation correspond au passage de 4000 à 5000 calories (n° 323).

Pour montrer de quelle manière on tire parti des données qui précèdent, supposons qu'il s'agisse de calculer la surface de chauffe des serpentins, pour une chaudière qui permette de concentrer par heure 10000 kilogrammes de sirop de sucre. Ce sirop, avant la cuite, porte le nom de *clairce;* il est ordinairement composé de 30 parties d'eau et 70 parties de sucre. Pour être amené à 47° de l'aréomètre, ce qui est le degré de concentration ordinaire, il doit perdre à peu près 15 pour 100 d'eau.

Ainsi il faudra évaporer 1500 kilogrammes d'eau par heure et élever la masse à la température de l'ébullition qui est d'environ 110°. Comme le calorique spécifique de la clairce est 0,5, il faudra pour chauffer jusqu'à l'ébullition, 10000 kilogrammes de ce liquide, supposé à 20°, une quantité de chaleur égale à 10000. 05. (110 — 20) = 450000°. D'un autre côté, pour évaporer 1500^k d'eau à 110°, il faut environ 1500.537 = 805500 calories.

En supposant que la vapeur de chauffage soit à 3 atmosphères et, par conséquent, à 133° à peu près (la valeur exacte est de 133°,90), pendant le chauffage de la clairce, la différence moyenne de température de la vapeur et du liquide est de 70°, tandis que l'excès moyen de la température de la vapeur sur celle de la clairce en ébullition n'est que d'environ 23°. Il suit de ce qui précède que, dans la phase qui précède l'ébullition, la transmission par heure et par mètre carré sera de 70.1500 = 105000°, et pendant l'ébullition de 23.5000 = 115000°. Les 450000 calories nécessaires pour le chauffage de la clairce exigeront donc une surface de transmission de 450000 : 105000 = 4^{mq},38, et les 805500 calories employées pour la vaporisation des 1500^k d'eau, une surface de 805500 : 115000 = 7^{mq}. L'étendue de la surface de chauffe devra être par conséquent d'environ 12 mètres carrés. La durée du chauffage de la clairce sera de 20 minutes et celle de l'ébullition de 40 minutes. Les serpentins ne pouvant guère avoir plus de 3 à 4 mètres carrés de surface, il faudra trois ou quatre appareils. Chaque kilogramme de vapeur à 133° ne cédant que sa chaleur latente qui est d'environ 515 calories, le poids de la quantité de vapeur de chauffage sera (450000 + 805500) : 515 = 2438^k.

365. **Appareils d'évaporation à effet multiple.** — Supposons une chaudière M, produisant de la vapeur à 6 atmosphères ; sa température sera de 159°. Supposons, en outre, que la vapeur produite par cette chaudière soit amenée dans un appareil A, où elle se condense à l'aide d'un serpentin. En se condensant, elle échauffe le liquide de l'appareil A à 134° environ ; la vapeur ainsi produite en A, se condense dans un serpentin que renferme un vaporisateur B, semblable à l'appareil A. B s'échauffe à 100° ; à B succède un vaporisateur C, tout à fait analogue aux précédents et chauffé à 94° ; enfin un dernier appareil D s'échauffe à 69° environ et la vapeur qui s'y produit s'échappe dans l'atmosphère.

Entre la température du contenu dans A et celle de la vapeur produite dans la chaudière M, il y a une différence de 25°, qui permet la transmission de la chaleur de M en A. Cette différence se reproduit dans les vaporisateurs B, C, D, qui sont identiques à A.

Un kilogramme de houille produit dans la chaudière M environ 7^k de vapeur. Celle-ci se condense dans A, en vaporisant 7^k d'eau ; les 7^k de vapeur ainsi formés se condensent dans B, y vaporisent 7^k d'eau, et la transmission continue de même dans les autres vaporisateurs. On voit donc qu'un kilogramme de houille vaporise 35^k d'eau. Les pressions de la vapeur dans les différents vaporisateurs sont 6 atm. ; 3 atm. ; 1,40 atm. ; 0,75 atm. ; 0,180 atm.

Il est rare que cet appareil puisse être employé avec un nombre aussi grand de vaporisateurs ; dans les raffineries de sucre, par

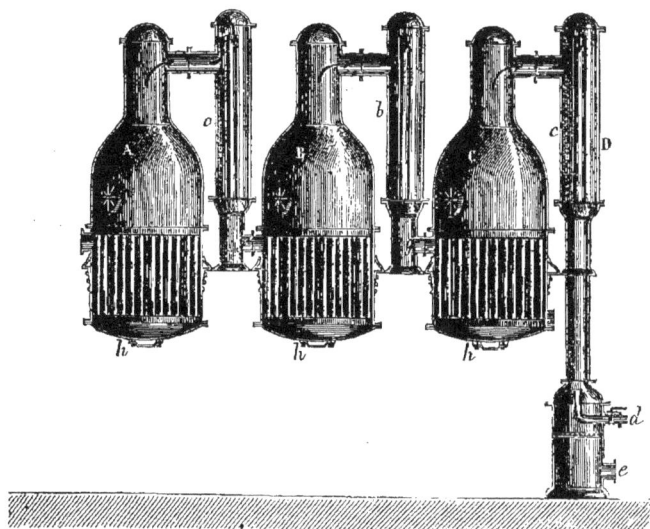

Fig. 79.

exemple, on ne peut chauffer les dissolutions sucrées au-dessus de 100°. — On réduit alors l'appareil indiqué aux seules chaudières B, C, D. En B, on produit par chauffage direct de la vapeur à 109°. En C et en D, on met les dissolutions à concentrer. L'appareil est alors dit à double effet.

On peut agir autrement : prendre les seules chaudières C et D, et amener dans C de la vapeur à une température supérieure à 100° et provenant d'une machine sans condenseur.

La fig. 79 montre en coupe, et la fig. 80 en élévation, un appareil à triple effet, pour la concentration des jus sucrés et qui donne, pratiquement, une économie de combustible d'un peu plus de moitié.

A, B, C, sont les trois chaudières, dont la surface de chauffe va croissant de la première à la troisième ; *a*, *b*, *c*, les condenseurs ; D, la colonne de condensation et d'appel, qui communique en *e* avec la pompe et en *d* avec un tuyau d'injection qui apporte l'eau, système qui assure une pression très-faible dans la troisième chaudière.

La vapeur produite par l'ébullition de la première chaudière va chauffer la seconde en circulant autour des tubes du double fond ; de même la vapeur de la deuxième chaudière va chauffer la troisième, et celle qui sort de cette dernière se rend au condenseur.

La disposition des tubes de chaque chaudière est la suivante : ils

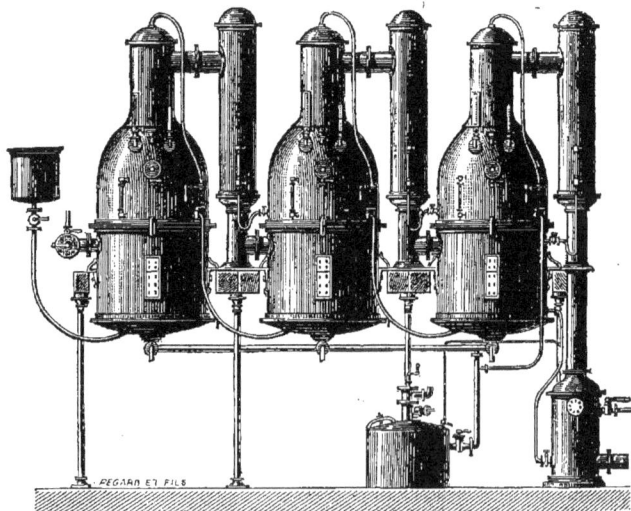

Fig. 80.

sont d'égale longueur, ajustés et assemblés, à chaque extrémité, dans un disque, en sorte que l'intérieur est rempli par le liquide à concentrer et l'extérieur baigné dans la vapeur. La réunion des tubes et des deux disques d'assemblage forme, en effet, une sorte de boîte cylindrique, dans laquelle la vapeur pénètre pour échauffer la surface extérieure des tubes. C'est pour faciliter le nettoyage que l'on a adopté cette disposition, bien inférieure à celle des serpentins, pour la puissance du chauffage.

Dans l'appareil de M. Cail que nous venons de décrire, la chaudière A ayant une surface de chauffe égale à 1, la deuxième B a une surface égale à 5, et le vide est de 70 centimètres ; la troisième C a une surface égale à 20, et le vide est de 60 centimètres, tant par l'action du condenseur à eau que par celle d'une puissante pompe à air.

CHAPITRE CINQUIÈME.

DU SÉCHAGE.

366. Procédés de séchage. — Le séchage s'effectue de deux manières, soit mécaniquement, soit par l'action de la chaleur.

367. Procédés mécaniques. — Les actions mécaniques que l'on emploie pour le séchage sont le tordage, la compression à l'aide de presses de diverses formes et la rotation du corps à sécher, qu'on place dans une caisse rotative à jour, qui a reçu le nom d'*essoreuse*. Cet appareil enlève l'eau par l'action de la force centrifuge.

368. Expériences de Rouget de Lisle. — Les quantités d'eau qui restent dans les étoffes après les différentes actions mécaniques dépendent de leur nature et de la puissance de l'action exercée. Il résulte des expériences de Rouget de Lisle qu'un poids représenté par 1,

de flanelle,   de calicot,   de soie,   de toile de lin

retient après le tordage un poids d'eau égal à

2   1   0,95   0,75;

qu'après l'action d'une presse puissante, ces quantités sont réduites à

1   0,60   0,50   0,40;

et qu'après l'essorage elles sont seulement de

0,60   0,35   0,30   0,25.

Pour obtenir ces derniers résultats, la caisse en mouvement, ayant 0^m,80 de diamètre, doit tourner avec une vitesse de 5 à 600 tours par minute.

369. Séchage à l'air libre. — Ce mode de séchage consiste uniquement à suspendre les tissus sur des cordes ou des perches, à l'extérieur ou dans des pièces dont l'air se renouvelle facilement. Dans les grandes blanchisseries, on emploie à cet usage des bâtiments très-élevés, construits en bois et à claire-voie.

Le séchage à l'air libre ne peut s'appliquer qu'en été. Il est très-irrégulier, car il dépend de la température de l'air, de son état hygrométrique et du vent.

370. Séchage par un courant d'air produit artificiellement. — La fig. 81, représente un séchoir à courant d'air produit par un ventilateur ou par l'action d'une cheminée C, dans laquelle on fait du feu. L'appareil se compose de deux chambres A et B, séparées par une cloison pourvue à sa partie supérieure d'une ouverture qu'on peut fermer au moyen du registre c. Par l'intermédiaire des conduits F et G, les chambres A et B, peuvent être mises en communication avec la cheminée C : A, à l'aide des deux ouvertures a_2, a_1, et B, par les ouvertures b_2, b_1. Ces diverses ouvertures sont munies, chacune, d'un registre. L'air extérieur pénètre dans les chambres à travers les canaux E et D, dans lesquels se trouvent disposées des caisses contenant de la chaux vive ou du chlorure de calcium.

Supposons qu'on ait commencé par remplir la chambre A de matières à sécher. On fermera E, c et a_1, et on ouvrira D et a_2. Lorsque cette chambre aura fonctionné pendant un certain temps, on remplit, à son tour, la chambre B. Puis, lorsque les matières en A sont à peu près sèches, on ouvre c et b_1 et l'on ferme a_2 et b_2. L'air, incomplètement saturé, sort de la chambre A, et, après s'être saturé en B, il s'échappe par b_1. Bientôt les matières en A seront parfaitement desséchées. Alors, on ferme c et b_1, et on ouvre b_2 et E. L'air qui arrive par ce dernier conduit, rencontre les corps humides, disposés dans la chambre B et pendant qu'il leur enlève une partie de leur eau, on retire les matières séchées de la chambre A et on les remplace par des matières nouvelles. Dès que l'air ne se sature plus qu'incomplétement en B, on ferme b_2 et D, on ouvre c et a_1, et ainsi de suite.

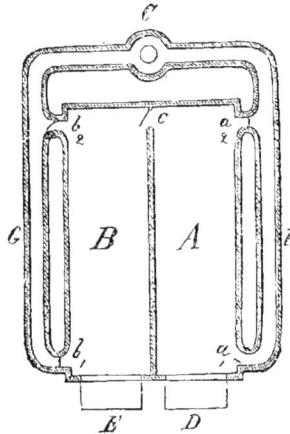

Fig. 81.

371. **Séchage par l'air chaud.** — Le séchage à l'air chaud est très-favorable à la régularité du travail. La dépense de chaleur qu'il entraîne se compose de celle qui est employée à produire la vapeur et de celle que renferme l'air qui dissout la vapeur.

Les séchoirs peuvent se diviser en deux classes : ceux qui reçoivent l'air chauffé en dehors, et ceux dans lesquels la vaporisation est uniquement produite par la chaleur provenant d'un calorifère intérieur.

Les premiers sont à peu près disposés comme celui que nous venons de décrire. Ils consistent toujours en une chambre unique ou divisée en deux compartiments par une cloison et dans laquelle sont étendus les tissus à sécher. A la partie inférieure se trouve un calorifère. L'air échauffé au contact des tuyaux passe dans un conduit horizontal qui permet, à l'aide de deux registres, d'envoyer ce gaz,

soit à droite, soit à gauche, dans le séchoir. Là, il monte, puis il
redescend et s'échappe par une cheminée d'appel qui se trouve du
côté opposé à celui par lequel il est entré. Quand les tissus sont secs
d'un côté du séchoir, on change le sens du courant d'air au moyen de
deux autres registres, et on met des tissus humides à la place des
tissus secs. De cette façon l'air achève de sécher les tissus placés en
premier lieu et se sature au contact des nouveaux. Pour augmenter
au besoin le tirage de la cheminée d'appel, on se sert d'un foyer spécial,
ou bien on place dans cette cheminée le tuyau en tôle du calorifère.

372. **Séchoir de la blanchisserie de Gulton Square, à Londres.** —
La fig. 82 représente une section transversale du séchoir de la
blanchisserie de Gulton Square, à Londres. Ce séchoir consiste en
une chambre de 10^m de longueur sur 1^m,5 de largeur, complètement
ouverte d'un côté, par suite de la suppression du mur latéral corres-

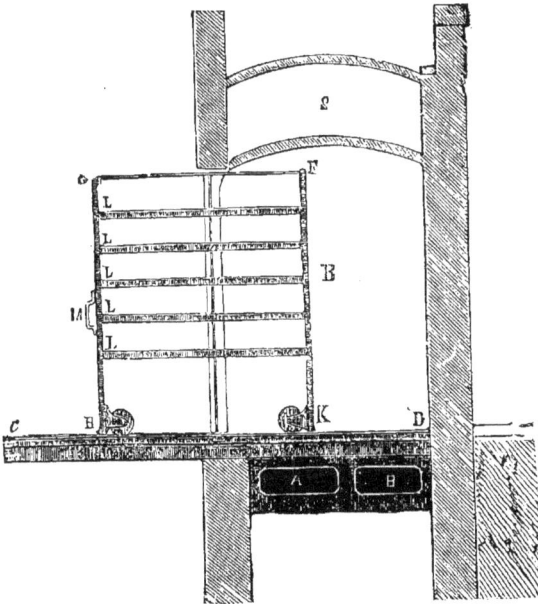

Fig. 82.

pondant. Le plancher est formé d'un grillage en fer galvanisé
au-dessous duquel se trouvent les deux tuyaux A et B, parcourus, en
sens contraires, par les produits de la combustion d'un calorifère à
coke. L'air chauffé au contact de ces tuyaux passe à travers les
jours du plancher, pénètre dans le séchoir, et, après s'être plus ou
moins saturé de vapeurs d'eau, se rend, par des ouvertures ménagées,
de distance en distance, au plafond, dans le conduit Q, et de

celui-ci dans la cheminée d'appel. Suivant toute son étendue, le séchoir est occupé par de petits chariots mobiles, à l'aide de roulettes, sur des rails CD, perpendiculaires à la longueur du bâtiment. Ces chariots, placés à la suite les uns des autres, se composent chacun de deux montants en fer plat FK et GH, réunis par des traverses sur lesquelles on suspend les tissus à sécher. Les montants GH sont recouverts de planches et portent, chacun, une poignée M, au moyen de laquelle on peut faire sortir le chariot lorsqu'on veut retirer les tissus séchés, et le repousser de nouveau dans le séchoir après l'avoir regarni de tissus humides. La longueur des chariots est égale à 1^m,6, de façon que lorsqu'ils se trouvent tous dans l'intérieur du séchoir, leurs montants GH ferment complètement le côté ouvert de celui-ci.

373. Périodes du séchage par l'air chaud. — On peut distinguer trois périodes dans le séchage par l'air chaud : Dans la première, toute la chaleur apportée par l'air est employée à l'échauffement des matières à sécher. Dans la seconde, l'air s'échappe saturé à une température qui va d'abord en croissant jusqu'à une certaine limite, variable avec la température à l'entrée du séchoir; ensuite la température du mélange reste constante. Enfin, dans une dernière période, durant laquelle s'achève la dessication, l'air s'échappe non saturé à une température croissante et d'autant moins saturé que sa température est plus élevée.

374. Calcul de la quantité de chaleur nécessaire pour le séchage. — Quand le séchage a lieu par l'air, il y a une certaine quantité de chaleur employée à chauffer l'air, et une autre partie à produire la vapeur. Pour calculer la dépense de chaleur nécessaire pour évaporer un kilogramme d'eau à $t°$, l'air sortant saturé, représentons par f la tension de la vapeur, par P le poids de l'air contenu dans un mètre cube d'air saturé et par P′ le poids de la vapeur contenue dans ce même volume. Nous aurons évidemment :

$$P = \frac{1,293\,(0,760 - f)}{0,760\,(1 + at)}, \quad \text{et}$$

$$P' = \frac{1,293.\,0,622.\,f}{0,760\,(1 + at)} = 1,07 \cdot \frac{f}{1 + at}.$$

a est le coefficient de dilation des gaz.

Le mélange d'air et de vapeur sortant saturé à T°, la quantité de chaleur C emportée par l'air sera

$$C = P.\,0,2377.\,t,$$

et celle entraînée par la vapeur sera

$$C' = P' (606,5 + 0,305\ t).$$

Nous supposons que la température initiale de l'air et de l'eau a été de 0°.

Pour obtenir la dépense de chaleur qu'exige la vaporisation d'un kilogramme d'eau, on n'aura qu'à calculer la valeur de $\dfrac{C + C'}{P'}$, ce qui n'offre aucune difficulté. On trouvera, dans le tableau ci-dessous, emprunté à M. Ser, les résultats de ces calculs pour diverses valeurs de t.

TABLEAU XIX.

t	0	5	10	15	20	30	40	50	60	70	80	90	100
$\dfrac{C + C'}{P'}$	606,5	863	920	961	944	875	815	770	725	680	670	645	635

On voit que $\dfrac{C + C'}{P'}$ présente un maximum à 15°, et qu'à 100° la valeur de ce rapport est à peu près la même qu'à 0°.

Si l'on faisait les mêmes calculs que ci-dessus en supposant l'air à moitié saturé, on arriverait aux résultats inscrits dans le tableau suivant, également emprunté à M. Ser :

TABLEAU XX.

t	0	5	10	15	20	30	40	50	60	70	80	90	100
$\dfrac{C + C'}{P'}$	606,50	1048	1159	1273	1272	1147	1028	913	809	750	712	690	675

On voit que pour avoir un séchage économique, il faut éviter les températures intermédiaires et opérer à une température aussi élevée que possible.

375. **Température de l'air chaud.** — Calculons maintenant la température à laquelle on doit introduire l'air chaud pour qu'il sorte à une température donnée.

Soit T la température de l'air à son entrée dans le séchoir, et t la température à laquelle il sort. La chaleur emportée par la vapeur est empruntée à l'air chaud. Par conséquent, en faisant abstraction des pertes de chaleur, on doit retrouver dans le mélange d'air et de

vapeur la quantité de chaleur apportée par l'air chaud. Le poids P
d'air contenu dans un mètre cube d'air saturé a exigé $Pc(T-\theta)$ calories,
pour être porté de θ, température de l'air extérieur, à T, température
de l'air chaud à son entrée dans le séchoir. A sa sortie, ce poids P
d'air emporte $Pc(t-\theta)$ calories et la vapeur d'eau P', qui se trouve
dans 1^{mc} du mélange, $P'(606,5 + 0,305\,t - \theta)$ calories. La somme
$Pc(t-\theta) + P'(606,5 + 0,305\,t - \theta)$ doit être égale à $Pc(T-\theta)$.
On aura donc pour déterminer T, l'équation :

$$Pc(T-\theta) = Pc(t-\theta) + P'(606,5 + 0,305\,t - \theta).$$

T étant connu, on calculera facilement la quantité $Pc(T-\theta)$ de
chaleur nécessaire pour chauffer le poids P d'air.

En supposant $\theta = 0$, on trouvera pour des températures de sortie
du mélange égales à

| 20° | 30° | 40° | 50° | 60° | 70° | 80° | 90° |

les températures d'entrée

| 57° | 98° | 165° | 273° | 453° | 785° | 1435° | 3827°. |

En supposant $\theta = 15°$, on aurait pour les mêmes températures
de sortie, T =

| 47° | 68° | 135° | 242° | 423° | 756° | 1430° | 3794°. |

376. Séchoirs étuves. — Dans certains cas, on chauffe l'air même
des séchoirs, qui reçoivent alors le nom d'*étuves*. Quand l'air du
séchoir s'est saturé de vapeur, on le fait sortir en ouvrant une ou
plusieurs soupapes. Le séchoir se remplit alors d'air froid et sec que
l'on chauffe de nouveau, et ainsi de suite. La circulation de l'air est
donc intermittente, tandis que dans les séchoirs ordinaires elle
est continue.

377. Séchage à la vapeur d'eau. — On emploie également pour
le séchage des tissus, la chaleur produite par la condensation de la
vapeur d'eau. Les pièces sont enroulées sur des cylindres en bronze
dans lesquels circule de la vapeur. L'eau de condensation s'écoule
par un petit tube recourbé. Ce système donne 3 à 4 kilogrammes
de vapeur par kilogramme de houille.

CHAPITRE SIXIÈME.

DU CHAUFFAGE DES LIQUIDES.

La plupart des appareils qui servent à la vaporisation et à l'évaporation, peuvent servir au *simple chauffage* des liquides. Ce n'est que dans ces cas exceptionnels que l'on emploie à cet effet des appareils spéciaux. On en trouvera un exemple dans le n° ci-dessous.

378. **Chauffage de l'eau par condensation de vapeur d'eau.** — Dans certaines industries, on emploie pour le chauffage des liquides de la vapeur d'eau qu'on conduit dans la masse à chauffer, tantôt en un jet unique, tantôt en jets multiples, par des orifices très-petits, percés dans les parois d'un tuyau circulaire EG, fig. 83 et 84, dis-

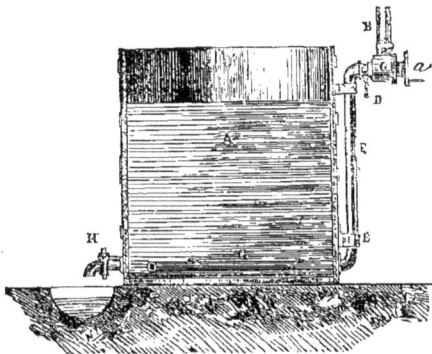
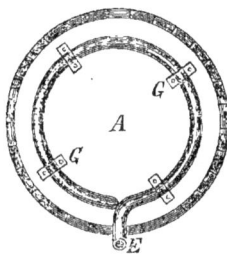

Fig. 83.   Fig. 84.

posé au fond de la cuve A, qui contient le liquide dont on veut élever la température. La vapeur se condense et la chaleur qu'elle met en liberté sert au chauffage du liquide.

CHAPITRE SEPTIÈME.

DU CHAUFFAGE DE L'AIR.

379. **Différents systèmes de chauffage de l'air dans les locaux habités.** — Le chauffage de l'air peut s'effectuer : 1° par des *foyers découverts ou cheminées à feu ouvert*; 2° par des *poêles*; 3° par des *calorifères* destinés à chauffer de l'air pris à l'extérieur et à le verser ensuite dans les locaux où il doit être utilisé; 4° par la *circulation et la condensation de la vapeur d'eau*; 5° par la *circulation de l'eau chaude à basse pression*; 6° par l'*emploi combiné de la vapeur et de l'eau chaude*; et 7° par la *circulation de l'eau chaude à haute pression*.

ARTICLE PREMIER.

DES CHEMINÉES A FEU OUVERT OU CHEMINÉES D'APPARTEMENT.

380. Chauffage par les foyers ouverts. — Ce mode de chauffage est très-répandu en Angleterre, en France et en Belgique. Le combustible employé est le bois, la houille, le coke et quelquefois le gaz d'éclairage.

On peut distinguer deux espèces de ces foyers : les *foyers ordinaires* et les *foyers à cheminée ventilatrice*, imaginés par Douglas Galton, officier du corps royal des ingénieurs militaires d'Angleterre.

Les premiers se composent du foyer et du tuyau de fumée. Dans les foyers de Douglas le tuyau de fumée se trouve dans un conduit de section plus grande, et l'air extérieur, en passant à travers l'espace vide qui reste entre le conduit et le tuyau de fumée, s'échauffe avant de se répandre dans la pièce où l'appareil est établi.

381. Cheminées ordinaires à bois.— Rumford diminua, le premier, la trop grande profondeur qu'on donnait au foyer et qui faisait perdre une grande partie du rayonnement du combustible. A cet effet, il imagina de construire un contre-mur qui faisait avancer le

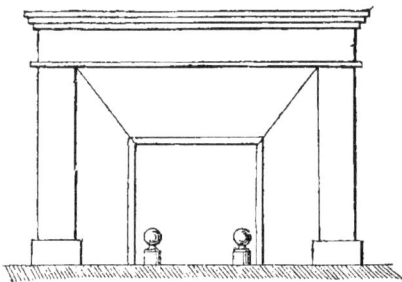

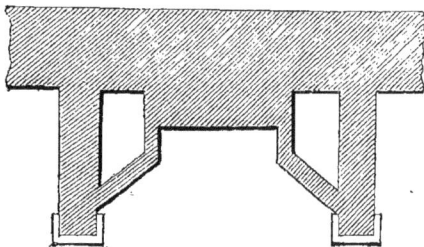

Fig. 85.　　　　　　　　　　　Fig. 86.

foyer dans l'appartement, et qui avait, en outre, l'avantage de diminuer l'orifice de communication du foyer avec la cheminée, à laquelle on donnait autrefois une section beaucoup trop grande. Il proposa également de revêtir les parois latérales du foyer d'une garniture en faïence ou en métal poli douée d'un grand pouvoir réflecteur.

Les figures 85 et 86, qui représentent une cheminée dans laquelle on brûle du bois, donneront une idée des dispositions adoptées par Rumford. Le bois est porté sur des chenets. On voit fig. 86, qu'en plan, le foyer a la forme d'un trapèze dont la petite base est au fond.

Suivant la capacité des salles à chauffer, la profondeur du foyer varie de 0ᵐ,30 à 0ᵐ,40 et la largeur au fond de 0ᵐ,40 à 0ᵐ,70. Les plus faibles dimensions se rapportent aux salles de 60 à 80ᵐᶜ de capacité et les plus grandes, à des salles de 200 à 250ᵐᶜ.

382. **Cheminée à houille.** — Les fig. 87, 88 et 89, représentent, respectivement, l'élévation de face, la coupe horizontale et la coupe longitudinale d'une cheminée à houille ou à coke. Le combustible brûle sur une grille qui occupe le fond du foyer. Pour allumer le combustible, on place devant la grille une plaque en tôle ou tablier qu'on retire lorsque ce but est atteint.

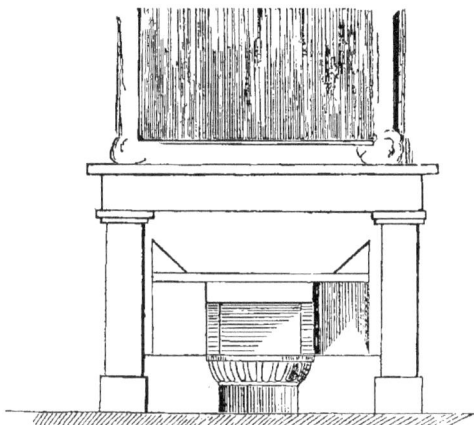

Fig. 87.

383. **Tuyau de fumée.** — Le tuyau de fumée de forme cylindrique ou prismatique, communique souvent à sa partie inférieure, avec le foyer par un conduit de moindre section et de peu de longueur et il est terminé, en haut, par une sorte d'ajutage conique nommé *mitre*, laquelle consiste ordinairement en un tuyau de poterie.

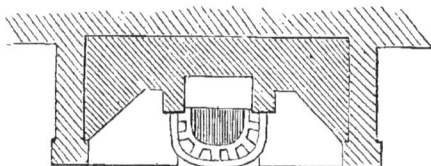

Fig. 88.

L'étranglement à la base du tuyau de fumée, recommandé par Rumford, peut être supprimé lorsque la section de la cheminée n'a pas des dimensions plus grandes

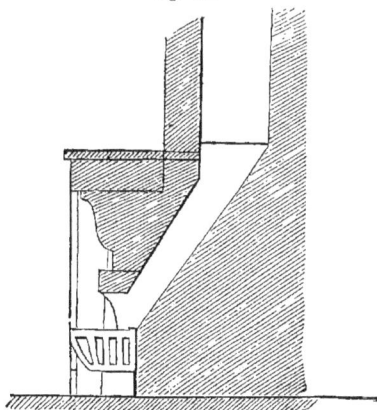

Fig. 89.

qu'il n'est nécessaire. Dans ce qui va suivre, nous supposons qu'il en est ainsi.

On a reconnu que, pour assurer la stabilité du tirage, il faut que la vitesse de sortie par la mitre soit d'environ $3^m,00$ en $1''$. La section de la mitre, au débouché de la fumée, est ordinairement égale à la moitié de celle du corps de la cheminée (n°s 170 et 230).

384. **Vitesse de l'air dans le tuyau de fumée.** — Dans ces conditions, en appelant T, la température de l'air extérieur, t, celle de l'air dans la cheminée, H, la hauteur de celle-ci, A, sa section, A_1 celle de la mitre, on a, pour calculer la vitesse U de l'air chaud dans le corps de la cheminée, la formule (n°s 180 et 183) :

$$U = \sqrt{\dfrac{\dfrac{2g H a (t-T)}{1 + aT}}{\left(\dfrac{A}{m_1 A_1}\right)^2 + \left(\dfrac{1}{m} - 1\right)^2 + \dfrac{8H\beta}{D}}} .$$

Dans cette formule, on peut, par des raccordements convenables, rendre $m_1 = m = 1$. D'un autre côté, $\beta = 0,01$, $g = 9^m,8$, $a = 0,003665$ et D est le diamètre du corps de la cheminée. t varie entre 60 et 100°. Connaissant H, A et A_1, ainsi que T et t, on peut calculer U. Nous verrons bientôt comment, dans chaque cas particulier, on détermine t. Cette formule est également applicable au tuyau de fumée de la cheminée Douglas.

385. **Volume d'air aspiré et température communiquée à ce gaz.** — Dans les cheminées d'appartement, le volume d'air aspiré par kilogramme de houille brûlée, est beaucoup plus grand que dans les foyers fermés. Cela provient de ce que l'air peut se rendre dans le tuyau de fumée en passant au-dessus de la couche de combustible et de ce que, dans ce trajet, il ne rencontre aucune résistance qui s'oppose à son mouvement. Le volume d'air qui pénètre de cette manière dans la cheminée doit donc être considérable par rapport à celui qui y arrive après avoir traversé la couche de combustible et avoir servi à la combustion. Quoiqu'il en soit, ces deux masses d'air se mélangent dans la cheminée et prennent une température commune d'autant plus faible que le volume d'air qui a servi à la combustion a été plus petit par rapport à celui qui a pénétré dans la cheminée sans venir en contact avec le combustible. L'expérience indique que cette température dépasse rarement 60 à 100°.

A l'aide de cette donnée, on peut déjà calculer, d'une manière approximative, le volume d'air aspiré par kilogramme de houille brûlée. En effet, nous savons que lorsqu'on brûle un kilogramme de houille, dans un foyer fermé, avec 18^{mc} d'air, c'est-à-dire avec le double du volume d'air strictement nécessaire à la combustion, la température développée est d'environ 14 à 1500° (n° 244). Et, si l'on tient compte de la chaleur dissipée par rayonnement, la température des produits de la combustion ne peut, dans aucun cas, dépasser 1000 à 1200°. Adoptons ce dernier chiffre. On voit qu'alors, si le volume d'air admis était 12 fois plus grand ou de 12.18 = 216^{mc}, l'élévation de température ne serait que de 100° environ, et seulement de 50°, pour un volume d'air de 432^{mc}. Or, il arrive souvent que l'air, en passant de la salle chauffée, dans la cheminée, n'éprouve qu'une élévation de température de 50°. Dans un cas pareil, M. Morin a trouvé effectivement que le volume d'air appelé par kilogramme de houille brûlée avait été de 395^{mc} (Morin, *Manuel pratique du chauffage*, p. 61).

Mais au lieu de se contenter de cette évaluation approximative, il vaut mieux déterminer, au moyen de l'anémomètre, le volume d'air réellement aspiré par la cheminée. A cet effet, il faut, comme l'a fait M. Morin, disposer en avant du foyer, un tuyau en zinc ou en tôle, dont l'une des bases embrasse tout l'orifice antérieur de la cheminée, en en épousant la forme, et qui soit garni de bourrelets ou de lisières pour en clore à peu près les joints. Ce tuyau doit, autant que possible, avoir, à une certaine distance du foyer et sur une longueur de 0^m,60 à 0^m,80, la forme cylindrique et une section supérieure ou au moins égale à l'aire du passage de la fumée au-dessus du foyer. C'est dans cette portion cylindrique du tuyau qu'on place l'anémomètre.

En opérant de cette manière sur différentes cheminées, dont plusieurs étaient disposées de la manière la plus favorable pour diminuer le volume d'air qui échappe à la combustion, on a trouvé qu'en général, dans les foyers découverts, le volume d'air appelé est au moins de 100 à 150^{mc} par kilogramme de bois et de 200 à 300^{mc} par kilogramme de houille brûlée. Ces foyers ne sont donc pas seulement des appareils de chauffage, mais encore, dans une certaine mesure, des appareils de ventilation.

386. **Quelques données pratiques sur les tuyaux de fumée et les grilles des foyers découverts.** — On a reconnu, en outre, qu'une ouverture circulaire de 0^m,20 à 0^m,25 de diamètre est presque toujours suffisante pour le tuyau de cheminée, et, à plus forte raison, pour le tuyau d'arrivée d'air, si, au lieu de s'en rapporter aux ouvertures accidentelles pour l'arrivée de l'air frais dans l'appartement, ou a recours à un tuyau spécial qui puise l'air frais directement dans

l'atmosphère. Pour les vastes appartements, qui, étant destinés à réunir un grand nombre de personnes, doivent avoir une puissante ventilation, on peut donner aux tuyaux $0^{mq},25$ de section. Ces indications sont d'accord avec celles de M. Morin qu'on trouvera plus loin.

La quantité de houille qu'on peut brûler par mètre carré de grille est un peu plus faible que dans le cas des chaudières à vapeur : elle varie de 60 à 80 kilogrammes.

Une cheminée de dimensions moyennes, suffisantes pour le chauffage d'une pièce de 125^{mc} à 150^{mc} de capacité, peut brûler de 6 à 8 kilogrammes de bois, ou 3^k à $5^k,40$ de houille par heure.

387. **Avantages et inconvénients des cheminées d'appartement.** — Dans les foyers à feu ouvert, on n'utilise, en général, qu'une partie de la chaleur rayonnante du combustible. Les rayons émis vers l'intérieur de la pièce traversent l'air sans l'échauffer sensiblement, puis ils sont absorbés par les murs ou les objets qu'ils rencontrent sur leur route. L'air venant ensuite en contact avec ces corps, s'échauffe par contact, mais sans jamais parvenir à la température que lui communiquent les autres appareils de chauffage dont nous aurons à nous occuper.

Comme nous l'avons vu plus haut, ces foyers appellent dans la pièce un volume d'air assez considérable. Le plus souvent on ne prend aucune disposition spéciale pour l'introduction de ce volume d'air. Ce gaz pénètre alors dans la pièce par les joints des portes et des fenêtres et il refroidit tout sur son passage. On a l'habitude de se garantir contre ces courants excessivement désagréables au moyen d'écrans ou paravents, mais il vaut mieux les prévenir à l'aide d'une ou de plusieurs ouvertures faisant communiquer la pièce avec une cage d'escalier ou même avec l'air extérieur.

Outre la bonne ventilation qu'ils procurent, les foyers à feu ouvert ont l'avantage de laisser voir le feu. Cette vue du feu est devenue un besoin auquel on sacrifie une grande quantité de combustible. En effet, d'après M. Morin [1], la quantité de chaleur utilisée, au moyen des foyers découverts, ne s'élève qu'à 10 ou 12 % de la chaleur produite par le combustible brûlé. De sorte que sur les 7000 à 8000 calories que dégage la combustion d'un kilogramme de houille, on n'en utilise en réalité qu'environ 800 à 1000 pour le chauffage.

388. **Foyer Douglas à cheminée ventilatrice.** — La cheminée Douglas se compose d'un foyer ordinaire F, fig. 90, chauffé au bois

(1) MORIN, *Manuel pratique du chauffage et de la ventilation*, p. 63.

ou à la houille et complètement isolé du mur en arrière. Le tuyau de fumée, en fonte, est aussi isolé, jusqu'au plafond de la pièce à chauffer, dans l'intérieur d'un conduit C, en maçonnerie, fermé à cette hauteur et dans lequel pénètre l'air extérieur qui s'introduit par l'ouverture a. Près du plafond, la gaîne, que l'air extérieur parcourt en s'échauffant, présente une ouverture garnie de directrices, qui obligent les gaz à se diriger vers le haut de la pièce. Cette ouverture doit être munie d'une trappe à ressort ou à coulisses, facile à ouvrir et à fermer, selon que le feu est entretenu ou éteint.

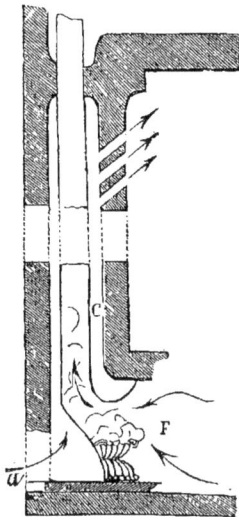

Fig. 90.

Au-dessus de la pièce à chauffer, le conduit de fumée est construit en briques comme à l'ordinaire.

389. Expériences de M. Morin. — M. Morin a fait de nombreuses expériences sur le foyer Douglas que nous venons de décrire. Voici les principaux résultats auxquels elles ont conduit : En représentant par 1 la quantité totale de chaleur dégagée par la combustion, il a trouvé que :

1° La chaleur emportée par la fumée est, en moyenne . . . . 0,65 à 0,66

La chaleur introduite par l'air affluent 0,20

La chaleur absorbée par les parois des massifs de maçonnerie dans lesquels la cheminée est établie . . 0,02 à 0,04

La chaleur rayonnée directement par le foyer . . 0,12

2° La température de l'air au sortir de la gaîne est d'environ 32°.

3° L'effet utile du foyer Douglas est de 32 %, car il se compose de la chaleur absorbée par l'air qui a traversé la gaîne et de celle introduite dans la pièce par le rayonnement du foyer.

4° L'effet utile des cheminées ordinaires n'est que de 0,12, comme nous l'avons indiqué plus haut.

5° Le volume d'air évacué par le conduit à fumée est un peu supérieur à celui qui est introduit par la gaîne (dans une série d'expériences, le premier était de 217^{mc} par kilogramme de houille brûlée et le second de 190^{mc}).

Pour arriver à ces résultats, M. Morin a calculé, d'après le poids de combustible brûlé, la chaleur totale produite. Avec l'anémomètre, il a déterminé les volumes d'air chaud introduit[1] et évacué. Connaissant, d'ailleurs, les températures de l'air extérieur, de l'air chauffé au sortir de la gaîne, de l'air de la pièce et de la fumée dans la cheminée, ainsi que le calorique spécifique de l'air (0,237), il pouvait calculer la chaleur absorbée par l'air introduit et par l'air évacué et en déduire les résultats indiqués ci-dessus. C'est à la suite des expériences dont il s'agit que M. Morin a dressé les tableaux ci-dessous qui indiquent les dimensions des cheminées à employer dans les maisons d'habitation qui n'ont qu'un petit nombre d'étages et où les murs ont des épaisseurs suffisantes.

TABLEAU XXI.

Proportions des cheminées ordinaires.

CAPACITÉ DES PIÈCES.	VOLUME D'AIR A ÉVACUER ET A INTRODUIRE PAR HEURE.	CONDUITS DE FUMÉE.			
		SECTION.	RECTANGULAIRES.		CYLINDRIQUES — DIAMÈTRE.
100mc	500mc	0mq,0926	0m,25	0m,37	0,27
120	600	0 ,1110	0 ,30	0 ,37	0,30
150	750	0 ,1388	0 ,30	0 ,46	0,33
180	900	0 ,1666	0 ,30	0 ,55	0,37
220	1100	0 ,2036	0 ,35	0 ,58	0,40
260	1300	0 ,2406	0 ,40	0 ,60	0,44
300	1500	0 ,2776	0 ,40	0 ,66	0,47

(1) La détermination du volume d'air introduit exige qu'on adapte à l'ouverture supérieure de la gaîne un tuyau en zinc ou en tôle, qui, après en avoir, par sa base, épousé la forme extérieure, se termine par une partie cylindrique, où l'on introduit l'anémomètre.

TABLEAU XXII.

Proportions des mitres.

CAPACITÉ DES PIÈCES.	VOLUME D'AIR A ÉVACUER ET A INTRODUIRE PAR HEURE.	MITRES.			
		SECTION.	RECTANGULAIRES.		CYLINDRIQUES.
			Largeur.	Longueur.	DIAMÈTRE.
100mc	500mc	0mq,0463	0m,14	0m,33	0m,19
120	600	0 ,0555	0 ,15	0 ,37	0 ,21
150	750	0 ,0694	0 ,20	0 ,35	0 ,23
180	900	0 ,0833	0, 20	0 ,40	0 ,26
220	1100	0 ,1018	0, 20	0 ,50	0 ,28
260	1300	0 ,1203	0, 20	0 ,60	0 ,31
300	1500	0 ,1388	0, 23	0, 60	0 ,33

TABLEAU XXIII.

Proportions des cheminées ventilatrices.

CAPACITÉ DES PIÈCES.	VOLUME D'AIR A ÉVACUER ET A INTRODUIRE PAR HEURE.	SECTION DES CONDUITS DE FUMÉE.	AIRE DE PASSAGE DE LA MITRE.	SECTION TOTALE DE LA GAINE DE PASSAGE DE L'AIR NOUVEAU.
100mc	500mc	0mq,050	0mq,025	0mq,140
120	600	0 ,060	0 ,030	0 ,168
150	750	0 ,075	0 ,038	0 ,210
180	900	0 ,090	0 ,045	0 ,152
220	1100	0 ,110	0 ,051	0 ,308
260	1300	0 ,130	0 ,065	0 ,364
300	1500	0 ,150	0 ,075	0 ,420

390. **Calcul des dimensions des cheminées à feu ouvert.** —
D'après M. Morin, pour assurer la salubrité des appartements
d'habitation, il est prudent d'admettre que l'air doit y être renouvelé
cinq fois par heure. C'est à l'aide de cette règle qu'on calcule le

volume d'air que la cheminée doit aspirer par seconde. On admet
également, comme nous l'avons dit plus haut, que la vitesse d'écoulement de l'air à l'orifice libre de la mitre ne peut pas être moindre
que 3^m.

Connaissant la température T' que doit avoir l'air de la salle à
chauffer et la température T de l'air extérieur, on peut, comme nous
le verrons plus loin, calculer la perte de chaleur p, qui s'effectue par
transmission à travers les murs et les vitres du local.

Cela posé : soit x le volume d'air à T° qu'il faut introduire par heure
dans le local et C, la capacité de celui-ci en mètres cubes, on devra
avoir : $x (1 + aT') : (1 + aT) = 5C$. Soit, en outre, p', quantité de
chaleur nécessaire pour chauffer ce volume d'air de T à T'. On calculera p' au moyen de l'équation :

$$p' = \frac{x . 1,293 . 0,237 \ (T' - T)}{(1 + aT)} .$$

S'il s'agit d'une cheminée ordinaire dont l'effet utile est de 0,12,
la quantité de chaleur utilisée par kilogramme de houille brûlée
sera $0,12 . 8000 = 960$ calories, la puissance calorifique de ce combustible étant supposée égale à 8000 calories. Par conséquent, le
poids de houille à brûler par heure sera $(p + p') : 960 = P$. Ce
poids P de houille communiquera au volume d'air à évacuer
$(8000 - 960)P$ calories. A l'aide de cette donnée, on calculera
facilement de combien de degrés s'échauffera l'air de la salle à son
entrée dans la cheminée et on trouvera ainsi t. Alors dans la formule
du n° 384, on introduira les valeurs de t, de H et celles des sections A et A₁ données par le tableau XXI (n° 389), puis, on calculera U, et ensuite le volume d'air évacué en une heure par la
cheminée, ramené à T'. Si ce volume est égal à cinq fois la capacité de
la salle, on adopte les sections A et A₁. S'il est plus petit, on refait
les calculs en prenant une valeur de A un peu plus grande et ainsi
de suite jusqu'à ce que le résultat demandé soit obtenu.

391. Calcul des dimensions d'un foyer Douglas. — S'il s'agit
d'un foyer Douglas, dont l'effet utile est 0,32, on utilise par kilogramme de houille brûlée environ 2560 calories, et par conséquent,
si nous conservons les notations du n° précédent, le poids P de houille
à brûler par heure est égal à $(p + p') : 2560$.

Le volume d'air x, dilaté à 32°, devra traverser l'ouverture supérieure de la gaîne. Pour s'assurer s'il en est ainsi, il faut, en adoptant
la section indiquée dans le tableau XXIII, n° 389, calculer la vitesse

de l'air dans la gaîne et voir si la section indiquée produit le débit voulu. Ce calcul se fera en admettant que l'air dans la gaîne a une température égale à $\dfrac{T + 32}{2}$ degrés.

La température t de la fumée se calculera en observant que le poids P de houille communique à l'air aspiré un nombre de calories égal à $(8000 - 2560)$ P.

On voit, d'après cela, que la température des produits de la combustion sera moins élevée dans les foyers Douglas que dans les foyers ordinaires. Pour un même volume d'air à évacuer, les cheminées des premiers devront donc avoir une section plus grande que celles des seconds, contrairement aux indications des tableaux ci-dessus de M. Morin. On peut toutefois admettre les valeurs de ces tableaux à titre de première approximation.

392. **Fumée des cheminées.** — La fumée est un des grands inconvénients des foyers découverts et l'on a souvent de la peine à l'éviter.

Les principales causes qui occasionnent la fumée des cheminées sont : 1° l'arrivée dans la cheminée d'une quantité d'air moindre que celle qui tend à s'écouler par le fait du tirage ; 2° l'influence d'une cheminée sur une autre ; 3° l'action du vent ; et 4° l'action du soleil.

393. **Arrivée d'une quantité d'air insuffisante.** — Supposons une cheminée établie dans une chambre fermée. Si l'air nécessaire pour le tirage ne peut pas s'introduire par les joints des portes et des fenêtres, il s'introduira par la cheminée elle-même, pourvu qu'elle soit assez large. Il s'établira alors dans la cheminée un double courant; l'un ascendant, formé par les produits de la combustion et l'autre descendant, formé par l'air pris au dehors. Ce dernier courant se mélangeant plus ou moins avec le premier, introduira la fumée dans la pièce.

394. **Influence d'une cheminée sur une autre.** — Supposons deux chambres en communication par une porte et renfermant chacune une cheminée. Si les joints des portes et des fenêtres sont insuffisants pour alimenter d'air les deux cheminées, il arrivera inévitablement que le tirage de l'une d'elles, aura lieu au moyen d'air entré par l'autre. Cette dernière étant allumée, produira alors nécessairement de la fumée qui se répandra dans les deux pièces. La fumée peut même se produire sans que la cheminée soit allumée. Il suffit, pour cela, que les tuyaux des deux cheminées se terminent l'un à côté de l'autre au-dessus du toit, et que l'une de ces cheminées soit allumée et soit obligée, pour son tirage, d'appeler de l'air à travers la seconde.

L'air aspiré dans le voisinage de la cheminée en activité, se chargera de fumée qui pénétrera dans la chambre où se trouve la cheminée. Le seul remède, dans ces deux cas, consiste à établir de larges prises d'air dans les deux chambres et à exhausser l'une des cheminées, afin que son orifice soit à une plus grande distance de celui de l'autre.

395. **Action du vent.** — Comme la vitesse d'écoulement dans les cheminées est toujours très-faible, on conçoit que le vent, surtout s'il est intense et dirigé obliquement de haut en bas, pourra faire refluer la fumée dans les appartements. Il convient, pour éviter cet effet, d'adapter aux cheminées la mitre conique dont il a été question plus haut ou tout autre appareil analogue (n°s 229 et 330).

396. **Action du soleil.** — Supposons que le soleil vienne à échauffer la façade d'une maison ; il s'établira à l'extérieur, le long du mur, un courant ascendant d'air qui pourra aspirer l'air des chambres et nuire au tirage des cheminées qui y seraient établies, de façon à les faire fumer dans certaines circonstances.

397. **Cheminées d'appartement chauffées au gaz.** — Si l'on calcule la quantité de chaleur que le gaz d'éclairage obtenu, soit de la houille, soit du bog-head, peut développer en brûlant dans l'air, et si l'on compare cette quantité avec celle que produisent les combustibles usuels, on verra, en tenant compte des prix moyens, que le chauffage au gaz coûterait à peu près une fois et demie autant que par le charbon de bois, trois fois autant qu'avec les bois durs ou légers, et quatre fois plus que par la houille ou le coke ; mais, si l'on porte en ligne de compte les déperditions parfois très-considérables de chaleur auxquelles donnent lieu les combustibles ordinaires pendant l'allumage et après l'extinction lorsque la chaleur communiquée aux fourneaux et aux cheminées devient inutile ; on verra qu'en beaucoup d'occasions où il s'agit de développer rapidement et de supprimer à volonté des quantités de chaleur très-variables, le chauffage au gaz devient à la fois le plus économique et le plus commode à employer.

C'est surtout dans les opérations des laboratoires de chimie que les avantages du chauffage au gaz ont été plus particulièrement reconnus. Cependant on emploie aussi quelquefois ce chauffage dans les cuisines et les appartements. C'est à cette dernière application que nous allons consacrer quelque lignes.

Les figures 1 et 2, pl. VIII, p. 272, montrent la disposition d'une cheminée d'appartement qui chauffe par rayonnement de corps réfractaires portés au rouge par la flamme. Le foyer est composé de corps creux en terre cuite, représentant par leur face externe les formes

des bûches ordinaires de bois; à la partie antérieure de nombreuses
ouvertures livrent passage à de petits jets de flamme, les uns isolés,
les autres réunis par groupes et qui échauffent au rouge de petites
touffes d'amiante e, e.

Le gaz, introduit par un tube à robinet en a, circule librement dans
la cavité générale bcd, pour sortir par les petites ouvertures
antérieures.

Un deuxième corps en terre cuite offrant une cavité supporte le
premier et laisse circuler en f, h, g, l'air de l'appartement qui
emprunte de la chaleur à cette masse.

ARTICLE DEUXIÈME.

DU CHAUFFAGE DE L'AIR PAR LES POÊLES.

398. Définition des poêles. — Les poêles sont des appareils placés
dans l'intérieur des appartements et consistant en une capacité
fermée dont les parois sont en maçonnerie ou en métal et dans
laquelle on brûle le combustible. A la sortie du foyer, la fumée se
rend, soit directement, soit après diverses circulations, dans un tuyau
en tôle qui la conduit dans une cheminée. La grille, sur laquelle on
brûle ordinairement le combustible, se trouve disposée à la partie
inférieure de l'appareil, au-dessus du cendrier. Celui-ci communique,
tantôt avec l'appartement, tantôt avec une salle voisine ou même
avec l'air extérieur. Les poêles se construisent en tôle, en fonte, en
faïence ou en briques.

399. Échauffement et refroidissement des poêles. — Les poêles
en métal, pour la même étendue de surface et la même quantité de
combustible brûlé, refroidissent plus la fumée que ceux qui sont en
faïence ou en briques, parce que les métaux conduisent mieux la
chaleur : ainsi, les poêles en terre cuite doivent avoir plus de volume
et plus de surface de chauffe que ceux en métal.

Les poêles en métal s'échauffent rapidement et se refroidissent de
même; ceux de maçonnerie et de faïence, au contraire, s'échauffent
lentement, mais, une fois échauffés, ils cèdent lentement leur chaleur
et entretiennent longtemps une douce température.

Dans les poêles en métal, il est avantageux que la combustion soit
lente et permanente. Dans les poêles en terre cuite, il est bon qu'elle
soit vive, et ne dure que le temps nécessaire pour échauffer la masse
de l'appareil, opération qu'on renouvelle à des intervalles plus ou

moins éloignés. Dans ces derniers appareils, quand le combustible est consumé, il est utile de fermer la porte du cendrier, et un registre placé dans le tuyau à fumée, afin d'éviter que le poêle ne soit traversé par un courant d'air qui le refroidirait infructueusement.

400. **Division des poêles.** — On divise les poêles en poêles *simples* ou poêles *sans circulation* et poêles *à circulation*. Ces derniers sont souvent, mais improprement, désignés sous le nom de *calorifères*. Il vaut mieux réserver cette dernière dénomination aux appareils qui servent à chauffer de l'air pris à l'extérieur et qui versent ensuite cet air dans les pièces destinées à le recevoir. Cependant pour ne pas trop nous écarter des usages reçus, nous appellerons les poêles à circulation *poêles-calorifères*.

401. **Poêles simples avec ou sans enveloppe.** — Le poêle le plus simple consiste en une colonne en fonte de 1 à 2^m de hauteur, montée sur trois pieds ou sur un socle formant cendrier, fermée à sa partie inférieure et munie d'une grille placée entre deux portes. La partie supérieure de la colonne communique avec le tuyau à fumée. Ce poêle a l'inconvénient de rougir très-facilement et alors non-seulement il n'est plus possible d'en approcher, mais encore, d'après MM. Troost et Deville, le métal porté au rouge peut livrer passage aux produits de la combustion, principalement à l'oxyde de carbone. De là le malaise et les maux de tête que ces appareils occasionnent quelquefois.

De plus, les matières organiques qui se trouvent en suspension dans l'air sont décomposées au contact du métal chauffé au rouge et il en résulte une mauvaise odeur. Enfin, l'air ne tarde pas à se dessécher et à causer de la gêne dans la respiration. Cette dessication de l'air n'est pourtant qu'apparente. Elle résulte de ce que, pour un même contenu en vapeur d'eau, l'air chaud est bien plus éloigné de son état de saturation que l'air froid, ce qui le fait paraître plus sec que ce dernier.

402. **Vapeur d'eau nécessaire pour remédier à la dessication de l'air.** — Nous venons de voir que les poêles ont l'inconvénient de dessécher l'air et de le rendre par là nuisible à la santé. Aussi la plupart des auteurs recommandent-ils de disposer sur le poêle ou dans les conduits d'air chaud, des vases remplis d'eau, afin que ce gaz puisse se charger d'une quantité de vapeur d'eau suffisante pour lui donner un degré d'humidité convenable.

On estime que la quantité d'eau à donner à l'air par jour peut être évaluée pour une salle de 100^{mc} à 1 1/2 ou 2 litres.

Dans les pays où l'air est habituellement chargé de beaucoup de vapeur d'eau, comme en Hollande, en Belgique et en Angleterre, on se dispense généralement de la précaution que nous venons d'indiquer.

403. **Poêle en fonte à enveloppe en tôle.** — Il existe un moyen très-simple de remédier aux défauts des poêles en fonte. Il suffit à cet effet d'entourer le foyer d'un revêtement réfractaire en briques, afin d'empêcher le contact du métal avec le combustible, et, en outre, de donner au poêle une enveloppe cylindrique en tôle. On fait communiquer l'intervalle entre cette enveloppe et le poêle, à la partie inférieure, avec l'air de la chambre ou avec l'air extérieur, et, à la partie supérieure, par une ou plusieurs ouvertures appelées *bouches de chaleur*, avec la pièce à chauffer. L'air frais pris à l'extérieur ou dans l'appartement même, s'élève en s'échauffant dans l'intervalle des deux parois de métal et s'échappe, au sommet de l'appareil, par les bouches de chaleur.

L'enveloppe dont il s'agit remplit un double but, elle favorise la transmission de la chaleur en accélérant la vitesse de l'air ascendant; de cette façon, elle empêche le poêle de rougir. En second lieu, elle diminue la quantité de chaleur rayonnée qui peut pénétrer dans l'appartement, ce qui est un avantage très-réel, puisque les rayons de chaleur, à cause de la grande diathermansie de l'air, contribuent peu à l'échauffement de ce gaz. Ces rayons sont, en majeure partie, absorbés par les murs ou transmis par les vitres et, par conséquent, perdus pour l'échauffement de la salle. On a donc tout intérêt à les supprimer, et c'est à quoi l'on arrive, au moins en partie, par l'emploi de l'enveloppe en tôle.

404. **Poêles-calorifères.** — Dans les poêles à circulation, on se propose de distribuer la surface de chauffe de façon qu'elle occupe le moins d'espace possible. Le meilleur moyen d'atteindre ce but consiste à disposer au-dessus du foyer une colonne verticale de fonte, comme dans les poêles simples, et à faire communiquer la partie supérieure de cette colonne avec deux ou un plus grand nombre de tuyaux verticaux descendants, qui amènent la fumée dans un conduit communiquant avec la cheminée. L'expérience et la théorie indiquent, en effet, que la fumée se répartit toujours également entre des canaux descendants, ce qu'elle ne ferait pas si on lui présentait simultanément différents conduits verticaux dans lesquelles elle pourrait monter (n° 169). Pour les motifs indiqués plus haut à l'occasion des poêles simples, et aussi pour donner meilleur aspect à l'appareil, les conduits descendants doivent être entourés d'une enveloppe en tôle, qui reçoit l'air frais par sa

partie inférieure et le verse, chauffé, par sa partie supérieure, dans la salle.

405. Poêle-calorifère de d'Hamelincourt. — Les principes que nous venons d'indiquer sont observés dans le poêle-calorifère de d'Hamelincourt. Cet appareil est représenté par les figures 3 et 4, pl. VIII, p. 272. Le foyer est placé au centre. Il est formé d'une grille et de quatre plaques épaisses de fonte qu'on peut facilement remplacer quand elles sont usées. Les produits de la combustion s'élèvent verticalement jusque dans la chambre D, où ils se divisent pour descendre par les six tuyaux elliptiques GH et EF; ils arrivent ainsi à la chambre A, qui communique avec une cheminée. Pour détruire le mauvais effet des dilatations inégales, on a employé des joints de sable.

Toute cette partie de l'appareil est en fonte et entourée d'une enveloppe rectangulaire en tôle. L'air froid arrive par la partie inférieure, s'échauffe, sans rencontrer d'obstacles, au contact de toutes les parois métalliques, et sort dans la pièce par une large bouche de chaleur.

La disposition que nous venons d'indiquer est préférable à celle qui consiste à faire descendre la fumée par des tuyaux horizontaux successifs, parce que toute la surface des tuyaux descendants est utilisée, ce qui n'a pas lieu pour les tuyaux horizontaux.

Depuis l'invention des poêles à nervures, dont il sera question au n° suivant, on n'emploie plus guère de poêles simples à tuyaux descendants. On réserve cette disposition pour les calorifères.

406. Poêle à tubes réchauffeurs de Gold. — Bien que ce poêle repose, comme celui de d'Hamelincourt, sur le principe des conduits descendants, nous croyons cependant devoir le décrire, parce qu'il présente une disposition très-simple pour allumer le feu lorsqu'on veut faire fonctionner l'appareil.

Les fig. 6 et 7, pl. VIII, p. 272, font connaître la construction de ce poêle ; la première, en représente une section verticale et la seconde, une coupe horizontale. Le foyer F est contenu dans un cylindre de fonte *a*, garni à l'intérieur d'un revêtement réfractaire. Ce cylindre est recouvert d'une cloche *b* en tôle, également de forme cylindrique, et à travers laquelle passent huit tuyaux verticaux, *c*, *c*, …. Au sortir du foyer, la fumée descend dans l'espace annulaire compris entre les cylindres *a* et *b* et de là il se rend dans le tuyau R qui la conduit dans la cheminée.

Lorsqu'on veut allumer le feu, on ouvre le registre K et la fumée se rend alors directement dans la cheminée.

Une partie de l'air froid s'introduit par les ouvertures *e, e, ...*, dans l'espace entre M et *b*, et s'échauffe au contact de ces cylindres; une autre partie s'échauffe en traversant les tuyaux *c*. Enfin, tout le volume d'air chauffé se rend dans la salle par différentes bouches de chaleur (STROHMAYER, *Bericht über die Heizung und Ventilations Apparate der Weltaustellung in Philadelphia* 1876, Wien 1877).

407. **Surfaces de chauffe à nervures.** — On peut obtenir une augmentation notable de la surface de chauffe des poêles en garnissant la surface extérieure de ces appareils de nervures venues à la fonte. Ces nervures sont disposées suivant une génératrice de la surface cylindrique extérieure du poêle et des tuyaux descendants, si les produits de la combustion ne se rendent pas directement de la colonne du poêle dans le tuyau à fumée.

Le degré de saillie qu'on donne aux nervures varie d'après les constructeurs. Dans les poêles simples, sans enveloppe, que l'on fabrique dans le Grand-Duché de Luxembourg, les nervures ont 8 à 9 centimètres de saillie, et un centimètre d'épaisseur à la base. L'intervalle qui les sépare, deux à deux, est de 2 centimètres, de sorte qu'elles occupent le tiers de la surface cylindrique de l'appareil. M. Cuau, à Paris, remplace les nervures pleines par des nervures ou ailettes creuses.

La fig. 5, pl. VIII, p. 272, représente le poêle à nervures de MM. Geneste et Herscher (PÉCLET, t. II, p. 475). Il se compose d'une série de bagues ou cylindres en fonte, emboîtées à feuillure libre, l'une au-dessus de l'autre et dont la surface extérieure est munie de nervures. L'appareil est posé sur un socle formant cendrier; ce dernier porte à sa partie supérieure un vase annulaire plein d'eau, pour maintenir l'air au degré d'humidité convenable. L'appareil est fermé à la partie supérieure par une coupole également garnie de nervures.

Les poêles à nervures, à cause de la grande surface qu'ils présentent, ont l'avantage d'augmenter le refroidissement de la fonte et de l'empêcher de rougir, ce qui dispense d'entourer le foyer d'un revêtement en briques, dont la durée n'est jamais fort longue, à cause de l'action des cendres sur l'argile.

408. **Poêle-calorifère à alimentation continue.** — Comme type des appareils à alimentation continue, on peut prendre celui qui est représenté par la figure 91. Il se compose de trois enveloppes concentriques : l'enveloppe centrale, qui a la forme d'un tronc de cône droit, est ouverte en bas et fermée en haut par un couvercle. La

grille se trouve au-dessous de la grande base de cette enveloppe. Les deux autres enveloppes sont cylindriques. La troisième ou la plus extérieure, est plus ou moins décorée.

L'air extérieur arrive par un caniveau à registre, passe, en partie, sous la grille où il détermine la combustion, en partie, dans l'intervalle entre les deux enveloppes extérieures où il s'échauffe, pour s'échapper ensuite dans l'appartement. Quant aux produits de la combustion, ils passent entre l'enveloppe centrale et l'enveloppe moyenne et se rendent ensuite dans la cheminée au moyen d'un tuyau en tôle. Une cloison transversale, disposée un peu au-dessus de la moitié de la hauteur de l'appareil et percée d'un orifice opposé au tuyau de fumée, force l'air brûlé à circuler dans toutes les parties entre les deux enveloppes. Le calorifère est muni à sa partie inférieure d'une porte qu'on ouvre pour allumer le feu et qu'on ferme ensuite. Cela fait, on remplit le tronc de cône central de combustible pour la journée et on ferme son orifice supérieur. Le combustible employé est du coke. Dans l'espace au-dessus des enveloppes, on peut placer un vase renfermant de l'eau, pour maintenir l'air de la pièce au degré hygrométrique voulu.

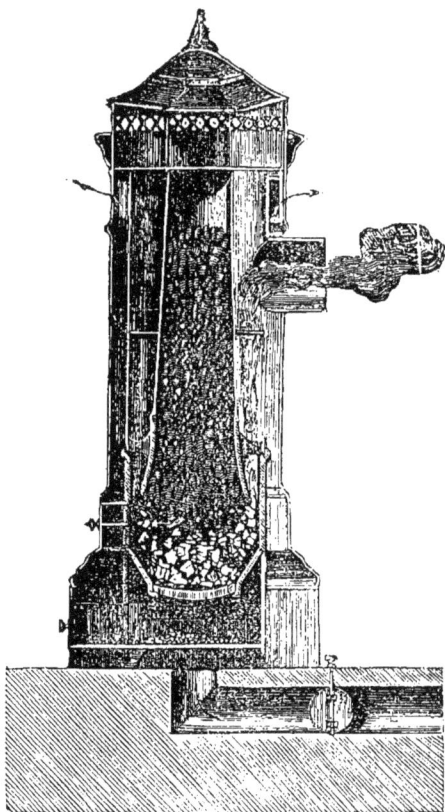

Fig. 91.

409. Appréciation du chauffage par les poêles. — De tous les procédés de chauffage, celui par les poêles ou mieux par les poêles-calorifères est le plus économique. En effet, si la surface du poêle augmentée de celle du tuyau à fumée est suffisamment grande, on peut refroidir la fumée à 100°, sans nuire au tirage, et réaliser un rendement d'au moins 90 % de la quantité de chaleur dégagée par le combustible.

Mais à côté de cet avantage, les poêles présentent des inconvénients. Leur chauffage est irrégulier, ils dessèchent l'air et le vicient par l'oxyde de carbone qu'ils peuvent y introduire, et ils ne donnent qu'une ventilation insuffisante. Enfin, ils ne permettent pas de porter la chaleur à une distance de plus de 6 à 10^m; de là la nécessité de multiplier les appareils pour les grandes salles, ce qui est un inconvénient très-sérieux.

410. **Transmission de la chaleur à travers des poêles.** — Supposons, ce qui s'éloigne peu de réalité, que la température des produits de la combustion dans le foyer soit de 1000°, et que ces gaz, après avoir traversé la colonne du poêle et le tuyau à fumée, possèdent encore, à leur entrée dans la cheminée, une température de 100°. Leur température moyenne sera, par conséquent, de (1000 + 100) : 2 = 550°.

L'air à chauffer étant pris à 0° et porté, dans la pièce, à 20°, sa température moyenne sera de 10°. Par conséquent, la différence moyenne des températures sera de 550 — 10 = 540°.

Comme dans le cas des appareils de chauffage qui nous occupent, l'air s'échauffe par rayonnement et par contact, on peut admettre que chaque mètre carré de surface de chauffe transmet, par heure et pour une différence de température de 1°, au moins de 7 à 8 calories (n° 329). Pour 540° de différence, la quantité de chaleur transmise sera donc de 540.7 = 3780 calories environ.

Mais la transmission est, en réalité, beaucoup moindre, parce que le calcul qui précède repose sur la méthode pratique exposée au n° 334, laquelle conduit toujours à des résultats trop grands. En faisant le calcul au moyen de l'une ou de l'autre des trois formules relatives au cas où le corps chaud est en mouvement (n° 335) et en adoptant même 8 pour coefficient de transmission on trouve que la chaleur transmise par mètre carré et par heure est comprise entre 2100 et 2500 calories. Cependant, comme le coefficient de transmission est certainement supérieur à 7 et même à 8, nous croyons qu'on ne s'éloignera pas beaucoup de la réalité en admettant que les poêles transmettent, par heure et par mètre carré de surface exposée à l'action du feu ou au contact de la fumée, 3000 calories, chiffre également adopté par Grouvelle, dans l'article sur le chauffage qu'il a publié dans le *Dictionnaire des Arts et Manufactures* de M. Ch. Laboulaye.

411. **Calcul de la surface de chauffe des poêles.** — D'après cela, pour déterminer la surface de chauffe d'un poêle destiné à chauffer une

pièce, il faut d'abord calculer le nombre maximum de calories qu'il doit transmettre par heure (v. 5ᵉ section), puis diviser ce nombre par 3000. Le quotient obtenu exprimera, en mètres carrés, la surface de chauffe à adopter. Cette surface conviendra pour les temps les plus froids, pendant lesquels on pousse constamment le feu avec vigueur. Elle conviendra également pour les temps ordinaires, pourvu qu'on brûle alors moins de combustible, afin de diminuer la production de chaleur.

La puissance calorifique de la houille étant, en général, comprise entre 7000 et 8000 calories, dont 6000 à 6500 à peu près sont utilisées dans le chauffage par les poêles, on voit que pour chaque kilogramme de houille à brûler par heure, il faut une surface de chauffe d'environ deux mètres carrés.

A poids égal, le bois dégage deux fois moins de chaleur que la houille, et il exige, par conséquent, une surface de chauffe deux fois moindre que ce dernier combustible.

412. **Surface de la grille.** — Dans les poêles, on consomme, en marche moyenne, 40 à 50 kilogrammes de houille, par heure et par mètre carré de grille, mais cette consommation peut être portée à 100 kilogrammes par mètre carré.

D'après Grouvelle[1], pour 1 kilogramme de houille et pour 2ᵏ de bois à brûler par heure, il faut 2 décimètres carrés de section des tuyaux de fumée et 5 décimètres carrés de grille.

413. **Volumes d'air nécessaires pour la combustion.** — M. Morin[2] a trouvé que, dans les poêles, le volume d'air appelé par kilogramme de combustible brûlé, est d'environ 5 mètres cubes pour le bois, de 12 à 15 mètres cubes pour la houille et de 10 à 15 mètres cubes pour le coke.

414. **Volume d'air renouvelé par les poêles.** — M. Morin a trouvé également que, dans le chauffage par les poêles, le volume d'air renouvelé par heure est tout au plus égal au cinquième environ de celui qui est contenu dans la pièce chauffée.

415. **Règle pratique pour la détermination de la surface de chauffe des poêles.** — Suivant Grouvelle[3], 1000 mètres cubes de logement habité exigent, dans les grands froids, pour être maintenus

(1) Art. *Chauffage, dans le dictionnaire des Arts et Manufactures*, DE M. LABOULAYE. 4ᵉ édition, Paris.
(2) MORIN, *Guide pratique du chauffage et de la ventilation*, p. 78.
(3) Art. *Chauffage dans le dictionnaire des Arts et Manufactures*, DE M. LABOULAYE.

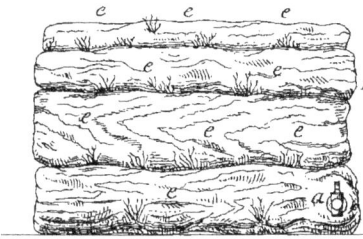

Fig. 1.

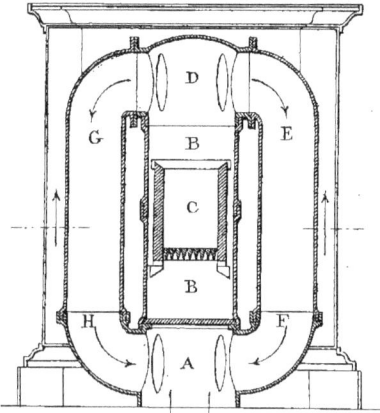

Fig. 3.

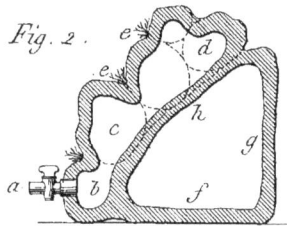

Fig. 2.

Fig. 4.

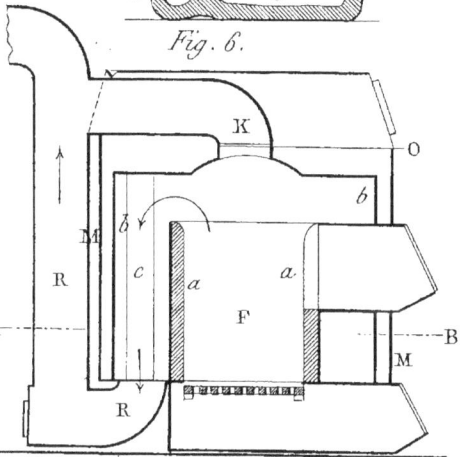

Fig. 6.

Fig. 5.

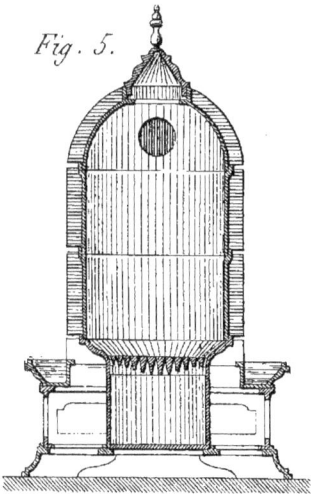

Fig. 7.

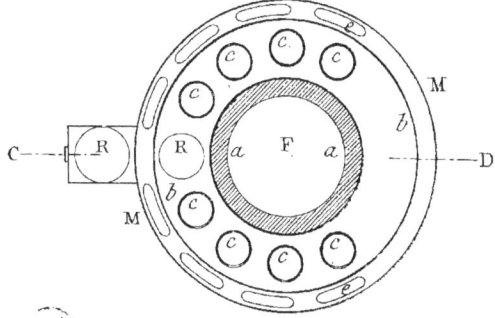

à 16 ou 18°, 14 à 15000 calories par heure, et, par conséquent, dans le cas d'un chauffage par les poêles, une surface de chauffe de 4 à 6 mètres carrés.

Nous croyons devoir présenter quelques observations sur les chiffres qui précèdent. En ce qui concerne d'abord la quantité de chaleur nécessaire pour le chauffage d'un local de 1000^{mc} de capacité, elle est certainement, en général, de beaucoup supérieure à la valeur que lui assigne Grouvelle. En effet, dans une de ses expériences, M. Morin [1] a constaté que pour élever seulement de 10 à 12° la température d'une salle de 1000^{mc} et y renouveler l'air deux fois par heure, il fallait 28000 calories et une dépense de 4 à 5 kilogrammes de houille. Or, de ces 28000 calories, 8000 environ ont servi au chauffage de l'air de ventilation, et, par conséquent, la perte de chaleur par les murs et les fenêtres du local a été de 20000 calories. Cette perte aurait été presque double s'il avait fallu, comme cela peut se présenter pendant les grands froids, chauffer la salle à 20 degrés au-dessus de la température de l'air extérieur.

Cependant, même dans ce dernier cas, les 4 à 6 mètres carrés de surface de chauffe prescrits par la règle pratique de Grouvelle, pourraient suffire au chauffage de la salle, mais à condition de pousser vivement le feu (ce qui est possible à cause des grandes dimensions que Grouvelle donne à la grille de ses foyers) et de laisser échapper les produits de la combustion à une température de 4 à 500°, au lieu de les refroidir à 100°, comme l'exige le bon emploi du combustible. En effet, dans ces circonstances, un poêle en fonte, avec une enveloppe en tôle, peut transmettre par heure, à travers une surface de chauffe de 0^{mq},8979, jusqu'à 18000 calories [2].

Ce qui précède montre qu'il ne faut pas attacher trop d'importance à la règle pratique de Grouvelle. Cependant si l'on tenait à avoir une règle pratique, on pourrait donner 4 à 6^{mq} de surface de chauffe au poêle proprement dit et 2 mètres carrés de surface aux tuyaux de fumée, pour 1000^{mc} de capacité à chauffer.

De cette manière on aurait une surface de chauffe d'environ 8^{mq}, qui permettrait de bien utiliser la chaleur emportée par les produits de la combustion. Cette surface est la moitié de celle que M. Morin indique pour les calorifères et l'on est assez généralement d'accord

[1] Morin, *Manuel pratique du chauffage et de la ventilation*, p. 141.
[2] Morin, *Guide pratique du chauffage et de la ventilation*, p. 87.

pour admettre que l'effet utile de ces derniers n'est que la moitié environ de celui des poêles.

416. Transmission de chaleur à travers les surfaces de chauffe à nervures. — Les nervures dont on munit le cylindre des poêles et souvent aussi les tuyaux descendants des calorifères, procurent une augmentation considérable de la surface de chauffe de ces appareils.

Ainsi, dans le cas des poêles luxembourgeois dont il a été question plus haut, n° 407, une colonne cylindrique d'un mètre de hauteur et de 1 mètre de circonférence, est garnie d'environ 30 nervures, présentant ensemble une surface d'environ 6 mètres carrés, de sorte que la surface de chauffe totale d'une pareille colonne s'élève à environ $6^{mq},66$.

L'avantage principal de ces nervures consiste à favoriser le réchauffement de l'air par contact avec leurs deux surfaces. En effet, l'espace entre deux nervures successives forme une espèce de cheminée dans laquelle l'air à chauffer pénètre par en bas et qu'il parcourt avec une vitesse d'autant plus considérable que les nervures ont plus de hauteur. Par conséquent, si les nervures avaient dans toute leur étendue la température de la partie lisse de la colonne cylindrique qui les porte, elles donneraient lieu, à surface égale, à une communication de chaleur par contact bien supérieure à celle de cette dernière partie. Mais il n'en est pas ainsi, car, à cause de la chaleur qu'elles cèdent à l'air par contact et de celle qu'elles perdent par rayonnement (la quantité de chaleur perdue de cette manière est faible, car le rayonnement se fait principalement de nervure à nervure), leur température décroît rapidement depuis leur base jusqu'à leur extrémité libre. La loi de ce décroissement n'étant pas connue, il est impossible de déterminer, par le calcul, combien de chaleur les nervures cèdent à l'air par contact, dans l'unité de temps et par unité de surface. Des expériences directes permettraient seules de résoudre cette question. Mais à défaut de ces données, on peut admettre que la surface des nervures équivaut, pour la transmission de chaleur par contact, à une surface lisse de la colonne trois fois moindre, donc, dans l'exemple cité plus haut, pour les trente nervures, à une surface de deux mètres carrés.

Quant à la transmission par rayonnement, elle n'est guère modifiée par la présence des nervures.

D'après cela, on peut admettre qu'un mètre carré de la surface nervée des poêles luxembourgeois donne lieu à une transmission de chaleur par rayonnement égale à 1500^c, car la transmission par rayonnement est sensiblement égale à celle qui a lieu par contact, dans les mêmes conditions (n° 329); plus, à une transmission par contact égale à 2,66.1500 = 3990^c; et, par conséquent, à une transmission totale de 1500 + 3990 = 5490, ou, en chiffre rond, de 5500 calories.

D'après M. Hudelo (PÉCLET, *Traité de la chaleur*, t. 2, p. 477), une surface nervée équivaudrait à une surface lisse 1,5 fois plus grande. Cette évaluation, qui n'est d'ailleurs basée sur aucune considération théorique précise, nous paraît trop faible.

Selon M. MORIN (*Manuel pratique du chauffage*, p. 85), qui a fait quelques expériences sur un poêle à nervures de Gurney, il faudrait une surface totale de 13^{mq},2 pour chauffer 1000^{mc} de capacité.

417. Section du tuyau à fumée. — La section du tuyau à fumée et de la cheminée peut se calculer comme celle des cheminées de chaudières, en tenant compte de la plus faible température des produits de la combustion.

Pour une température de 100° et une cheminée de 1^m de hauteur et de 1^{mq} de section, on trouve, d'après le tableau du n° 154, qu'il s'écoule par seconde 2^k,538 de gaz ; comme il y a des résistances, le poids de gaz écoulé, au lieu d'être de 9137^k par heure, est réduit au cinquième et devient égal à 1827^k.

Si l'on admet que chaque kilogramme de houille produit 25^k de gaz dans la cheminée, on aura pour la quantité de houille brûlée 1827 : 25 = 72^k. Ainsi une cheminée de 1^m de hauteur et de 1 mètre carré de section, peut brûler 72^k de houille par heure.

Le tirage étant proportionnel à la racine carrée de la hauteur de la cheminée, on trouvera facilement que des cheminées de

4^m 9^m 10^m 15^m 20^m et 25^m de hauteur,

et de 1^{mq} de section brûleront par heure

144^k 216^k 227^k 280^k 322^k 360^k de houille.

On voit, d'après cela, que pour le chauffage d'une salle de 1000^{mc} de capacité, chauffage qui exige rarement plus de 2 à 3^k de houille par heure, il suffira de faire usage d'une cheminée ayant, par exemple, 9^m de hauteur et 3 : 216 = 0^{mq},014 de section, soit environ 1,5 décimètres carrés. Habituellement, on donne cette section au tuyau de fumée et une section plus grande à la cheminée. Grouvelle donne au tuyau de fumée 2 décimètres carrés de section pour 1 kilogramme de houille et 2 kilogrammes de bois à brûler par heure, avec 5 décimètres carrés de grille[1], mais ces dimensions sont évidemment exagérées.

418. Emploi du gaz pour le chauffage des poêles. — A Londres, on emploie quelquefois des poêles dans lesquels se trouve une couronne percée d'un grand nombre de trous pour allumer et brûler le gaz. Cette couronne est entourée d'une enveloppe métallique ornementée, dans laquelle on fait passer, soit de l'air extérieur, qui se verse dans la salle, soit l'air de la salle même : cet air reçoit la chaleur développée par la combustion du gaz et la transmet à la salle à chauffer. Cet appareil chauffe vite et bien ; mais il a le défaut grave de verser dans la salle l'acide carbonique et l'acide sulfureux résultant de la combustion du gaz ; pour diminuer cet inconvénient, on a soin de percer dans le plafond des ouvertures qui servent à emporter l'air vicié et à assainir la salle.

419. Poêle à gaz de M. Vanderkelen, à Bruxelles. — Cet appareil, représenté par la fig. 92, n'a pas l'inconvénient que nous venons d'indiquer. Il se compose d'un cylindre en tôle, monté sur un socle. Dans l'intérieur de ce cylindre se trouve une espèce de double tronc de cône C, également en tôle et qui se termine inférieurement par un tuyau cylindrique E. En B B, au-dessous du tronc de cône C, se trouve une couronne pour brûler le gaz qui arrive par le tuyau A. Les produits de la combustion circulent autour de l'enveloppe C, lui cèdent la majeure partie de leur chaleur et s'échappent ensuite par le tuyau D, qui les conduit dans une cheminée. L'air froid de la salle ou mieux l'air extérieur arrive par le tuyau E dans l'intérieur de l'enveloppe C, s'y échauffe et s'écoule

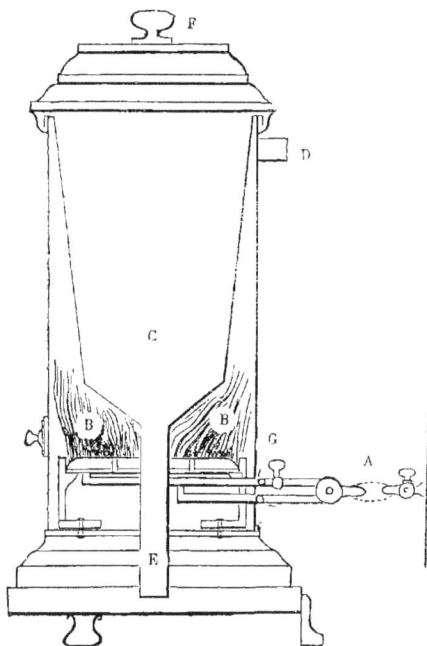

Fig. 92.

(1) *Dictionnaire des Arts et Manufactures*, 4e édition, Paris, *Art. Chauffage*.

ensuite en F ou par des bouches de chaleur latérales, dans la pièce à chauffer. G, robinet pour régler l'écoulement du gaz.

Ce poêle, qui paraît très-bien disposé, peut brûler jusqu'à 400 litres de gaz par heure et produire, par conséquent, environ 2400 calories.

420. **Poêles à gaz de l'hôpital Saint-Louis, à Paris.** — Il y a en France un établissement public chauffé complètement au gaz, et il paraît que les résultats sont excellents ; c'est l'hôpital Saint-Louis, qui possède une usine à gaz à l'aide de laquelle le gaz, obtenu dans des conditions économiques, coûte seulement de 5 à 6 centimes le mètre cube.

Toutes les salles de malades de l'hôpital sont chauffées par de gros poêles en tôle, avec une galerie de cuivre sur le haut, pour maintenir les pots de tisane qu'on y place.

Le principe de ces poêles, contraire à celui des poêles anglais, est d'isoler complètement l'air qui sert à brûler le gaz et les produits infects de sa combustion, de l'air pur que l'on chauffe et que l'on verse dans la salle.

Il y a deux arrivées d'air distinctes, et qui viennent de la même prise extérieure, mais qui sont séparées par une cloison à un mètre au moins du poêle.

L'air qui a servi à la combustion du gaz est forcé de redescendre, pour passer sous des plaques de fonte qui entourent le poêle et qui servent de chaufferettes aux malades. Cet air vicié est ensuite emporté dans une cheminée établie dans les murs du bâtiment.

Le gaz est brûlé sur une couronne de becs, que l'on allume ou que l'on éteint par le jeu d'un robinet manœuvré de la salle, à travers le plancher. Il brûle sous une pièce de fonte, semblable à une cloche de calorifère.

L'air pur destiné à chauffer et à assainir la salle, amené, par un canal distinct, vient s'échauffer autour de la cloche, et de là il passe entre deux surfaces métalliques chauffées par la flamme et la fumée du gaz, pour être versé dans la salle à l'aide de quatre larges bouches de chaleur. Au-dessous du bain de sable à tisanes et au-dessus du calorifère, est une capacité en communication, au moyen de grandes ouvertures, avec la salle dont elle facilite l'échauffement.

Ces poêles coûtent, chacun, 800 francs.

Deux de ces poêles, de 13 becs et de 1ᵐ de diamètre sur 1ᵐ,20 de haut, allumés 24 heures, chauffent parfaitement une salle de 1200 mètres cubes, contenant 45 lits. Les deux poêles brûlent ensemble 3 mètres cubes de gaz à l'heure. Leur surface de chauffe est de

18 mètres carrés. En admettant que cette surface soit portée à une température moyenne de 135°, ce qui paraît peu s'éloigner de la réalité, elle émettra par heure environ 18.8 (135 — 15) = 16280 calories (n° 329). Si la salle était chauffée à l'aide de poêles ordinaires, elle exigerait environ 3 kilogrammes de houille par heure, qui y verseraient une quantité de chaleur égale. Un mètre cube de gaz dégageant 6000 calories, on voit que la chaleur produite est bien utilisée.

421. Observation relative aux appareils à gaz. — Nous terminerons cet article sur les poêles à gaz par une observation qui s'applique à tous les appareils dans lesquels on utilise la chaleur dégagée par la combustion du gaz. Dans l'intérêt de la salubrité, il convient que ces appareils soient disposés de façon à ce que les gaz de la combustion, bien qu'ils soient exempts de fumée, trouvent une issue constante dans une cheminée, lors même que le gaz employé serait assez bien épuré de toute combinaison sulfurée pour ne produire aucune trace d'acide sulfureux, car dans ce cas là même l'acide carbonique suffirait pour vicier l'air respirable, et la vapeur d'eau ternirait les glaces, altérerait divers objets d'ameublement, et aurait quelques autres inconvénients notables.

ARTICLE TROISIÈME.

DU CHAUFFAGE DE L'AIR PAR LES CALORIFÈRES.

422. Définition des calorifères. — Les calorifères à air chaud ou simplement les calorifères sont des appareils à foyer intérieur destinés à chauffer de l'air pris à l'extérieur et à le verser ensuite dans les pièces qu'on se propose de chauffer. La température qu'ils doivent communiquer à l'air est de 100 à 150°.

423. Parties d'un calorifère. — Les calorifères sont toujours composés d'une chambre en maçonnerie renfermant un foyer et des tuyaux en tôle ou mieux en fonte, qui sont parcourus successivement ou simultanément par l'air qui s'échauffe ou par la fumée qui se refroidit.

Dans la construction de ces appareils, il faut autant que possible éviter le mauvais effet de la dilatation par la chaleur et l'élévation au rouge, des parois métalliques qui entourent le foyer. A cet effet, le foyer est séparé de ces parois par des murs en briques réfractaires. Il faut aussi se ménager les moyens de nettoyer les conduits de fumée et disposer les surfaces de chauffe de manière que tous leurs points viennent en contact avec les produits de la combustion. Que les tuyaux soient en tôle ou en fonte, ils s'assemblent par emboîtement. On ferme les joints avec de la terre à four.

424. Calorifère de Réné Duvoir. — Comme exemple de calorifère, nous décrirons, en premier lieu, celui de Réné Duvoir. Les figures 93 et 94 représentent, respectivement, deux coupes verticales de cet appareil, la première perpendiculaire à la longueur de la

 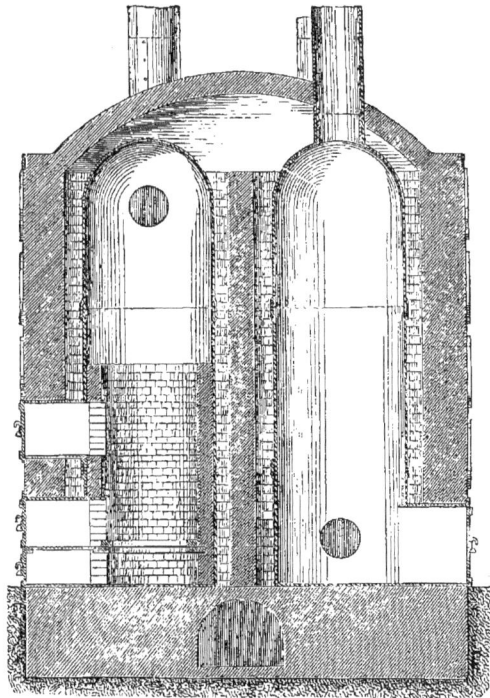

Fig. 93. Fig. 94.

grille du foyer, et la seconde, dans le sens de l'axe de cette grille. Le foyer est placé dans un cylindre de fonte, revêtu intérieurement de briques réfractaires, jusqu'à une certaine hauteur ; l'air brûlé descend simultanément par deux rangées de tuyaux et s'élève ensuite dans un second cylindre (fig. 94), d'où il passe dans la cheminée. L'air qui doit être chauffé arrive par des canaux souterrains, s'élève simultanément dans les intervalles autour des cylindres et des deux rangées de tuyaux et se réunit, en haut, dans une capacité ou chambre d'air, d'où il est conduit dans les lieux où il doit être utilisé. Tous les cylindres sont en fonte. Le foyer a deux portes : l'une, celle qui est inférieure, est destinée au nettoyage de la grille, l'autre, à l'introduction du combustible.

Lorsqu'on allume le feu pour la première fois, le tirage est très-faible, parce que la chaleur est absorbée, presque à mesure qu'elle se produit, par la masse de fonte qui environne le foyer, et la mise en train exige que l'on chauffe d'abord la cheminée. Pour cela, il y a dans le second cylindre un petit foyer additionnel qu'on n'allume que lorsque l'appareil a été pendant plusieurs jours sans fonctionner et qu'il est complètement froid. Il est à remarquer que, dans cet appareil, les houilles grasses se distillent en grande partie, à cause de la haute température de l'enveloppe du foyer. Les gaz ne brûlent pas parce que les tuyaux avec lesquels ils viennent en contact sont à une température trop basse. Les houilles sèches conviennent mieux dans ce calorifère, comme dans la plupart des autres appareils de cette classe.

Le calorifère que nous venons de décrire est compliqué et on lui préfère maintenant les calorifères à conduits descendants qui utilisent mieux la chaleur (n° 405)

425. Calorifères à nervures et à tuyaux descendants de d'Hamelincourt. — Les fig. 1 et 2, pl. IX, p. 288, représentent, la première une coupe verticale suivant CD, fig. 2, et la seconde, une coupe horizontale suivant AB, fig. 1, de ce calorifère. Cet appareil se compose d'une colonne centrale nervée C, contenant le foyer F, et de cinq tuyaux descendants t, également nervés, partagés chacun en deux compartiments par une cloison verticale, mais qui s'arrête à une certaine distance du fond, de manière à laisser entre les deux compartiments une ouverture de communication de grandeur convenable. L'un des deux compartiments de chaque tuyau descendant communique avec la partie supérieure de la colonne centrale par un tuyau cylindrique.

Les produits de la combustion s'élèvent d'abord à travers cette colonne, puis ils se partagent entre les cinq tuyaux descendants dont ils parcourent l'un des compartiments en descendant et l'autre en remontant. Enfin, ils passent dans des tuyaux cylindriques qui les conduisent dans la chambre R, d'où part un gros tuyaux T, au moyen duquel ils sont amenés dans la cheminée.

M. d'Hamelincourt admet que, pour chauffer un espace de 1000 mètres cubes, il faut une surface de chauffe totale de 12 mètres carrés, de 20 mètres carrés, pour une capacité de 2000^{mc}, de 30^{mq}, pour 3000^{mc}, et ainsi de suite, en augmentant de 10 mètres carrés la surface de chauffe pour chaque accroissement de capacité de 1000 mètres cubes.

426. **Calorifères de l'hôpital militaire du Gros-Caillou.** — Les calorifères employés à l'hôpital militaire du Gros-Caillou, en France, sont plus simples. Nous en empruntons la description à M. Morin (*Études sur la ventilation*, t. 1, p. 567, Paris, 1863). Le chauffage est obtenu, dans l'aile Sud du bâtiment, au moyen de deux calorifères, placés chacun sous le sol du rez-de-chaussée, dans la direction de l'axe longitudinal et au quart de la longueur des salles, à partir de l'une des extrémités.

La chambre du calorifère, cylindrique comme le poêle en fonte qu'elle contient, mais d'un diamètre un peu plus grand, s'évase beaucoup à sa partie supérieure où se trouve ainsi formée une sorte de chambre à air que recouvre une voûte en forme de calotte sphérique. Le calorifère est fermé au moyen d'un couvercle que l'on ôte lorsqu'on veut charger le foyer.

L'air extérieur afflue par une ouverture pratiquée à la partie inférieure de l'enveloppe du calorifère, passe autour de celui-ci, et après s'être échauffé, se rend dans la chambre à air. De cette chambre partent, dans quatre directions différentes et groupés trois à trois, douze carneaux distributeurs dont quatre, savoir un par groupe, débouchent dans chacune des salles superposées, par des orifices, au nombre de huit, ménagés au niveau du plancher, en des points choisis pour que la répartition de l'air neuf dans les salles se fasse uniformément. En été, ces diverses conduites amènent de l'air frais.

Le tuyau de fumée s'élève verticalement, puis se dirige en rampant vers une gaîne ou cheminée de ventilation ménagée dans l'une des façades du bâtiment. Ce conduit rampant et la cheminée sont compris entre deux carneaux d'arrivée de l'air neuf, afin qu'il profite l'hiver de leur chaleur.

La cheminée, qui doit fonctionner comme cheminée d'appel, communique à cet effet avec chacune des trois salles superposées par un orifice voisin du plancher. Un poêle extérieur, logé dans une petite chambre en maçonnerie, est destiné à produire la ventilation d'été.

427. **Poêles-calorifères du même hôpital (aile Nord).** — Ces poêles-calorifères, sont des poêles ordinaires, munis d'une enveloppe en tôle. Ils sont établis directement sur les planchers. L'air neuf arrive par des

carneaux ménagés dans l'épaisseur des planchers, remplit l'espace compris entre l'enveloppe et le poêle, s'y échauffe et se déverse ensuite dans les salles par des bouches pratiquées dans l'enveloppe extérieure vers le sommet de l'appareil.

Le tuyau de fumée se rend dans une des deux cheminées d'appel sur les façades opposées et détermine l'appel. Pour la ventilation d'été, il y a deux calorifères extérieurs destinés à chauffer l'air des cheminées d'évacuation.

428. **Dimensions des calorifères à air chaud.** — La surface de chauffe se détermine par des considérations analogues à celles qui nous ont servi pour la surface de chauffe des poêles.

En supposant que les produits de la combustion soient à 1000° dans le foyer et à 100° à leur entrée dans la cheminée, on voit que leur température moyenne sera de 550°. L'air à chauffer étant pris à 0° et porté à 100°, sa température moyenne sera de 50°, et par conséquent, la différence moyenne des températures des produits de la combustion et de l'air chauffé sera de 500°.

Comme le rayonnement n'est presque pas utilisé dans les calorifères (la maçonnerie de la chambre du calorifère restitue seule à l'air froid une partie de la chaleur rayonnée qu'elle a reçue des parois du calorifère), on ne prendra que 5 à 6 calories pour la quantité de chaleur transmise par heure et par mètre carré de surface de chauffe, pour une différence de température de 1°. D'après cela, la transmission par heure et par mètre carré de surface de chauffe s'élève à 2500 ou 3000 calories environ. Nous admettrons ce dernier chiffre, bien qu'il soit un peu trop élevé.

Nous admettrons de même, pour la valeur du coefficient de transmission à travers les surfaces nervées, le nombre de 5500 calories (n° 416).

L'effet utile des calorifères à air chaud ne paraît guère pouvoir dépasser 0,60 à 0,70, à cause de la chaleur perdue par l'enveloppe du calorifère, et par l'air depuis la sortie de l'appareil jusqu'aux pièces à chauffer. On fait même bien dans la pratique de ne compter que sur un rendement de 0,50. De sorte que, si pour le chauffage d'une salle, on a besoin de Q calories, on proportionnera le calorifère pour une transmission double ou de 2Q. Cette précaution est surtout indispensable lorsqu'il s'agit du chauffage de vestibules de palais, d'hôtels, de théâtres, où l'ouverture incessante des portes permet l'introduction de l'air extérieur.

429. **Proportions générales à adopter pour les calorifères à**

tuyaux de fumée horizontaux. — D'après M. Morin [1], ces proportions sont les suivantes :

Surface totale de la grille du foyer. . $0^{mq},28$ à $0^{mq},30$ p. 1000^{mc}.

Surface totale de chauffe { locaux ventilés 20^{mq}.
des tuyaux de circula- }
tion de la fumée. . . ⌐ loc. non ventil. 15^{mq}.

Section des tuyaux et conduits de fumée . . . . $0^{mq},025$.

Vitesse de l'air chaud dans les conduits qui le distribuent . . . . . . $1^m,80$ à 2^m en $1''$.

Température de l'air chaud à son arrivée dans la chambre de mélange avec l'air froid . . . . $90°$.

Température de l'air chaud fourni par le calorifère . . . . $102°$.

Température de l'air à son entrée dans la salle. . . . . $20°$.

Houille brûlée par heure, l'air du local étant chauffé et renouvelé 8 fois pendant ce temps. . . . . 13^k.

Chaleur réellement utilisée pour le chauffage et la ventilation, au moins 0,50 de la chaleur totale dépensée, c'est-à-dire 0,50. 8000. 13 = ...   52000 calories.

Dans le cas de locaux non ventilés, la consommation de houille par heure est à peu près deux fois moindre. En effet, pour chauffer d'un degré 1^{mc} d'air, pesant $1^k,298$, il faut 1,298. 0,237 = 0,308 calories. La chaleur nécessaire pour chauffer, en moyenne, de dix degrés et renouveler huit fois par heure l'air d'un local de 1000^{mc}, sera donc égale à 0,308. 8000. 10 = 24640. Le chauffage de l'air exige donc environ la moitié de la chaleur totale qu'on doit dépenser pour ventiler le local et le maintenir à 10° au-dessus de la température de l'air extérieur.

Il va sans dire que ces indications de M. Morin, ainsi que celles du n° suivant, ne doivent être acceptées qu'à titre de première approximation et que, dans chaque cas particulier, pour déterminer les

---

(1) MORIN, *Manuel pratique du chauffage et de la ventilation*, Paris, Hachette, et Cie, p. 130 et p. 126.

dimensions des diverses parties du calorifère, il faut commencer par calculer le nombre de calories qu'il doit transmettre, car, pour la même capacité, ce nombre varie d'un local à un autre, suivant l'épaisseur et la nature des murs, l'étendue du vitrage, le volume d'air à renouveler, etc.

430. **Calorifères à tuyaux de fumée verticaux.** — Suivant M. Morin, dans ces calorifères, une surface de chauffe de 15 à 16^{mq} suffit pour le chauffage et la ventilation d'une salle de 1000^{mc}.

Pour élever de 11 à 12° et renouveler à peu près deux fois par heure l'air d'une pareille salle, il faut environ 28000 calories par heure et brûler 4 à 5 kilogrammes de houille[1]. De ces 28000 calories, 8000 environ servent au chauffage de l'air de ventilation et 20000 représentent la perte de chaleur par les murs et les fenêtres.

Le calcul de la quantité P de houille à brûler par heure se fait en admettant que chaque kilogramme de ce combustible donne lieu à une transmission de 6000 calories à travers les parois du calorifère. Mais de ces 6000 calories, il n'en arrive qu'environ 3000 dans les locaux à chauffer.

Connaissant P, on déterminera la surface de la grille, en admettant qu'on brûle 50 à 60 kilogrammes de houille par mètre carré.

Quant à la section des cheminées, elle se calcule comme pour les tuyaux à fumée des poêles.

431. **Emplacement des calorifères à air chaud.** — Il convient de placer les calorifères au-dessous du niveau des salles à chauffer, parce que autrement on aurait à lutter contre la force ascensionnelle de l'air chaud. Dans les maisons d'habitation on les place dans les caves.

432. **Réservoir à air chaud ou chambre de distribution.** — Pour obtenir une égalité convenable de température dans l'air chauffé, il faut laisser entre l'enveloppe du calorifère et la partie supérieure de celui-ci un espace assez grand pour servir de réservoir à l'air chaud. C'est de ce réservoir que partent les tuyaux de distribution. Ils doivent avoir, chacun, une clef, et sont larges, l'air y ayant tout au plus une vitesse de 1 à 2 mètres. Ils sont en poterie ou en tôle galvanisée et logés dans l'épaisseur des murs, isolés avec soin de la maçonnerie par des vides d'air fermés de tous côtés, afin d'éviter le refroidissement rapide par la masse de maçonnerie.

_____

[1] MORIN, _Manuel pratique du chauffage et de la ventilation_, p. 141.

433. **Prises d'air chaud.** — L'air qui doit aller le plus loin et le plus bas sera pris à la partie supérieure du réservoir, tandis qu'on prendra plus bas l'air pour les pièces des étages supérieurs ou pour les pièces les plus rapprochées.

Comme application, supposons qu'on ait à envoyer, par heure, 100,000 calories à une salle, au moyen de l'air chaud fourni par un calorifère. La surface de chauffe de cet appareil devra être de 30 à 35 mètres carrés, si l'on peut négliger la perte de chaleur qu'éprouve l'air chaud depuis le calorifère jusqu'à la salle. Si l'air arrive à 100° dans la salle, le volume Q qu'il en faudra pour qu'il amène environ 100,000 calories, sera donné par l'équation

$$\text{Q. 1,3.0,237.100} = 100,000;$$

d'où Q = 5400^{mc}, soit, par seconde, 1^{mc},50. Si l'on suppose une vitesse de 2^m, la section du conduit devra être de 75 décimètres carrés.

434. **Chambres de mélange.** — Les calorifères sont toujours proportionnés de manière à ce que l'air chaud qu'ils fournissent introduise dans le local à chauffer la quantité de chaleur exigée pour le chauffage pendant les plus grands froids. Lorsque la température de l'air extérieur s'élève ou lorsque le local est occupé par un plus grand nombre de personnes que d'habitude, ils présentent, par conséquent, un excès de puissance qu'il importe de pouvoir faire disparaître. A cet effet, on dispose de deux moyens. On peut en premier lieu ralentir la combustion dans le foyer du calorifère, afin de diminuer la production de chaleur. Mais ce moyen, employé seul, serait insuffisant pour empêcher les changements brusques de température qui peuvent se produire dans le local, car son influence est trop lente à se faire sentir. Il affaiblit d'ailleurs la ventilation, puisque l'air fourni par le calorifère étant moins chauffé, le volume de ce gaz qui s'introduit dans la salle devient nécessairement plus petit.

Le second moyen consiste à mélanger l'air chaud du calorifère, avant son introduction dans la salle, avec un volume convenable d'air froid, de manière à former un mélange à une température convenable. Ordinairement ce mélange s'effectue dans un espace spécial où se rend l'air chaud du calorifère et qui peut être mis en communication avec l'air extérieur par une ou plusieurs larges ouvertures, munies de registres. Cet espace s'appelle *chambre de mélange*. D'autres fois, la chambre de distribution du calorifère reçoit l'air froid de l'extérieur et il n'existe pas de chambre de mélange séparée. Mais l'emploi d'une chambre de mélange séparée aussi rapprochée que possible des bouches de chaleur est préférable, parce que les conduits des calorifères ont des sections trop faibles pour débiter le grand volume d'air à une température modérée qu'on doit souvent introduire dans les salles à chauffer. Ces chambres de mélange, recommandées d'abord par le Dr Reid et depuis par M. Morin, ont d'ailleurs l'avantage de faire disparaître un inconvénient très-grave des calorifères ordinaires. Ces appareils fournissent, en effet, de l'air chauffé à une température qui dépasse souvent 100 à 150°. Or, dans le voisinage des bouches de chaleur, cette température peut, à la longue, altérer les boiseries et les tentures au point d'occasionner des incendies.

435. **Appel d'air dans les salles.** — Pour assurer l'appel d'air dans les salles où l'on veut envoyer l'air chaud, on emploie différents moyens. Tantôt, on établit dans ces salles des cheminées à feu ouvert; tantôt, on fait communiquer les salles à chauffer, au moyen d'une ou de plusieurs ouvertures grillagées et munies de coulisses, avec une cage d'escalier contiguë; tantôt encore, on établit au plafond des bouches grillagées qui communiquent, par un conduit de 15 à 16 centimètres de diamètre avec un tuyau de tôle de 2 mètres de hauteur placé dans une cheminée constamment chauffée; tantôt, enfin on se borne à établir des vasistas aux carreaux les plus élevés; mais, ce dernier moyen est moins sûr et moins bon que les autres.

Pour plusieurs étages, il convient de partager la chambre de distribution du calorifère en autant de parties par des cloisons.

436. **Appréciation des calorifères à air chaud.** — Les calorifères à air chaud présentent sous le rapport de l'établissement et de l'installation une économie et des facilités plus grandes que le chauffage par la vapeur ou par l'eau chaude, mais ils ont trois inconvénients qui en restreignent l'emploi, à savoir : 1° leur refroidissement rapide lorsque le feu n'est pas régulièrement alimenté ; 2° l'impossibilité qu'ils présentent de porter la chaleur à des distances de plus de 12 à 15 mètres, mesurées dans le sens horizontal, ce qui, dans les grands édifices oblige à en multiplier le nombre, ainsi que celui des agents de service. C'est ainsi qu'à l'hôpital Beaujon, où le pavillon des hommes a 40 mètres environ de longueur, il a fallu établir trois calorifères, et qu'à celui de Vincennes, il y a un calorifère pour 12 mètres de longueur de bâtiment. Et 3° de ne jamais assurer une ventilation énergique. Pour remédier à cet inconvénient et rendre agréable et salubre le chauffage par calorifères à air chaud, il faut le combiner avec celui par des feux ouverts ou avec des moyens spéciaux de ventilation.

ARTICLE QUATRIÈME.

DU CHAUFFAGE PAR LA VAPEUR.

437. Parties d'un appareil de chauffage à vapeur. — Les appareils de chauffage à vapeur consistent toujours : 1° en un générateur de vapeur, avec tous ses accessoires ; 2° en tuyaux qui conduisent la vapeur dans les capacités où elle doit être condensée ; 3° en appareils de condensation ; et 4° en tuyaux destinés à ramener à la chaudière l'eau qui provient de la condensation de la vapeur ou à l'évacuer au-dehors.

Nous supposerons connues les dispositions relatives au générateur, de sorte que nous n'aurons à examiner que les autres parties dont se compose un chauffage à vapeur.

438. Tuyaux de conduite de vapeur. — Ces tuyaux sont en fer étiré, enveloppés de lisières de drap ou de tresses de paille, pour les préserver du refroidissement. On les réunit par des écrous roulants ou par des brides à écrous. On leur donne de 3 à 5 centimètres de diamètre intérieur lorsqu'ils sont destinés à transmettre de 100 à 150 kilogrammes de vapeur par heure. Le générateur, supposé à basse pression, correspond alors à une force de 5 à 6 chevaux. Il faut éviter de leur donner, sur une ou plusieurs parties de leur trajet, la forme d'un siphon renversé, parce que l'eau résultant de la vapeur condensée s'y accumulerait, et pourrait donner lieu à un accroissement dangereux de pression.

439. Tuyaux et appareils de condensation. — Ces appareils consistent tantôt en tuyaux, tantôt en poêles de diverses formes, placés soit dans l'intérieur des salles à chauffer, soit à l'extérieur. Dans ce dernier cas, ils constituent des calorifères à vapeur, destinés à chauffer l'air qui doit être introduit dans les lieux à chauffer.

On adopte les tuyaux dans les ateliers et même dans les édifices publics, lorsque l'on peut placer les tuyaux hors de la vue, sous des tables, des planchers, etc. Mais au milieu de salles habitées et décorées, il faut des formes qui fassent décoration. Celles de piédestaux soutenant des bustes ou des statues, par exemple, ou de consoles, sont riches, offrent une grande résistance à la pression de la vapeur et sont faciles à obtenir avec la fonte.

440. Diamètre des tuyaux de condensation. — Le diamètre des

tuyaux de condensation n'est pas entièrement arbitraire ; car il faut
que l'air soit expulsé des tuyaux le plus promptement et le plus
complètement possible, attendu que l'air, même en petite quantité,
mêlé avec la vapeur, en ralentit beaucoup la condensation (n° 326).

Or, l'évacuation de l'air est très-difficile et très-lente quand les
tuyaux ont un grand diamètre ; quand, au contraire, les tuyaux ont
un diamètre très-petit, leur longueur pour la même surface est très-
grande, ce qui augmente les difficultés d'installation. Ainsi, il faut
éviter d'employer des tuyaux d'un trop grand ou d'un trop petit
diamètre. Les diamètres varient ordinairement de 7 à 20 centimètres.
Les grands tuyaux ont 2 à 2^m,50 de longueur, 0^m,20 de diamètre
intérieur, et 0^m,02 d'épaisseur.

441. **Assemblage des tuyaux de condensation.** — Les tuyaux de
fonte sont ordinairement terminés par des rebords qu'on désigne sous
le nom de *brides* ou de *collets*, percés d'un certain nombre de trous
également distants, destinés à recevoir les boulons d'assemblage.

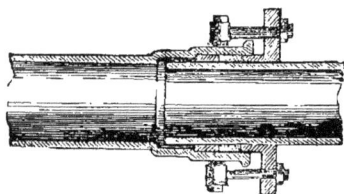

Quelquefois on emploie des tuyaux de
fonte terminés à un bout par un renflement, fig. 95, dans lequel pénètre
l'extrémité du tuyau avec lequel doit
avoir lieu l'assemblage. Ce système,
qui exige un masticage, porte le nom
de joint à emboîtement.

Fig 95.

442. **Compensateurs.** — Quelle que soit la nature des tuyaux de
conduite et de condensation, les variations de température qu'ils
éprouvent produisant des changements dans leur longueur, ils
doivent être disposés de manière que ces mouvements puissent
s'effectuer. Par conséquent, ils ne doivent pas être fixés par
les deux bouts à des parties immobiles des bâtiments, car les
tuyaux renverseraient les obstacles s'opposant à leurs mouvements,
ou se briseraient eux-mêmes s'ils n'étaient pas élastiques. Si tout
le circuit était en fonte et horizontal, on obvierait aux effets de la
dilatation, en suspendant librement tous les tuyaux et en n'en fixant
aucune partie. Mais les tuyaux de conduite étant toujours verticaux,
en se dilatant, ils soulèveraient les parties horizontales contiguës,
lesquelles ne portant plus sur leurs supports, pourraient se briser.
Ainsi, il est indispensable de disposer, entre le tuyau de conduite et
chaque ligne horizontale de tuyaux de condensation des *compensateurs*, c'est-à-dire des tuyaux qui puissent, en se déformant légèrement, prévenir le soulèvement de ces tuyaux horizontaux.

Pl. IX. p. 288.

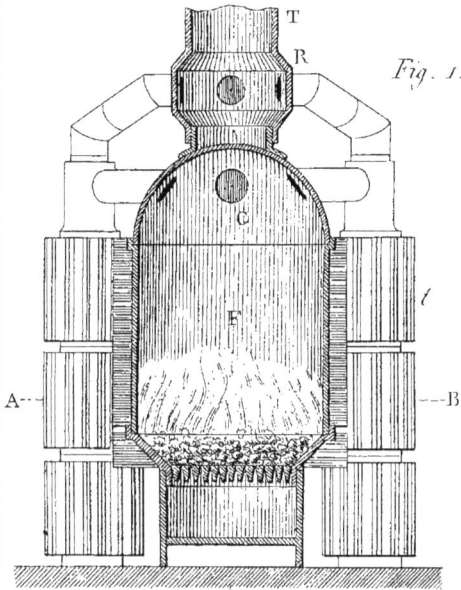

Fig. 1.

Fig. 6.

Fig. 5.

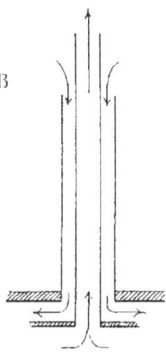

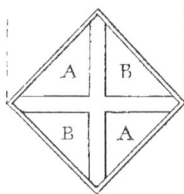

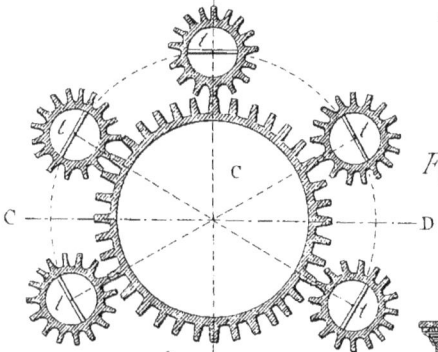

Fig. 2.

Fig. 4.

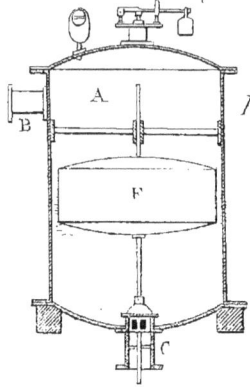

Fig. 3.

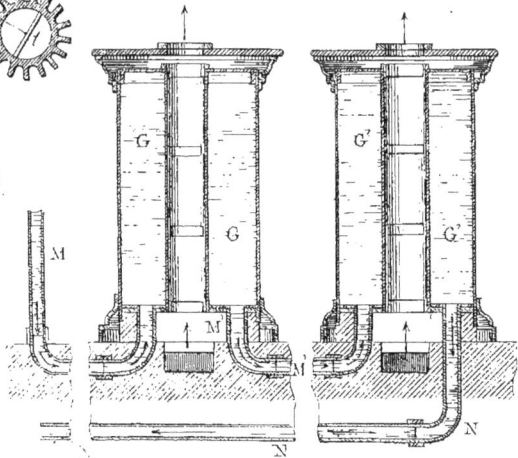

On emploie à cet effet des tuyaux de cuivre d'un petit diamètre disposés comme l'indique la fig. 96. Le tuyau supérieur transmet la vapeur et le tuyau inférieur l'eau de condensation. Ce dernier est même inutile dans le cas qui nous occupe, et ne sert que lorsque l'on doit transmettre l'eau de condensation d'un appareil condenseur à un autre séparé de celui-ci par un compensateur. Ce cas se présenterait si l'on avait une ligne horizontale de tuyaux dont les deux extrémités seraient arrêtées contre les murailles d'un bâtiment. Il faudrait alors interrompre la ligne en son milieu et réunir les deux parties par un compensateur de la forme indiquée. Quelquefois on ne dispose pas de la place voulue pour l'emploi de ce système. On le remplace alors par deux tuyaux emboîtés en cuivre, destinés, l'un à conduire la vapeur et l'autre, l'eau de condensation.

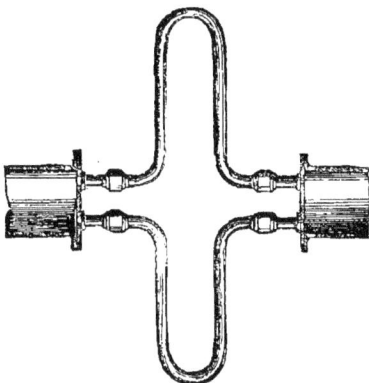

Fig. 96.

443. **Souffleurs.** — On désigne ainsi de petits tubes garnis de robinets, placés aux extrémités des grandes lignes de tuyaux de chauffage et destinés à expulser l'air qui remplit les tuyaux lors de l'arrivée de la vapeur. Les souffleurs sont toujours placés à la partie supérieure des tuyaux, et conduisent l'air au dehors.

Dans les petits appareils, les souffleurs se composent simplement d'une vis fixée sur une des faces du vase de condensation, et renfermant un canal intérieur qui débouche latéralement près de la tête de la vis.

On ouvre les robinets des souffleurs au commencement du chauffage, et on les ferme quand ils commencent à laisser dégager de la vapeur. On est cependant obligé de les ouvrir de temps en temps pendant le chauffage, pour laisser dégager l'air qui s'est accumulé dans les tuyaux ; quelquefois même on est obligé de les laisser constamment ouverts : ce dernier cas se présente surtout quand les tuyaux sont d'un grand diamètre.

444. **Écoulement de l'eau de condensation.** — Le plus généralement on emploie un simple tube en forme de siphon renversé pour faire sortir l'eau de condensation des condenseurs, sans permettre à l'air d'y rentrer. Ce tube communique, par une de ses extrémités, avec la partie inférieure du vase de condensation, et l'autre débouche

dans une bâche destinée à recevoir l'eau de condensation. Un robinet permet d'empêcher la sortie de la vapeur et la rentrée de l'air. Pendant le chauffage, on ouvre ce robinet de manière qu'il laisse écouler, dans un certain temps, un volume d'eau sensiblement égal à celui qui se produit. L'eau de condensation s'emploie avec avantage pour alimenter de nouveau la chaudière.

Au lieu de laisser écouler l'eau de condensation au moyen d'un siphon, on peut aussi la recueillir directement, au sortir des tuyaux de condensation, dans l'appareil représenté, en section verticale, par la fig. 3, pl. IX, p. 288.

Cet appareil consiste en un réservoir cylindrique A, fermé au moyen d'un couvercle. Ce réservoir reçoit l'eau de condensation par le tuyau B, et porte, en bas, une tubulure C, munie d'une soupape fixée, au moyen d'une tige métallique, à un flotteur F. Lorsque l'eau de condensation est parvenue à une certaine hauteur, le flotteur soulève la soupape et l'eau peut s'écouler dans la bâche d'alimentation de la chaudière. A mesure que cet écoulement a lieu, le flotteur redescend et bientôt la soupape se referme, jusqu'à ce que l'eau de condensation ait encore une fois rempli le réservoir. Le couvercle de celui-ci porte une soupape de sûreté et un manomètre métallique.

Il existe encore d'autres appareils pour recueillir l'eau de condensation et la laisser écouler automatiquement. Mais ces appareils sont, pour la plupart, plus compliqués que celui que nous venons de décrire, et ils ne paraissent pas devoir mieux fonctionner que ce dernier. C'est pourquoi nous nous dispensons de les décrire.

445. Poêles à vapeur. — Ce sont des vases de différentes formes,

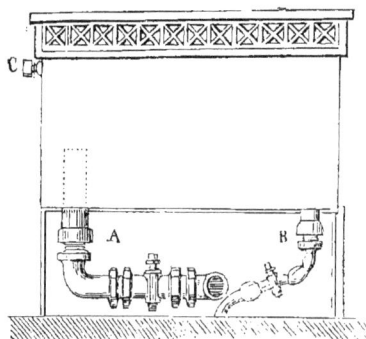 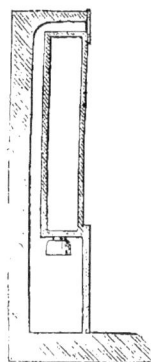

Fig. 97.   Fig. 98.

communiquant avec une chaudière à vapeur et placés dans l'intérieur des pièces qui doivent être chauffées. Les figures 97 et 98, représentent la forme adoptée par M. Grouvelle. A, tube d'arrivée de la vapeur; B, tuyau d'écoulement de l'eau condensée; C, souffleur. L'air extérieur arrive derrière le poêle et pénètre dans la chambre à travers une grille placée à la partie supérieure de l'appareil.

446. Calorifères à vapeur. — La disposition la plus simple consiste en tuyaux en fonte ou en cuivre placés les uns au-dessous des autres; la vapeur ou l'eau (car la disposition des calorifères à eau chaude est la même) y circulent en entrant par la partie supérieure; l'air froid arrive par la partie inférieure et sort par le haut, après avoir longé tous les tuyaux, guidé par des plaques de fonte.

447. Surface de chauffe des appareils de condensation. — Pour les calorifères et les tuyaux placés sous le plancher dans des caniveaux, la surface de chauffe se calcule en admettant une transmission de 8 à 10 calories par mètre carré et par heure, pour une différence de température de 1°, car, dans ce cas, on n'utilise qu'une faible partie de la chaleur rayonnante. D'après cela, si la vapeur est à 130°, et si l'on chauffe à 60° de l'air pris à 0°, la température moyenne de l'air sera 30°, et la différence moyenne des températures de la vapeur et de l'air sera $130 - 30 = 100°$. La transmission par mètre carré et par heure sera donc de 800 à 1000 calories. C'est le tiers de ce qui est transmis par un calorifère à air chaud.

Quand on utilise la chaleur rayonnante, comme dans les poêles à vapeur, la transmission par mètre carré par heure et pour une différence de température de 1°, est de 10 à 14 calories (n° 325). L'air étant pris à 0° et chauffé à 18°, sa température moyenne est 9°. Si la vapeur est à 105°, la différence des températures moyennes sera $105 - 9 = 96°$, et la transmission par mètre carré et par heure, de 960 à 1344 calories.

D'après Ferrini[1], les praticiens emploient ordinairement $1^{mq},70$ de surface de chauffe pour 70 mètres cubes de locaux à maintenir à 15° C, ou pour 100^{mc} de capacité à chauffer faiblement, comme dans le cas d'ateliers de travail. M. Morin[2] admet qu'une surface de 20 à 24 mètres carrés suffit pour maintenir à environ 16° ou 18°, pendant les plus grands froids, un espace habité de 1000 mètres cubes de capacité. Cela suppose que le local exige par heure environ 25000°. Mais, comme nous l'avons déjà fait remarquer ailleurs, à l'occasion

(1) FERRINI, *Technologie der Wärme*, p. 392.
(2) MORIN, *Manuel pratique de chauffage*, p. 158.

de règles pratiques analogues, ces indications ne peuvent être acceptées, dans chaque cas particulier, qu'à titre de première approximation.

448. **Appréciation du chauffage à la vapeur.** — Très en vogue,
il y a 30 ou 40 ans, ce chauffage est, en général, réservé maintenant
au cas où l'on dispose de la vapeur d'une machine à feu. La rapidité
de la transmission de la chaleur à de grandes distances (400 à 500ᵐ),
et les faibles dimensions des tuyaux de transport, voilà ses principaux
avantages. La première de ces propriétés le rend très-utile pour le
chauffage de pièces dont les murailles n'ont qu'une faible épaisseur,
et les vitres une grande surface, parce qu'elle lui permet d'y maintenir très-facilement une température constante, malgré les grandes
variations que peut éprouver la température extérieure, permanence
de température qu'on n'obtiendrait pas par les autres systèmes.

Ce chauffage convient dans les ateliers, parce que l'on peut y
donner aux tuyaux de condensation la pente voulue pour l'écoulement de l'eau condensée. Dans les chauffages de bâtiments d'habitation, d'établissements publics, où l'on est obligé de dissimuler les
tuyaux et de les faire passer dans l'épaisseur des planchers, pour
amener la vapeur dans des espèces de poêles, les pentes que l'on peut
donner aux tuyaux de retour étant très-limitées, lorsque après un
ralentissement ou même après une cessation complète dans la circulation de la vapeur, le cours de la vapeur est rétabli, le fluide se
précipite avec une telle vitesse dans les tuyaux et vient rencontrer
l'eau de condensation non écoulée en donnant lieu à des chocs appelés
claquements assez violents pour produire la rupture des tuyaux et
par suite des explosions partielles. Ajoutons que les fuites de vapeur
sont difficiles à éviter ; que la vapeur qui s'échappe par la soupape de
sûreté dans les caves où les chaudières sont naturellement établies
dans les bâtiments habités, attaque les maçonneries des voûtes ; enfin,
que les appareils, non seulement exigent une surveillance spéciale
pour le règlement des robinets, mais encore qu'ils se refroidissent
promptement quand le feu n'est pas conduit avec soin, et nous aurons,
d'après M. Morin, les principaux inconvénients du chauffage à la
vapeur. Cependant, nous devons faire remarquer que les claquements
et l'action de la vapeur sur les maçonneries n'ont pas l'importance
que leur attribue cet auteur, car on peut éviter les premiers en
ouvrant complètement, lors de la mise en train des appareils, les
souffleurs et les robinets d'écoulement de l'eau de condensation, et
faisant arriver la vapeur, non en *plein*, mais d'une manière lente

et progressive; et la seconde, en plaçant les chaudières dans un local en plein air, comme l'exigent d'ailleurs les règlements de police; mais les autres inconvénients sont assez graves et ont fait renoncer souvent à l'emploi de ce mode de chauffage, sauf, comme nous l'avons dit plus haut, dans les établissements où il y a un moteur dont on utilise ainsi la chaleur perdue.

Le chauffage mixte à l'eau et à la vapeur n'est pas exempt des inconvénients inhérents à l'emploi de la vapeur. On commence également à y renoncer. Dans tous les cas, il ne convient que lorsque les espaces à chauffer sont éloignés du lieu où les foyers peuvent être établis.

ARTICLE CINQUIÈME.

DU CHAUFFAGE PAR CIRCULATION D'EAU CHAUDE A BASSE PRESSION.

449. Principe du chauffage par circulation d'eau chaude. — Soit A B C E, fig. 99, un circuit vertical et continu de liquide, composé, d'une chaudière C, d'un tuyau ascendant C E, partant du sommet de cette chaudière, et d'un tuyau A B communiquant, d'une part, avec E, et, d'autre part, en C, avec le fond de la chaudière. Tant que l'eau contenue dans ce circuit sera partout à la même température, elle restera en repos. Mais, si l'on vient à chauffer la chaudière, l'eau échauffée devenue moins dense, s'élèvera dans le tube CE, de celui-ci elle se rendra dans le tube AB, où elle se refroidira par suite du contact de l'air froid avec les parois de ce tube, et enfin elle rentrera dans la chaudière, pour s'y échauffer de nouveau et recommencer la même circulation. Le tube AB pourra donc servir à chauffer l'air au milieu duquel il se trouve placé. Tel est le principe du

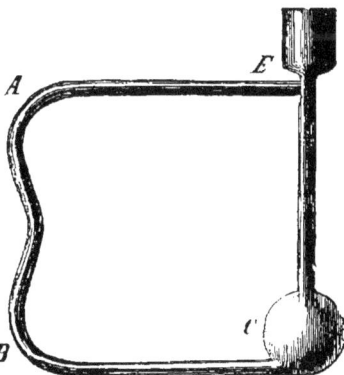

Fig. 99.

système de chauffage par circulation d'eau chaude dont la première idée appartient à Bonnemain, qui la fit connaître en 1777.

450. Moyen de rendre la circulation plus active. — Il est évident que, pour rendre la circulation plus active, il faut disposer l'appareil de manière que le tuyau ascendant fasse le moins possible de contours, afin que le liquide s'y refroidisse peu, et qu'au contraire, le conduit descendant présente une grande surface.

451. **Indépendance du chauffage des différents étages.** — Le tuyau descendant peut être formé de tuyaux parcourant les salles, comme dans le chauffage à vapeur, et l'eau peut y séjourner dans des poêles de différentes formes. Les poêles de tous les étages pourraient être parcourus par le même courant d'eau chaude; mais pour éviter le décroissement de température du courant, à mesure qu'on s'éloigne de l'étage supérieur, il est bon d'avoir un courant spécial pour chaque étage, comme l'indique la fig. 100. Du reste, on obtient de cette manière l'avantage de rendre le chauffage de chaque étage indépen-

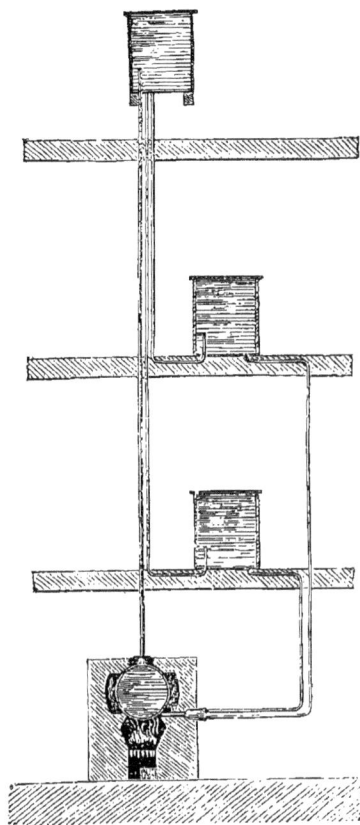

Fig. 100.

dant de celui des autres. Les poêles seront traversés par des tuyaux ouverts aux deux bouts, dans lesquels s'échauffera l'air de la pièce ou de l'air pris à l'extérieur. Cette disposition procure un accroissement de surface de chauffe et elle est toujours adoptée par les constructeurs.

L'application de ce système de chauffage a reçu bien des modifications. Nous nous contenterons de décrire les trois principales qui sont actuellement en usage dans plusieurs grands établissements, savoir : le système de Duvoir-Leblanc, celui de d'Hamelincourt et celui qu'on emploie lorsque le tuyau d'ascension ne doit pas avoir plus de 2 à 3 mètres de hauteur.

452. **Dispositif adopté par Duvoir-Leblanc.** — Voici, d'après M. Morin, la disposition générale des appareils de chauffage à l'eau chaude de Duvoir-Leblanc. Une chaudière entiè-rement remplie d'eau et placée à la partie inférieure du bâtiment à chauffer, communique par un tube partant de son sommet, avec un récipient ou réservoir à peu près plein, établi à la partie supérieure de l'édifice et au fond duquel ce tube débouche.

Le vase ou récipient dont il s'agit est désigné sous le nom de vase *d'expansion*.

Il sert : 1° à l'introduction de l'eau dans l'appareil ; 2° au dégagement de l'air quand on chauffe pour la première fois ; 3° au dégagement des vapeurs qui peuvent s'élever du fond de la chaudière ; et 4° à permettre la dilatation de l'eau.

Le vase d'expansion peut rester ouvert, à l'air libre, car l'eau n'y doit jamais dépasser la température de 100°.

Du fond du vase d'expansion part un autre tuyau M, fig. 4, pl. IX, p. 288, qui en redescendant peut conduire l'eau de la même manière dans un premier cylindre, GG, plein d'eau, faisant fonction de poêle et qui par un tuyau M′ est pareillement mis en communication avec un second poêle ou cylindre, et ainsi de suite, jusqu'au dernier poêle G′G′, qui communique avec le fond de la chaudière par un dernier tube N, appelé tuyau de retour. Chaque poêle est formé de deux cylindres concentriques ; le plus petit est ouvert par les deux bouts et donne passage à l'air extérieur ; l'eau chaude se trouve dans l'intervalle des deux cylindres. Le fond du vase annulaire et les parties cylindriques ne forment qu'une seule pièce de fonte, et la partie supérieure est fixée par un joint au mastic de fonte.

Dans les applications et selon les besoins, on emploie plusieurs tuyaux de retour indépendants, pour se ménager d'établir, d'interrompre, ou de modérer la circulation d'eau et de chaleur dans les différents étages d'un même bâtiment, et s'il le faut, dans les divers poêles d'une même salle. Des soupapes coniques, que l'on peut manœuvrer à l'extérieur des appareils, permettent de faire varier la circulation à volonté.

Les tuyaux de circulation présentent souvent dans les conduits qu'ils parcourent des parties renflées de diverses formes appelées *bouteilles*, auxquelles on donne une plus grande surface, afin d'obtenir un développement de chaleur jugé nécessaire en certains points.

453. Dispositif de M. d'Hamelincourt. — Dans les appareils dont nous venons de donner une description générale sommaire, la circulation de l'eau chaude s'établit d'abord de la chaudière vers un récipient supérieur unique, d'où partent un ou plusieurs tuyaux de retour.

M. d'Hamelincourt a appliqué d'une manière différente le principe de la circulation de l'eau et dans les appareils de cet ingénieur, la disposition générale est la suivante : Au sommet de la chaudière placée à la partie inférieure du bâtiment et entièrement pleine d'eau, se trouve une sorte de dôme appelé vase de distribution d'où partent plusieurs tuyaux. L'un de ces tuyaux sert à établir une communication aussi directe que possible entre la chaudière et un récipient supérieur situé dans les combles, avec tuyau de retour vers la chaudière, comme dans le système de M. Duvoir, mais avec cette différence que ce récipient supérieur ne fait pas partie du circuit parcouru par l'eau chaude et n'a ici pour objet que de servir d'appareil de sûreté, en facilitant l'échappement de la vapeur qui pourrait se dégager, et en limitant nécessairement, par sa communication à l'air libre, la pression dans l'ensemble de la circulation. C'est par suite de cette destination spéciale que le récipient supérieur s'appelle aussi dans ce dispositif *vase d'expansion*.

Les autres tuyaux, qui partent du dôme de distribution, sont en réalité les seuls qui servent à la circulation de l'eau chaude à partir de la chaudière. Disposés horizontalement, ou à peu près, et portés sur rouleau de manière à pouvoir obéir aux effets provenant des variations de température, ils communiquent de distance en distance avec des groupes de tuyaux verticaux qui règnent dans toute la hauteur du bâtiment et sont placés dans des conduits réservés dans les trumeaux ou dans les épaisseurs des murs. L'un de ces tuyaux, fig. 102, en communication avec la chaudière et servant à amener l'eau chaude, débouche dans un tuyau horizontal supérieur, appelé aussi vase d'expansion et dans lequel sont assemblés deux ou trois autres tuyaux, descendant dans le même conduit et réunis à leur partie inférieure avec un autre tuyau horizontal, du dessous duquel part un petit tuyau qui les met en communication avec le grand conduit de retour ; ce dernier ramène l'eau au fond de la chaudière. Le nombre de ces tuyaux descendants dépend de la surface de chauffe jugée nécessaire.

Dans ce dispositif, la circulation de l'eau s'établit ainsi qu'il suit. L'eau échauffée dans la chaudière et les bulles de vapeur qui s'élèvent et se condensent incessamment dans la masse liquide, transportent la chaleur dans le conduit horizontal supérieur de circulation. A partir de ces premiers effets, l'équilibre qui existait dans la masse liquide est déjà rompu et la circulation de l'eau commence. A la rencontre du premier tube vertical d'ascension, un courant montant d'eau chaude s'établit d'abord, il s'élève au vase d'expansion et, dans le groupe partiel que forment ce tuyau et les tuyaux de retour avec lesquels il est mis en communication, il se produit une circulation par l'effet de laquelle l'eau, qui a parcouru ce système, gagne le tuyau principal de retour et rentre à la chaudière.

Peu de temps après, des effets analogues ont lieu dans le groupe suivant de tuyaux composé, comme le premier, d'un tuyau vertical d'ascension et d'un ou plusieurs tuyaux de retour descendants.

De proche en proche la circulation s'établit dans tous les groupes embranchés sur un même conduit principal de distribution et en communication avec un même conduit de retour.

Au premier abord il paraît difficile de se rendre compte de la rapidité avec laquelle cette circulation s'établit. Cependant l'expérience démontre qu'elle a lieu bien plus promptement qu'on ne serait tenté de le croire, et surtout qu'elle répartit la chaleur dans tout l'ensemble d'un bâtiment avec toute l'uniformité désirable. Cette propriété, du reste, n'est qu'une conséquence du principe des conduits descendants (n° 169).

454. **Répartition de l'air chaud.** — Les conduits ménagés dans les trumeaux, fig. 101, servent à admettre et à chauffer l'air extérieur et le versent dans les salles près des plafonds. Pour faire la répartition de cet air entre les différents étages, ces conduits sont fermés par un diaphragme en maçonnerie à hauteur du plancher de l'étage à chauffer, et immédiatement au-dessus de ce diaphragme ils ont une ouverture d'admission pour l'air extérieur qui, ainsi appelé et échauffé, s'élève dans la gaîne jusqu'au diaphragme supérieur au-dessous duquel se trouve une ouverture ménagée près du plafond, par laquelle cet air chauffé s'introduit dans la salle.

Cette disposition de d'Hamelincourt n'exclut pas l'emploi de poêles et s'applique non-seulement au chauffage de l'air à introduire dans une salle, mais encore à celui de l'air vicié qu'il s'agit d'extraire de cette même salle pour l'assainir.

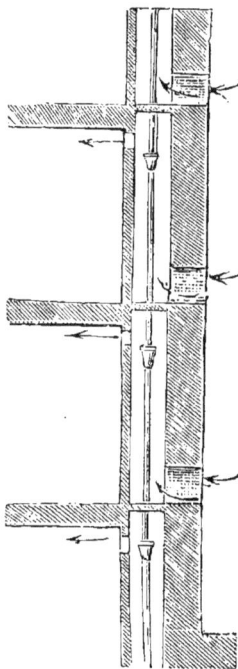

Fig. 101.

455. **Extraction de l'air vicié.** — La disposition adoptée pour l'extraction de l'air vicié est représentée par la fig. 102, relative à un bâtiment à trois étages. L'air vicié de chaque étage pénètre dans un conduit ménagé à côté de celui qui amène l'air pur. Ce conduit communique avec la salle par une ouverture percée près du plancher, et, pour qu'il détermine l'appel de l'air vicié, il est

parcouru dans toute la hauteur de l'étage par des tuyaux chauffeurs.

Pour un bâtiment à trois étages, il y aura par conséquent trois
cheminées d'évacuation qui se réu-
nissent en une seule un peu au-
dessus du plafond du 3ᵉ étage,
comme le montre la figure qui
indique également la disposition
des tuyaux de circulation de l'eau
chaude. Nous verrons plus tard
comment on détermine la section
à donner, soit aux conduits d'admission, soit aux conduits d'évacuation.

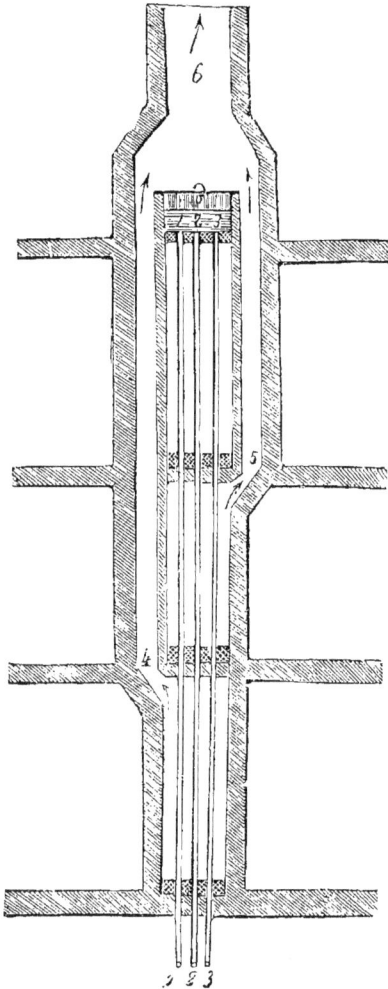

456. **Dispositif adopté dans le
cas où le tuyau d'ascension n'a
qu'une faible hauteur.** — Dans
ce cas, on recourbe le tuyau
d'ascension à sa partie supérieure,
et on le conduit, en montant de
1 centimètre par mètre, jusqu'à
une distance variable avec la
longueur et la disposition de
l'espace à chauffer, puis on le fait
communiquer avec le tuyau descendant. A son point de jonction
avec celui-ci, il porte un tube
vertical ascendant de 1 à 2 centimètres de diamètre, qui débouche
à l'air libre; ce tube ne sert qu'au
dégagement de l'air et à permettre
la dilatation de l'eau. Si des bulles
de vapeur s'élevaient du fond de

Fig. 102.

la chaudière, elles seraient condensées dans la partie à peu près horizontale du tuyau ascendant.

Dans ce dispositif, la majeure partie du tuyau ascendant sert de
surface de chauffe, et l'alimentation de la chaudière s'effectue au
moyen d'un tuyau vertical de hauteur convenable, évasé en réservoir
à son sommet, et communiquant, par en bas, avec le tuyau de retour,
au point où celui-ci s'ouvre dans la chaudière.

Ces appareils sont souvent désignés sous le nom de *thermosiphons*.

On emploie ce système pour le chauffage des serres et pour celui de galeries ou de canaux d'où l'air chauffé s'échappe pour se rendre, par des conduits ou gaînes, dans les locaux à chauffer.

457. Calorifère à eau chaude de d'Hamelincourt. — Ce calorifère est représenté par les fig. 1 et 2, pl. X, p. 304; fig. 1, coupe verticale du foyer suivant ED, fig. 2, et élévation des tuyaux descendants et d'une partie des tuyaux de distribution de l'eau chaude; fig. 2, coupe horizontale suivant AB, fig. 1. Cet appareil se compose d'une chaudière cylindrique C, à double enveloppe. Le foyer F, se trouve dans le cylindre intérieur et l'eau qui doit être chauffée, dans l'espace annulaire entre les deux enveloppes. Les produits de la combustion sortent par un tuyau qui part latéralement de la partie supérieure de la chaudière. Les deux enveloppes de celle-ci sont fermées à leur sommet par des bases concaves vers le bas et laissant entre elles un intervalle convenable. La base du cylindre extérieur est surmontée d'un réservoir R, duquel partent les tuyaux qui conduisent l'eau chaude dans des cylindres nervés *t*, dont le nombre varie d'après la surface de chauffe dont on a besoin. L'eau parcourt ces cylindres en descendant et elle rentre ensuite dans la chaudière par des tuyaux de retour.

Dans le calorifère représenté par les fig. 1 et 2, ces cylindres descendants sont au nombre de huit, trois à gauche et à droite et deux du côté opposé à la porte du foyer.

Indépendamment de ces 12 tuyaux descendants, il y en a souvent encore, en arrière, une série de 8 autres, d'un diamètre plus petit et disposés en ligne droite. T, tuyau d'alimentation.

La forme cylindrique verticale de la chaudière est peu favorable au bon emploi du combustible. Mais on peut utiliser la chaleur emportée par les produits de la combustion pour chauffer la cheminée de ventilation et c'est ce que l'on fait d'ordinaire.

458. Avantages du chauffage par l'eau chaude. — L'eau contenue dans la chaudière et dans l'ensemble de tous les récipients et de tous les poêles, y est maintenue à une température modérée, qui ne peut dépasser 100°, attendu que le récipient supérieur est généralement en communication directe avec l'air. Il résulte de là que l'air échauffé par le contact des poêles et des tuyaux se trouvera nécessairement lors de son entrée dans les salles, à une température toujours limitée à 45 ou 50° au plus, et que, par conséquent, en se mêlant à celui des salles, il y produira un mélange salubre, contrairement à ce qui n'ar-

rive que trop souvent dans le chauffage par les calorifères, soit intérieurs soit extérieurs.

La grande capacité de l'eau pour la chaleur, plus que quadruple de
celle de l'air, en fait un réservoir de chaleur dont la température
n'éprouve que de faibles et lentes variations, par suite de changements
ou de négligences accidentelles dans la conduite du feu. Il y a plus,
tant que la chaudière et son fourneau conservent une température
supérieure à celle des récipients, la circulation de l'eau et ses effets
calorifiques se continuent longtemps encore après que le feu a été
complètement éteint.

Cette propriété, et la modération forcée de la température des
conduites et des poêles, rendent ce mode de chauffage précieux dans
la plupart des cas, mais en particulier pour les serres, dont il
permet de maintenir, pendant les nuits d'hiver, la température à un
degré suffisant pour éviter les effets d'un trop grand refroidissement.

Ajoutons encore que la conduite des appareils de chauffage à l'eau
chaude est très-simple et n'exige pas des soins aussi continus que
celle des appareils à vapeur.

459. **Inconvénients du chauffage par l'eau chaude.** — On peut
reprocher avec raison à ce système de chauffage la complication de
la circulation des tuyaux sous les planchers, dans les épaisseurs des
murs, etc. Mais cette complication est en réalité moindre que celle
du chauffage à la vapeur et la difficulté du règlement des pentes à
donner à ces tuyaux, si grande pour la vapeur, est à peu près nulle
pour l'eau. Elle est d'ailleurs considérablement atténuée quand les
tuyaux de circulation de l'eau pour le chauffage, comme pour l'appel,
sont placés dans des gaînes verticales ménagées dans les épaisseurs
des murs.

Il en est de même des fuites qui, bien que moins nombreuses
que pour la vapeur, ont leurs dangers, et la rupture d'un poêle
peut amener des accidents graves et une sorte d'inondation d'eau
chaude, sous la pression considérable provenant de la hauteur
à laquelle le récipient supérieur ou les vases d'expansion se trouvent placés. Un accident survenu à St Sulpice, à Paris, a inspiré
des craintes exagérées à ce sujet; mais, selon M. Morin, il est
le seul de ce genre qui se soit produit, et encore peut-il être
attribué à la forme irrationnelle qui avait été donnée au poêle dans
lequel il s'est manifesté. L'on a vu d'ailleurs que le chauffage à la
vapeur, avec ou sans poêle à eau, présente des inconvénients analogues.

La bonne construction des appareils et les épreuves qu'on leur fait subir, avant de les mettre en service, suffisent pour écarter toute crainte fondée, et le grand nombre d'édifices publics ou privés auxquels ce système de chauffage a été appliqué, sans qu'il s'y soit produit d'accidents, montre qu'il y a bien peu de chances d'en voir apparaître.

Le plus grand inconvénient de ces appareils pleins d'eau serait celui de la rupture de quelque poêle ou tuyau par l'effet de la gelée, si on les laissait remplis l'hiver sans les faire fonctionner, ce qui ne pourrait se produire que par l'effet d'une négligence bien grande et bien prolongée.

L'on a encore reproché aux poêles à eau chaude placés à l'intérieur des bâtiments, de produire sur les planchers une charge compromettante pour la solidité des constructions. Si l'on s'était donné la peine de comparer le poids de ces poêles aux dimensions ordinairement données aux poutres et aux solives, l'on aurait reconnu que ce reproche n'a rien de fondé. Il est d'ailleurs toujours facile aujourd'hui, surtout par l'emploi des poutres en fer, d'obtenir pour les planchers toute la solidité et toute l'inaltérabilité désirables.

Enfin, on reproche à ce système de chauffage ce qu'on pourrait appeler son inertie, c'est-à-dire le temps assez considérable qu'il exige pour être mis en activité. Ce défaut, très-réel, provient de la grande masse d'eau qui doit être chauffée avant que la circulation puisse s'établir d'une façon régulière. Les appareils à eau chaude sont donc impropres à parer aux effets qui peuvent résulter de changements brusques de la température extérieure. On ne parvient à combattre ces effets que par l'emploi de murs épais qui ralentissent le refroidissement des locaux et permettent ainsi à la circulation de prendre la température qui convient au nouveau régime.

460. **Capacité de la chaudière et des tuyaux de circulation.** — La capacité de la chaudière varie entre 3 et 6 fois celle des tuyaux de circulation. La capacité des vases d'expansion doit excéder 0,05 du volume total de l'appareil, pour qu'ils puissent recevoir l'accroissement du volume de l'eau. Les tuyaux chauffeurs et le tuyau d'ascension ont un diamètre qui varie de 8 à 15 centimètres. Dans le système de M. d'Hamelincourt les tuyaux d'ascension communiquant avec trois tuyaux de retour ont 10 centimètres et ces derniers 15 centimètres de diamètre extérieur.

Dans les appareils dont le tuyau d'ascension n'a qu'une faible hauteur, tels que ceux qui servent au chauffage des serres, ou à celui de canaux ou de galeries d'où l'air chauffé se rend dans les locaux à chauffer, on s'écarte beaucoup des rapports que nous venons d'indiquer. En effet, dans ces appareils la capacité de la chaudière varie, suivant les constructeurs, entre un cinquantième et un soixante-dixième environ, de celle des tuyaux de circulation.

Ces proportions permettent l'emploi de petits fourneaux qui n'occasionnent que de faibles pertes de chaleur. En outre, les petites chaudières s'échauffent plus vite et permettent mieux que les autres de maintenir dans les locaux à chauffer une température constante, malgré les variations subites que peut éprouver la température de l'air extérieur.

461. **Transmission de chaleur de l'eau à l'air à travers une paroi métallique.** — Quand les surfaces de chauffe sont placées dans les pièces mêmes qui doivent être chauffées et que ces surfaces sont libres, on peut admettre que les quantités de chaleur émises par mètre carré et par heure sont sensiblement représentées par 10 à 12 t, t désignant l'excès moyen de la température de l'eau chaude sur celle de l'air à chauffer (n° 328); dans ces conditions, la quantité de chaleur rayonnée est sensiblement égale à celle qui est enlevée par le contact de l'air. Si, par exemple, l'eau chaude entre à 90° et sort à 40°, sa température moyenne sera 65°. Si, en outre, l'air froid est pris à 0° et porté à 26°, la différence des températures moyennes sera de 52°, et la transmission par heure et par mètre carré, de 520 à 624 calories environ.

Quand l'air est chauffé en passant dans des tuyaux, l'effet du rayonnement disparaît, et il ne s'échauffe plus que par contact ; aussi dans ce cas, la quantité de calories émises par mètre carré, par heure et pour une différence de température de 1°, est réduite à 5 ou 6 t environ. Cependant, si l'on considère que la vitesse de l'air est considérablement augmentée lorsqu'il traverse un tuyau entouré d'eau chaude, ce qui favorise l'absorption de chaleur par contact, on sera porté à admettre que la transmission de chaleur pourra être évaluée à 8 ou 10 t.

Les calorifères à eau chaude chauffent l'air à environ 60°. Si l'eau pénètre dans le calorifère à 100° et en sort à 80°, sa température moyenne sera de 90°; l'air étant pris à 0°, sa température moyenne sera de 30°, et la transmission 480 à 600 calories par mètre carré et par heure. C'est le 5e de la quantité de chaleur transmise par un calorifère à air chaud.

462. **Résultats pratiques relatifs aux proportions à donner aux**

surfaces de chauffage. — D'après M. Morin[1], il convient d'allouer aux poêles ou aux tuyaux à eau chaude placés à l'intérieur des salles à chauffer au moins 30 à 32 mètres carrés de surface totale de chauffe pour 1000 mètres cubes de capacité dans des locaux analogues aux hôpitaux. Dans les très-grands locaux, tels que les salles d'attente des chemins de fer, qui, souvent, n'ont pas de plafond et sont simplement recouvertes par une toiture en zinc avec plafonnage en plâtre de peu d'épaisseur, si les tuyaux sont placés sous le plancher, dans des conduits horizontaux recouverts de grilles à jour, il convient, pour la même capacité, de porter la surface à 36 ou 40^{mq}. Avec ces proportions, on peut obtenir dans ces salles, pendant l'hiver, quand l'eau qui circule est à 80 ou 100°, une température de 10° au-dessus de zéro.

Quand il s'agit d'appareils placés dans les caves ou dans des canaux souterrains et destinés à chauffer de l'air, qui, de là, circule dans des conduits où il peut se refroidir, ou encore lorsqu'il s'agit de salles chauffées par intermittence, la prudence exige que la surface de chauffe soit portée à 50 mètres carrés pour 1000 mètres cubes de capacité à chauffer, et encore faut-il que l'air ne doive pas être conduit à de grandes distances. En général, ce système est moins avantageux au point de vue du rendement calorifique que celui où l'eau circule, comme dans le système d'Hamelincourt, dans les conduits mêmes que l'air doit traverser pour se rendre dans les locaux à chauffer.

Mais quand le foyer et les conduits de circulation de l'eau sont tous renfermés dans les locaux qui doivent être chauffés, comme cela se présente dans le chauffage des serres, la surface totale de chauffe peut être réduite à 25 mètres carrés pour 1000 mètres cubes de capacité de ces locaux.

463. **Chaudières pour le chauffage par l'eau chaude.** — On ne se sert plus, pour ce chauffage, que de chaudières en tôle, à deux enveloppes concentriques, séparées par un intervalle d'un à deux centimètres environ et dans lequel se trouve l'eau à chauffer. L'enveloppe intérieure est seule destinée à venir en contact avec les produits de la combustion. On lui donne 6 millimètres d'épaisseur, tandis que l'enveloppe extérieure n'a qu'une épaisseur de cinq millimètres.

Ces chaudières ont l'avantage de contenir peu d'eau, de sorte que, lorsqu'elles sont placées en dehors des locaux à chauffer, elles ne donnent lieu qu'à une faible perte de chaleur.

---

[1] *Manuel pratique du chauffage et de la ventilation*, p. 160.

Parmi les diverses formes qu'on peut leur donner, les plus convenables sont celles qui opposent le moins d'obstacles au mouvement de l'eau, car le chauffage est d'autant plus rapide et plus uniforme, et il exige une surface de chauffe d'autant moindre que la circulation de l'eau est plus libre. Sous ce rapport, les chaudières rectangulaires ou en fer à cheval donnent d'excellents résultats.

Elles se composent de deux demi-cylindres ou de deux demi-prismes rectangulaires concentriques placés horizontalement, la concavité tournée vers le bas. Ces deux enveloppes sont fermées à l'une de leurs extrémités par deux bases planes qui laissent entre elles un intervalle libre égal à celui qui existe entre les deux enveloppes elles-mêmes. Enfin, l'intervalle entre celles-ci et leurs bases est fermé inférieurement, de manière à limiter une capacité destinée à recevoir l'eau qu'on se propose de chauffer.

Dans le cas d'enveloppes rectangulaires, les angles de raccordement sont arrondis et la partie supérieure reçoit une surface légèrement convexe vers le haut. Enfin, les deux côtés verticaux sont mis en communication l'un avec l'autre au moyen de deux tuyaux de fonte d'un décimètre environ de diamètre. Ces tuyaux consolident la chaudière et en augmentent la surface de chauffe. Le compartiment formé par les deux bases des enveloppes est percé d'une ouverture pour le passage de la fumée.

Les chaudières que nous venons de décrire se placent sur un massif de maçonnerie dans la partie antérieure duquel on a réservé un espace pour le cendrier et la grille du foyer. Un mur vertical, qui s'élève jusqu'au sommet de la chaudière, limite le foyer en avant : les produits de la combustion chauffent toute la surface concave de l'enveloppe intérieure, ainsi que les deux tuyaux de fonte dont il a été question plus haut, et se rendent ensuite dans la cheminée à travers l'ouverture ménagée dans les deux bases de la chaudière.

Le réservoir d'alimentation, placé sur le devant du fourneau, communique avec un tuyau qui s'ouvre dans la chaudière un peu au-dessus du niveau de la grille.

La fig. 3, pl. X, p. 304, représente, à l'échelle de 1/50°, une autre disposition de chaudière à double enveloppe. Cette chaudière, employée dans plusieurs chauffages établis sous la direction de M. l'ingénieur Bureau, à Gand, a la forme d'un fer à cheval, surmonté d'une partie cylindrique c, dont le diamètre est égal à la largeur de la partie inférieure de l'appareil. Un diaphragme D, à double paroi et rempli d'eau, partage le vide intérieur de la

Pl. X. *p. 304.*

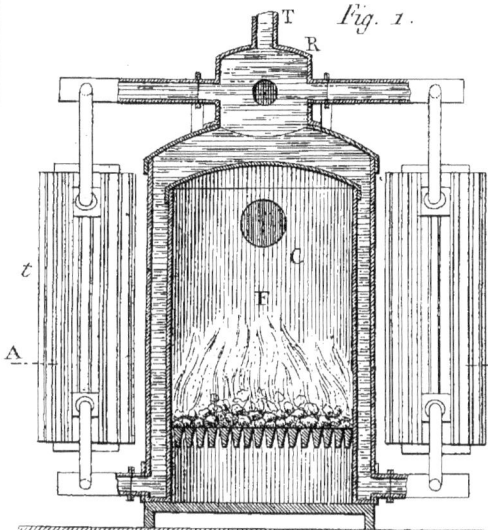

Fig. 1.

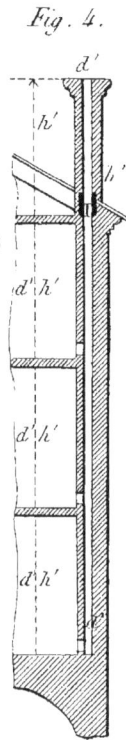

Fig. 4.

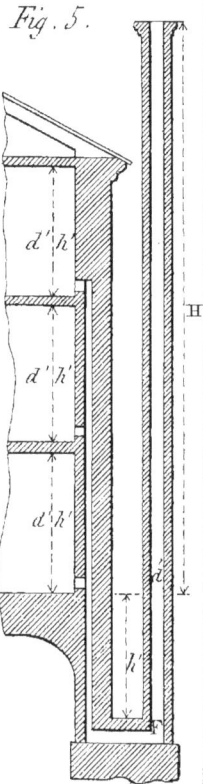

Fig. 5.

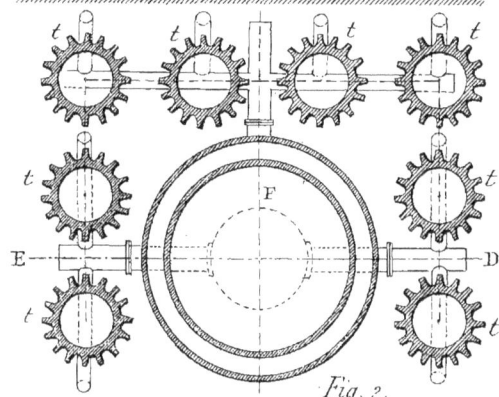

Fig. 2.

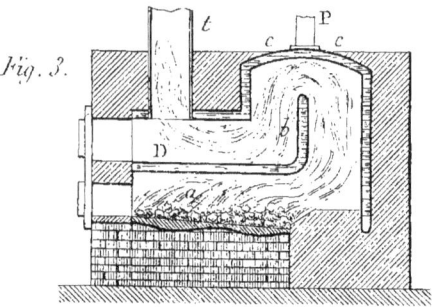

Fig. 3.

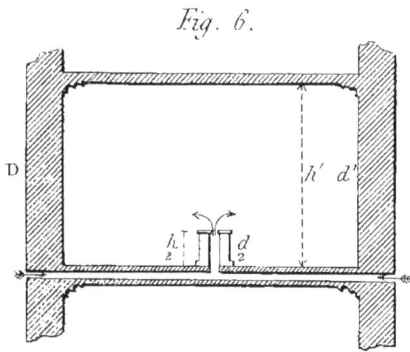

Fig. 6.

chaudière en deux carneaux *a* et *b*, que la fumée traverse successivement pour se rendre dans le tuyau *t* et de là dans la cheminée. La prise d'eau chaude se fait en P, au sommet de la partie cylindrique de la chaudière. Le tuyau de retour débouche dans la partie inférieure de la chaudière, près du foyer. On supprime le diaphragme dans les chaudières de faibles dimensions.

464. **Tuyau de retour débouchant à la partie supérieure de la chaudière.** — On éprouve souvent des difficultés pour le placement des tuyaux de retour. Dans ces circonstances, on emploie des chaudières rectangulaires dont le compartiment horizontal et celui du fond sont divisés en deux parties égales par une feuille de tôle parallèle aux parois. Le tuyau de retour et le tuyau pour la prise d'eau chaude débouchent tous les deux dans la partie supérieure de la chaudière, mais le premier, au-dessus de cette cloison et le second au-dessous. Lorsqu'on adopte ces dispositions, les deux longs compartiments verticaux de la chaudière sont réunis inférieurement par un diaphragme qui fait fonction de grand autel par rapport au foyer. Les produits de la combustion passent au-dessus de ce diaphragme et, parvenus au fond de la chaudière qui est plein, ils descendent dans un carneau vertical qui les conduit dans la cheminée. Il va sans dire que, dans le cas qui nous occupe, on supprime les deux tuyaux transversaux de la chaudière, rendus inutiles par le diaphragme inférieur.

465. **Thermosiphon ou chaudière tubulaire verticale de MM. Berger et Barillot, à Moulins (Allier).** — Les fig. 103 et 104, représentent une autre forme de chaudière employée pour chauffage de serres et jardins d'hiver; la première est une coupe verticale de la chaudière et du fourneau; la seconde montre la chaudière en élévation.

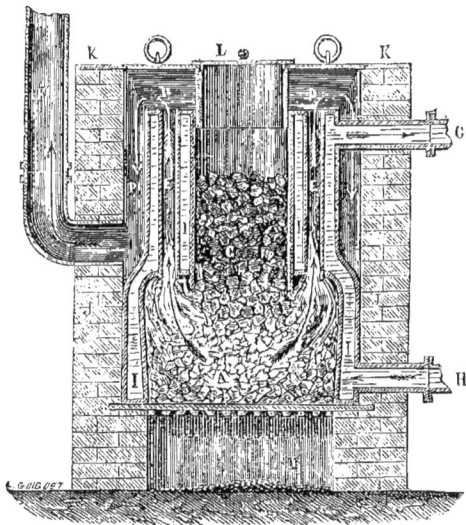

Fig. 103.

La chaudière est à deux enveloppes concentriques dont chacune se compose de deux parties cylindriques de diamètres différents, raccordées ensemble. L'eau à chauffer se trouve dans l'intervalle entre ces deux enveloppes, dont le diamètre est plus grand sur leur moitié inférieure que sur l'autre moitié. Cette dernière partie de l'appareil est traversée par un certain nombre de tuyaux E, pour le passage de la fumée. Le foyer A se trouve dans l'enveloppe intérieure ; il est à alimentation continue, comme le poêle que nous avons décrit au n° 408. La chaudière est montée sur une plaque de fonte M. Les produits de la combustion, au sortir du foyer, s'élèvent à travers les tuyaux E, redescendent à travers le carneau P, puis se rendent,

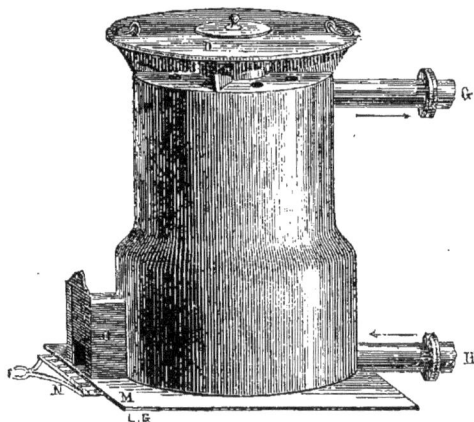

Fig. 104.

par le tuyau F, dans la cheminée. L, couvercle pour fermer l'orifice de chargement du foyer. Des couvercles qu'on peut ôter permettent le nettoyage des conduits à fumée et du carneau P. G, prise d'eau chaude ; H, retour de l'eau froide. C, couche de charbon pour 12 heures de chauffage. N, grille ; B, cendrier ; O, porte du foyer ; I, intérieur de la chaudière ; K, plaques de couronnement.

Le thermosiphon que nous venons de décrire fonctionne depuis trois ans à l'établissement d'horticulture de M. Pynaert-Van Geert, à Gand, et il donne d'excellents résultats (pour plus de détails, voir la *Revue de l'horticulture belge et étrangère*, Gand, vol. IV, n° 9, 1er septembre 1878).

466. Surface de chauffe des chaudières. — On détermine ordinairement la surface de chauffe des chaudières pour le chauffage par l'eau chaude, en admettant une transmission de 10 à 15000 calories par mètre carré de chauffe et par heure.

On peut compter également que chaque kilogramme de houille brûlé communique à l'eau de la chaudière au moins de 4200 à 5000 calories. Les carneaux et la cheminée doivent avoir au moins une section de 2 décimètres carrés pour pouvoir brûler 5 kilogrammes de houille, et, au besoin, 6 kilogrammes par heure. Enfin, on donne à la grille deux décimètres carrés de surface pour chaque kilogramme de houille à brûler par heure.

467. Assemblage des tuyaux de circulation. — M. Mouquet,

à Lille, emploie des tuyaux à brides ou à collets. Il interpose entre
les brides des tuyaux à assembler une rondelle annulaire de caout-
chouc, puis il serre fortement l'une contre l'autre les deux brides au
moyen d'embrasses en fer réunies au moyen de 3 ou 4 boulons à
écrous.

A Gand, on fait usage de tuyaux sans brides ; on rapproche jusqu'au contact les deux bouts des tuyaux à assembler, on recouvre le
joint d'une lanière de cuir et, à l'endroit où les deux extrémités
de celle-ci se rejoignent, on applique une mince lame de laiton.
Enfin, à l'aide d'une embrasse en fer munie d'un boulon à écrou, on
maintient toutes les pièces de l'assemblage.

468 **Dimensions des appareils de chauffage par l'eau chaude.**
— Désignons par N, le nombre de calories que l'appareil à construire doit transmettre par heure. Ce nombre se calcule d'après la
méthode que nous indiquerons plus loin. Lorsqu'il est connu, il
permet de calculer la transmission n, par seconde. On a $n = $ N : 3600.

Soit E, le poids de l'eau qui doit circuler par heure et e, celui qui
devra circuler par seconde à travers l'appareil. Si nous représentons
par T_1 et T_0, les températures de l'eau à sa sortie et à sa rentrée dans
la chaudière, nous aurons :

$$n = e\,(T_1 — T\ ). \qquad (1)$$

Supposons le tuyau d'ascension et les tuyaux chauffeurs cylindriques et de même diamètre D. Soit h, la hauteur verticale du
premier et l, la longueur de ces derniers. Soit aussi A, l'aire de la
section des tuyaux et s, le périmètre de celle-ci. Si l'on peut négliger
la chaleur émise par le tuyau d'ascension, on aura, pour la transmission des tuyaux chauffeurs :

$$N = Q\,s\,l \left(\frac{T_1 + T_0}{2} — t \right) = Q\,s\,l \left(T_1 — t — \frac{T_1 — T_0}{2} \right), \qquad (2)$$

Q étant le coefficient de transmission et t, la température moyenne
de l'air à chauffer. Q est égal à 11° environ (n° 328).

Nous pouvons encore établir pour tout appareil de chauffage par
circulation d'eau chaude une troisième équation.

A cet effet, désignons par U, la vitesse de l'eau dans le tuyau
d'ascension et par d_1 et d_0, les densités de l'eau à sa sortie et à sa
rentrée dans la chaudière. La densité moyenne de l'eau dans les
tuyaux chauffeurs sera $\dfrac{d_0 + d_1}{2}$, et, par conséquent, nous aurons en

représentant par M, la masse de l'eau qui traverse par seconde une section quelconque des tuyaux (nos 150, 171 et 177) :

$$2A\, h \left(\frac{d_0 + d_1}{2} - d_1 \right) U - \frac{\beta s\, (l + h)\, d_1}{g} U^5 = MU^2 + \beta' U^2,$$

d'où, en remplaçant

$\dfrac{d_0 + d_1}{2} - d_1$ par sa valeur $\dfrac{d_0 - d_1}{2}$, et divisant le premier membre

de l'équation par $\dfrac{A\,U\,d_1}{g}$ et le second par M :

$$\frac{d_0 - d_1}{d_1} \cdot h g = U^2 + \frac{8\beta\, (l + h)}{D} U^2 + \beta'\, U^2.$$

Enfin, en résolvant cette équation par rapport à U, on aura :

$$U^2 = \frac{\dfrac{d_0 - d_1}{d_1} \cdot g\, h}{1 + \dfrac{8\beta\, (l + h)}{D} + \beta'} \cdot$$

β, coefficient de frottement, est égal à 0,0032, d'après Poncelet. Comme il y a 4 changements de direction à angle droit dans une circulation simple comme celle que nous considérons, le dernier terme du dénominateur sera $\beta' = 4$.

Enfin, la densité de l'eau à T est donnée par la formule :

$$d = 1,0086 - 0,000\,5\, T.$$

En tenant compte de ces valeurs, l'équation ci-dessus peut s'écrire :

$$U^2 = \frac{0,0005\, (T_1 - T_0)\, g\, h}{(1,0086 - 0,0005\, T_1) \left[1 + 4 + 0,025 \dfrac{(l + h)}{D} \right]} \cdot$$

Mais, d'un autre côté, on a :

$$U\, A \cdot d_1 = e,$$

et, par conséquent, $U = e : A\, d_1$.

En remplaçant U par cette valeur, l'équation ci-dessus devient :

$$e^2 = \frac{A^2\, (1,0086 - 0,0005\,T_1) \cdot 0,0005(T_1 - T_0)\, g\, h}{1 + 4 + 0,025 \dfrac{(l + h)}{D}} \cdot \qquad (3)$$

A l'aide des trois équations (1), (2) et (3) que nous venons d'établir, on peut déterminer trois des quantités T_0, e, h, l et D, lorsque les deux autres sont données. Ordinairement, h et D sont connus et il reste à déterminer T_0, e et l. D varie entre 5 et 15 centimètres et h dépend de la disposition des locaux à chauffer et du mode de chauffage employé.

469. **Application.** — Soit N = 4000 calories, d'où n = 4000 : 3600 = 10 : 9. D = $0^{dm},5$. Nous prendrons le décimètre pour unité de longueur. s = 1,57; A = 0,1963. Prenons t = 15", T_1 = 80°, Q = $0^,,11$, h = 20 décimètres. g = 98,08.

A l'aide de ces données, on déduit des équations (1) et (2) :

$$\frac{10}{9} = e\,(80 - T_0) \quad \text{et} \quad l = \frac{4000}{0,11\cdot1,57\left(65 - \dfrac{80 - T_0}{2}\right)}.$$

Cette dernière équation donne une première valeur approchée de l, si l'on y néglige au dénominateur $-\dfrac{80 - T_0}{2}$. Cette valeur est $l = 356$.

Ensuite, en remplaçant dans l'équation (3), $T_1 - T_0$ par sa valeur $\dfrac{10}{9e}$, tirée de l'équation (1), on trouve :

$$e^3 = \frac{A^2(1,0086-0,0005T_1)\cdot0,0005.\dfrac{10}{9}\cdot98,08\cdot20}{1 + 4 + 0,025.\dfrac{(356 + 20)}{0,5}} = \frac{0,042\cdot0,97}{23,8} = 0,0017.$$

D'où, pour première valeur approchée de e, $e = 0,119$.

Au moyen de cette valeur de e, on trouve à l'aide de l'équation (1), T_0 = 70°,7, et, en introduisant cette valeur de T_0 dans l'équation ci-dessus qui donne la valeur de l, on trouve, pour seconde valeur de cette dernière quantité, l = 384,7.

Au moyen de ces valeurs de T_0 et de l, l'équation (3) donne e = 0,1136, et par suite T_0 = 70°,2 et l = 385,3.

D'après ces données, la vitesse de circulation sera : 0,1136 : 0,1963, c'est-à-dire d'environ 6 centimètres par seconde. Le poids de l'eau contenue dans les tuyaux de circulation, étant de 75,6 de litres, on peut, suivant le système qu'on veut adopter, donner à la chaudière une capacité de 6.75,6 = 454 litres, ou seulement une capacité de 9 à 10 litres (n° 460).

Si les produits de la combustion sont à 1000° dans le foyer et à 100°, a leur entrée dans la cheminée, leur température moyenne sera de 550°. Comme la température moyenne de l'eau à chauffer est de $(80 + 70) : 2 = 75°$, la différence entre la température de la fumée et celle de l'eau sera de 475°, et la transmission par heure et par mètre carré de chauffe de 23. $475 = 10925$ calories, car dans les conditions indiquées, le coefficient de transmission est de 23 calories (n° 333).

D'après cela, la transmission de 4000 calories exigera une surface d'environ 0,4 de mètre carré.

470. **Calcul du diamètre des tuyaux de circulation de l'eau chaude.** — Il peut arriver, en second lieu, que l soit donné par la disposition des locaux à chauffer. Dans ce cas, on doit calculer e, T_0 et D.

A cet effet, on écrira, d'après les formules (1) et (2) ci-dessus :

$$T_1 - T_0 = \frac{n}{e}, \tag{4}$$

et

$$D = \frac{N}{Q\,\pi\,l\left(T_1 - t - \dfrac{T_1 - T_0}{2}\right)}. \tag{5}$$

On commence par chercher une première valeur approchée de D, au moyen de la formule (5) dans laquelle on négligera le terme $(T_1 - T_0) : 2$.

En introduisant ensuite dans l'équation (3) cette valeur de D, et remplaçant $T_1 - T_0$, dans le second membre, par $n : e$, et A par $\pi D^2 : 4$, on aura l'équation suivante qui permettra de calculer une première valeur de e :

$$e^5 = \frac{\pi D^2}{4} \cdot \frac{(1,0086 - 0,0005 T_1) \cdot 0,0005.\,n.\,98,08.\,h}{1 + \dfrac{0,025\,(l + h)}{D} + \beta'}. \tag{6}$$

Au moyen de la valeur de e, on calculera une première valeur de T_0, et, en tenant compte de cette valeur de T_0, on trouvera au moyen de (5), une nouvelle valeur de D, qu'on introduira dans l'équation (3), laquelle donnera une seconde valeur de e qu'on pourra généralement adopter. Cette valeur de e permettra aussi de trouver la valeur définitive de T_0, au moyen de l'équation (4). Enfin, l'équation (5) donnera, en y remplaçant T_0 par sa seconde valeur, la valeur définitive de D [1].

---

[1] Pour la rédaction des articles relatifs aux dimensions des appareils à eau chaude, nous avons suivi une marche analogue à celle de FERRINI (*Technologie der Wärme*, p. 397 et suivantes), mais cet auteur arrive à une formule pour e un peu différente de celle que nous avons déduite du principe des forces vives.

471 **Tables de Mary.** — Dans la pratique, on fait rarement usage des formules que nous venons de démontrer. On se donne ordinairement la hauteur h et la longueur l de la conduite, ainsi que les températures moyennes T_a et T_c de l'eau dans le tuyau d'ascension et dans les tuyaux chauffeurs. Connaissant d'ailleurs le nombre n de calories à transmettre par seconde, on a, pour calculer le débit e qui doit avoir lieu dans le même temps, l'équation $n = e\,(T_a - T_c)$. Ensuite, au moyen des valeurs de T_a et T_c, on calcule la charge C en colonne d'eau à T_c degrés qui détermine le mouvement, on divise C par l, et l'on cherche ensuite, dans des tables spéciales calculées par Mary[1], le diamètre D à donner aux tuyaux chauffeurs pour qu'ils produisent le débit e demandé. On trouve dans ces mêmes tables la vitesse de l'eau.

Si nous représentons, respectivement, par d_a et d_c, les densités de l'eau à T_a et T_c degrés, on trouvera facilement que

$$C = \frac{h\,(d_c - d_a)}{d_c}\,.$$

Les valeurs de d_c et d_a se calculent au moyen de l'équation $d = 1{,}0086 - 0{,}000\,T$, qui donne la densité de l'eau à une température quelconque T.

ARTICLE SIXIÈME.

CHAUFFAGE PAR L'EAU CHAUDE A HAUTE PRESSION.

472. **Calorifères de Perkins.** — Péclet, dans la 3e édition de son *Traité de la chaleur*, fournit sur ce mode de chauffage les renseignements suivants : « Le calorifère se compose d'un circuit de tuyaux comme pour le chauffage à eau chaude ordinaire, mais il n'y a pas de poêles, les tuyaux n'ont qu'un petit diamètre (0m,025 de diamètre extérieur et 0m0125 de diamètre intérieur); le vase d'expansion est exactement fermé, et, enfin, l'eau est portée, du moins en sortant du foyer, à une température très-élevée. Une partie du circuit est placée dans un fourneau, le reste circule dans les pièces qui doivent être chauffées, ou serpente dans des caisses ouvertes par les deux bouts, où il échauffe l'air qui doit servir au chauffage et à la ventilation. »

Plus loin, il ajoute : « Dans les appareils qui existent en Angleterre, la température des tuyaux, à la partie supérieure du circuit, est

---

[1] *Détails pratiques sur la distribution des eaux*, par l'ingénieur MARY.

ordinairement de 150 à 200°; à la partie inférieure de la colonne
descendante, près du foyer, elle n'est que de 60 à 70°. Ces températures correspondent à des pressions de 4 à 15 atmosphères
seulement, mais comme dans le foyer les tubes sont portés au rouge,
les pressions intérieures peuvent devenir beaucoup plus considérables.
Si l'eau atteignait la température du rouge obscur, qui correspond
à peu près à 500°, la pression s'élèverait à plus de 500 atmosphères. »

Il suffit de ce résumé de la description donnée par Péclet du
système de chauffage par l'eau chaude à haute température, pour en
montrer à la fois les dangers et les inconvénients. Aussi, ce système,
inventé par Perkins, n'a-t-il guère de partisans qu'en Angleterre.

Quoiqu'il en soit, dans le système de Perkins, on admet qu'il faut
1 mètre carré de surface de chauffe pour 80 mètres cubes de capacité
de locaux à chauffer.

ARTICLE SEPTIÈME.

CHAUFFAGE MIXTE A L'EAU ET A LA VAPEUR.

473. Poêles à eau et à vapeur, — Un ingénieur habile, M Grouvelle, a cherché à donner au chauffage par la circulation de la

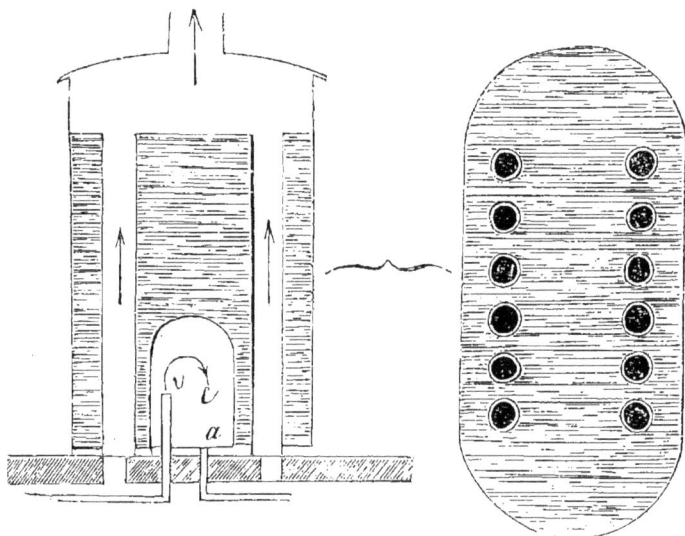

Fig. 107.

vapeur la stabilité qui lui manque en faisant passer la vapeur dans des
poêles plus ou moins remplis d'eau, dont la densité et la capacité

pour la chaleur apportent ainsi un obstacle à des variations trop rapides de la température.

Cette disposition est certainement un perfectionnement des poêles à vapeur proprement dits, mais elle n'a pas empêché certains accidents survenus à l'hôpital Lariboisière à Paris, et les claquements produits le matin, lors des reprises du feu, se manifestent aussi dans le pavillon de l'hôpital militaire de Vincennes, dont les appareils de chauffage ont été établis par l'auteur même de ce système mixte.

Quoiqu'il en soit, voici la disposition adoptée par M. Grouvelle. L'appareil (fig. 105) consiste en un cylindre allongé en tôle, avec douze tubes intérieurs. Ce cylindre est plein d'eau que l'on chauffe par une cloche C, où l'on fait arriver de la vapeur au moyen d'un tuyau v. a, tuyau d'écoulement de l'eau de condensation.

ARTICLE HUITIÈME.

DISPOSITION GÉNÉRALE DU CHAUFFAGE DANS LES LIEUX HABITÉS.

474. Chauffage par les poêles. — Ordinairement chaque salle, aux différents étages, est munie d'un ou de plusieurs poêles, suivant ses dimensions. Cette disposition est coûteuse, à cause du transport du combustible aux étages supérieurs. Aussi emploie-t-on quelquefois un seul grand appareil placé au rez-de-chaussée et destiné à chauffer les divers étages. A cet effet, les produits de la combustion, avant de se rendre dans la cheminée, traversent des colonnes creuses disposées comme celles des poêles et placées aux différents étages à chauffer.

475. Chauffage par les calorifères. — Nous avons décrit au n° 426, la disposition générale adoptée pour le chauffage au moyen des calorifères à air chaud.

376. Chauffage à l'eau chaude. — Ce mode de chauffage peut s'effectuer : 1° d'après le système de Duvoir-Leblanc ; 2° d'après celui de d'Hamelincourt ; et 3° à l'aide de calorifères placés au-dessous du sol et desquels partent les tuyaux de distribution de l'air chaud pour les différents étages.

Ce dernier système ne diffère pas de la disposition générale adoptée pour les calorifères à air chaud (n° 426).

Quant au premier, dont il a déjà été question au n° 452, en voici les points essentiels.

La chaudière se trouve établie dans la cave. De cette chaudière part un tuyau qui conduit directement l'eau chaude jusqu'au vase d'expansion établi dans la cheminée d'appel qu'il sert ordinairement à chauffer. Les tubes distributeurs de l'eau chaude partent du vase d'expansion, en nombre égal à celui des étages à chauffer. Ces tubes conduisent l'eau chaude successivement à travers les différents poêles de chaque étage. Lorsqu'elle sort du dernier poêle elle entre dans un tuyau descendant qui la ramène à la chaudière.

Un tuyau spécial de retour ramène l'eau, en été, pendant la suspension du chauffage, du vase d'expansion à la chaudière. Ce tuyau descend directement sans passer par les salles.

Enfin, quant aux dispositions adoptées par de d'Hamelincourt, nous les avons indiquées avec assez de détails aux n⁰ˢ 453 à 455, pour ne plus avoir besoin de revenir sur ce sujet.

477. Chauffage par la vapeur. — La disposition générale est la même que pour le chauffage par l'eau, avec cette seule différence qu'il n'est pas nécessaire d'avoir plusieurs conduites pour les différents étages. Il suffit d'une seule conduite maîtresse de laquelle part un tuyau distributeur pour chaque étage.

SECTION CINQUIÈME.

CHAUFFAGE ET VENTILATION DES LIEUX HABITÉS.

478. Température de l'air dans les lieux habités. — La température qu'il convient de communiquer à l'air dans les lieux habités varie avec les circonstances.

Elle peut être un peu plus élevée dans les locaux bien ventilés que dans ceux qui ne le sont pas ou qui ne le sont qu'incomplètement.

D'après M. Morin (*Manuel pratique du chauffage*, p. 186), les températures intérieures ne doivent pas habituellement dépasser les valeurs suivantes :

Crèches, salles d'asile et écoles	15°
Ateliers, casernes, prisons	15
Bureaux	15 à 16
Salles de spectacle, salles d'assemblées prolongées, amphithéâtres.	19 à 20
Hôpitaux { ordinaires	16 à 18
{ salles de blessés	12

479. Division de la cinquième section. — Supposons la température voulue réalisée à un instant donné.

Il est évident que si la température de l'air extérieur est moindre que cette température, les parois du local et l'air qu'il contient se refroidiront et éprouveront, pendant l'unité de temps, une perte de chaleur d'autant plus grande que la différence entre leur température et celle de l'atmosphère sera plus considérable. Pour les maintenir à la température voulue, malgré cette perte continuelle de chaleur, il faudra les chauffer de manière à leur restituer à chaque instant la chaleur qui leur aura été enlevée.

Nous verrons bientôt que dans l'acte de la respiration, il se développe une certaine quantité de chaleur. Nous verrons également que, par ce même acte, l'air est vicié et que pour l'assainissement du local, il faut extraire cet air vicié et le remplacer par de l'air nouveau pris au dehors.

Cela posé, si la différence entre la température du local habité et celle de l'air extérieur est faible, il peut arriver que la chaleur dégagée par la respiration des personnes qui se trouvent dans le local suffise à chauffer l'air extérieur introduit dans l'enceinte et à compenser la perte de chaleur qui a lieu par le contact de l'atmosphère.

Si la chaleur développée par la respiration est insuffisante à produire ce double effet, il peut arriver, si le local est occupé la nuit, comme cela est le cas pour les salles de spectacle, etc., que le déficit soit comblé par la chaleur que dégagent les appareils d'éclairage.

Dans les conditions que nous venons de supposer, il ne faudra donc pas d'appareils de chauffage spéciaux pour obtenir et conserver dans le local la température nécessaire. Mais lorsque, comme cela a lieu pendant les grands froids de l'hiver, la perte de chaleur éprouvée par le local et la chaleur exigée pour porter à 15 ou 20° l'air froid du dehors qu'on introduit dans l'enceinte, atteignent ensemble une valeur qui dépasse la chaleur développée par les deux sources que nous venons d'indiquer, l'emploi d'appareils de chauffage devient indispensable.

On voit, par ce qui précède, que dans cette cinquième section, nous aurons à nous occuper successivement : 1° de la détermination des volumes d'air à renouveler, par heure et par personne, pour obtenir l'assainissement d'un lieu habité ; 2° de la quantité de chaleur qui se dégage dans l'acte de la respiration et de celle que développent les appareils d'éclairage ; 3° des procédés à employer pour produire l'extraction de l'air vicié et son remplacement par un égal volume d'air pur ; cette double opération constitue le travail de la ventilation ; 4° de la détermination des quantités de chaleur que doivent céder les appareils de chauffage aux parois de l'enceinte et à l'air pur qu'on introduit dans le local, afin que celui-ci arrive et se maintienne à la température demandée ; et 5° des dispositions particulières nécessitées pour le chauffage et la ventilation des différents édifices.

CHAPITRE PREMIER.

VOLUMES D'AIR A RENOUVELER POUR L'ASSAINISSEMENT DES LIEUX HABITÉS.

480. **Volume d'air vicié par la respiration.** — Dans les locaux occupés la nuit, l'air est vicié par la respiration et par la combustion des matières qui servent à l'éclairage.

Occupons-nous, en premier lieu, de la détermination des volumes d'air viciés par l'acte de la respiration.

D'après M. Dumas, le volume d'air expiré par heure et par individu, est à peu près de $0^{mc},33$ et renferme 0,04 d'acide carbonique. Par conséquent, si la respiration était la seule cause d'insalubrité et si l'air expiré ne se mêlait pas, au moins partiellement, à l'air inspiré après, il suffirait de donner à chaque individu 1/3 de mètre cube par heure. Mais l'homme, par son organisation, agit encore d'une autre manière pour vicier l'air qui l'environne, et cela par la transpiration pulmonaire et cutanée. Il importe que les vapeurs d'eau provenant du jeu de ces fonctions puissent se dissoudre dans l'air, de sorte qu'il est plus convenable de prendre, pour la dose d'air à fournir par individu et par heure, le volume d'air nécessaire pour cette dissolution.

La quantité de vapeur d'eau résultant de la transpiration cutanée et pulmonaire varie de 45 à 77 grammes par heure et par individu, et, par conséquent, en supposant l'air à 15°, il faudrait, s'il entrait à demi-saturé et sortait saturé aux 5/4, pour dissoudre cette quantité d'eau, un volume compris entre 15 et 25^{mc} (1 mètre cube d'air saturé à 15°, contient $12^{gr},83$ de vapeur d'eau).

L'air ordinaire contient en poids de 4 à 6 dix-millièmes et, par conséquent, en volume, de 3 à 4 dix-millièmes d'acide carbonique. Cette proportion s'élève dans les lieux habités. Ainsi, le matin, dans une chambre à coucher, on l'a trouvée égale à 0,0048 en poids; dans une école remplie d'élèves, elle a été de 0,0072; dans un wagon de chemin de fer, de 0,0034; dans les dortoirs d'un couvent, de 0,0052; dans l'auditoire de M. Dumas, après la leçon, de 0,0052 et enfin, dans les diverses parties du Grand Opéra, la proportion d'acide carbonique a varié entre 0,0015 et 0,0028 (*Lectures on ventilation in the Franklin Institute of Philadelphia,* by Lewis W. Leeds).

Sachant que chaque personne produit par heure 45 grammes d'acide carbonique, il serait facile de calculer le volume d'air à fournir pour que la proportion d'acide carbonique ne s'élevât, en poids, qu'à 0,002. En effet, puisque $1^k,3$ d'air, c'est-à-dire, un mètre cube de ce gaz, contient à l'état normal $1,3 . 0,0006$ d'acide carbonique, x serait donné par l'équation $x . 1,3 . 0,0006 + 0,045 = x . 1,3 . 0,002$; d'où $x = 24^{mc},70$. Mais l'acide carbonique n'est pas réellement un élément d'insalubrité, à moins qu'il n'existe en grande quantité.

481. Volumes d'air exigés pour l'assainissement des locaux habités. — Dans les calculs ci-dessus, nous n'avons pas tenu compte de certaines substances organiques volatiles émanées de la peau et des poumons. Ces substances, qui échappent à l'analyse chimique, constituent de véritables poisons volatils, parfaitement perceptibles à l'odorat dans un air stagnant. Il faut les évacuer et lorsque ce résultat est atteint, le gaz acide carbonique et les vapeurs acqueuses sont entraînés en même temps. Mais cette évacuation s'obtient d'autant plus difficilement que le séjour des personnes dans un local est plus prolongé. On voit donc que, dans la question de l'assainissement, il faut considérer à part les lieux qui sont habités d'une manière permanente et ceux dont l'occupation n'est que temporaire, soit pendant la journée entière, soit pendant quelques heures seulement.

Dans la première catégorie sont les hôpitaux, les prisons, où le chauffage l'hiver et la ventilation en toute saison doivent avoir lieu avec continuité.

Dans la seconde se trouvent d'abord les écoles, les bureaux, les ateliers de fabrique, etc., qui sont occupés pendant une grande partie de la journée; et ensuite les lieux de réunions temporaires, tels que les salles de conseils, d'assemblées, les amphithéâtres, les salles de spectacle, etc., où le chauffage et la ventilation ne doivent avoir lieu que pendant certaines heures.

L'on conçoit de suite que, pour les premiers locaux, où les causes d'insalubrité sont continues et permanentes, et peuvent même, en certaines circonstances, acquérir une intensité et une gravité accidentelles, il faut établir la ventilation dans des conditions d'énergie et de stabilité bien plus grandes que pour les autres.

Dans ceux-ci, en effet, où le séjour plus ou moins prolongé est mêlé de sorties, d'interruptions, il n'est pas aussi nécessaire d'obtenir une ventilation parfaite; et de plus l'aération des locaux pendant qu'ils ne sont pas occupés est un moyen puissant d'en faire disparaître les miasmes résultant de leur occupation temporaire. Outre ces conditions générales, il en est d'autres qui sont spéciales aux individus qui les occupent. Selon que ces individus seront sains, jeunes ou vieux, malades ou blessés, les volumes d'air qu'il convient de leur allouer devront varier dans des limites parfois très-étendues.

482. **Données expérimentales.** — Il résulte de ce qui précède qu'il n'est pas possible de fixer des bases générales d'après lesquelles on puisse déterminer d'une manière absolue le volume d'air qu'il convient d'allouer par individu. et qu'il faut pour chaque cas se régler d'après les résultats de l'observation.

Or, voici à cet égard les données recueillies par M. Morin, auquel nous avons emprunté une partie de la discussion qui précède (*Études sur la ventilation*, t. 2, p. 42).

		Volumes d'air néces. par heure et par individu.		
Hôpitaux.	Malades ordinaires.	60 à 70	mèt. cub.
	Blessés et femmes en couches . . .	80 à 100	»
	En temps d'épidémie	150	»
Prisons		50	»
Ateliers insalubres		100	»
Ateliers ordinaires		60	»
Casernes	de jour.	30	»
	de nuit.	40 à 50	»
Salles de spectacle, théâtres.		40 à 50	»
Salles d'assemblées et de réunions prolongées . .		60	»
Salles de réunions momentanées, amphithéâtres .		30	»
Ecoles d'enfants		12 à 15	»
Ecoles d'adultes		25 à 30	»
Écuries (par cheval) et étables		180 à 200	»

Toutes ces données sont relatives aux volumes d'air vicié qui doivent être évacués, et elles supposent implicitement que par des dispositions convenables, on assurera la rentrée de l'air en quantité suffisante et de la manière la mieux appropriée à chaque cas particulier.

Ces volumes paraîtront considérables; mais c'est parce qu'on se fait difficilement une idée de l'infection que produisent dans l'air la respiration et les émanations cutanées, lorsqu'un certain nombre d'individus sont réunis dans un même lieu. Quand l'air, chargé de ces miasmes, s'échappe par une cheminée de ventilation, il est littéralement empoisonné et susceptible de produire l'asphyxie.

Nous indiquerons dans le chapitre suivant les volumes d'air exigés par les appareils d'éclairage.

483. **Locaux occupés par un petit nombre de personnes.** — Dans ces locaux, il suffit que l'air soit renouvelé par heure un nombre de fois à déterminer d'après les causes qui y peuvent altérer ce gaz. Ainsi, pour les appartements ordinaires, ce renouvellement doit avoir lieu environ quatre à cinq fois par heure, quand il y a des réunions. (MORIN, *Manuel pratique du chauffage*, p. 185.)

CHAPITRE DEUXIÈME.

CHALEUR PRODUITE PAR LA RESPIRATION ET PAR LES APPAREILS D'ÉCLAIRAGE.

484. Produits de la respiration. — Selon Thénard, dans les poumons d'un homme il se produit, par le seul fait de la respiration, 2858,85 calories en 24 heures, ou 119,13 calories par heure.

Des expériences plus récentes portent à admettre que, dans l'acte de la respiration, l'homme expire 38 grammes d'acide carbonique et aspire 33 grammes d'oxygène par heure. Or, il suffit de 28 grammes d'oxygène pour brûler les 10^{gr},37 de carbone que contiennent les 38 grammes d'acide carbonique, et l'on admet que les 5 grammes restants se combinent avec 0^{gr},6 d'hydrogène que dégagerait le poumon.

Il s'en suivrait donc que, dans 24 heures, il est brûlé dans les poumons de l'homme 240 grammes de carbone et 15 grammes d'hydrogène.

485. Chaleur produite par l'acte de la respiration. — Les 240 gr. de carbone développent, en brûlant 240.8 = . . 1920 calories, et les 15 grammes d'hydrogène, 15.29 = . . . 435   »

Total en 24 heures 2355 calories,

et par heure environ 99 calories.

D'après Andral et Gavarret, le poids du carbone brûlé par heure dans l'acte de la respiration chez un homme adulte serait de 12 grammes, en moyenne, et la chaleur produite par la combustion de ce carbone ne serait que les 4/5 de la chaleur totale dégagée dans l'organisme pendant le même temps. La chaleur dégagée par heure et par individu serait donc d'environ 120°. De son côté, Hirn (*Théorie mécanique de la chaleur*, 2e édition, p. 32 et suivantes), a déduit d'expériences faites avec le plus grand soin, que l'homme adulte développe par heure 155 calories, et même davantage lorsque, au lieu de rester inactif, il effectue un travail mécanique plus ou moins considérable, car pendant le travail la respiration et par suite la production de chaleur se trouvent augmentées. Mais une partie de la chaleur ainsi développée est consommée pour produire le travail. On voit, par ce qui précède, qu'on peut compter, en moyenne, au moins, sur une production de 130 calories par heure et par personne se tenant en

Fig. 1.

Plan du Souterrain.

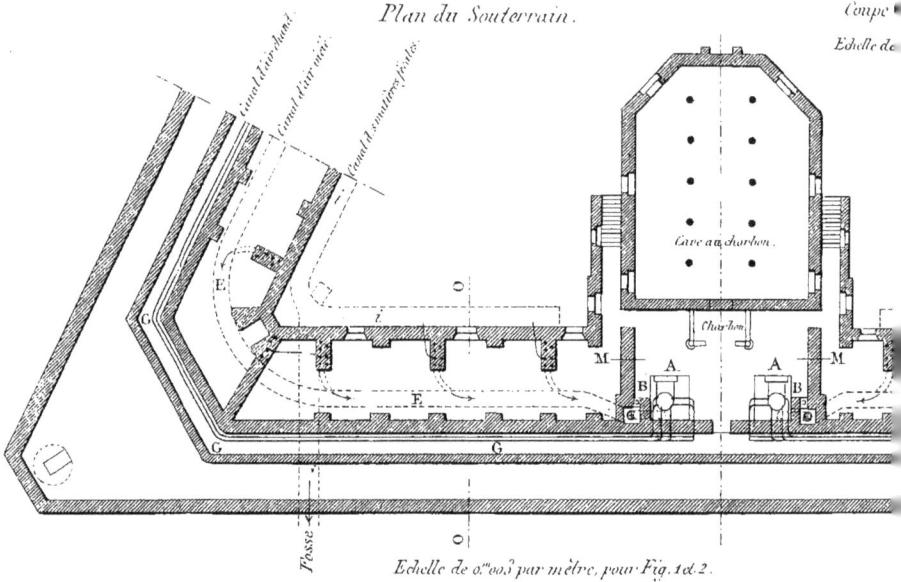

Canal l'air chaud.

Canal l'air vicié.

Canal à matières fécales.

E

G

O

Cave au charbon.

Charbon.

M

A

A

M

B

B

F

G

G

O

Fosse.

Echelle de 0.^m005 par mètre, pour Fig. 1 et 2.

Fig. 2.

Plan du 1er Étage.

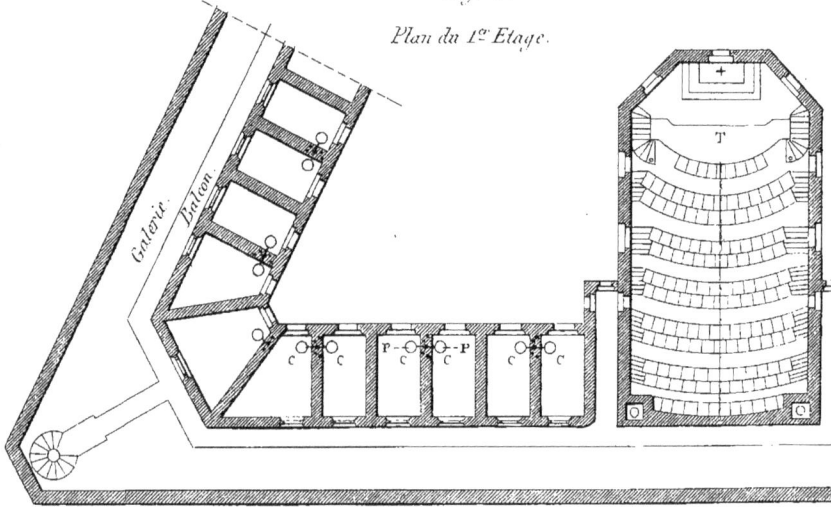

Galerie.

Balcon.

T

C C P C P C C

O

O

Pl. XI. p. 320.

Plan.
par mètre.

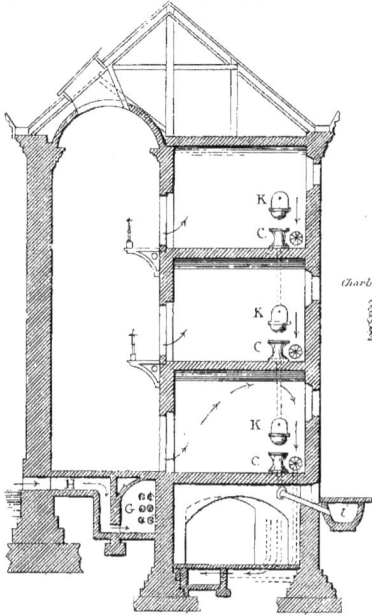

K
C

K
C

K
C

G

Fig. 4. 1/100e
Coupe N-N.

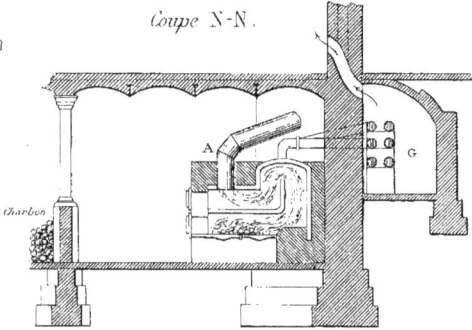

A

G

Charbon

Fig. 6. 1/100e
Coupe Q-Q des cheminées de ventilation.

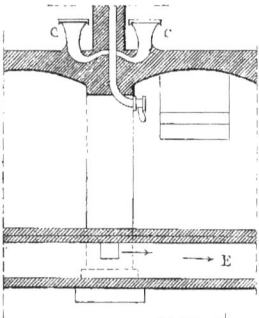

B

D

G

E

C — C

Fig. 7. 1/100e
Coupe P-P sur les sièges
d'aisance.

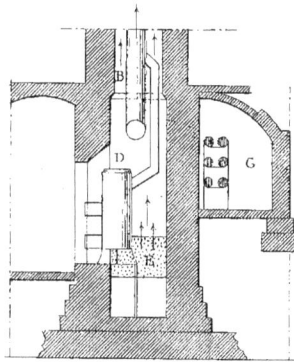

E

Fig. 5.
Coupe M-M du Plan, à l'Echelle de 1/100e

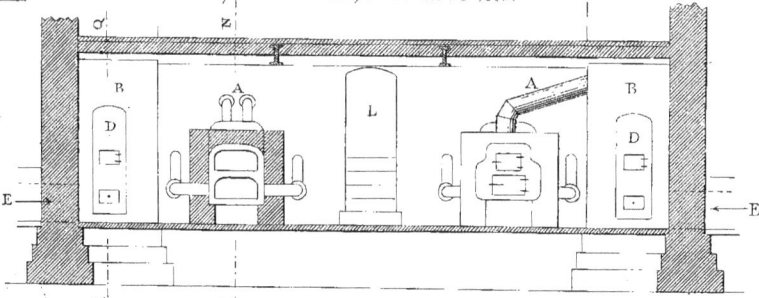

B
D

A

L

A

B
D

E

E

repos, et sur une production un peu plus forte lorsqu'il s'agit d'individus qui se livrent à un travail fatiguant.

Quant à la quantité de chaleur que peuvent dégager des personnes
malades et alitées, nous la supposerons égale à 75 calories par individu et par heure. Nous adopterons ce chiffre pour les malades dans
les hôpitaux.

486. **Échauffement de l'air par l'effet de la respiration.** — Pour
élever d'un degré un mètre cube d'air, il faut $0,237 \cdot 1,298 = 0,308$
calories, le poids de ce volume d'air étant supposé égal à $1^k,298$.
Par conséquent, puisqu'un homme développe par heure 130 calories,
il peut, par le seul effet de la respiration, élever de $1°$ $130 : 0,308 =$
422 mètres cubes d'air ou 42 mètres cubes de $10°$. Il suit de là que si
un homme est dans un milieu dont la température soit de $20°$ et
dont il soit extrait par heure 42 mètres cubes d'air, en même temps
qu'on y introduit aussi 42 mètres cubes d'air extérieur, à $+ 10°$, la
température du milieu sera maintenue à $20°$ par le seul effet de la
respiration de cet individu, abstraction faite, toutefois, du refroidissement occasionné par la transmission de chaleur qui s'effectue à
travers les parois de l'enceinte. Si, au contraire, l'air affluent était
à une température inférieure à $+ 10°$, celle du milieu tendrait à
s'abaisser et il faudrait chauffer l'air de ventilation.

A l'inverse, si l'air de ventilation était à une température supérieure
à $+ 10°$, le volume de 42 mètres cubes ne serait plus suffisant pour
empêcher la température du milieu de s'élever. On voit par là qu'une
ventilation d'été de 42 mètres cubes dans une salle de spectacle,
par exemple, enveloppée de corridors qui la préservent du refroidissement, et pour laquelle on ne peut se flatter d'avoir, même le soir,
de l'air à la température de $+ 10°$ seulement, serait tout à fait insuffisante. Dans cette hypothèse, même favorable à la ventilation, le
volume d'air ne devrait pas être inférieur à 50 ou 60 mètres cubes
par heure et par spectateur.

Ces considérations suffisent pour montrer que les chiffres que nous
avons rapportés plus haut pour les volumes d'air à allouer par heure
et par individu, ne sont que des volumes minimums dont il faudra
s'écarter chaque fois que la température de l'air extérieur dépasse
une certaine limite.

487. **Volumes d'air exigés par les appareils d'éclairage.** —
Occupons-nous maintenant de la chaleur dégagée par les appareils
d'éclairage et des volumes d'air à renouveler dans les locaux pour
l'alimentation de leur combustion.

D'après Péclet, il ne convient pas que dans un lieu habité le contenu en acide carbonique de l'air puisse s'élever à 1/1000 en volume, ni son état hygrométrique devenir de beaucoup supérieur à 1/2. Pour ces motifs, les volumes d'air à allouer aux appareils d'éclairage doivent être beaucoup plus grands que ceux qui seraient nécessaires à la combustion pure et simple des quantités de matières combustibles qu'ils consomment dans un temps donné. C'est ainsi que Péclet admet qu'une bougie, qui brûle 11 grammes d'acide stéarique par heure, exige un volume de 6^{mc} d'air. D'un autre côté, la Commission qui avait été nommée pour étudier la question du chauffage et de la ventilation des théâtres de Paris, est arrivée, à la suite de longues expériences faites avec le plus grand soin, à ce résultat que, pour un bec consommant par heure 67 litres de gaz, il faut en comptant très-largement, 113^{mc},32 d'air, ce qui fait, par litre de gaz environ 1700 litres d'air.

488. **Chaleur dégagée par les appareils d'éclairage.** — Nous avons vu que la puissance calorifique de l'acide stéarique est égale à 9716 calories (tableau I, p. 7). Or, comme il a été dit plus haut, chaque bougie brûle par heure 11 grammes de ce corps gras et dégage, par conséquent, 11.9,716 = 107 calories.

D'un autre côté, un litre de gaz d'éclairage développe par sa combustion 6 à 7 calories, de sorte qu'un bec ordinaire, qui brûle par heure 120 litres de gaz, dégagera entre 720 et 840 calories.

CHAPITRE TROISIÈME.

DES DIVERS PROCÉDÉS DE VENTILATION.

489. **Méthodes de ventilation.** — On distingue deux espèces de ventilations, savoir : la *ventilation naturelle* et la *ventilation artificielle*.

La première est celle qui s'effectue par le seul effet de la différence de température qui existe habituellement entre l'air extérieur et l'air des lieux habités. Ce système ne peut, en général, produire que des effets insuffisants ; sa puissance, d'ailleurs, est essentiellement variable avec la température extérieure.

En été, elle est pour ainsi dire nulle, même en tenant les fenêtres ouvertes.

La ventilation artificielle peut être produite par la chaleur ou par une action mécanique.

Le plus souvent, la ventilation par action mécanique s'effectue à l'aide de ventilateurs, soit aspirants, soit soufflants.

ARTICLE PREMIER.

VENTILATION NATURELLE.

490. Ventilation naturelle par les joints des portes et des fenêtres. — La ventilation naturelle se produit par les joints des portes et des fenêtres. L'air froid s'introduit par en bas et l'air chaud sort par en haut. Pour s'en assurer, on se sert d'un petit ballon rempli de gaz hydrogène et convenablement lesté. On peut aussi simplement faire usage de la flamme d'une bougie.

Le volume d'air qui se renouvelle ainsi peut être assez considérable, même si l'air n'afflue qu'avec une vitesse de 20 centimètres par seconde. En effet, une seule fenêtre de grande dimension donne quelquefois accès à près de 1500 mètres cubes d'air par heure.

Le renouvellement de l'air par les murailles existe également, on s'en est assuré, mais il est toujours négligeable à côté de celui qui se produit par les fissures.

491. Appareils pour la ventilation naturelle. — Le renouvellement de l'air par les fissures est toujours irrégulier et l'air pur s'échappe le plus souvent sans entraîner l'air vicié. Aussi a-t-on été conduit à établir des ouvertures spéciales pour l'entrée de l'air pur et la sortie de l'air vicié.

492. Ouvertures d'entrée et d'évacuation de l'air. — Pour obtenir un renouvellement régulier de l'air d'une salle, il faut que les ouvertures qui donnent accès à l'air pur et celles qui laissent échapper l'air vicié soient disposées de telle manière que le courant d'air pur balaye toute la salle et chasse devant lui l'air altéré par la respiration.

493. Description de quelques appareils pour la ventilation naturelle. — On emploie divers appareils pour favoriser la ventilation naturelle.

Le plus simple, c'est le *vasistas* adapté au haut des fenêtres ou au-dessus des portes.

On emploie également deux cheminées concentriques séparées par un certain intervalle (fig. 5, pl. IX, p. 288). Le tuyau intérieur est le plus long et dépasse le tuyau extérieur en dessus et un peu au-dessous, au-delà de son débouché à travers le plafond, pour servir de support à un disque circulaire voisin de ce plafond, et qui masque l'entrée du tuyau extérieur. Ce dispositif agit ainsi qu'il suit : à cause de sa longueur, le tuyau intérieur détermine l'écoulement de l'air vicié. Le tuyau extérieur forme le conduit d'arrivée de l'air pur, et le courant descendant, en rencontrant le plateau circulaire, est dirigé dans le sens du plafond et se disperse.

Une autre disposition consiste en une cheminée carrée divisée en quatre parties A, A, B, B, par des cloisons diagonales (fig. 6, pl. IX, p. 288). Ces diaphragmes sont prolongés au-delà du conduit, qui est recouvert au-dessus du toit par des persiennes, au lieu de parois planes. Le but de ce dispositif de diaphragmes et de persiennes est, non-seulement d'assurer, en temps ordinaire des courants ascendants et descendants, mais encore d'utiliser l'action des mouvements de l'air extérieur, qui, en frappant à travers les persiennes, sous un angle quelconque, produira un courant d'air ascendant d'extraction sous le vent.

Lorsqu'une porte ou une fenêtre est ouverte, les appareils ci-dessus deviennent simplement des conduits d'extraction et cessent de fournir de l'air pur. A l'inverse, s'il existe dans la chambre un puissant appel vers une cheminée à feu ouvert,

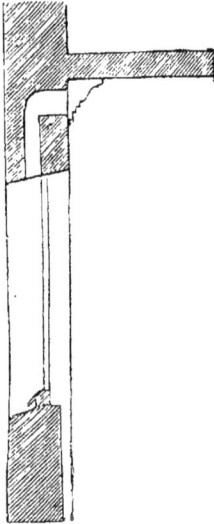
Fig. 106.

et si les portes et les fenêtres sont fermées, ils sont transformés en orifices d'introduction.

Enfin, on emploie quelquefois une corniche creuse qui communique avec l'air extérieur par une ou plusieurs ouvertures, fig. 106. L'air aspiré pénètre dans la salle à travers une fente étroite que la corniche présente à sa partie supérieure.

494. **Disposition adoptée en Angleterre.** — Il y a quelques années le Gouvernement anglais nomma une Commission chargée de rechercher le moyen de ventiler les casernes.

A la suite de longs travaux, cette Commission adopta la disposition suivante : devant l'orifice qui donne accès à l'air extérieur, on dispose près du plafond, une corniche en bois d'une longueur plusieurs fois supérieure à la sienne, dirigée vers le plafond et inclinée à 45° (fig. 107).

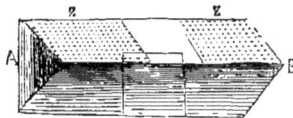
Fig. 107.

La partie supérieure de la corniche est formée d'une plaque de zinc EE, percée de trous de 3 à 4 millimètres de diamètre. La partie de cette paroi immédiatement au-dessus de l'orifice est en bois plein, pour changer encore mieux la direction du courant. La somme des aires des orifices de la plaque de zinc, à travers lesquels l'air pénètre dans la chambre, est égale à six ou huit fois celle de l'orifice d'admission de l'air extérieur. La corniche est fermée à chacune de ses extrémités par une planche A.

On a trouvé que, pour introduire, aux différents étages, 100me d'air par heure, il fallait donner aux orifices d'admission les dimensions suivantes :

$$\text{au 1}^{er}. \quad . \quad . \quad . \quad . \quad . \quad . \quad . \quad . \quad 3^{dq},50$$
$$\text{au 2}^{c}. \quad . \quad . \quad . \quad . \quad . \quad . \quad . \quad . \quad 4^{dq},00$$
$$\text{au 3}^{e}. \quad . \quad . \quad . \quad . \quad . \quad . \quad . \quad . \quad 4^{dq},50.$$

Les cheminées qui enlèvent l'air vicié ont la même section. Dans ce système de ventilation, les prises d'air vicié doivent avoir lieu près du plafond, du côté opposé aux orifices d'entrée. De cette façon, l'air froid introduit descend d'abord jusqu'au plancher, se réchauffe et pénètre ensuite dans les cheminées d'évacuation.

En été, ce système a produit une ventilation de 17 à 20me par heure et par soldat; en hiver, quand la caserne était chauffée, la ventilation s'élevait à 34 et même à 35me par homme.

495. Cas d'une salle isolée. — Supposons que dans une salle isolée, on veuille établir un tuyau de ventilation, et recherchons l'influence des diverses dispositions.

Admettons d'abord que le tuyau soit placé à la partie supérieure du plafond, comme le montre la fig. 108.

En nommant toujours D la densité de l'air atmosphérique, d celle de l'air de la salle et de la chéminée de ventilation, H la hauteur de la cheminée au-dessus du plafond, h' la hauteur du plafond au-dessus de

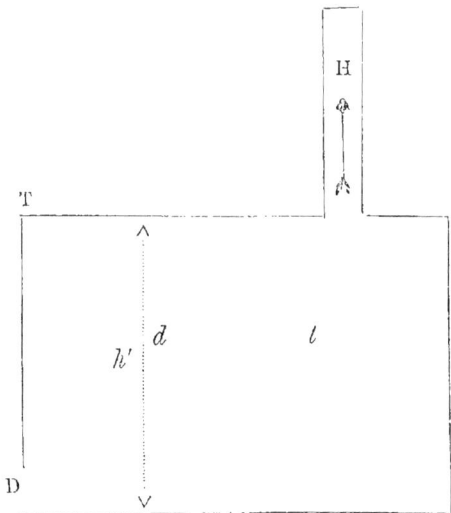

Fig. 108.

l'orifice d'entrée de l'air dans la salle, orifice que nous supposerons placé près du plancher, il est clair que la pression qui tendra à faire entrer l'air dans la salle sera D (H $+$ h'), et la pression exercée de haut en bas, en sens contraire, d (H + h'). La différence (D — d) (H + h') exprimera, par conséquent, la pression motrice par unité de surface.

Cela posé, si nous désignons par A la section et par D' le diamètre de la cheminée supposée cylindrique, par U la vitesse moyenne, par t la température de la salle et de l'air dans la cheminée , par T la température extérieure, par a le coefficient de dilatation des gaz, par g la vitesse qu'acquiert au bout d'une seconde de chute un corps tombant dans le vide, par A_1, la section au débouché de la cheminée et par m_1 le coefficient de contraction de la veine gazeuse, par m le coefficient de contraction à l'entrée de la cheminée, et enfin par β le coefficient de frottement, on aura (section deuxième) :

$$U = \sqrt{\frac{\dfrac{2ga\,(t - T)\;(H + h')}{1 + aT}}{\left(\dfrac{A}{m_1 A_1}\right)^2 + \left(\dfrac{1}{m} - 1\right)^2 + \dfrac{8\,\beta H}{D'}}}.$$

Si, par exemple, il s'agit d'un tuyau cylindrique en zinc, vertical, de hauteur H = 7^m, d'un diamètre D' = 0^m,25, débouchant librement, sans coudes, ni étranglement, ni élargissement; et que h' = 5^m, t = 20°, T = 10°, m_1 = 1, m = 0,60, A = A_1, β = 0,0032, on aura

$$\left(\frac{A}{m_1 A_1}\right)^2 + \left(\frac{1}{m} - 1\right)^2 + \frac{8\beta H}{D'} = 2,1608 \,;$$

1 + aT = 1,03665 ; A = 0^{mq},0491 ; et l'on trouvera U = 1^m,90.

Le volume d'air débité par seconde sera Q = AU = 0^{mq},0932, ce qui, par heure, fera un volume de 335^{mc},84. Par conséquent, si la salle était occupée par dix personnes, chacune d'elles recevrait 33^{mc},584 d'air par heure.

Si le tuyau d'évacuation de l'air était prolongé jusqu'au niveau de l'orifice d'admission, on obtiendrait la vitesse U à l'aide de l'équation ci-dessus dans laquelle il suffirait de remplacer au dénominateur H par (H + h'). La vitesse d'écoulement serait alors un peu moindre et égale seulement à 1^m,763 ; par conséquent, Q serait égal à 0^{mc},0866. Le volume d'air renouvelé par heure ne serait donc que de 311^{mc},76.

Nous devons toutefois faire observer que, si dans le cas actuel, la puissance de la ventilation est à peu près égale à ce qu'elle a été dans le cas précédent, il n'en est pas de même quant au renouvellement réel de l'air dans la salle. Il sera plus complet et plus uniforme, les températures dans la salle plus égales à différentes hauteurs, si l'on place le bas du tuyau ou l'orifice d'appel à une petite distance du sol. C'est pour ce motif que, dans les lieux habités par des hommes, il convient toujours de placer les orifices d'évacuation au niveau du sol. Mais il est bon de remarquer que, pour les étables et les écuries, le gaz ammoniac qui se forme par la décomposition du fumier et qu'il importe beaucoup de faire sortir n'a qu'une densité de 0,5967 à 0°, de sorte que ce gaz tend naturellement à occuper la partie supérieure de l'étable, tandis que le gaz acide carbonique, qui a une densité de 1,524 à 0°, ou de 1,418 à 20°, tend au contraire à rester en bas, ainsi que l'hydrogène sulfuré dont la densité est de 1,195. S'il est vrai, comme le prétendent d'habiles éleveurs de bétail, qu'il soit bon pour la production du lait et pour l'engraissement, de maintenir les animaux dans un certain état d'engourdissement, l'on comprend que, dans les étables, il faut placer l'orifice d'extraction de l'air de préférence à la partie supérieure, afin d'enlever les gaz ammoniacaux, tout en laissant près du sol une certaine quantité d'acide carbonique. Mais il n'en saurait être ainsi pour les écuries destinées aux chevaux, qu'il importe de conserver en pleine vigueur.

Les dispositions très-simples que nous venons d'indiquer peuvent très-bien être employées dans les salles qui ne sont occupées que temporairement par un petit nombre de personnes, comme les salles de lecture dans les bibliothèques, etc. En été, on ferait brûler un ou deux becs de gaz ou une lampe à pétrole dans le tuyau d'appel, et on déterminerait facilement le volume de gaz ou d'huile minérale qu'il faudrait brûler par heure pour obtenir la même ventilation qu'en hiver, ou une ventilation plus grande, si cela était jugé nécessaire. S'il fallait, par exemple, faire arriver 311 mètres cube d'air par heure, il faudrait brûler pendant ce temps

$$\frac{311.0.308.10}{6000} = 0^{mc},159$$

ou 159 litres de gaz, puisqu'un litre de gaz dégage par sa combustion environ 6 calories et que pour chauffer d'un degré 1me d'air il faut 1,298. 0,237 = 0,308 calories. Notre calcul suppose que l'air extérieur est à 10° et l'air dans la cheminée à 20°, de façon que ce gaz ne doive être chauffé que de 10° par l'effet de la combustion du gaz d'éclairage. Il suppose aussi que le tuyau d'évacuation est prolongé jusqu'au niveau du plancher, ce qui, cependant, ne conviendrait pas, comme nous le dirons plus bas, pour la ventilation d'été. Enfin, il suppose qu'on fait abstraction de la chaleur dégagée par les personnes qui séjournent dans le local. Du reste, le calcul du volume de gaz à brûler n'offrirait pas plus de difficulté si l'on voulait avoir égard à ce dégagement de chaleur et si la cheminée s'ouvrait au plafond, au lieu de descendre jusqu'au plancher.

Il va sans dire que pour obtenir un renouvellement convenable de l'air de la salle, au lieu d'un seul tuyau d'évacuation, on devrait, suivant l'étendue du local, en employer deux, trois ou même davantage, placés loin des ouvertures qui donnent accès à l'air extérieur.

En hiver, l'air pris à l'extérieur, devra, avant de se répandre dans la salle, être chauffé en le faisant circuler, par exemple, autour d'un poêle à enveloppe. L'air chaud s'élèvera vers le plafond et descendra ensuite au fur et à mesure de son refroidissement, pour se rendre dans les cheminées d'appel, en entraînant dans son mouvement l'acide carbonique et les autres produits formés par le séjour des personnes qui occupent le local.

496. **Ventilation d'été.** — Tout ce qui précède se rapporte à la ventilation d'hiver. Mais, en été, les conditions sont différentes.

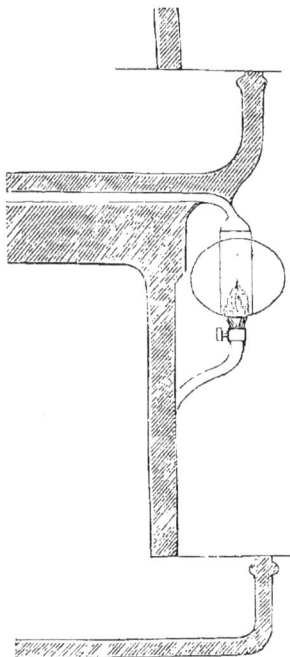

L'air extérieur, à son entrée dans la salle, est alors, en général, plus froid que l'air intérieur, et par conséquent, si les orifices d'évacuation étaient en bas, l'air introduit s'écoulerait sans chasser l'air vicié. Pour remédier à cet inconvénient, il faut, pour la ventilation d'été, que les orifices d'admission soient en bas et les orifices d'évacuation au plafond. A cet effet, il suffit que chaque tuyau d'évacuation porte deux ouvertures : l'une, en bas, pour la ventilation d'hiver; l'autre, près du plafond, pour la ventilation d'été.

Pendant la saison d'été, la ventilation à l'aide du gaz permet, en outre, de maintenir durant le jour, dans lés appartements, une température de 4 à 8° inférieure à celle du dehors, en y faisant affluer de l'air venant de caves salubres et bien tenues

Fig. 109.

pour remplacer celui qui est extrait (MORIN, *Manuel pratique du chauffage*, p. 199).

497. **Dispositions pour produire la ventilation des salles au moyen**

des becs de gaz qui servent à l'éclairage. — Nous venons de voir qu'en faisant brûler dans une cheminée d'appel un ou plusieurs becs de gaz, on peut produire, en été, une ventilation suffisante pour assainir une salle occupée par un petit nombre de personnes.

En hiver, on peut de même faire servir à la ventilation la chaleur que dégagent les becs de gaz qui servent à l'éclairage, surtout lorsque le nombre de ces becs est considérable, comme cela se présente dans les grandes salles de réunion, dans les théâtres, etc. On y

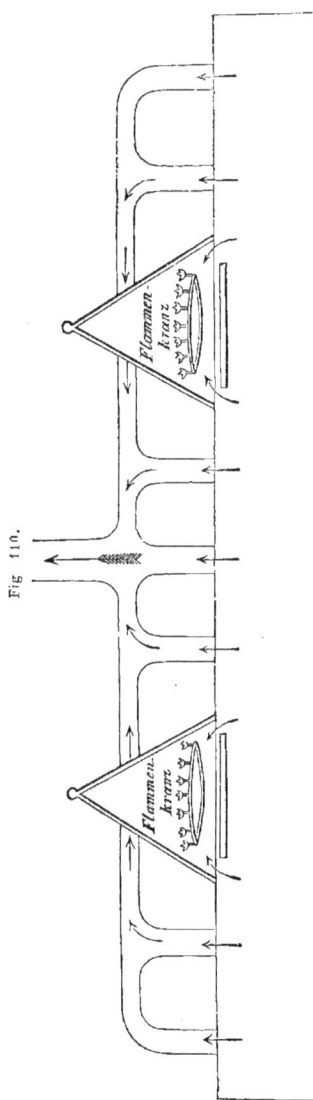

Fig. 110.

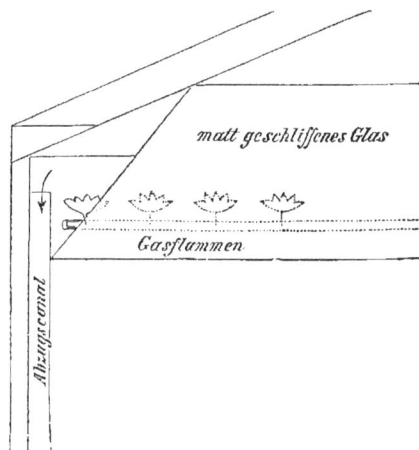

Fig. 111.

trouve trois avantages : 1° on débarrasse les salles des produits de la combustion ; 2° on empêche la trop grande élévation de la température ; et 3° on assainit les locaux, en faisant servir la chaleur des produits de la combustion du gaz à l'extraction de l'air vicié.

La fig. 109, montre la disposition qu'on peut adopter dans les salles de théâtre. Au-dessus du cylindre de verre qui enveloppe la flamme se trouve un entonnoir en métal qui conduit les produits de la combustion dans une cheminée d'appel de l'air vicié.

Les fig. 110, 111, 112 et 113, représentent diverses dispositions indiquées par le Dr Reid (*Illustrations of the theory and practice of ventilation*, Londres, 1844), pour des cas où l'éclairage a lieu par le haut. Dans la fig. 110, le gaz est brûlé par des couronnes de becs, surmontées de réflecteurs coniques et disposées au-dessus

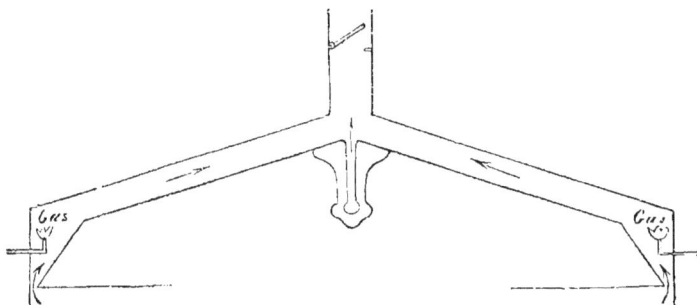

Fig. 112.

d'un plafond en verre peint. La fig. 111, montre la dispositon à adopter dans le cas de becs rangés autour de la salle, près du plafond et cachés par une corniche en verre dépoli. Enfin, les fig. 112 et 113, sont relatives à un éclairage à l'aide de lustres,

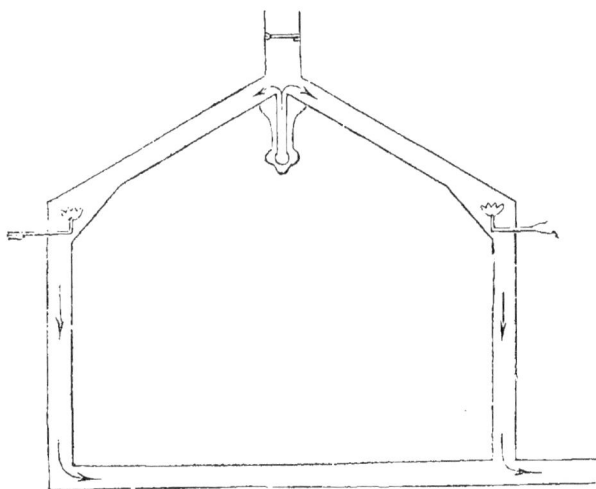

Fig. 113.

placés au-dessous d'un pendentif. Les gaz brûlés passent dans un tuyau traversant le pendentif et sont évacués directement à l'extérieur (fig. 112), ou bien ils se rendent dans des conduits, qui, après avoir longé les longs pans de la toiture, redescendent aux conduits inférieurs généraux de l'appel (fig. 113).

D'après des expériences faites au Conservatoire des Arts et

Métiers, à Paris, la perte de lumière par transmission à travers le verre ordinaire s'élève à 24 °/₀, et à travers le verre dépoli, à 34 °/₀, mais cette perte dépend encore de diverses circonstances, notamment de la hauteur du local.

ARTICLE DEUXIÈME.

VENTILATION ARTIFICIELLE.

1. — VENTILATION PAR LA CHALEUR.

498. Orifices d'évacuation de l'air vicié. — Dans ce système, l'appel de l'air à évacuer a lieu par l'aspiration d'une cheminée dans laquelle cet air est chauffé à l'aide d'un foyer.

Le but de la ventilation en général étant d'enlever l'air vicié, il convient évidemment d'en faire l'extraction le plus près possible des endroits où il est altéré, et surtout d'éviter que les émanations d'un ou de plusieurs foyers d'infection ne circulent, ne passent, ne se dirigent sur des endroits qui peuvent être occupés par des individus que l'on placerait ainsi sous l'influence de ces infections.

Dans les lieux habités par des hommes, il se forme, principalement par la respiration, de l'acide carbonique, plus pesant que l'air, et du gaz sulfide hydrique, aussi plus lourd que l'air. Or, ces gaz, malgré leur diffusibilité, tendent à se répandre près du sol. C'est donc près du plancher des salles que devront être placés les orifices d'appel.

499. Orifices d'arrivée de l'air neuf. — Quant aux orifices d'arrivée de l'air neuf, on aura soin de les disposer de façon qu'il débouche ou parvienne nécessairement dans les parties supérieures des salles. Si l'air neuf est chauffé avant son entrée dans la salle, les orifices d'arrivée s'ouvriront près du plafond et quelquefois dans le plafond lui-même (voir, plus loin Amphithéâtre du Conservatoire des Arts et Métiers, à Paris); si, au contraire, cet air est chauffé dans la salle même, les orifices déboucheront au niveau du plancher, au-dessous d'un calorifère, qui chauffera l'air introduit et le dirigera vers le plafond de la salle.

500. Vitesse d'introduction de l'air. — La vitesse d'introduction de l'air doit être limitée, afin que l'influence de cet air, chaud l'hiver et frais l'été, ne donne jamais lieu à des inconvénients. L'expérience montre que, dans la saison du chauffage, l'on peut, sans inconvénient, introduire l'air dans les salles habitées à des températures de 35 à

40° et même 45° et, si les orifices d'admission se trouvent au-dessous
du plafond, avec des vitesses de $0^m,80$ à 1^m, que l'on obtient facilement avec des calorifères bien proportionnés, pourvu que la direction
du courant soit telle qu'elle ne rencontre pas les individus placés dans
les salles et qu'elle tende au contraire à déterminer dans la masse
d'air un mouvement de circulation, qui en assure partout le renouvellement.

Lorsque les orifices d'admission seront ménagés dans le plafond
même des lieux ventilés, et qu'alors l'air descendra verticalement,
la vitesse d'introduction ne devra pas excéder $0^m,50$ en une seconde.

501. **Divers systèmes d'appel.** — Le foyer ou le corps chaud placé
dans la cheminée de ventilation peut se trouver au niveau des orifices
d'appel, ou au-dessus ou au-dessous. Dans le premier cas, on a le
système d'*appel à niveau*, dans le second, le système d'*appel par en
haut*, et dans le troisième, le système d'*appel en contre-bas* ou *par
en bas.*

La fig. 4, pl. X, p. 304, pourra servir à donner une idée des deux
premiers systèmes ; elle est relative à la ventilation d'un bâtiment à
trois étages. Si le foyer est placé en I, à une distance h_1 au-dessous
du débouché de la cheminée, on a le système d'appel par en haut ; si,
au contraire, pour chaque étage, il y a un foyer spécial placé au
niveau du plancher, on a l'appel à niveau.

La fig. 5, pl. X, p. 304, représente le système d'appel par en bas
appliqué également à un bâtiment à trois étages ; le foyer est placé
en F, à la base de la cheminée qui reçoit l'air vicié des trois étages. Ce
système a été appliqué, entre autres, à la prison de Mazas et à l'hôpital militaire de Vincennes.

Pour comparer ces systèmes entre eux, nous allons calculer la
vitesse d'écoulement déterminée par chacun d'eux.

502. **Appel par en haut** — Supposons qu'outre les notations
adoptées dans la section deuxième, nous appelions d_1 la densité et t_1
la température de l'air depuis l'appareil de chauffage placé en I
(fig. 4, pl. X, p. 304), jusqu'au débouché de la cheminée, h_1 la
hauteur de cette colonne d'air chaud, d et t la densité et la température de l'air à évacuer et h la hauteur de la partie de la cheminée
dans laquelle cet air passe avant d'arriver au foyer I. Il est facile
de voir que la pression motrice résultante sera par unité de surface :

$$D\,(h + h_1) - d\,h - d_1\,h_1 = (D - d)\,(h + h_1) + (d - d_1)\,h_1.$$

La vitesse imprimée à l'air, par cette résultante des pressions, dans la cheminée dont la section dans la partie chauffée h_1 est A, étant encore désignée par U, le travail moteur sera :

$$\{(D - d)\,(h + h_1) + (d - d_1)\,h_1\}\,A\,U^{km}.$$

Le travail résistant du frottement de l'air contre les parois dans la partie de la cheminée où la densité est d et où la vitesse sera désignée par u, aura pour expression :

$$\frac{d\,S\,\beta\,h\,u^5}{g} = \frac{d\,S\,\beta\,h}{g}\left(\frac{d_1}{d}\right)^5 U^5,$$

attendu que l'on a $d\,u = d_1 U$, la section étant la même dans les deux parties ; et dans la partie où la densité est d_1 sur une hauteur h_1 et où la vitesse est U, ce travail du frottement sera :

$$\frac{d_1}{g}\,S\,h_1\,\beta\,U^5.$$

La somme des quantités de travail moteur et résistant sera donc dans une cheminée simple de ce système

$$\{(D - d)\,(h + h_1) + (d - d_1)\,h_1\}\,A\,U - \frac{d}{g}S\,\beta\,h\left(\frac{d_1}{d}\right)^5 U^5 - \frac{d_1}{g}S\,h_1\,\beta\,U^5.$$

Quant aux forces vives communiquées ou perdues, elles seront :

1° A l'entrée du conduit d'aspiration : $M\left(\frac{1}{m} - 1\right)^2\left(\frac{d_1}{d}\right)^2 U^2$, en suposant que l'orifice d'entrée ait la même section que le conduit et qu'alors on ait comme ci-dessus $du = d_1\,U$;

2° A chaque coude dans le conduit : $M\left(\frac{1}{m''} - 1\right)^2\left(\frac{d_1}{d}\right)^2 U^2$;

3° A l'entrée dans l'appareil d'échauffement dont la section est O′ et après le débouché dans la cheminée dont la section est A :
$$M\,(U' - U)^2 = M\left(\frac{A}{O'} - 1\right)^2 U^2,$$
car $O'U' = AU$, la densité étant sensiblement la même dans les sections O′ et A ;

4° A la sortie de la cheminée : $M\left(\frac{A}{m_1\,A_1}\right)^2 U^2$.

L'équation du mouvement devient par conséquent :

$$2\{(D - d)(h + h_1) + (d - d_1)h_1\}\,AU - 2\frac{d}{g}S\,\beta\,h\left(\frac{d_1}{d}\right)^5 U^5 - 2\frac{d_1}{g}\,S\,h_1\,\beta\,U^5 =$$

$$M\left\{\left(\frac{A}{m_1\,A_1}\right)^2 + \left(\frac{1}{m} - 1\right)^2\left(\frac{d_1}{d}\right)^2 + \left(\frac{1}{m''} - 1\right)^2\left(\frac{d_1}{d}\right)^2 + \left(\frac{A}{O'} - 1\right)^2\right\}U^2.$$

En se rappelant que $M = \dfrac{d_1 AU}{g}$, et en divisant tous les termes de cette équation par M ou par sa valeur, on trouve pour U l'expression suivante :

$$U = \sqrt{\frac{2g\left\{\dfrac{(D-d)(h+h_1)+(d-d_1)h_1}{d_1}\right\}}{\left(\dfrac{A}{m_1 A_1}\right)^2 + \left(\dfrac{1}{m}-1\right)^2\left(\dfrac{d_1}{d}\right)^2 + \left(\dfrac{1}{m''}-1\right)^2\left(\dfrac{d_1}{d}\right)^2 + \left(\dfrac{A}{O'}-1\right)^2 + \dfrac{2\varsigma Sh}{A}\left(\dfrac{d_1}{d}\right)^2 + \dfrac{2\varsigma Sh_1}{A}}}.$$

503. Appel par en bas. — Le foyer destiné à chauffer l'air vicié, qui passe par la cheminée générale d'évacuation, est établi dans les caves du bâtiment (fig. 5, Pl. X, p. 304). Les conduits particuliers d'évacuation descendent de chaque étage dans un conduit commun, établi aussi dans les caves et communiquant à la cheminée générale.

Si nous nommons H la hauteur de la cheminée générale depuis le plancher d'un étage jusqu'au débouché, h_1 la hauteur des conduits depuis ce même plancher jusqu'à la base de la cheminée générale, d la densité de l'air à évacuer et d_1 celle de l'air chaud dans le conduit au-dessus du foyer, et si nous conservons les notations précédentes, on verra facilement que la pression motrice sera :

$$DH + d\,h_1 - d_1(H+h_1) = (D-d_1)H + (d-d_1)h_1,$$

et le travail développé par seconde par cette pression :

$$\left\{(D-d_1)H + (d-d_1)h_1\right\}AU.$$

En admettant que toutes les autres circonstances soient les mêmes, sauf qu'il y a maintenant au moins trois coudes et que l'air vicié avant d'arriver à la cheminée générale doit parcourir, outre le conduit h_1, le tuyau horizontal de longueur l qui fait communiquer le conduit h_1 avec la cheminée générale, on arrive pour U à la valeur suivante :

$$U =$$

$$\sqrt{\frac{2g\left\{\dfrac{(D-d_1)H+(d-d_1)h_1}{d_1}\right\}}{\left(\dfrac{A}{m_1 A_1}\right)^2 + \left(\dfrac{1}{m}-1\right)^2\left(\dfrac{d_1}{d}\right)^2 + 3\left(\dfrac{1}{m''}-1\right)^2\left(\dfrac{d_1}{d}\right)^2 + \left(\dfrac{A}{O'}-1\right)^2 + \dfrac{2\varsigma S(h_1+l)}{A}\left(\dfrac{d_1}{d}\right)^2 + \dfrac{2\varsigma S(H+h_1)}{A}}}.$$

Le terme $\left(\dfrac{A}{O'}-1\right)^2$ du dénominateur est relatif à la perte de force vive qu'occasionne le passage de l'air à travers l'appareil de chauffage établi à la base de la cheminée.

504. Appel à niveau. — La vitesse d'écoulement dans ce système se déduit de la formule précédente en faisant $h_1 = o$, $l = o$, et observant qu'il n'y a qu'un seul coude à l'entrée. En ayant égard à ces conditions, on arrive à la formule suivante :

$$= \sqrt{\dfrac{2\,g\,\dfrac{(D - d_1)\,H}{d_1}}{\left(\dfrac{A}{m_1 A_1}\right)^2 + \left(\dfrac{1}{m} - 1\right)^2 \left(\dfrac{d_1}{d}\right)^3 + \left(\dfrac{1}{m''} - 1\right)^2 \left(\dfrac{d_1}{d}\right)^2 + \left(\dfrac{A}{O'} - 1\right)^2 + \dfrac{2\beta SH}{A}}}$$

505. Vitesses produites par les trois systèmes d'appel. — M. Morin a calculé pour les trois étages d'un bâtiment les vitesses d'écoulement U que donnent les trois systèmes d'appel dont il vient d'être question. Dans ces calculs, il a pris : $T = 0°$; $t = 16°$; $t_1 = 40°$; $d = 1^k,226$; $d_1 = 1^k,132$; $D = 1^k,30$; $m = 0,60$; $m'' = 0,70$; $\dfrac{A}{m_1 A_1} = 1,50$; $\dfrac{A}{O'} = 2$; $\dfrac{d_1}{d} = 0,923$; $\left(\dfrac{d_1}{d}\right)^2 = 0,852$; $H = 20^m$; $h_1 = 5^m$; h', hauteur de chaque étage, égal à 5^m; $l = 8^m$; $\beta = 0,01$; $S = 4.\ 0^m,50 = 2^m$; $A = 0^{mq},25$, valeurs qui sont toutes dans les proportions moyennes.

Le tableau XXIV ci-dessous contient les résultats des calculs dont il s'agit :

TABLEAU XXIV.

DÉSIGNATION DES ÉTAGES.	VITESSE D'ÉVACUATION DE L'AIR DANS LES SYSTÈMES D'APPEL		
	par en bas.	à niveau.	par en haut.
Rez-de-chaussée	$2^m,593$	$2^m,684$	$2^m,257$
1er étage	2 ,508	2 ,450	2 ,144
2e étage.	2 ,431	2 ,119	1 ,994

Il résulte de ce tableau que, pour une même dépense de chaleur, le système d'appel par en bas donne des vitesses un peu plus grandes que le système d'appel à niveau. Mais en réalité, dans la pratique, les différences ne sont pas aussi grandes, parce que nous n'avons pu tenir compte du refroidissement plus grand que l'air éprouve dans les tuyaux plus longs qu'exige le système d'appel par en bas. Le système d'appel par des appareils placés au niveau du sol de chaque étage mériterait donc la préférence sur les deux autres, si, dans son installation, il ne présentait certaines difficultés qui y font généralement renoncer.

506. **Chauffage des cheminées d'appel.** — Le chauffage des cheminées d'appel peut avoir lieu de diverses manières : 1° par foyer direct, 2° par le gaz, 3° par l'eau ou la vapeur, et 4° par les tuyaux des poêles et des calorifères.

507. **Chauffage par foyer direct.** — La grille du foyer est placée au bas de la cheminée (fig. 114), et elle n'occupe qu'une partie de la

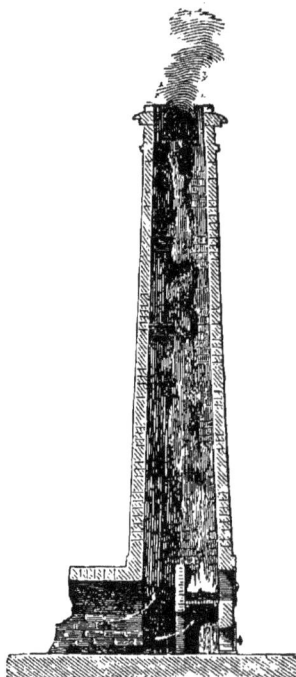 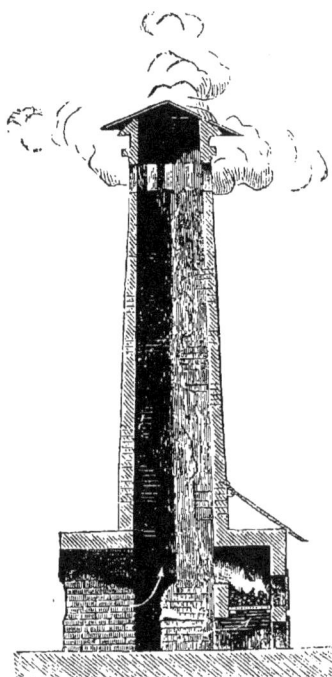

Fig. 114.   Fig. 115.

section de celle-ci. Une partie de l'air vicié traverse la grille et l'autre pénètre directement dans la cheminée. Les produits de la combustion se mélangent avec cette dernière partie, l'échauffent et déterminent le tirage.

Quelquefois on recouvre la grille d'une cloche en fonte surmontée d'un tuyau qui porte une couronne percée de trous. Les produits de la combustion sortent par ces trous et se mélangent plus intimement avec l'air vicié qui a pénétré directement dans la cheminée.

Pour moins obstruer la cheminée et pour faciliter le chargement du foyer, on dispose souvent celui-ci latéralement (fig. 115). Dans ce

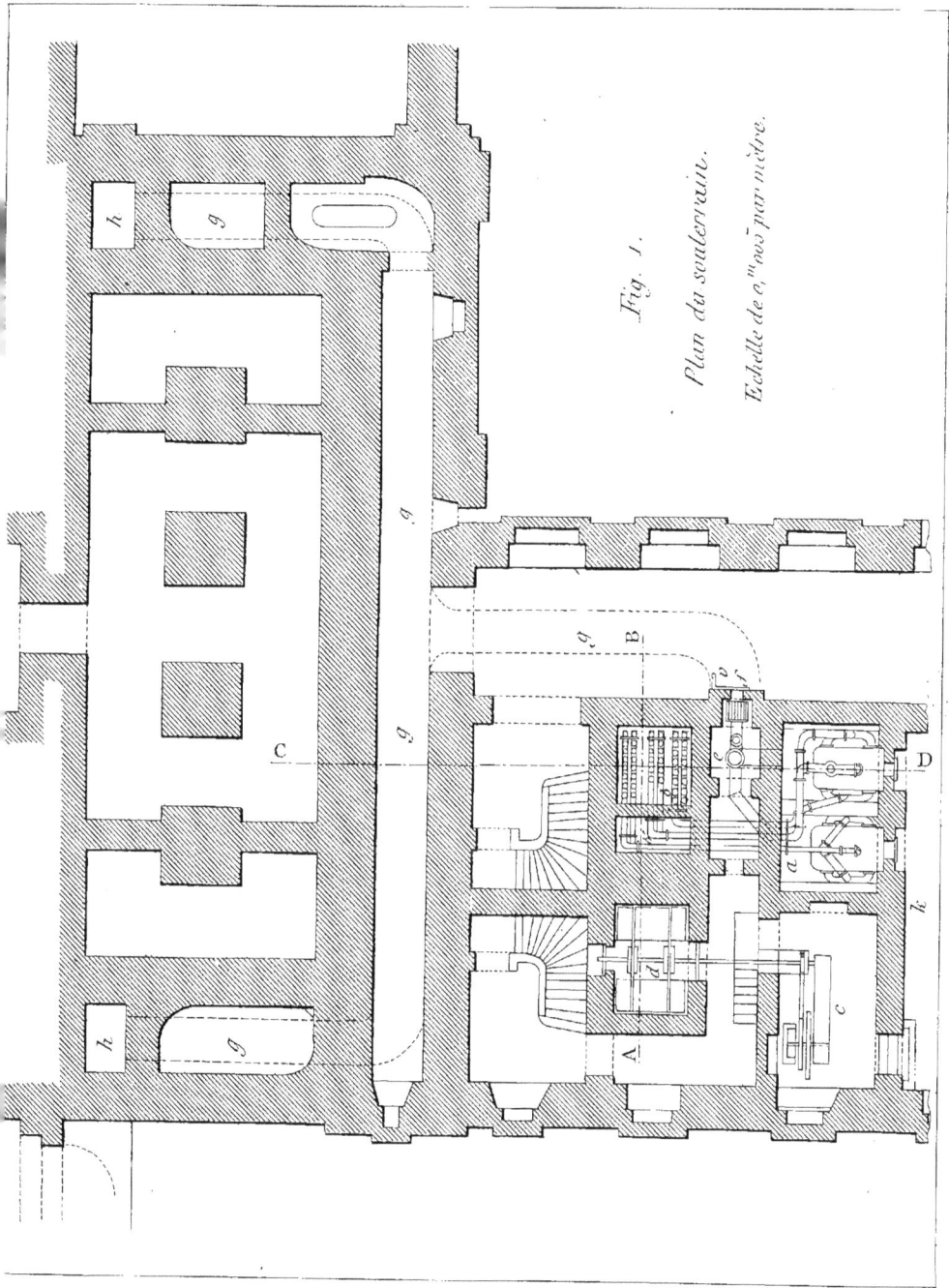

cas, l'emploi d'une couronne est très-utile pour obtenir un mélange intime des gaz dans la cheminée.

Ces diverses dispositions ne sont employées que pour le chauffage des cheminées d'appel par en bas.

508. **Chauffage au gaz.** — Ce chauffage ne s'emploie qu'exceptionnellement pour la ventilation d'été ou pour de petites ventilations.

509. **Chauffage par la vapeur ou par l'eau chaude.** — On n'a recours à ces chauffages que pour les cheminées d'appel par en haut ou à niveau.

510. **Chauffage par les tuyaux à fumée des poêles.** — On utilise fréquemment pour le chauffage des cheminées d'appel les produits de la combustion des poêles ou des calorifères. A cet effet, on fait passer le conduit de fumée en tôle dans l'intérieur de la cheminée d'appel, et on le fait déboucher au-dessus du sommet de cette dernière. On garnit la cheminée d'appel ainsi que le tuyau à fumée d'un appareil destiné à soustraire le tirage à l'action des vents (n° 229, et fig. 6, pl. 11, p. 44). Mais l'emploi de tuyaux à fumée dans l'intérieur des cheminées d'appel, n'est pas aussi avantageux sous le rapport de l'économie du combustible que celui d'un foyer direct ou d'un calorifère établi à la base de ces conduits.

En effet, soient t et t', respectivement, les températures de l'air vicié à son entrée et à sa sortie de la cheminée d'appel. Cet air aura été chauffé de $t' - t$ degrés par son contact avec le tuyau à fumée et sa vitesse d'écoulement sera proportionnelle à la racine carrée de sa température moyenne $\frac{t' + t}{2}$, diminuée de t, c'est-à-dire à $\frac{t' - t}{2}$. Or, si l'air était chauffé à t' degrés, dès son entrée dans la cheminée d'appel, au moyen d'un foyer direct ou d'un calorifère placé à la base de celle-ci, il prendrait une vitesse proportionnelle à $\sqrt{t' - t}$, et, par conséquent, pour une même dépense de chaleur, on obtiendrait un renouvellement d'air plus grand que dans le cas du chauffage de ce gaz par un tuyau à fumée.

511. **Quantité de houille nécessaire pour le tirage des cheminées d'appel.** -- Soit T, la température de l'air vicié qui afflue dans la cheminée d'appel, t la température dans celle-ci, c le calorique spécifique de l'air, x le volume de l'air à 0° qu'un kilogramme de houille peut chauffer de $(t - T)°$ et P la puissance calorifique de la houille.

Le poids du volume d'air x étant $x.1^k,3$, on aura, pour déterminer x, l'équation :

$$x.1,3.c.\ (t - T) = P.$$

En supposant P = 7000 calories (pour tenir compte de la chaleur perdue par transmission et par rayonnement), $t - T = 20°$, et $c = 0,2375$, on trouve à l'aide de cette équation $x == 1142$ mètres cubes.

Ainsi, un kilogramme de houille peut produire l'évacuation de 1142 mètres cubes d'air ; nous admettrons, en nombre rond, 1000 mètres cubes. Mais, dans les projets, il vaut mieux ne compter que sur 500 mètres cubes. On admet une consommation de 40 kilogrammes de houille par mètre carré de grille et par heure.

512. **Section des cheminées d'appel.** — Nous avons vu, n° 243, que si l'on représente par T la température de l'air extérieur à son entrée dans une cheminée, par H la hauteur de celle-ci, par t la température des gaz dans ce conduit, par c le calorique spécifique de l'air et par Q le travail produit par une calorie, on a :

$$Q = \frac{(1 + aT)}{(1 + at)^2} \cdot \frac{Ha}{c}.$$

Dans le cas des cheminées de ventilation, T est la température de l'air vicié qu'on se propose d'extraire des locaux habités. Comme cette température ne peut pas varier, on voit que, pour rendre Q aussi grand que possible, il faut augmenter H et diminuer t.

On dispose, entre certaines limites, de H, mais non pas de t, car la température de l'air dans la cheminée d'appel doit être suffisante pour assurer la stabilité du tirage. On prend ordinairement $t - T = 20°$, de sorte que, puisque T est généralement égal à 20°, $t = 40°$.

Si nous supposons $H = 25°, t - T = 20°$, nous trouvons, d'après le tableau X du n° 154, que la vitesse de l'air chaud sera d'environ 6 mètres. En admettant que les résistances la réduisent de moitié, elle sera encore de 3 mètres.

A l'aide de cette donnée, il sera facile d'arriver à une valeur approchée de la section a donner à la cheminée d'appel pour l'extraction d'un volume déterminé d'air vicié. On vérifiera ensuite, à l'aide des formules exactes, si la valeur trouvée pour la section est convenable.

513. **Comparaison entre les trois systèmes d'appel.** — L'appel par en bas présente sur les deux autres les avantages suivants :

1° Il produit une ventilation égale dans toutes les parties de chaque salle, ce qui n'a lieu qu'accidentellement dans les deux autres systèmes (v. n° 169, principe des conduits descendants).

2° Son installation atténue beaucoup l'affaiblissement occasionné dans les murs par le passage des conduits d'évacuation. Ainsi, pour un bâtiment ayant trois étages de salles, les trumeaux du second étage ne recevraient aucun conduit d'évacuation, puisque le leur propre partirait du plancher, ceux du premier étage ne seraient traversés que par un seul conduit venant du second étage, et ceux du rez-de-chaussée ne seraient évidés que par les deux qui correspondraient au premier et au deuxième étage.

Les épaisseurs des murs étant plus grandes aux étages inférieurs, ces évidements seront toujours à proportion moins fâcheux dans le système de l'appel par en bas que dans celui par en haut ou à niveau, qui obligent, au contraire, à établir le plus grand nombre de conduits dans les trumeaux des étages supérieurs, où les murs ont le moins d'épaisseur (v. fig. 102).

3° L'appel par en bas donne la facilité d'utiliser toute la hauteur de la cheminée générale d'évacuation au bas de laquelle se rendent les conduits, pour donner à l'appel l'activité désirable. Il constitue un moyen plus économique d'utiliser la chaleur que les deux autres systèmes dans lesquels les cheminées ont une hauteur moins considérable (v. nos 243 et 512).

4° Dans le système d'appel par en bas, le chauffage de l'air a lieu par foyer direct, et toute la chaleur du combustible est employée à produire le tirage, ce qui n'a pas lieu dans les deux autres systèmes dont les cheminées, à cause des dangers d'incendie, ne peuvent être chauffées que par des tuyaux ou des poêles à eau chaude ou à vapeur. Or, l'installation de ces appareils est coûteuse et la chaleur qu'ils dégagent ne représente qu'une partie de celle du combustible qu'il faut brûler pour la leur communiquer. En effet, le chauffage de l'eau ou sa vaporisation exigent l'emploi de fourneaux spéciaux qui donnent toujours lieu à une perte plus ou moins grande de chaleur.

A moins de circonstances spéciales, comme celles qui se présentent dans les locaux éclairés par un grand nombre de becs de gaz, il faut donc préférer l'appel par en bas à celui qui se ferait par en haut ou à niveau.

514. Inconvénient principal du système de ventilation déterminé exclusivement par appel au moyen de la chaleur. — Le système de ventilation produit exclusivement par appel occasionne nécessairement une dépression dans l'atmosphère des salles ventilées, c'est-à-dire qu'il y maintient une pression moindre que la pression atmosphérique. De là l'introduction de courants d'air parfois gênants

par les joints des fenêtres et des portes, surtout lorsque celles-ci
communiquent à l'extérieur et qu'on vient à les ouvrir.

Il n'y a qu'un moyen de faire disparaître les inconvénients des
courants produits par cette dernière cause. C'est de chauffer les
abords des lieux ventilés, tels que corridors, vestibules, antichambres, de sorte que l'ouverture des portes ne détermine plus que
des entrées d'air chaud, à une température au moins égale à celle des
lieux à assainir.

II. — VENTILATION PAR PULSION.

515. Ventilation mécanique. — La ventilation mécanique peut
avoir lieu par *aspiration* ou par *insufflation* ou *pulsion*.

Le premier système est réservé presqu'exclusivement à l'assainissement de certains ateliers insalubres.

Le second, est seul en usage pour la ventilation des lieux habités.
Dans ce système, l'air pur, pris à l'extérieur et souvent chargé
d'une certaine quantité de vapeur d'eau pour l'amener au degré
voulu d'humidité, est lancé dans un canal ou dans une chambre où
il est chauffé et d'où il se rend ensuite, directement ou après avoir
traversé une chambre de mélange, dans les locaux à chauffer.

L'air vicié est toujours évacué par appel, généralement par appel
en contre-bas.

Les seuls ventilateurs qu'on puisse employer sont ceux qui fonctionnent sans bruit, c'est-à-dire, ceux qui peuvent débiter de grands
volumes d'air, tout en ne faisant qu'un petit nombre de tours par
minute. Les ventilateurs en hélice, le ventilateur Guibal (n° 236) et
le ventilateur-turbine de Heger (voir plus loin, ventilation du nouvel
Opéra de Vienne), remplissent les conditions que nous venons d'indiquer.

516. **Avantages de la ventilation par pulsion.** Ce système présente
les avantages suivants : 1° Il permet mieux que le système de
ventilation par appel de distribuer l'air neuf en quantité voulue en
chacun des points où on juge utile de le porter, et son action n'est
pas influencée par les changements atmosphériques, comme cela a lieu
dans la ventilation par appel. 2° Le tirage produit par une action
mécanique est moins coûteux que celui qui est produit par la chaleur.
3° Dans la ventilation par pulsion, on peut, en ne dépensant qu'un
faible travail, puiser l'air neuf à une hauteur convenable au-dessus
des toits et des bâtiments environnants, de manière à l'obtenir aussi
pur que possible. 4° Ce système permet, en cas de besoin, d'augmenter

la ventilation instantanément et dans une proportion pour ainsi dire illimitée, effets qu'on n'obtiendrait pas dans le système par appel sans une dépense énorme de combustible. 5° La ventilation par appel occasionne, comme nous l'avons vu, une dépression dans l'atmosphère des salles ventilées, c'est-à-dire, qu'elle y maintient une pression moindre que la pression atmosphérique; de là, les rentrées d'air par les joints des portes et des fenêtres et par toutes les ouvertures accidentelles, ce qui produit des courants froids, irréguliers et incommodes. Avec le système par pulsion, qui détermine, au contraire, un léger accroissement de pression dans les locaux, tous ces inconvénients disparaissent, et lorsqu'on ouvre une porte, c'est l'air de la salle qui s'échappe par cette baie, et non pas l'air froid du dehors qui pénètre dans la salle. Cet avantage seul suffirait à assurer à ce système la préférence sur la ventilation par appel, dans le cas même où l'on ne posséderait pas dans l'établissement une machine à vapeur dont on pourrait utiliser une partie de la vapeur, comme force motrice pour le ventilateur. 6° La ventilation par pulsion est la seule qui puisse facilement être contrôlée. Il suffit à cet effet de déterminer, au moyen d'un enregistreur, le nombre de révolutions du ventilateur pendant un temps déterminé.

III. — VITESSE DE L'AIR CHAUFFÉ PAR LES POÊLES ET PROPORTIONS DES APPAREILS DE VENTILATION.

517. Appel de l'air extérieur par les poêles. — Considérons une salle dans laquelle on fait affluer de l'air à une température t_2 et à une densité d_2, par un poêle à eau chaude ou à vapeur de hauteur h_2 (fig. 6, Pl. X, p. 304); t', d' et h' étant la température, la densité et la hauteur correspondantes de la salle; T et D, la température et la densité de l'air extérieur.

En supposant que l'air de la salle s'échappe d'une manière quelconque et reste à la densité d', la hauteur de pression pour l'introduction sera h' et la pression motrice à l'orifice d'entrée de dehors en dedans sera Dh' par unité de surface.

La pression résistante sera au débouché du poêle $d'(h' - h_2)$, et à l'entrée de l'air dans le poêle $d_2 h_2$.

La différence ou résultante sera, par unité de surface,

$$Dh' - d'(h' - h_2) - d_2 h_2 = (D - d') h' + (d' - d_2) h_2.$$

Si nous nommons U_2 la vitesse de passage de l'air à travers le poêle et A_2 l'aire de section totale des passages, le travail moteur sera par seconde :

$$\{ (D - d') h' + (d' - d_2) h_2 \} A_2 U_2.$$

En désignant par A_3 l'aire de section des deux conduits d'arrivée de l'air situés à droite et à gauche des poêles et par U_3 la vitesse de l'air dans ces conduits, et en observant que le même poids d'air doit passer par toutes les sections, nous aurons les relations :

$$DA_3 U_3 = d_2 A_2 U_2, \text{ d'où } U_3 = \frac{d_2 A_2 U_2}{D A_3}.$$

Enfin, en appelant L la longueur développée et totale des conduits qui des deux côtés du bâtiment amènent l'air au poêle, S le contour de ces conduits, L' la longueur des tuyaux du poêle, S' le contour de ces tuyaux, nous verrons d'abord que l'air éprouve à l'entrée de ces conduits une perte de force vive exprimée par

$$M U_3^2 \left(\frac{A_3}{m A'_3} - 1 \right)^2 = M U_2^2 \left(\frac{A_3}{m A'_3} - 1 \right)^2 \left(\frac{d_2 A_2}{D A_3} \right)^2 ;$$

attendu qu'à l'origine il y a un grillage dont l'aire libre A'_3 n'est plus que 0,75 de celle de la section du conduit. L'on a donc dans ce terme $A_3 : A'_3 = 1,33$, $m = 0,60$, A_3 étant d'ailleurs pour les deux conduits égal à $0^{mq},16$ (Hôpital Lariboisière à Paris).

L'élargissement du conduit au-dessous du poêle présente une section de $0^m,80$ sur $0^m,40$ au moins de hauteur, ce qui lui donne une aire de $0 = 0^{mq},32$ et occasionne une perte de force vive exprimée par

$$M \left(1 - \frac{A_3}{0} \right)^2 U_3^2 = M \left(1 - \frac{A_3}{0} \right)^2 \left(\frac{d_2 A_2}{D A_3} \right)^2 U_2^2,$$

expression dans laquelle $\frac{A_3}{0} = 0,50$.

Au passage de cet élargissement dans les tubes du poêle, il se produit une perte de force vive exprimée par $M U_2^2 \left(\frac{1}{m''} - 1 \right)^2$, attendu qu'ici l'orifice d'entrée a la même section que le tuyau. L'on a d'ailleurs $m'' = 0,60$ et

$$\left(\frac{1}{m''} - 1 \right)^2 = 0,444.$$

Le frottement dans les conduits en maçonnerie sous les planchers et dans lesquels la densité de l'air est D, donne lieu à une perte de travail moteur exprimée par

$$\frac{D}{g}\,S\,L\,\beta\,U_3^3 = \frac{D\,S\,L\,\beta}{g}\left(\frac{d_2\,A_2\,U_2}{D\,A_3}\right)^3,$$

toujours par suite de la relation $A_3\,DU_3 = A_2\,d_2\,U_2$.

Le frottement dans les tuyaux du poêle donne aussi lieu à une perte de travail qui a pour expression

$$d_2\,\frac{S'\,L'\,\beta\,U_2^3}{g}.$$

D'après cela l'équation du mouvement de l'air introduit dans le poêle sera :

$$2\{(D-d')h' + (d'-d_2)h_2\}\,A_2U_2 - \frac{2DSL\beta}{g}\left(\frac{d_2A_2U_2}{D\,A_3}\right)^3 - \frac{2d_2S'L'\beta U_2^3}{g} =$$

$$MU_2^2\left\{1 + \left(\frac{A_3}{m\,A'_3}-1\right)^2\left(\frac{d_2\,A_2}{D\,A_3}\right)^2 + \left(1-\frac{A_3}{O}\right)\left(\frac{d_2\,A_2}{D\,A_3}\right)^2 + \left(\frac{1}{m''}-1\right)^2\right\}.$$

En se rappelant que l'on a $M = \dfrac{d_2\,A_2\,U_2}{g}$, on peut simplifier cette équation. Elle conduit à la valeur suivante de U_2 :

$$U_2 = \sqrt{\frac{2g\left\{\dfrac{(D-d')h' + (d'-d_2)h_2}{d_2}\right\} = \dfrac{2ga(1+at_2)}{1+at'}\left\{\dfrac{(t'-T)h'}{1+aT} + \dfrac{(t_2-t')h_2}{1+at_2}\right\}}{1+\left(\dfrac{A_3}{mA'_3}-1\right)^2\left(\dfrac{d_2A_2}{DA_3}\right)^2 + \left(1-\dfrac{A_3}{O}\right)\left(\dfrac{d_2A_2}{DA_3}\right)^2 + \left(\dfrac{1}{m''}-1\right)^2 + \dfrac{2SL\beta}{A_3}\left(\dfrac{d_2A_2}{DA_3}\right)^2 + \dfrac{2S'L'\beta}{A_2}}}.$$

Quant à la transformation indiquée au numérateur sous le radical, on y arrive en se rappelant que l'on a :

$$D = \frac{1^k,298}{1+a\,T}, \quad d' = \frac{1^k,298}{1+a\,t'} \text{ et } d_2 = \frac{1^k,298}{1+a\,t_2}.$$

518. **Conséquences de la formule ci-dessus.** — Le numérateur de cette formule montre que la vitesse d'écoulement de l'air à travers le poêle croît : 1° avec la température que cet air acquiert dans l'appareil de chauffage; 2° avec la hauteur du poêle.

Comme t_2 peut à peine atteindre 40 à 45°, cette condition s'oppose à ce qu'on utilise, au delà d'une certaine limite, l'élévation de la température de l'air pour activer le tirage. Mais la seconde propriété indiquée ci-dessus permet, en employant une température peu élevée, d'obtenir une vitesse plus grande, en donnant aux poêles toute la hauteur que comporte l'étage, et en diminuant, si on le juge convenable, leur diamètre extérieur, ce qui peut présenter plusieurs avantages, et entre autres celui de les placer, soit dans l'épaisseur des murs, comme l'a fait M. d'Hamelincourt à l'École polytechnique, à Paris, et dans les bâtiments d'administration du chemin de fer du Nord (de cette façon, il a pu supprimer toute apparence de poêles dans l'intérieur des salles), soit en saillie le long des trumeaux, en augmentant leur nombre et diminuant leur diamètre.

L'augmentation de la hauteur des poêles présenterait aussi l'avantage subsidiaire d'assurer, en tout temps et même quand on ne chaufferait pas, le mélange de l'air neuf affluent avec l'air des salles, en le portant plus haut, pour l'obliger à redescendre vers les orifices d'appel placés à hauteur du plancher et à entraîner ainsi avec lui les portions d'air vicié qui se seraient élevées vers le plafond. L'on obtiendrait par là cette circulation, ce mouvement général de l'air qui est la condition d'une bonne ventilation.

En appliquant la formule ci-dessus aux poêles à eau chaude établis à l'hôpital Lariboisière à Paris, et pour lesquels on a $\frac{A_3}{A'_3} = 1,33$; $A_3 = 0^{mq},16$; $0 = 0^{mq},32$; $m = m'' = 0,60$; $A_2 = 0^{mq},21$; $S = 1^m,20$; $L = 15^m$; $\beta = 0,01$; $S' = 4^m,99$; $L' = 1^m,3$; $h' = 5^m$; $h_2 = 1^m,5$; M. Morin a trouvé la vitesse d'écoulement égale à $1^m,212$, lorsque T était pris égal à $-5°$, $t' = 15°$, et $t_2 = 32°$. L'expérience directe au moyen de l'anémomètre a donné $U_2 = 1^m,140$.

Nous devons cependant faire remarquer que la formule ci-dessus, établie par M. Morin (*Études sur la ventilation*, t. I, p. 226), n'est pas tout à fait rigoureuse. En effet, pour l'obtenir, il a remplacé les deux tuyaux d'arrivée de l'air neuf par un tuyau unique de longueur double. Or, il est évident qu'il ne faut introduire dans les formules que la résistance d'un seul de ces conduits (n° 172). Il y a une substitution analogue d'un tuyau unique aux tuyaux du calorifère traversé par l'air chauffé. Cette substitution n'est pas rigoureusement exacte non plus. Mais ces deux circonstances ne modifient guère les conclusions de M. Morin.

519. Disposition générale et proportions des diverses parties d'un appareil de ventilation pour une grande salle ou pour un bâtiment à plusieurs étages. — Les orifices d'admission de l'air neuf seront placés, comme nous l'avons déjà dit, soit au niveau du plancher, lorsque l'air doit être chauffé par son passage à travers les tuyaux d'un calorifère, soit près du plafond, lorsque l'air neuf est chauffé avant d'être déversé dans les salles. Dans tous les cas, pour que l'arrivée de l'air pur ne soit jamais incommode et pour qu'il se

répartisse convenablement dans les salles à ventiler, il faut d'abord éviter que cet air chaud ou froid, selon les saisons, afflue en nappes assez larges ou avec une vitesse assez grande pour causer une sensation désagréable. Il faut qu'en tout temps, il se répande dans l'espace d'une manière aussi peu sensible que possible. S'il s'agit de l'air chaud, à 40, 50, 60 ou 80°, il faut qu'il débouche à une hauteur supérieure aux organes de la respiration ou au moins, sans pouvoir les rencontrer.

Dans le cas, au contraire, où l'air affluent doit être frais, il ne convient pas davantage de le faire entrer dans les salles par le sol ou en des points rapprochés des personnes, car les courants d'air frais, même en été, causent une sensation désagréable. Si donc, outre l'air fourni par les tuyaux qui servent à la ventilation d'hiver, on voulait, en été, augmenter le volume d'air introduit, ce qui est souvent indispensable pour éviter une trop grande élévation de la température de l'air dans les salles, il suffirait de ménager dans les trumeaux des conduits d'introduction de l'air, ayant leur ouverture extérieure d'admission à hauteur du plancher et leur orifice de débouché dans les salles près du plafond (fig. 116). En ayant, en outre, l'attention de garnir ces orifices de grillage assez grands, mais à petites mailles, ou mieux encore en les faisant déboucher dans une corniche creuse n'offrant à sa partie supérieure qu'une longue ouverture très-étroite, on pourrait introduire la nappe d'air affluente sous la forme de filets très-minces, et l'on assurerait ainsi, sans dépense, la rentrée d'un volume d'air aussi grand qu'on voudrait. Cet air s'abaisserait graduellement vers les orifices d'appel, entraînant avec lui l'air vicié, léger ou lourd, qu'il rencontrerait dans sa marche.

La division du courant d'air affluent à hauteur du plafond en lames minces et étroites est indispensable pour empêcher son arrivée en nappes trop considérables dans certaines parties des appartements et surtout vers les cheminées à feu ouvert et d'autres orifices d'appel.

Si on veut faire servir les mêmes tuyaux pour l'admission de l'air neuf en été et en hiver, on doit calculer la section en comptant, non pas sur une vitesse de 0m,80 que l'on obtient facile-

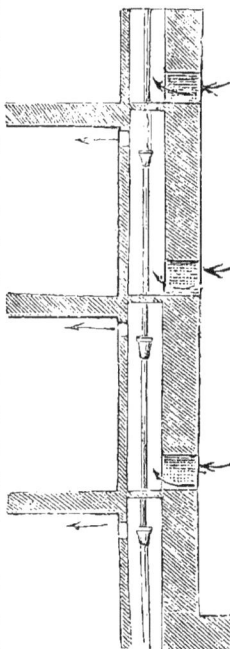

Fig. 116.

ment en hiver, mais seulement sur une vitesse de 0m,30 ou 0m,40 par seconde. Ainsi pour un conduit qui doit faire affluer 200 mètres cube d'air par heure, la section serait égale à

$$\frac{200^{mc}}{3600.\ 0^m,30} = 0^{mq},15.$$

Si ce tuyau doit contenir 4 tuyaux de circulation d'eau chaude, dont trois de $0^m,15$ de diamètre extérieur et un de $0^m,10$, ils occuperont ensemble environ $0^{mq},06$ et avec leurs brides peut-être $0^{mq},08$. La section transversale sera donc pour le conduit de $0^{mq},15 + 0^{mq},08 = 0^{mq},23$. Si l'entraxe du bâtiment est de 5^m, il n'y aurait pas d'inconvénient à établir dans les trumeaux des conduits verticaux de $0^m,80$ de largeur sur $0^m,30$ de profondeur, dont la section serait égale à $0^{mq},24$. Des ouvertures auxiliaires pour l'été pourront néanmoins être disposées près des fenêtres.

520. **Évacuation de l'air vicié.** — Quant aux orifices d'évacuation de l'air vicié, ils devront : 1° être placés le plus près possible des points où l'air s'altère ; 2° être aussi multipliés que la construction le permet. Ces orifices auront même section que les tuyaux d'appel dans lesquels ils débouchent.

La section de ces tuyaux, qui partent d'une petite distance au-dessus du plancher, se calcule d'après le volume d'air qu'ils doivent évacuer par heure, et d'après la vitesse qu'y prend l'air appelé. Cette vitesse ne doit pas dépasser $0^m,70$ à $0^m,80$ par seconde. Par conséquent, si un tuyau doit appeler par heure 200 mètres cubes d'air, sa section libre devra être égale à

$$\frac{200^{mc}}{3600.\ 0^m,80} = 0^{mq},0691,$$

soit $0^{mq},07$. Si l'air y est chauffé par trois tuyaux de circulation d'eau chaude, dont deux de $0^m,15$ de diamètre extérieur et un de $0^m,10$, ces tuyaux occuperont ensemble $0^{mq},05$ environ. De sorte que la section du conduit d'appel aux passages des tuyaux devra être de $0^{mq},07 + 0^{mq},05 = 0^{mq},12$. Ces conduits seront ménagés dans les trumeaux à côté des conduits qui amènent l'air neuf. Quelquefois, pour faciliter la surveillance et les réparations, on emploie des conduits saillants en poterie.

521. **Tuyaux d'appel de l'air vicié.** — Dans le système d'appel par en bas qui est aujourd'hui celui qu'on adopte le plus généralement, l'air vicié extrait de chaque point de la salle pénètre d'abord dans un tuyau de même section que l'orifice d'évacuation et sa vitesse dans ce tuyaux sera, par conséquent, de $0^m,70$ à $0^m,80$. Un certain nombre de ces tuyaux débouchent dans un *premier conduit*

collecteur, où la vitesse de l'air pourra être de 1ᵐ à 1ᵐ,20. Ces nouveaux tuyaux débouchent à leur tour, dans un tuyau collecteur où l'air peut acquérir une vitesse de 1ᵐ,30 à 1ᵐ,40, et de ce dernier tuyau l'air passe dans la cheminée (voir, plus loin, la description du chauffage et de la ventilation de la crèche de la paroisse St-Ambroise à Paris).

De même, dans les deux autres systèmes d'appel, les différents tuyaux d'appel de l'air vicié doivent être, jusqu'à une assez grande distance de leur origine, indépendants les uns des autres aux divers étages afin qu'il ne puisse s'établir aucune prédominance de l'un sur l'autre (fig. 102); mais, ce qui est non moins important, il est nécessaire de les réunir plus loin, d'abord par groupes et ensuite tous dans une seule et unique cheminée, afin de donner à l'ensemble des appels une énergie et une stabilité convenables. Il faut enfin éviter le refroidissement de ces conduits, et à cet effet placer les tuyaux des groupes à l'intérieur de greniers bien clos et plafonnés.

522. **Cheminée générale d'appel.** — Par sa hauteur, sa construction et l'énergie de son appel, la cheminée générale d'évacuation doit assurer au mouvement de l'air une vitesse suffisante pour lui donner une stabilité que le vent de l'extérieur, ou l'influence de l'ouverture des portes ou des fenêtres à l'intérieur des salles, ne puisse contrarier. La vitesse par seconde dans la cheminée générale ne doit pas être inférieure à 1ᵐ,80 ou 2ᵐ. Il faut donc un excès convenable de la température dans la cheminée sur celle de l'air extérieur (20 à 25°). On augmente encore la vitesse de sortie de l'air au débouché de la cheminée en rétrécissant convenablement la section de l'orifice d'écoulement.

CHAPITRE QUATRIÈME.

PUISSANCE A DONNÉR AUX APPAREILS DE CHAUFFAGE.

523. **Dimensions des appareils de chauffage.** — Les dimensions des appareils de chauffage doivent toujours être calculées pour les circonstances les plus défavorables. De cette façon, ils ont, dans les circonstances ordinaires, un excès de puissance que l'on détruit à l'aide des registres et par une alimentation moindre du foyer.

La puissance des appareils de chauffage doit évidemment être égale à la somme des quantités de chaleur nécessaires pour le chauffage de l'air de ventilation et pour celui des parois de l'enceinte qui se refroidissent par le contact de l'air froid extérieur, moins les quantités de chaleur dégagées par les appareils d'éclairage et par la respiration des personnes qui séjournent dans le local. Dans le cas où l'extraction de l'air vicié a lieu par le haut, on peut négliger l'influence de la première de ces deux sources de chaleur.

524. Locaux chauffés d'une manière continue. — On calculera les quantités de chaleur transmises à travers les parois de l'enceinte dans l'hypothèse d'une température extérieure égale à — 5° C. En effet, dans nos climats, ce n'est que très-exceptionnellement et d'une manière passagère que l'air extérieur se trouve à une température moindre. En moyenne, pendant les sept mois de chauffage, l'air est même à + 6°. En établissant les calculs pour une température de — 5°, on se place donc à peu près dans les conditions les plus défavorables, comme on doit le faire d'après ce qui a été dit plus haut.

Le calcul de la quantité de chaleur nécessaire pour le chauffage de l'air neuf à introduire dans les salles, se fera d'après la même base, et lorsqu'on aura ainsi déterminé la quantité de chaleur que doivent fournir les appareils de chauffage, il sera facile de déterminer la surface de chauffe qu'il faudra leur donner.

525. Chaleur transmise à travers les murs. — La quantité de chaleur qui se transmet à travers les murs, par heure et par mètre carré de surface, se calcule à l'aide de la formule (n° 311) :

$$M = \frac{(T - \theta)}{\dfrac{e}{C} + \dfrac{1}{K} + \dfrac{1}{K'}} = Q\,(T - \theta).$$

Pour une surface S, la transmission de chaleur s'élèvera, par conséquent à S Q (T — θ) calories.

526. Transmission de chaleur à travers les vitres. — La perte de chaleur qui a lieu par transmission à travers les vitres se calcule à l'aide de la formule M = 4,5 (T — θ), n° 317.

En supposant que la surface des vitres soit égale à S′ mètres carrés, la perte de chaleur à laquelle elles donneront lieu sera 4,5 S′ (T — θ).

Si les fenêtres sont garnies de rideaux, la transmission de chaleur est un peu moindre et l'on peut admettre qu'elle est donnée par la formule 4 S′(T — θ).

527. Transmission de chaleur à travers le plafond. — Dans le cas où l'étage au-dessus du plafond n'est pas chauffé, il se fait une perte de chaleur à travers l'épaisseur de cette paroi. Mais comme le plafond est toujours composé de différentes couches de matériaux très-mauvais conducteurs, la transmission de chaleur à laquelle il donne lieu est assez faible.

D'après Péclet (*Traité de la chaleur*, 4ᵉ édit., t. III, p. 232), lorsque la différence de température entre l'air intérieur et l'air extérieur est de 25°, cette transmission serait de 20 calories par heure et par mètre carré de surface, soit environ 1 calorie par une différence de 1°.

528. Transmission de chaleur à travers le plancher. — Lorsque la face inférieure du plancher n'est pas en contact avec de l'air chauffé, il donne lieu à une perte de chaleur qu'on peut évaluer à 0,75 de calorie, par heure et par mètre carré de surface, pour chaque degré de différence entre la température de l'air intérieur et de l'air extérieur.

La perte de chaleur à travers le plancher est toujours faible, parce que la surface supérieure de cette paroi est en contact avec de l'air plus froid que celui qui occupe la partie supérieure de la place chauffée.

529. Chauffage de l'air de ventilation. — Si le volume d'air à chauffer est égal à V^{mc} à 0°, il faudra pour le chauffer de θ^o à T^o, une quantité de chaleur donnée par la formule $1,3.0,237 \, V \, (T - \theta)$. Dans cette formule $1^k,3$ est le poids d'un mètre cube d'air et $0,237$, le calorique spécifique de ce gaz.

530. Chauffage intermittent. — Les considérations qui précèdent ne s'appliquent qu'aux locaux qui doivent être chauffés d'une manière continue. Lorsque, au contraire, le chauffage doit être intermittent, on fera le calcul de la quantité de chaleur nécessaire comme s'il s'agissait d'un chauffage continu, et l'on obtiendra la puissance que devront avoir les appareils de chauffage à employer en prenant les 3/2 du résultat obtenu. L'expérience a conduit à cette règle qu'il eût été impossible de déduire de considérations théoriques, à cause du manque de données sur les quantités de chaleur que les parois d'une enceinte absorbent dans l'unité de temps pendant leur échauffement successif et avant que le régime soit établi.

531. Application au chauffage d'un hôpital. — Supposons qu'on ait à chauffer et à ventiler un hôpital ayant 26ᵐ de long, dix mètres de large extérieurement et 9ᵐ intérieurement. Admettons, en outre, que le bâtiment ait trois étages de 4ᵐ et 6 fenêtres à chaque étage. La surface totale des fenêtres des trois étages sera égale, par exemple, à 189ᵐq.

Dans le cas qui nous occupe, la surface S des murs, que nous supposerons construits en moëllons et épais de 0ᵐ,50, sera

$$S = 2.26.12 + 2.10.12 - 189 = 675 \text{ mètres carrés.}$$

Les surfaces du plafond du 3ᵉ étage et du plancher du rez-de-chaussée, seront égales, chacune, à 24.9 = 216 mètres carrés.

On peut mettre 24 lits à chaque étage. En supposant que l'on donne par heure à chaque malade 60 mètres cubes d'air, le volume d'air à chauffer par heure sera égal à 3.24.60 = 4320^{mc}.

La température T de l'air dans les salles étant 16° et la température moyenne θ des mois d'hiver + 6°, la quantité moyenne de chaleur à fournir sera (n°ˢ 330, 507 et 508) égale à

$$675.1,94.10+189.4,5.10+216.10+216.0,75.10+4320.1,3.0,237.10$$
$$= 13095 + 8505 + 2160 + 1620 + 13305 = 38685^c.$$

Si de ce chiffre nous retranchons la quantité de chaleur dégagée par les 72 malades, estimée à 75 calories par personne (n° 485), soit 72.75 = 5400 calories, il restera à fournir par heure 38685 — 5400 = 33285 calories, ou, en nombre rond, 34000 calories.

Pendant les grands froids de l'hiver θ = — 5°, et T — θ = 21°. La perte de chaleur par heure deviendra alors

$$\frac{34000.21}{10} = 71400,$$

ou bien 72000 calories.

C'est d'après ce dernier chiffre qu'il convient d'établir le calcul de la surface de chauffe des appareils de chauffage.

Si le chauffage devait être produit par des cheminées à feu ouvert, comme chaque kilogramme de houille ne donne qu'un effet utile de 1000 calories environ, il faudrait brûler par heure 72 kilogrammes de ce combustible, ce qui exigerait 12 cheminées ou 4 par étage. Le chauffage par les cheminées à feu ouvert est coûteux, mais il dispense de l'emploi de gaînes de ventilation.

Lorsqu'on fait usage de poêles, on obtient 5000 calories par kilogramme de houille brûlée (n° 411). La consommation par heure sera donc de 14^k,4. Chaque poêle pouvant facilement brûler par heure 2^k,50 de houille, il faudra 6 de ces appareils, 2 à chaque étage.

Le chauffage pourrait aussi s'effectuer à l'aide d'un seul calorifère brûlant, par heure, 20 à 25 kilogrammes de houille. La grille devant avoir une surface minima de 20 décimètres carrés, le diamètre de la colonne du calorifère sera pris égal à environ 50 centimètres. La surface de chauffe devra être égale à 72000 : 3000 = 24 mètres carrés environ (n° 428). Mais, pour tenir compte des pertes de chaleur, depuis le calorifère jusque dans les locaux chauffés, on fera bien de la doubler à peu près, c'est-à-dire de la porter à environ 40^{mq}.

La capacité à chauffer étant de 2600 mètres cubes, on voit qu'il faut environ 15 mètres carrés de surface de chauffe pour 1000 mètres cubes de capacité à chauffer (nᵒ 430).

Si le chauffage devait avoir lieu par circulation d'eau chaude, la surface de chauffe de la chaudière devrait être de 72000 : 15000 = 5 mètres carrés environ (nᵒ 466). La consommation de combustible serait seulement de 15 à 20 kilogrammes de houille par heure. Si l'eau sort de la chaudière à 100° et y rentre à 60°, sa température moyenne sera 80°, et la différence moyenne des températures de l'eau et de l'air des salles chauffées sera de 80 — 16 = 64°. Avec cette différence, chaque mètre carré de surface de chauffe dégage 10.64 = 640 calories (nᵒ 328). En comptant seulement sur une transmission de 400ᶜ, comme le font beaucoup de constructeurs, la surface de chauffe devra donc être de 180 mètres carrés environ.

532. **Autre application au chauffage de deux serres établies chez M. Linden, horticulteur, à Gand.** — Ces deux serres, placées parallèlement l'une à côté de l'autre, ont 20ᵐ de longueur sur 5ᵐ,5 de largeur. L'une d'elles doit être maintenue à 9° R et l'autre à 12° R, soit 15° C. Nous ne nous occuperons que de cette dernière.

Les deux pignons de la serre dont il s'agit, ont 3ᵐ,50 de hauteur au milieu et les deux murs latéraux 1ᵐ,25.

Tous les murs sont en briques et ont 0ᵐ,33 d'épaisseur.

La surface des murs latéraux est donc de 2.20.1,25 = 50ᵐᵍ et celle des deux pignons d'environ 25ᵐᵍ. La surface totale des murs en contact avec l'air extérieur est donc de 75 mètres carrés.

La surface du vitrage qui recouvre la serre est de 128 mètres carrés.

Enfin, la superficie de la serre est égale à 20.5,5 = 110 mètres carrés.

Calculons la perte de chaleur que cette serre éprouvera par heure lorsque la température de l'air extérieur est supposée égale à — 5°, ce qui est à peu près, à Gand, la température la plus basse des nuits d'hiver. La différence de température à maintenir entre la serre et l'air extérieur sera donc de 20°.

Dans ces conditions, la transmission M de chaleur à travers chaque mètre carré des murs et par heure, se calculera au moyen de la formule

$$M = \frac{T - \theta}{\dfrac{e}{C} + \dfrac{1}{k} + \dfrac{1}{k'}},$$

en y posant T — θ == 20° ; e = 0^m,33 ; C = 0,69 ; k = 7,70 et k' = 8,60 (n°s 316 et 309).

En effectuant les calculs, on trouve M = 30^c,4. Par conséquent, la perte par les murs s'élèvera, par heure, à 30^c,4.75 ==   2280^c

La transmission de chaleur à travers le vitrage, s'élèvera (n° 317) à 128.4,50. 20 = ... 11520^c

Enfin, la perte de chaleur à travers le sol de la serre pourra être évaluée (n° 510) à 110.0,75.20 ==. . . . . 1650^c

Total . . . .15450^c.

Les deux serres sont chauffées au moyen d'une chaudière en fer à cheval de la forme de celle représentée par la fig. 3, pl. X, p. 304, sauf quelle n'a pas de diaphragme. La surface de chauffe est de 2 mètres carrés. La grille du fourneau a 0^m,40 sur 0^m,75. La cheminée est un cylindre en tôle de 5^m de hauteur et de 0^m,20 de diamètre. Pendant les grands froids de l'hiver, on brûle environ 7 kilogrammes de houille par heure pour le chauffage des deux serres, ce qui fait 4^k pour celle qui doit être maintenue à 15° et 3^k pour l'autre. La section de la cheminée est trop petite pour que la combustion puisse avoir lieu d'une manière avantageuse.

La serre à 15° est chauffée au moyen de trois tuyaux en fer de 0^m,09 de diamètre, établis sous les tablettes et qui parcourent les deux longs côtés du bâtiment et le petit côté opposé à la porte. L'un de ces tuyaux part du dôme de la chaudière et parcourt, en montant d'un centimètre par mètre, l'un des longs côtés de la serre et l'un des petits, puis, en descendant légèrement, le second long côté. Arrivé à l'extrémité de celui-ci, il se bifurque en deux tuyaux de retour, qui courent en sens contraire, et se réunissent de nouveau, près du fourneau, établi à côté de la porte, en un seul tuyau qui va déboucher près du fond de la chaudière. Ce même tuyau communique avec le vase d'expansion et d'alimentation. Du point culminant du tuyau distributeur de l'eau chaude part le tube à air qui débouche au-dessus du toit de la serre. La surface de chauffe des tuyaux est de 38^{mq},50. Chaque mètre carré de cette surface peut transmettre par heure au moins 500 calories (n° 461), de sorte que la serre pourra, au besoin, recevoir au moins 19000 calories par heure, ce qui suffit amplement à compenser les pertes de chaleur qu'elle éprouve, même par les froids les plus rigoureux. Comme on brûle 4 kilogrammes de houille par heure (houille grasse de Mons), on utilise environ 4000 calories par kilogramme. Mais l'effet utile serait plus grand si la cheminée avait une section de 5 décimètres carrés, au lieu de 3^{dq},14. Les

Coupe suivant. A - B.

Fig. 2.

E

Echelle ¹⁄₂₀₀ᵉ pour Fig. 1 et 2.

Pl. XIII. p. 352.

Coupe suivant C-D.

Fig. 1.

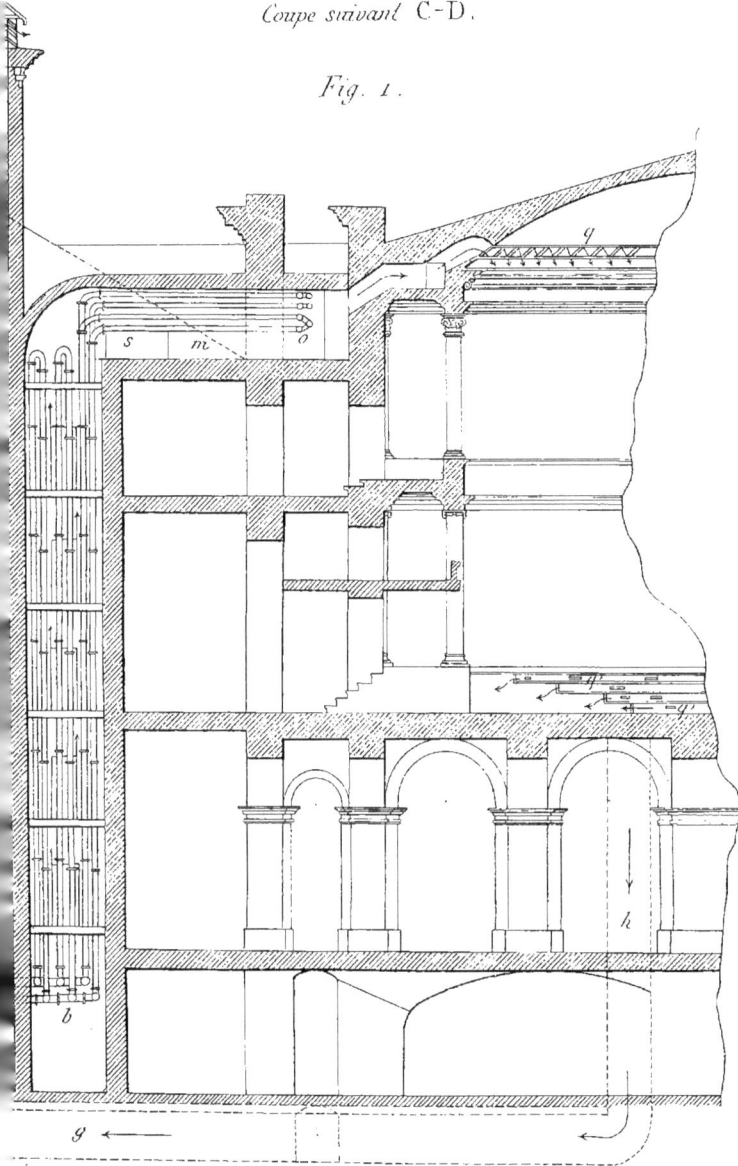

constructeurs ne comptent habituellement que sur une transmission de 400 calories par heure et par mètre carré de surface de chauffe.

L'autre serre est chauffée à l'aide de cinq tuyaux seulement, parce que la température y doit être moins élevée que dans celle dont nous venons de nous occuper.

CHAPITRE CINQUIÈME.

DISPOSITIONS PARTICULIÈRES ADOPTÉES POUR LE CHAUFFAGE ET LA VENTILATION DES DIFFÉRENTS ÉDIFICES.

533. **Division.** — Nous diviserons les édifices dont nous allons étudier le chauffage et la ventilation en deux classes. La première comprend les édifices occupés d'une manière permanente, et la seconde ceux qui ne le sont que d'une manière temporaire. Dans la première classe se trouvent les prisons cellulaires et les hôpitaux, et dans la seconde, les crèches, les écoles primaires, les écoles de dessin, les salles de concert, les cercles, les salons de réception, les amphithéâtres, les salles des assemblées législatives, les églises, les théâtres, etc.

Quant aux maisons d'habitation, aux casernes, etc., nous avons déjà indiqué les principes généraux de leur mode de chauffage et de leur ventilation. Nous n'y reviendrons plus.

Nous ne reviendrons pas non plus sur le chauffage des serres dont nous nous sommes déjà occupé aux n°s 463 à 473 et au n° 532.

I. — LOCAUX OCCUPÉS D'UNE MANIÈRE PERMANENTE.

1. — *Prisons cellulaires.*

534. **Prison cellulaire de Gand.** — Les fig. 1 à 7, pl. XI, p. 320, représentent les dispositions adoptées pour le chauffage et la ventilation de la prison cellulaire de Gand.

Cette prison se compose d'une série de bâtiments rayonnant autour d'un même point et réunis deux à deux par d'autres bâtiments, de même forme, disposés suivant les côtés d'un polygone régulier dont le centre coïnciderait avec ce point de rayonnement.

Chacun de ces corps de bâtiments renferme un corridor, qui s'élève jusqu'à la toiture, et un certain nombre de cellules réparties entre le rez-de-chaussée, le premier et le second étage. Les cellules du premier et du second étage sont desservies par un balcon qui règne dans toute la longueur des bâtiments. Le corridor est éclairé par la partie supérieure.

Fig. 1, plan d'une partie du souterrain d'un groupe de trois corps de bâtiments.

Fig. 2, plan du premier étage du même groupe. C, C, siéges d'aisances. T, chapelle derrière laquelle se trouvent les promenoirs et au centre l'observatoire des gardiens.

Fig. 3, coupe verticale, suivant OO du plan fig. 1, d'un des bâtiments cellulaires du même groupe. Chaque cellule renferme un bec de gaz, un bassin à eau K, et un siége d'aisances C, dont le tuyau de descente communique avec un conduit général d'évacuation souterrain *i*, fig. 1.

Fig. 4, coupe suivant NN, fig. 5.

Fig. 5, coupe suivant MM du plan fig. 1.

Fig. 6, coupe de l'une des cheminées de ventilation, suivant QQ, fig. 5.

Fig. 7, coupe verticale, suivant PP du plan fig. 2, de deux siéges d'aisances appartenant à deux cellules contiguës.

Le chauffage de l'air a lieu par circulation d'eau chaude. A cet effet, chaque groupe de trois corps de bâtiments est pourvu de deux chaudières A, A, disposées comme l'indique la fig. 4. Nous avons déjà donné la description de ces chaudières au n° 463. Le tuyau à fumée de chacune d'elles débouche dans une cheminée en tôle placée dans l'intérieur de la cheminée d'appel B correspondante, pour en activer le tirage. En été, le tirage de la cheminée d'appel est obtenu au moyen d'un poêle D (fig. 6), dans lequel on fait du feu. Les cheminées de ventilation ont 18^m de hauteur.

Les tuyaux de circulation d'eau chaude sont établis dans un canal G, qui se trouve sous le corridor, et dans lequel l'air peut pénétrer de l'extérieur au moyen du conduit H, fig. 3. L, porte d'entrée dans le canal à air chaud.

De ce canal partent des conduits ménagés dans le mur des cellules, du côté du corridor, et destinés à alimenter celles-ci d'air chaud. Ces conduits s'ouvrent dans chaque cellule près du plancher. La fig. 4, montre le conduit pour une cellule du rez-de-chaussée et en pointillé un des conduits pour l'un des deux étages. Les parois du canal G donnent lieu à une grande perte de chaleur. C'est un reproche qu'on peut adresser à cette disposition. Le chauffage de l'air par des tuyaux à eau chaude placés dans des gaînes, d'après le système de d'Hame-lincourt (n° 454), serait beaucoup plus économique.

L'air vicié est extrait de chaque cellule par un seul conduit descendant dont l'orifice d'extraction se trouve, près du siége d'aisances, dans l'un des angles de la cellule, du côté opposé à celui de l'arrivée de l'air pur. Les conduits d'extraction de l'air vicié se rendent dans un canal E, qui débouche dans la cheminée générale d'appel.

535. **Siéges d'aisances en forme de siphon.** — A la prison cellulaire de Gand, les siéges d'aisances, en faience vernissée, sont à fermeture hydraulique. Ils ont la forme d'un siphon renversé. La longue branche du siphon n'est pas exactement verticale, mais un peu inclinée en dehors, et son diamètre va en diminuant de haut en bas. Le siége est établi à l'extrémité supérieure de cette branche.

La petite branche du siphon n'a qu'une très-faible hauteur. Sa face inférieure est presque horizontale, tandis que sa face supérieure s'élève d'abord à peu près verticalement, puis se recourbe de manière à former un arc dont la concavité est tournée vers le bas. Cette branche constitue ainsi une espèce de réservoir, dont les parois se rapprochent du côté opposé à la longue branche, pour former un prolongement cylindrique qui débouche dans un tuyau vertical de descente. Ce tuyau sert pour deux siéges (fig. 7), et va s'ouvrir dans le canal général d'évacuation i. La partie inférieure du siphon est remplie d'eau, de manière à fermer toute communication entre la cellule et le tuyau de descente. Les gaz qui se dégagent du liquide ne peuvent d'ailleurs pas se répandre dans la cellule, parce que la plus grande partie de ce liquide se trouve dans la petite branche du siphon, qui a un diamètre beaucoup plus grand que la partie inférieure de l'autre branche.

2. — *Hôpitaux.*

536. **Chauffage et ventilation des hôpitaux.** — Dans les hôpitaux, le chauffage de l'air a généralement lieu par circulation d'eau chaude. Le plus souvent les tuyaux chauffeurs sont établis dans un canal souterrain. De ce canal, l'air chaud se rend dans les différentes salles de malades, par des conduits ménagés dans les murs. Ce système a été adopté pour le chauffage du grand hôpital de la Byloke, à Gand, construit pour recevoir 650 malades. On peut lui reprocher d'être coûteux, à cause de la grande perte de chaleur à laquelle donnent lieu les parois du canal souterrain de chauffage. Sous ce rapport, comme nous l'avons déjà fait remarquer au n° 534, le système

de d'Hamelincourt serait préférable, mais l'installation en est plus difficile et plus dispendieuse.

On est presqu'unanime aujourd'hui pour considérer la ventilation par pulsion comme préférable à la ventilation par la seule action de la chaleur, du moins lorsqu'il s'agit d'hôpitaux destinés à recevoir un grand nombre de malades et où l'on possède toujours une machine à vapeur dont on peut utiliser une partie de la vapeur pour mettre en mouvement le ventilateur.

L'extraction de l'air vicié a lieu par appel en contre-bas.

La ventilation doit être calculée de manière que chaque malade reçoive par heure un volume d'air pur de 80 mètres cubes.

537. **Extraction de l'air vicié.** — L'évacuation de l'air vicié a lieu par des conduits descendants, ouverts derrière la tête des lits, à hauteur du plancher, mais dans les parois verticales des murs, et au nombre d'un au moins pour deux lits dans les hôpitaux ordinaires, et d'un par lit pour les hôpitaux d'accouchement.

Les conduits d'évacuation de l'air vicié correspondant à des lits placés aux différents étages les uns au-dessus des autres, doivent rester isolés dans leur parcours vertical et ils ne seront réunis par groupe, dans des conduits collecteurs partiels et horizontaux, qu'après y être demeurés séparés par des languettes sur une étendue de trois à quatre mètres, au-delà du débouché de ceux qui seront les plus voisins de la cheminée générale d'évacuation, afin de s'opposer autant que possible, à l'établissement des communications d'un étage à un autre.

538. **Introduction de l'air nouveau.** — Les orifices d'introduction de l'air nouveau chaud ou frais, seront toujours pratiqués près du plafond, à raison d'un pour deux lits, s'il se peut, ou d'un au moins pour quatre lits.

Il faut toujours se réserver le moyen de mêler de l'air frais à l'air chaud à fournir par l'appareil de chauffage. A cet effet, il convient de diriger l'air frais au moyen de languettes plus ou moins longues, selon les cas, au-dessus du courant d'air chaud. Il arrive alors que le premier, plus dense que le second, tendant à s'abaisser, tandis que le second plus léger s'élève, le mélange se produit nécessairement.

539. **Prises d'air extérieur.** — Si l'hôpital est convenablement isolé et situé dans une position salubre, les prises d'air extérieur pourront être faites, soit à fleur de sol, au milieu de pelouses de verdure ou de jardins, soit à hauteur des divers étages.

L'on ne devra recourir aux cheminées d'appel descendant pour prendre l'air à une certaine hauteur, que dans les cas où la proximité de bâtiments plus ou moins insalubres, donnerait lieu de craindre l'infection de l'air à la surface du sol. L'on aura soin alors de placer la cheminée de prise d'air aussi loin que possible de celle d'évacuation générale et en amont par rapport au vent dominant. La vitesse dans cette cheminée ne doit pas dépasser $0^m,60$, afin que l'appel qu'elle exercera dans son voisinage ne s'étende qu'à une petite distance.

540. Chauffage des cages des escaliers, des antichambres et autres pièces donnant accès dans les salles. — Lorsqu'on emploie le système de ventilation exclusivement par aspiration, les cages des escaliers, les antichambres et autres pièces donnant accès dans les salles, devront être chauffées, afin d'atténuer l'effet des rentrées d'air produites par l'ouverture des portes sous l'action de l'aspiration.

II. — LOCAUX OCCUPÉS D'UNE MANIÈRE TEMPORAIRE.

1. — *Crèches.*

541. Crèches. — Nous empruntons à M. Morin [1], la description du système de chauffage et de ventilation de la crèche établie dans la paroisse de Saint-Ambroise, à Paris.

La ventilation est calculée de manière à extraire 45^{mc} d'air par heure et par enfant, et 30^{mc} pour les personnes de service ou en visite.

L'évacuation de l'air vicié se fait par des orifices d'appel *a a a* (fig. 7, pl. V, p. 160), ouverts dans les parois verticales des murs. De ces orifices, l'air vicié passe dans des conduits qui débouchent dans des collecteurs ménagés sous le sol de chaque côté des murs de face. De ces premiers collecteurs, l'air vicié, passe dans deux collecteurs *c c c*, placés transversalement, et qui se réunissent en un collecteur unique, près de la base de la cheminée. Enfin, ce dernier collecteur conduit l'air vicié dans la cheminée.

L'air est chauffé au moyen d'un calorifère A, dont le tuyau de fumée parcourt la cheminée de ventilation dans toute sa hauteur. A la partie inférieure de cette cheminée, on a disposé une petite grille pour y allumer un peu de houille, quand le temps est doux, afin de maintenir l'appel.

La prise de l'air que le calorifère A doit chauffer se fait par un

---

(1) MORIN, *Manuel pratique du chauffage et de la ventilation,* p. 200.

conduit B, venant du jardin et passant sous le sol de la salle. À l'extérieur, ce conduit. est terminé par une sorte de cheminée, couverte d'un grillage, pour empêcher l'introduction des corps étrangers.

La prise d'air du foyer se fait dans la petite salle C.

L'air chaud fourni par le calorifère afflue vers le grenier, par un double conduit *ddd, eee,* établi sur le sol de ce local, parallèlement à l'axe du bâtiment. La disposition de la charpente n'a pas permis de n'avoir qu'un seul conduit, qui eût suffi.

L'air froid destiné à être mélangé à l'air chaud, est pris dans le grenier, d'où il est dirigé vers le conduit *ddd* à l'aide de languettes, de manière à arriver au-dessus de celui *ddd* d'air chaud.

Une languette partant du mur de refend, et dirigée à moitié de la hauteur du conduit longitudinal *eee,* assure l'arrivée séparée de l'air chaud en dessous, et de l'air froid en dessus. Il suffit que ces languettes aient 3 à 4 mètres de longueur, mais elles doivent être faites en briques, et avoir au moins $0^m,05$ d'épaisseur, afin qu'elles ne s'échauffent pas trop par l'action de l'air venant du calorifère, ce qui contrarierait parfois l'arrivée de l'air froid.

Quatre orifices *gggg*, ménagés au plafond dans l'axe de la salle, introduisent le mélange d'air chaud et frais à la vitesse d'environ $0^m,50$ en une seconde.

Des registres sont disposés au bas de la cheminée pour modérer au besoin l'évacuation, et dans les conduits d'air chaud et d'air frais, pour en régler la proportion au degré convenable.

2. — *Écoles*.

542. Écoles primaires et écoles d'adultes. — Les dispositions à prendre doivent être calculées pour extraire et introduire un volume d'air de 12 à 15 mètres cubes par heure et par enfant dans les écoles primaires et de 15 à 20 mètres cubes par individu dans les écoles d'adultes. D'après M. Morin (*Manuel pratique du chauffage*, p. 208 et 210), la capacité des salles devrait être de 7 à 8 mètres cubes par enfant, et, à plus forte raison, par adulte, et non de 4 à 5 mètres cubes, ce qui est la proportion habituellement adoptée.

Le système de chauffage le plus simple qu'on puisse adopter dans les écoles primaires consiste dans l'emploi d'un poêle en fonte avec enveloppe en tôle, qui reçoit l'air extérieur, le chauffe et le verse dans la salle. Le tuyau à fumée de ce poêle, après avoir traversé la salle, se rend dans l'intérieur d'une cheminée d'appel qui présente deux ouvertures, l'une en bas (n° 495), pour la ventilation d'hiver, et l'autre en haut pour la ventilation d'été (n° 496). Dans cette dernière saison, le tirage de la cheminée d'appel est produit à l'aide de becs de gaz ou mieux d'un petit poêle à combustion lente.

Avant l'arrivée des élèves, le chauffage des écoles doit avoir lieu sans que les appareils de ventilation fonctionnent. A cet effet, on ferme ces appareils, et l'on fait communiquer la salle directement avec les appareils de chauffage. On supprime cette communication après l'arrivée des élèves, et on fait fonctionner les appareils de ventilation.

Mais le meilleur système pour l'extraction de l'air vicié est celui de l'appel par en bas.

Les orifices d'évacuation seront pratiqués dans les parois verticales des deux longs côtés de la salle. Ils seront aussi multipliés que possible et communiqueront avec des conduits descendants qui déboucheront tous dans des caves ou sous le sol, dans un conduit collecteur, lequel, dans la plupart des cas, aboutira à la base de la cheminée d'appel.

Le chauffage aura lieu par calorifère. La cheminée d'appel est parcourue dans toute sa hauteur par le tuyau de fumée de celui-ci. Mais comme l'appel ainsi produit est souvent insuffisant, il faudra établir dans le bas de la cheminée de ventilation un petit foyer pour produire, au besoin, une ventilation supplémentaire, fig. 6, pl. V, p. 160.

L'air nouveau, chaud ou frais, sera amené près du plafond, par une ou plusieurs gaînes verticales, qui débouchent dans un long et large conduit régnant dans toute la longueur de la salle et qui peut recevoir de l'air frais extérieur, pour permettre de régler la température de l'air admis dans la salle. Cet air afflue horizontalement près du plafond.

3. — Salles diverses.

543. Salles de dessin ouvertes le soir, salles de concert, cercles, cafés, salons de fumeurs, salles à manger, salons de réception, etc. — Ces salles présentent pour le renouvellement de l'air et pour la modération de la température une difficulté spéciale, par suite du grand nombre d'appareils d'éclairage ou de becs de gaz qu'elles contiennent et qui y développent souvent une quantité de chaleur bien supérieure à celle qui serait nécessaire pour le chauffage.

La règle générale qui prescrit de faire évacuer l'air vicié près du

plancher, ne pourrait être exclusivement appliquée sans donner lieu
à l'inconvénient de faire descendre et affluer près des individus de
l'air à 30 ou 35° et chargé d'acide carbonique.

Il y a alors nécessité de laisser échapper les gaz chauds, produits
de la combustion, par des orifices ménagés dans le plafond (fig. 6,
pl. V, p. 160, salle du second étage). Mais en même temps, il faut
encore faire affluer de l'air nouveau, qui alors doit presque toujours
être frais, à la plus grande hauteur possible, entre le plancher et le
plafond.

Si, de plus, la même salle doit être occupée pendant le jour, et si
pour ces moments on l'a ventilée d'après les règles ordinaires, en
appellant l'air vicié près du plancher, il conviendra de conserver le
soir une certaine activité à cette ventilation, afin de faciliter la circulation et l'affluence vers le plancher d'une partie de l'air nouveau
introduit qui, pour compenser les effets calorifiques des appareils
d'éclairage, doit être en volume bien plus considérable que pendant
le jour.

Si la salle n'est pas surmontée d'un grenier que puissent directement traverser des conduits d'évacuation placés au-dessus des orifices, on ménagera en des endroits convenables, aussi éloignés que
possible des points d'arrivée de l'air nouveau, des conduits spéciaux,
avec registres, pour régler l'évacuation des gaz chauds.

Le calcul de la section à donner aux cheminées d'évacuation des
produits de la combustion se fera en admettant que ces produits
sortent à la température de 35°. Le volume de l'air à introduire dans
la salle se détermine d'après la quantité de chaleur que dégagent,
par heure, les appareils d'éclairage et d'après la température de l'air
nouveau à son entrée dans la salle. Cette température ne peut jamais
être supérieure à 15°. La chaleur dégagée par les personnes ne doit
pas élever la température de l'air nouveau à plus de 20°. De cette
façon, on peut, en appliquant une formule analogue à celle du n° 495,
supposer l'air dans la salle à 20° et celui de la cheminée de ventilation à 35°, puis, connaissant la température de l'air extérieur,
calculer la vitesse U de l'air et ensuite la section A de la cheminée.

4. — *Amphithéâtres.*

344. **Chauffage et ventilation des amphithéâtres.** — Le meilleur système de chauffage pour les amphithéâtres consiste dans
l'emploi de calorifères à air chaud (fig. 117), qu'on établit sous la

chaire du professeur, ou sous le bureau du président. L'air chaud
arrive dans la salle par une ou deux larges bouches B, pratiquées
dans le sol et au centre de l'amphithéâtre, par trois bouches C,
établies dans le soubassement de la chaire, et enfin par deux autres
bouches dans les socles des couloirs à droite et à gauche du professeur.

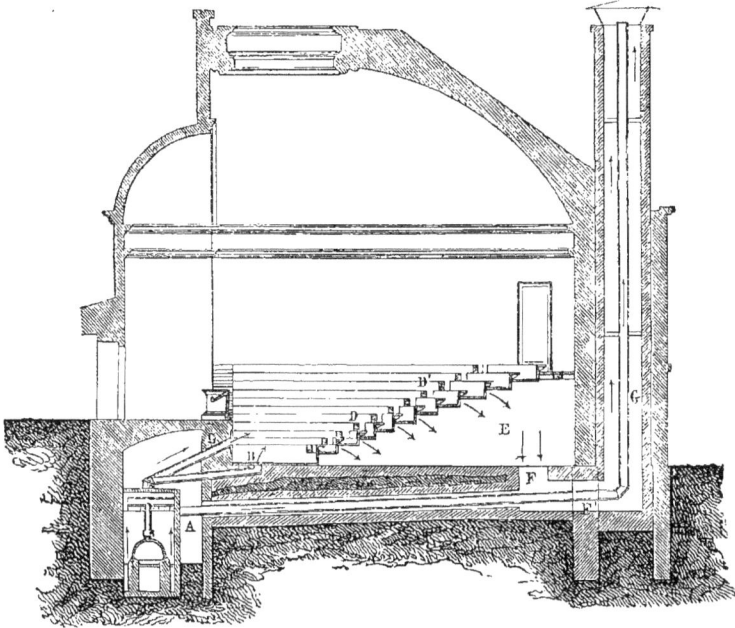

Fig. 117.

L'air vicié doit ensuite être enlevé par des bouches d'appel D, D',
établies dans la paroi verticale et antérieure des bancs, sur toute la
circonférence de chaque rang. La vitesse de l'air dans ces orifices ne
doit pas dépasser $0^m,70$ à $0^m,80$ par seconde. Toute la capacité E,
sous l'amphithâtre, est hermétiquement close avec de doubles portes
pour servir de chambre d'appel, et de cette chambre part un conduit
souterrain qui se rend au bas de la cheminée d'appel G, dans laquelle
est établi le tuyau à fumée des calorifères. Au bas de cette cheminée se trouve le foyer d'appel, qu'on allume pour la ventilation
d'été.

545. **Modifications au système de chauffage des amphithéâtres.**
— Au lieu de faire affluer tout l'air chaud dans les parties inférieures
de la salle, comme nous venons de l'indiquer, il vaut mieux, quand
les localités le permettront, de le diriger en partie dans le comble qui

surmonte l'amphithéâtre, et qui sera alors clos et plafonné, ou dans un entrevous d'où, par des orifices uniformément répartis sur la surface du plafond, il pénétrera de haut en bas, avec une vitesse de $0^m,50$ par seconde. Cette disposition a été adoptée au grand amphithéâtre du Conservatoire des arts et métiers, à Paris. On peut aussi faire déboucher l'air nouveau dans la salle vers le plafond, au-dessus et dans toute l'étendue des corniches.

Si l'on est obligé de faire affluer l'air nouveau au-dessous du plafond, par les faces verticales de la salle, on aura soin de garnir les orifices d'introduction de directrices qui obligent l'air à suivre la surface du plafond. La vitesse d'affluence pourra être alors de 1^m par seconde.

L'air introduit doit avoir, en hiver, une température inférieure de deux degrés au plus à celle que l'on doit conserver dans l'amphithéâtre et qui est d'environ $20°$. A cet effet, il faut faire passer l'air chaud à travers une chambre de mélange ou bien les gaînes que cet air parcourt doivent présenter à leur partie supérieure des ouvertures pour l'admission de l'air froid.

5. — Salles des Assemblées législatives.

546. Salles des assemblées législatives. — Les grandes salles de réunion, telles que celles des assemblées législatives, doivent être chauffées d'après les mêmes principes. Afin que l'ouverture des portes qui donnent accès dans ces locaux ne produise pas des rentrées d'air froid incommodes, il faut donner à l'air chaud fourni par les appareils de chauffage un léger excès de pression. A cet effet, il est nécessaire de recourir, comme on l'a fait pour le chauffage du Palais de la Nation, à Bruxelles, à l'emploi d'un ventilateur agissant par insufflation. A défaut de ce moyen, les rentrées d'air sont inévitables, mais on peut en diminuer les inconvénients en chauffant les vestibules, les cabinets, etc., qui donnent accès dans la salle, à une température un peu supérieure à celle de cette dernière

547. Chauffage et ventilation du Palais de la Nation, à Bruxelles. — Ce chauffage a été établi d'après les plans de M. le professeur Pauli, à Gand. Il a lieu par circulation d'eau chaude d'après le système de d'Hamelincourt (n° 453), et la ventilation est produite par pulsion au moyen d'un ventilateur Guibal (n° 236).

La fig. 1, Pl. XII, p. 336, et les fig. 1 et 2, Pl. XIII, p. 352, représentent les dispositions adoptées. Fig. 1, Pl. XII, plan du souterrain. Fig. 1, Pl. XIII, coupe suivant C D du plan et fig. 2, même planche, coupe suivant A B.

d, ventilateur ; b et b', compartiments de la cheminée de celui-ci. Cette cheminée se prolonge jusque sous les combles. E, vase d'expansion ; C, machine Lenoir, de la force de trois chevaux, pour activer le ventilateur ; K, cave aux charbons.

L'eau est chauffé au moyen de deux chaudières a, et les tuyaux de circulation se trouvent, en partie, dans le compartiment b de la cheminée du ventilateur, et, en partie, dans un canal horizontal o, disposé à angle droit par rapport à b et mis en communication avec celui-ci par le conduit horizontal m. C'est dans ce dernier conduit que s'opère le mélange de l'air chaud avec l'air froid qui arrive, par l'ouverture s du compartiment b' de la cheminée du ventilateur. Le canal m peut donc être considéré comme une chambre de mélange. Le conduit transversal o est mis en communication par trois embranchements avec un canal ou gaîne demi-circulaire qui règne dans les combles, autour du plafond de la salle, en arrière de la corniche. C'est par les ouvertures q, dont ce canal est percé de distance en distance, que l'air neuf, chauffé au degré convenable, pénètre de haut en bas dans la salle, avec une vitesse qui ne doit pas dépasser $0^m,70$. Des diaphragmes, disposés dans les trois embranchements du conduit o, répartissent cet air également entre toutes les parties du canal demi-circulaire.

On voit facilement, d'après cette description, comment s'opère le chauffage de l'air pur lancé par le ventilateur et l'introduction de ce gaz dans la salle. Ainsi qu'il a été dit plus haut, le mélange de l'air chauffé avec l'air froid se fait dans le conduit m. Les deux vannes c' et c'' servent à régler les sections libres des deux compartiments de la cheminée du ventilateur, afin que le mélange de l'air chaud et de l'air froid soit à la température voulue.

L'air vicié s'échappe par des orifices q', ménagés de distance en distance dans la partie verticale des gradins. Le dessous de l'amphithéàtre, aussi libre que possible de toute construction, communique avec deux conduits verticaux h, h, disposés aux extrémités de la salle. Ces conduits sont mis à leur tour en communication avec les galeries souterraines g, qui aboutissent à la cheminée générale d'évacuation e, dont le tirage est activé au moyen de la cheminée e' des chaudières.

La section des différents conduits d'évacuation est calculée de manière que la vitesse de l'air qui s'écoule ne dépasse pas, par seconde :

1° Pour les orifices q' . . . . 0^m,70
2° »   » conduits verticaux h . . . . . 1^m,60
3° »   »   »   souterrains g . . . . . . 1^m,50
4° Enfin, pour la cheminée générale e . . . . 2^m,00.

La ventilation de la salle a été calculée pour 400 personnes et à raison de 30 mètres cubes d'air par heure et par personne. Le volume d'air à introduire, par heure, dans le local est donc de 12000^{mc}, ou de 3^{mc},33 par seconde. La vitesse avec laquelle cet air doit entrer dans la salle étant de 0^m,70, la surface totale des orifices d'introduction de ce gaz devra être de 3^{mc},33 : 0,70 = 4^{mc},757, et comme ces orifices sont au nombre de 34, la section libre de chacun d'eux sera de 0^{mq},14 environ.

La vitesse de l'air pur que le ventilateur lance dans le compartiment b de sa cheminée est de 1^m par seconde. La section de ce conduit, abstraction faite de l'espace occupé par les tuyaux de chauffage devra donc être de 3^{mq},33.

L'air vicié s'écoulant avec une vitesse de 0^m,70 par seconde, la surface totale nécessaire pour l'écoulement des 3^{mc},33 à évacuer pendant le même temps sera 3^{mc},33 : 0,70 = 4^{mq},757, et comme il y a 104 bouches d'extraction, de forme rectangulaire, chacune d'elles devra avoir 0^m,14 sur 0^m,30.

La vitesse dans les galeries souterraines g étant supposée égale à 1^m,50 par seconde, la somme de leurs sections devra être de 3^{mc},33 : 1^m,50 = 2^{mq},25.

La section libre de la cheminée générale d'évacuation se calcule en y admettant une vitesse de l'air de 2^m. Cette section sera par conséquent égale à 3^{mc},33 : 2 = 1^{mq},66.

Pour calculer la surface de chauffe des tuyaux de circulation de l'eau chaude, on a admis que la température de l'air, dans la salle, devait être maintenue à 18° C, la température de l'air extérieur étant supposée égale à — 5°, ce qui est à peu près la température la plus basse que l'on observe dans le climat de la Belgique. D'après cela, les 12000^{mc} d'air à introduire dans la salle par heure, exigeront une dépense de chaleur d'environ 12000.1,30. 23. 0,237 = 85000 calories, et, en admettant une perte de chaleur de 25 %, pendant le trajet de l'air depuis le ventilateur jusque dans la salle, soit une perte de 21000 calories, la dépense totale de chaleur pour le chauffage de l'air pourra être évaluée à 85000 + 21000 = 106000 calories.

D'un autre côté, on peut admettre qu'un mètre carré de surface de chauffe des tuyaux de circulation transmet, largement, par heure, au moins 400 calories. La surface de chauffe nécessaire pour la transmission des 106000 calories ci-dessus sera donc de 106000 : 400 = 265 mètres carrés.

M. Pauli admet ensuite, mais sans indiquer de chiffres à l'appui, que, pour compenser l'excédant de la perte de chaleur à travers les parois de l'enceinte, sur la chaleur dégagée par les 400 personnes qui sont censées occuper la salle, il faut, en outre, une surface de chauffe égale à la moitié de 265^{mq}, soit 132 mètres carrés.

La surface totale de chauffe qui a été adoptée est donc égale à 265 + 132 = 397 mètres carrés. Le diamètre des tuyaux de chauffage étant de 0^m,145, il faut, pour obtenir la surface de chauffe demandée, une longueur de 882^m de ces tuyaux. C'est effectivement cette longueur de tuyaux qu'on a employée.

En été, lorsque les appareils de chauffage ne fonctionnent pas, on fait usage d'un foyer spécial f pour chauffer la cheminée en tôle e' et activer ainsi la ventilation. V, valve du conduit d'évacuation.

Lorsque la salle n'est pas occupée, on ferme, au moyen des vannes c', c'' du ventilateur et du registre l des conduits g, toutes les communications du local avec l'air extérieur, de manière à éviter les pertes inutiles de chaleur.

548. **Principales données relatives au ventilateur Guibal.** — R = 1^m,50 ; r = 0^m,50 ; l = 1^m,50 ; vitesse à l'extrémité des ailes, 10^m environ ; par conséquent, s = 3^{mc},33 : 5 = 0^{mq},66 (n° 238) ; S = 2^{mq},664 ; au delà de S, la vitesse de l'air est d'environ 1^m. Travail par seconde, environ 8 kilogrammètres (n°^{s} 241 et 237). La machine Lenoir a donc un excès de puissance suffisant pour parer à toutes les éventualités.

6. — *Églises.*

549. **Chauffage des églises.** — Le chauffage des églises se fait à l'aide de calorifères à air chaud ou à eau chaude. Dans ce dernier cas, d'après PÉCLET, *Traité de la chaleur*, t. 3, p. 387, la meilleure disposition à adopter est la suivante : On établit un canal en briques au-dessous de l'axe de la nef centrale. A la partie supérieure de ce canal se trouve un certain nombre d'espèces de puits cylindriques fermés à leur sommet au niveau du sol par des grilles de fonte à jour ; chacun de ces puits renferme un poêle à eau chaude. Dans les axes des nefs latérales, se trouve un même nombre de puits, fermés de

la même manière, à fleur du sol, par des plaques de même section ;
au-dessous existent des canaux horizontaux, venant aboutir au canal
central et renfermant des tuyaux de circulation d'eau chaude. Par
cette disposition, l'air chaud s'élève par la partie centrale de l'église
et descend par les faces latérales, pour s'échauffer de nouveau en
passant autour des poêles. Les tuyaux horizontaux de retour d'air
doivent être munis de registres, de manière à pouvoir à volonté
amener dans le canal central de l'air extérieur ou de l'air pris dans
l'église.

Les orifices des vitraux et ceux qui existent toujours dans la voûte,
sont suffisants pour l'évacuation de l'air vicié.

Le chauffage par calorifères à air chaud se ferait d'une manière
analogue. On établirait ces appareils au-dessous de la nef centrale.

7. — Théâtres.

550. Principes du chauffage et de la ventilation des théâtres.
— Les premiers principes de la ventilation des théâtres ont été posés
par d'Arcet. Le système de ce savant a été amélioré, en certains
points, par une Commission nommée pour étudier la question du
chauffage et de la ventilation du Théâtre-Lyrique, à Paris.

551. Système de d'Arcet. — Jusqu'ici on a employé deux modes
d'admission de l'air de ventilation. Ou bien, on fait arriver cet air,
pris à l'extérieur et chauffé à 25 ou 30°, par des orifices de petites
dimensions, en grand nombre, ménagés dans le plancher de l'orchestre
et du parterre ; ou bien, on l'introduit d'abord dans les corridors des
loges (fig. 118), puis on l'amène dans la salle à travers des doubles
fonds ménagés sous le plancher de chaque étage des loges.

Le premier mode d'admission a l'inconvénient de produire, entre les
jambes des spectateurs, des courants d'air presque toujours trop
chauds l'hiver et trop frais l'été. Le second mode est préférable.

Dans le système de d'Arcet, on utilise le lustre pour produire
la ventilation de la salle, en même temps que celle des corridors et de la scène. A cet effet, on établit au-dessus du lustre
une large cheminée d'appel couronnée d'un chapeau, et fermée à
volonté par une trappe à deux ventaux. Au-dessus de la scène se
trouve une seconde cheminée qui sert au dégagement des gaz provenant des feux de Bengale ou de la poudre dans les combats simulés
sur la scène.

On peut compter sur une vitesse de 2 mètres dans la cheminée,

mais l'air chaud, à son entrée dans la salle, ne doit pas avoir une
vitesse de plus de 0ᵐ,50, afin qu'il ne donne pas lieu à des courants
trop vifs qui pourraient gêner les spectateurs.

Pour obtenir aussi une légère ventilation au fond de chaque loge,
d'Arcet a établi, dans leurs cloisons, des tuyaux d'un petit diamètre,
qui vont, de la loge à la cheminée d'appel, et de plus un vasistas avec
un grillage maillé, qui permet encore d'introduire insensiblement de
l'air dans la loge, quand la porte est fermée.

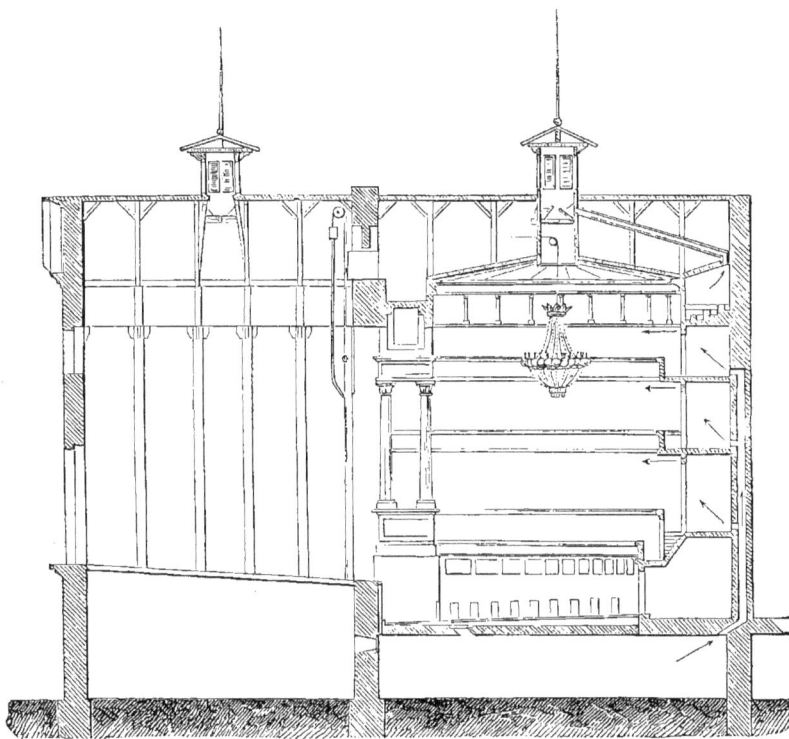

Fig. 118.

Enfin, l'amphithéâtre du centre, quand il existe, est ventilé par une
gaîne spéciale communiquant directement, de son plafond, à la cheminée du lustre.

La température des cheminées d'appel au-dessus du lustre est de
20° à 25°. Pour forcer la ventilation, quand la température extérieure
est à 20°, il suffit de monter le lustre un peu plus haut, la température de la cheminée s'élève alors et la ventilation s'établit de suite

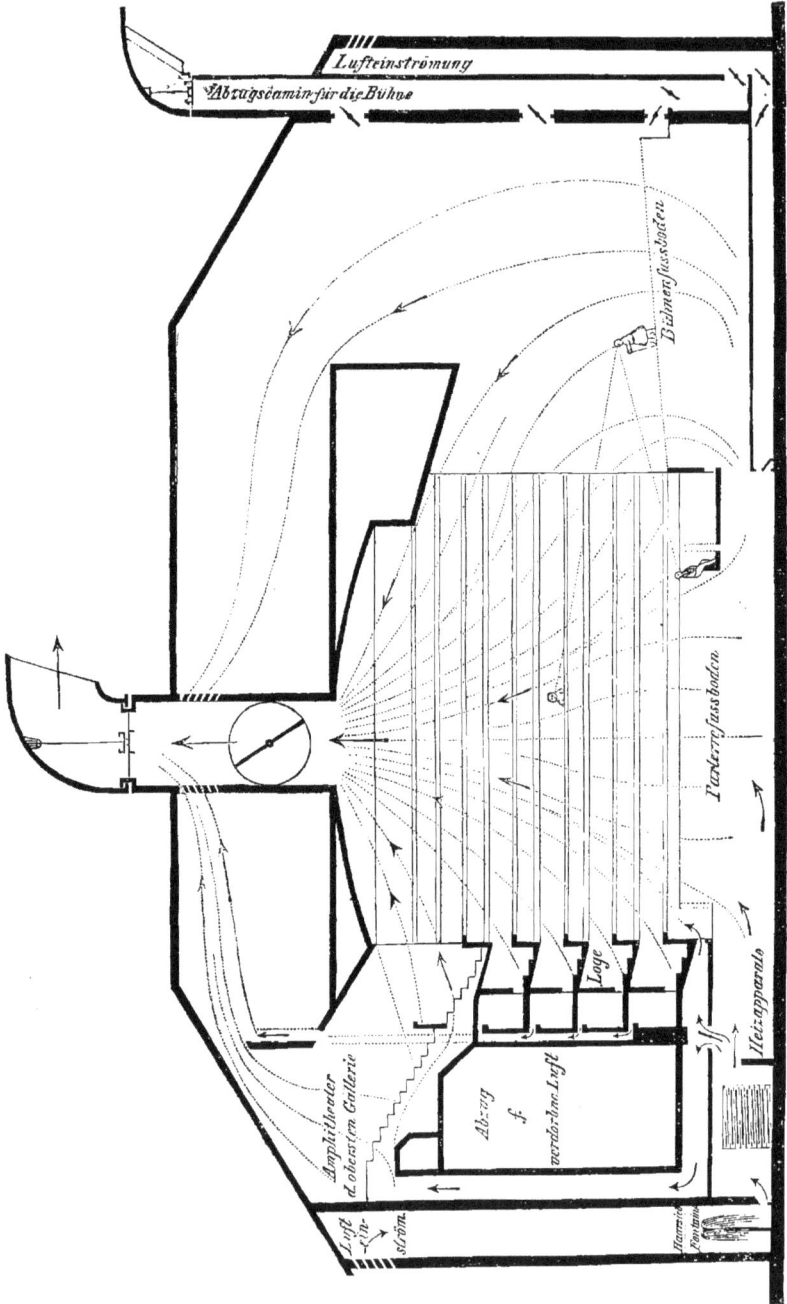

Luftenströmung

Abzugscamin für die Bühne

Bühnenfussboden

Parterrefussboden

Amphitheater d. obersten Gallerie

Loge

Ab-zug f. verdorbenen Luft

Heizapparate

Luft-ein-ström.

Fig. 110.

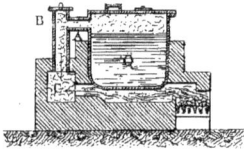

Fig. 1.

Coupe suivant L-M.

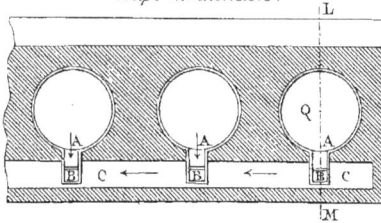

Fig. 2.

Coupe horizontale.

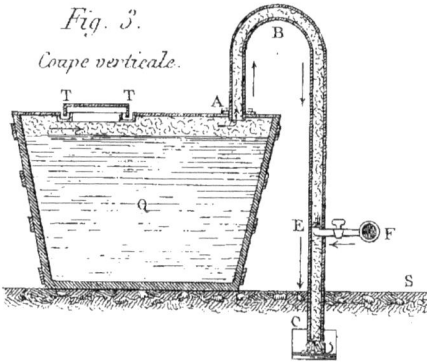

Fig. 3.

Coupe verticale.

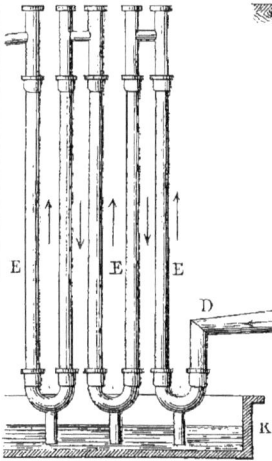

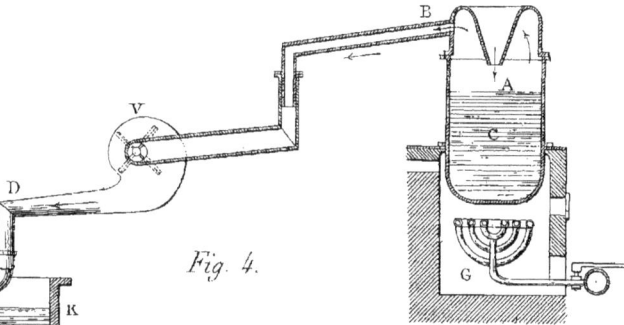

Fig. 4.

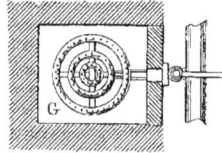

Fig. 5.

Plan du Foyer.

dans de bonnes conditions. C'est pour ce motif qu'il est bon d'avoir toujours des cheminées d'appel de grande section.

Les tuyaux de ventilation directs établis dans le fond des loges, permettent d'y faire arriver la voix de l'acteur, en fermant complètement la cheminée d'appel de la scène et diminuant le passage de celle du lustre.

Lorsque dans une représentation, il se produit un dégagement de

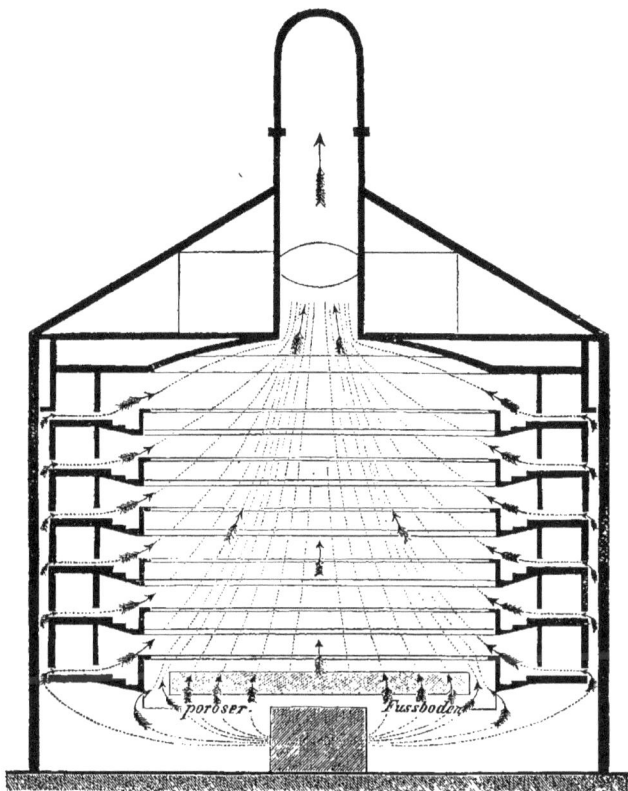

Fig. 120.

poudre brûlée ou de fumée, on ferme, au contraire, tous les appels de la salle, et l'on évacue rapidement, et sans gêner les spectateurs, toute la fumée qui, sans cela, les incommoderait longtemps. La même cheminée d'appel permettra d'assainir aussi les loges des acteurs, en les faisant communiquer avec la scène par de petits tuyaux.

552. Dispositions proposées par le docteur Reid. — Les dispositions proposées par le docteur Reid sont analogues à celles de d'Arcet.

Les fig. 119 et 120 en donneront une idée. L'air pur arrive par deux cheminées d'appel descendant, l'une en avant du parterre et l'autre derrière la scène. Arrivé vers la partie inférieure de ces conduits, l'air rencontre un tamis et un jet d'eau. Le premier arrête les poussières et le second raffraîchit le gaz. Au sortir de ces cheminées, l'air passe sur des tuyaux chauffés par circulation d'eau chaude, puis il se répartit entre deux grandes chambres de distribution, l'une au-dessous du parterre et la seconde au-dessous de la scène. De ces chambres, une partie de l'air passe directement dans la salle à travers des planchers poreux et une autre, dans des conduits ascendants qui l'amènent dans les corridors des loges et dans l'espace vide au-dessous de l'amphithéâtre de la galerie supérieure. Cette dernière partie se rend ensuite dans la salle par des ouvertures ménagées, les unes, au niveau du plancher, dans la paroi du fond des loges et les autres, dans la partie verticale des gradins de la galerie. L'air vicié converge de tous les points de la salle vers la cheminée du lustre qui se trouve au milieu d'un espace fermé avec lequel elle communique par des persiennes. C'est dans cet espace qu'arrive l'air vicié de la scène, celui qui provient de la galerie supérieure, ainsi que celui qui est aspiré au moyen de tuyaux disposés sous le plafond des loges. Une cheminée spéciale, placée au fond de la scène, sert à la ventilation rapide de celle-ci.

Ce système aurait l'avantage de mettre constamment les spectateurs en contact avec de l'air pur, car le courant ascendant au milieu duquel ils se trouveraient, entraînerait nécessairement l'air vicié qu'ils expirent, puisque ce gaz, à cause de sa température plus élevée que celle de la salle, tend lui-même à monter. Mais, à côté de cet avantage, le système du Docteur Reid présente deux inconvénients qui s'opposeront à son adoption. En effet : 1° les courants ascendants entre les jambes des spectateurs sont presque toujours désagréables, parce que, en hiver, ils sont généralement trop chauds, et, en été, trop froids; 2° parce que la poussière s'amasse dans le plancher poreux et que le courant ascendant d'air chaud ou froid la soulève et la fait arriver sur les spectateurs.

553. **Travaux de la Commission Française.** — La cheminée du lustre renouvelle assez bien l'air des salles de spectacle tant que la toile est baissée. Mais il n'en est plus ainsi pendant la représentation, lorsque la toile est levée. Alors, en effet, l'air nouveau afflue de l'intérieur du théâtre et se dirige vers la cheminée du lustre, sans produire une ventilation réelle de la salle. Ce courant d'air a en outre

l'inconvénient d'être plus froid que l'air de la salle, de sorte qu'il est très-incommode pour les spectateurs qui se trouvent sur son passage. Pour atténuer ces inconvénients, il faut d'abord réduire autant que possible le courant dont il s'agit, et ensuite l'utiliser pour faire arriver de l'air chaud dans la salle. Pour ce dernier but, la Commission propose de se servir d'ouvertures grillées et de conduits pratiqués dans les parois verticales des murs latéraux communiquant, l'hiver, avec la chambre des calorifères, l'été avec des conduits réservés à chaque étage dans les planchers, pour permettre l'admission de l'air extérieur. Enfin, pour diminuer le courant qui vient de la scène, la Commission propose de modifier comme suit la disposition de la cheminée du lustre et le mode d'extraction de l'air vicié. Le lustre est surmonté d'une cheminée en tôle, rétrécie en haut et élargie au-dessus du lustre en cône poli à l'intérieur. Pour un lustre de 34 becs, consommant chacun 67 litres de gaz par heure, une cheminée de 5 mètres de hauteur et $0^m,21$ de diamètre, surmontée d'un ajutage tronc-conique de $0^m,082$ de diamètre, a appelé par heure $113^{mc},32$ d'air, volume reconnu suffisant pour assurer la bonne combustion du gaz. La température de l'air écoulé était de 132°, la vitesse, de $5^m,92$ et le volume d'air fourni par mètre cube de gaz brûlé, de 20^{mc}.

La cheminée du lustre débouche dans la grande cheminée d'appel (fig. 118), qui est fermée en bas. De cette façon, le courant d'air qui se dirige vers le lustre ne sert plus que pour produire la combustion régulière du gaz. Quant à la chaleur emportée par les produits de la combustion, elle est utilisée pour la ventilation réelle de la salle. A cet effet, la cheminée d'appel du lustre est fermée en bas, et elle reçoit les tuyaux qui amènent l'air vicié extrait de la salle. Chaque mètre cube de gaz brûlé par le lustre suffit amplement à l'extraction de 1000 mètres cubes d'air. L'extraction de l'air vicié a lieu par des orifices menagés au fond des loges, dans les parois verticales des gradins des amphithéàtres et aux parois des siéges ou des bancs au parquet, au parterre et à l'orchestre. Les orifices d'évacuation de l'air vicié de l'orchestre, du parterre, des baignoires et des premières galeries communiquent, par des conduits, avec deux grandes cheminées d'appel, établies à droite et à gauche de la salle. Ces cheminées s'élèvent jusque dans les combles, où elles se réunissent à la grande cheminée du lustre. Ces mêmes cheminées sont partagées par des languettes en autant de conduits verticaux qu'il y a d'étages de places, dont elles sont destinées à évacuer l'air.

On les chauffe à l'aide des tuyaux à fumée des calorifères, et, en été,
à l'aide de foyers spéciaux. En outre, on y conduit, autant que
possible, les produits de la combustion des différents becs de gaz qui
brûlent dans la salle et dans les corridors.

La même Commission avait également proposé la suppression du
lustre et son remplacement par un plafond vitré au-dessus duquel on
aurait placé les becs d'éclairage. Mais cette disposition n'a été
exécutée qu'une seule fois, à savoir au Théâtre-Lyrique et l'on a
trouvé que ce ciel lumineux ne produisait qu'un éclairage triste et
insuffisant, ce qui y a fait renoncer.

554. **Nouvel Opéra de Vienne** (*Autriche*). — Le chauffage et la
ventilation du nouvel Opéra de Vienne ont été établis d'après les
plans du docteur Boehm. La salle peut contenir 2700 personnes.

Ce théâtre est un magnifique bâtiment entièrement isolé au milieu
d'une place publique. Il a trois entrées : l'une du côté de la façade
et les deux autres sur les faces latérales. Entre l'entrée principale et
chacune des entrées latérales se trouve un petit jardin, orné de fon-
taines jaillisantes.

L'extraction de l'air vicié se fait par la cheminée du lustre,
comme à l'ordinaire.

L'introduction de l'air neuf a lieu par pulsion au moyen d'un ventilateur de Heger, qui ressemble à une turbine horizontale de trois
mètres de diamètres et dont les couronnes ont 50 centimètres de hau-

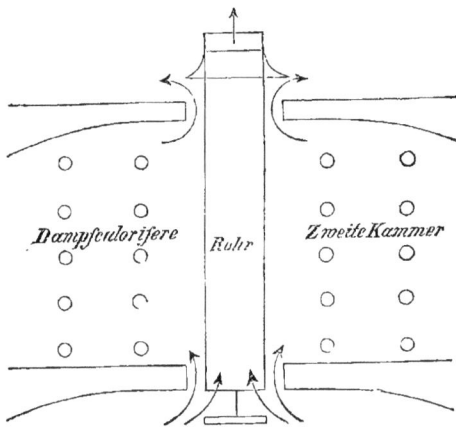

Fig. 121.

teur. Cet appareil est mis
en mouvement par une
machine à vapeur de la
force de 16 chevaux ; il
fait 100 à 120 tours par
minute et débite de 40,000
à 120,000 mètres cubes
d'air par heure.

L'air extérieur arrive
par un puits ménagé dans
le sol de l'un des deux
jardins, et se rend d'abord
dans un canal souterrain
de 20ᵐ de long et de 9ᵐ de

hauteur sur 7ᵐ de largeur, qui peut se fermer par une porte à double
battant et dans lequel se trouve un appareil de chauffage à vapeur,
mais qu'on n'utilise que pendant les grands froids. A la sortie de ce

canal sont placés des tuyaux de fer percés d'un grand nombre d'ouvertures par lesquelles s'écoule, sous une forte pression, de l'eau destinée, en été, à rafraîchir l'air et à le débarasser de la poussière dont il est chargé. Après avoir traversé ce premier caveau, l'air passe dans un conduit qui le dirige vers le ventilateur. Celui-ci le lance ensuite dans une chambre d'où il sort par trois canaux ; celui du milieu le mène dans une chambre placée sous le parterre et les loges, et les deux autres, placés sur les côtés, le conduisent dans une chambre annulaire qui enveloppe la première et se trouve sous le couloir des loges.

L'espace inférieur placé sous le plancher de la salle est partagé en trois étages ou chambres que nous appellerons, à raison de leurs destinations, la chambre *d'arrivée*, la chambre de *chauffage* et la chambre de *mélange*, fig. 121 ; c'est dans l'étage inférieur qu'arrive l'air du ventilateur ; de là, une partie de cet air se rend directement par des tuyaux de 0^m,94 de diamètre dans l'étage supérieur et, par des orifices annulaires ménagés autour de ces tuyaux, une autre partie pénètre dans l'étage moyen où elle vient en contact avec deux séries de tuyaux en fer étiré chauffés à la vapeur. Ces tuyaux ont 5 centimètres de diamètre.

L'air chauffé de cette manière passe ensuite par d'autres orifices annulaires ménagés aussi autour des tuyaux de passage ci-dessus dans le troisième étage où il se mêle en quantité convenable avec l'air froid venu d'en bas. Cet étage remplit, par conséquent, l'office d'une chambre de mélange. Deux registres permettent de régler les volumes d'air froid et d'air chaud qui doivent pénétrer dans cette chambre ; le registre pour l'air froid consiste simplement en un disque horizontal qu'on peut rapprocher ou éloigner de l'ouverture inférieure du tuyau de passage pour diminuer ou augmenter la section de l'orifice d'entrée ; le registre pour l'air chaud se compose d'un chapeau en forme de cône tronqué qui glisse à frottement le long de l'extrémité supérieure du tuyau de passage et qu'il suffit d'abaisser pour diminuer le volume d'air chaud qu'on veut admettre dans la chambre de mélange. Ces registres, ainsi que les portes des canaux à air se manœuvrent d'une seule chambre où se trouve l'inspecteur, qui a devant lui des indicateurs électriques pour connaître la température dans les diverses parties du bâtiment.

L'espace annulaire qui est placé sous le couloir des loges est aussi divisé en trois étages répondant aux mêmes conditions que les trois étages de l'espace central. Dans la chambre de chauffage se trouvent 21 rangées de tuyaux à vapeur destinés à chauffer l'air.

De la chambre de mélange centrale, l'air passe dans une quatrième chambre, et de là, avec une vitesse de 0ᵐ,30, à travers le plancher percé du parterre, sous les siéges du parterre et sous ceux des loges du parterre, de la première galerie et de la seconde ; de la chambre de mélange de la partie annulaire, l'air se rend à la troisième et à la quatrième galerie. Cette séparation de l'alimentation des rangs supérieurs a pour but d'en assurer l'efficacité.

L'air amené par des canaux verticaux dans les couloirs des loges, entre ensuite dans ces loges par des ouvertures pratiquées dans leur porte même.

L'air amené de la chambre de mélange annulaire, aussi par des canaux verticaux, aux galeries supérieures, pénètre dans la chambre creuse placée sous les siéges disposés en amphithéâtre et arrive au public à travers les parois verticales de ces gradins.

L'extraction de l'air vicié a lieu de différentes manières : une partie s'échappe par l'ouverture du lustre ; une autre sort par de nombreuses ouvertures rectangulaires percées dans la corniche creuse du plafond (fig. 122) ; enfin, comme nous le dirons plus loin, une partie s'écoule au moyen des cheminées des nombreux becs de gaz disposés autour des loges. Quant à l'air vicié des amphithéâtres de la troisième galerie et de la quatrième, il est enlevé à travers des canaux qui partent de la partie supérieure du pourtour du mur de fond et débouchent au-dessus du plafond dans la cheminée centrale.

La température dans la cheminée varie entre 30° et 38° et celle de la salle, suivant les saisons et le fonctionnement des appareils, entre 18° et 23°.

Indépendamment du lustre, on emploie pour l'éclairage de la salle,

Fig. 122.

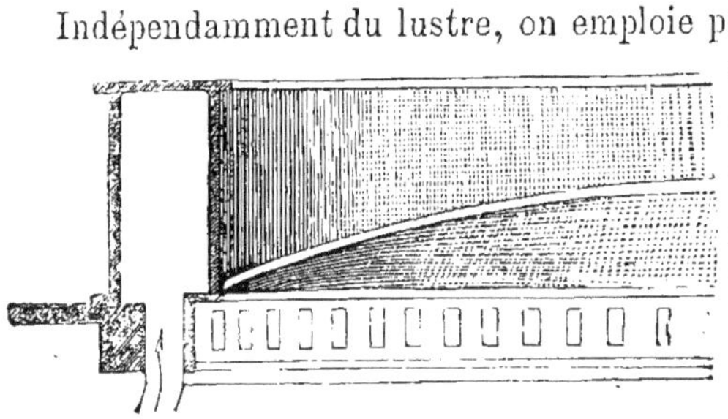

comme nous l'avons dit, de nombreux becs de gaz disposés autour des loges. La chaleur de ces becs est également utilisée pour la ventilation. A cet effet, il se trouve au-dessus de chacun d'eux une cheminée de cuivre de 7 centimètres de diamètre qui reçoit les produits de la combustion. Cette cheminée passe sous le plancher de la loge qui se trouve immédiatement au-dessus et va déboucher dans un conduit vertical de 11 centimètres de diamètre qui recueille les gaz brûlés de tous les becs disposés sur une même verticale les uns au-dessus des autres. Tous ces conduits verticaux s'ouvrent dans un canal collecteur (fig. 122) de 1,80 de hauteur sur 0,80 de largeur. Ce canal fait le tour de la salle derrière la corniche et communique, d'une part, avec les ouvertures dont celle-ci est percée et, d'autre part, avec la cheminée du lustre qui consiste en un cylindre de zinc de 3ᵐ de diamètre, surmonté d'un tuyau recourbé horizontalement et mobile destiné à augmenter la ventilation au moyen de l'action des vents. Dans la cheminée se trouve une trappe à deux ventaux et un ventilateur aspirant qui n'est utilisé qu'en cas de besoin. Ce ventilateur est activé par la machine à vapeur du théâtre.

Pour la ventilation d'été, indépendamment des accès d'air que nous avons indiqués, on peut faire arriver de l'air froid par le haut et à travers le plafond ; à cet effet, on a disposé sous le canal circulaire qui fournit l'air aux loges, un autre canal, dit canal d'été, et qui est alimenté d'air pur par une valve placée derrière le ventilateur et au-dessous de lui. A chacun des quatre angles de la salle se trouve un puits vertical qui porte l'air frais dans la partie creuse du plafond; de là l'air passe dans la salle par une ouverture qui règne au pourtour de celle-ci.

La ventilation s'effectue à raison de 35 mètres cubes par heure et par personne.

SECTION SIXIÈME.

DE L'ASSAINISSEMENT DES USINES INSALUBRES.

555. Opérations industrielles insalubres. — Les opérations industrielles qui réclament des moyens d'assainissement peuvent se diviser en deux classes : 1° celles qui infectent l'atmosphère générale, et 2° celles qui sont insalubres pour les ouvriers.

L'assainissement des fabriques et des procédés d'industrie insalubres intéressent l'ingénieur et à un plus haut degré l'industriel. Nous prendrons pour base des détails dans lesquels nous allons entrer, les excellents rapports adressés au Ministre des travaux publics en France, par l'ingénieur des mines, M. de Freycinet (*An. des mines*, 1864, 6ᵉ série, t. 5, p. 1; 1865, 6ᵉ série, t. 7, p. 335; 3ᵉ livraison de 1866, p. 455; et 4ᵉ livraison de 1866, p. 1).

CHAPITRE PREMIER.

DE L'INFECTION DE L'ATMOSPHÈRE GÉNÉRALE.

556. Causes de l'infection de l'atmosphère. — L'air peut être infecté par des gaz minéraux et par des vapeurs organiques exhalant une odeur plus ou moins mauvaise, souvent même nauséabonde.

557. Gaz infectants. — Parmi les gaz minéraux que certaines industries peuvent déverser dans l'atmosphère, nous citerons les vapeurs nitreuses, dont la principale source est la fabrication de l'acide sulfurique; les vapeurs d'acide hydrochlorique, qui proviennent des fabriques de soude ; le chlore, dont la principale source de dégagement est la fabrication du chlorure de chaux et des chlorures alcalins; l'acide sulfureux, qui provient des chambres de plomb, de la combustion des houilles sulfureuses, des fours à coke, des fabriques de cuivre et de plomb; l'hydrogène sulfuré, qui se produit en grande quantité dans le traitement des eaux du gaz de l'éclairage, ainsi que dans la préparation de l'oxychlorure de plomb; l'acide arsénieux, qui se forme dans le grillage d'un grand nombre de minerais et dans les fabriques qui ont pour objet de se le procurer; etc. Parmi ces divers gaz, ceux dont l'influence nuisible se fait sentir jusque sur les végétaux, nous devons mentionner principalement l'acide hydrochlorique, les vapeurs nitreuses et l'acide sulfureux. L'influence nuisible de ces gaz est telle qu'avant l'emploi de moyens efficaces pour la combattre, un témoin, dans l'enquête parlementaire qui a été faite en 1862, en Angleterre, a pu dire, sans crainte d'être taxé d'exagération : « Les environs de Sainte-Hélène sont une scène de désolation. On n'y peut voir, à un mille à la ronde, un seul arbre avec son feuillage. »

558. **Moyens préventifs**. — Pour prévenir ces effets, on impose aux industriels de condenser les gaz nuisibles à concurrence d'au moins 95 p. 100, et de répandre le reste à de grandes hauteurs dans l'atmosphère, au moyen de cheminées très-élevées. En Angleterre, on a fait construire dans ce but des cheminées de 60 à 80 mètres de hauteur. M. Taunzen, à Glasgow, en a même fait élever une qui est un véritable monument. Du bas des fondations au sommet, elle ne mesure pas moins de 142 mètres. Elle a 9^m,75 de diamètre à la ligne de terre, 3^m,70 à la couronne et a coûté 200,000 francs. Elle sert au dégagement des mauvaises odeurs qui résultent de la fabrication d'engrais artificiels.

En France, les cheminées de dégagement sont moins hautes que dans les autres pays. Elles sont ordinairement comprises entre 30 et 40 mètres. Dans quelques établissements de premier ordre, elles varient de 50 à 60 mètres ; à Rouen, chez M. Maletra, la cheminée principale, la plus haute de France, atteint 74 mètres.

En Belgique, il existe également quelques cheminées d'une belle hauteur. Ainsi les cheminées de Floreffe et de Sainte-Marie d'Oignies, ont l'une 100 mètres et l'autre 96 mètres d'élévation au-dessus du sol. Il existe aussi en Belgique plusieurs cheminées de 60 mètres de hauteur. Les moins élevées ont 30 mètres.

On est aujourd'hui d'accord pour reconnaître que plus haute est l'issue d'une cheminée, moindres sont les ravages exercés par les vapeurs nuisibles, non-seulement en un point donné, mais même dans l'ensemble du cercle de leur action.

Quant aux procédés de condensation ou de destruction des gaz nuisibles, ils ne sauraient trouver place dans ce cours.

559. **Vapeurs organiques infectantes**. — D'autres industries qui s'occupent du travail de matières organiques, donnent lieu à un

dégagement de vapeurs organiques infectantes. Nous allons citer quelques exemples d'industries de ce genre et indiquer les moyens d'assainissement employés.

560. **Gélatine, colle forte, graisse, suif, etc.** — Dans la préparation de ces matières et de plusieurs autres du même genre, il se forme des odeurs nauséabondes pendant l'ébullition. Chez M. Vickers, à Manchestre, les chaudières Q qui contiennent les os sont exactement fermées (fig. 1 et 2, pl. XIV, p. 368), sauf une ouverture latérale A par laquelle les vapeurs s'échappent et se rendent dans un conduit commun C, où circulent les flammes des foyers. L'aspiration est assez énergique pour entraîner, non-seulement toutes les vapeurs, mais encore une certaine quantité d'air, dont l'accès est ménagé à l'origine de chaque tuyau de dégagement. La combustion s'opère dans l'intérieur du conduit, et les gaz arrivent à la cheminée presque désinfectés. Pour obtenir une désinfection complète, il faudrait faire passer les vapeurs à travers un foyer de coke, comme on le fait à Morecambe, près Lancaster. Chaque chaudière peut brûler ses vapeurs sous son propre foyer.

Il y a lieu de remarquer que les odeurs ne s'engendrent pas seulement pendant les opérations, mais aussi pendant le séjour des matières premières dans les ateliers. On les évite le mieux lorsqu'on opère sur des matières qu'on a trempées dans une eau contenant 2 à 3 millièmes d'acide phénique.

561. **Engrais artificiels.** — La plus grande partie des engrais artificiels est obtenue en traitant par l'acide sulfurique un mélange d'os et de phosphates naturels, ou, plus rarement, en traitant par le même acide un mélange de débris animaux. Les produits gazeux de l'opération consistent en vapeurs organiques et en divers acides minéraux, tels que carbonique, sulfureux, nitreux, et, en certains cas, chlorhydrique et fluorhydrique. La méthode généralement suivie consiste à condenser et à brûler ensuite.

562. **Charbon d'os, revivification du noir animal.** — La meilleure disposition pour détruire les mauvaises odeurs qui se produisent dans la fabrication du noir animal consiste à traiter le gaz des os comme celui de l'éclairage, c'est-à-dire à le recueillir à part et à le soumettre à une épuration convenable, pour le brûler ensuite et le faire servir ainsi à l'éclairage.

Quant à la revivification du noir animal, elle exige des soins convenables à apporter au lavage.

563. **Chandelles et bougies.** — La fonte des suifs bruts donne

lieu à de fortes émanations; en outre, pour les bougies, la saponifi-
cation entraîne les mêmes inconvénients, quoique à un degré
moindre.

Dans le vaste établissement de M. Price, à Battersea, la fonte des
suifs bruts s'opère dans de grandes cuves Q, surmontées de couvercles
plats en plomb A, rivés aux parois et parfaitement hermétiques
(fig. 3, pl. XIV, p. 368). Au milieu du couvercle, un orifice quadrangulaire, de 80 centimètres de côté, pourvu d'une fermeture à
eau TT, permet le service de la cuve. Sur le couvercle est implantée
la plus courte branche d'un tube en U renversé A B C, de 15 centimètres de diamètre, dont l'autre branche d'environ 4^m,50 de longueur
descend sous le sol de l'atelier et débouche dans une conduite D. Au
bas du tube un petit tuyau E, en communication avec une pompe
foulante F, lance violemment de bas en haut une pluie d'eau froide à
travers une pomme d'arrosoir. Les vapeurs de la cuve, au contact de
cette eau divisée, se condensent instantanément, et le liquide qui
retombe, chargé de tous les miasmes, court se perdre à la Tamise.
Les cuves à saponifier sont pourvues d'appareils de condensation en
tout semblables aux précédents.

564. **Vernis, émail, encre d'imprimerie, etc.** — Les fabriques de
vernis emploient tantôt la combustion, tantôt la condensation.

A Londres, chez MM. Wilkinson, Heywood et Cie, chaque cuve ou
chaudière à préparer le vernis est surmontée d'un couvercle concave
dont le centre est percé d'un orifice A, de 10 centimètres, par lequel
l'ouvrier agite le mélange (fig. 4 et 5, pl. XIV, p. 368). Les vapeurs
se rassemblent dans le haut, entre le bord de la cuve et celui du couvercle, d'où elles s'écoulent dans un conduit général BD, qui communique à l'appareil de condensation EEE, placé en plein air. Cet
appareil, assez semblable à un jeu d'orgues, se compose de 18 tuyaux
verticaux communiquants, de 3 mètres de haut, et de 12 à 14 centimètres de large, disposés sur deux rangées parallèles. Le premier
est en relation avec un ventilateur à palettes V, qui produit une
aspiration énergique dans tout le système et fait affluer les vapeurs
des cuves, mélangées à l'air atmosphérique qui pénètre par l'orifice
des couvercles. Pendant le parcours les vapeurs se condensent
rapidement et se rassemblent au bas des tuyaux en un liquide
noirâtre, de composition mal définie, qui devient l'objet de mani-
pulations ultérieures dont ces industriels gardent le secret. Le
chauffage a lieu au moyen d'un foyer à gaz G.

Les fabricants d'encre d'imprimerie, pour faire leur vernis, se

bornent ordinairement à couvrir les chaudières dans lesquelles ils
opèrent d'une hotte qui envoie les vapeurs dans le foyer.

565. **Fumivorité.** — A l'examen des procédés ayant pour but de
protéger l'atmosphère contre les dégagements industriels, se rattache
naturellement la question de la fumivorité. Mais ce sujet ayant déjà
été traité dans différents endroits de ce Cours, nous n'avons plus à
y revenir (V. p. 172 et suivantes).

CHAPITRE DEUXIÈME.

DES OPÉRATIONS INSALUBRES POUR LES OUVRIERS.

566. **Moyens de préservation employés.** — Les procédés employés
pour garantir la santé des ouvriers sont peu nombreux, et consistent à peine dans l'amélioration de l'aérage naturel des ateliers et
dans quelques précautions suggérées par la plus vulgaire prudence.
Cette observation s'applique, d'une manière générale, à la préparation du cuivre et du plomb, des sels de cuivre, de l'arsenic et de
ses composés, des amalgames de mercure, la manipulation des pâtes
phosphorées, la fusion des métaux et des alliages métalliques.

567. **Emploi des ventilateurs.** — Dans certaines industries cependant on a fait un heureux usage des ventilateurs mécaniques, pour
enlever les poussières nuisibles aux ouvriers. Nous citerons en
première ligne les fabriques de coutellerie. Dans les salles de repassage, les hommes sont exposés aux poussières de grès et d'acier qui se
dégagent pendant le travail de la meule. Les maladies qui en résultent sont très-graves et finissent toujours par être mortelles. Pour
soustraire les ouvriers à ces accidents, on a imaginé d'engager la
partie antérieure de la meule dans l'orifice d'un tuyau communiquant avec un ventilateur à palettes. L'ouvrier étant placé de
l'autre côté de la meule et en face de cet orifice, les poussières qu'il
produit en repassant s'échappent tangentiellement et se dirigent
vers le tuyau où elles sont vivement aspirées dans l'intérieur.

Les manufactures d'aiguilles demandent un procédé analogue, car
l'aiguisage des aiguilles n'est guère moins malsain que le repassage
des outils.

Dans les manufactures de coton, de laine, de chanvre et de lin,
les ventilateurs rendent également de bons services.

Dans d'autres industries, on a recours à la ventilation par la chaleur pour enlever les gaz ou vapeurs nuisibles. Nous en citerons plus loin quelques exemples.

568. Assainissement des filatures de lin, de coton et de laine. — Le travail de ces matières, des deux premières surtout, présente une grande insalubrité par suite des poussières et des filaments végétaux qui se dégagent dans les ateliers aux diverses périodes de la fabrication. Le moyen général employé dans les trois branches d'industrie consiste dans la ventilation artificielle. Celle-ci s'exerce d'ailleurs de deux manières différentes, selon qu'on l'applique aux ateliers eux-mêmes ou directement aux machines qui accomplissent les travaux préliminaires. Souvent les deux modes sont cumulés dans les manufactures bien installées. La Belgique en offre divers exemples.

La filature de lin de la Lys, à Gand, est ce qu'on peut voir de mieux en ce genre. Ce magnifique établissement possède 50000 broches et occupe 1700 ouvriers. On s'est préoccupé tout particulièrement de la question du cardage qui, dans la généralité des fabriques, laisse tant à désirer. Les vingt-cinq machines à carder de cette filature sont réunies dans une salle de grandes dimensions, percées de croisées sur les deux longs côtés. Pendant l'été, les cardes fonctionnent à l'air libre, les croisées étant large ouvertes. Mais pendant l'hiver, elles sont recouvertes d'une enveloppe bien close communiquant à un large carneau souterrain qui longe l'atelier et dans lequel agit un ventilateur puissant. Les débris sont expulsés dans cinq puits de 1^m,80 de diamètre ouverts dans la cour. Indépendamment de cette disposition, il existe près de chaque machine un tuyau vertical de 15 centimètres de diamètre et d'un mètre de haut qui communique au même carneau et dont le rôle est d'aspirer les poussières qui voltigent auprès de la carde. Enfin, un autre ventilateur moins puissant, situé entre le plafond et les combles, aspire l'air dans la région supérieure de la salle et le lance au-dessus du toit. Il est même question en ce moment d'installer deux petits ventilateurs supplémentaires, aux extrémités de l'atelier, pour compenser la diminution d'effet qui résulte de l'éloignement. Le seul détail qui laisse à désirer est relatif à l'évacuation des poussières dans les puits. Elles n'y sont point suffisamment arrêtées et quand le vent souffle, elles sont emportées à travers les orifices ouverts des salles voisines. La crainte des incendies empêche de les lancer dans la grande cheminée.

Les précautions à prendre contre les poussières sont dans les filatures de coton à peu près les mêmes que celles que nous venons d'indiquer pour les filatures de lin.

Dans les filatures de laine, il convient de placer dans un local séparé et de pourvoir de ventilateurs les machines échardonneuses, qui produisent toujours d'abondantes poussières. Les salles de filage doivent être ventilées à l'aide de deux puissants ventilateurs destinés à aspirer l'air aux extrémités, tandis que plusieurs bouches distribuées sur le plancher permettent l'introduction de l'air frais. Quant au séchage des laines, une bonne disposition adoptée chez MM. Hauzeur, Gérard et Cie, à Verviers, consiste à les étendre sur une claire-voie formant la face supérieure d'une vaste caisse close de tous les côtés. Un ventilateur aspire énergiquement dans l'intérieur de la caisse, tandis qu'un courant d'air chaud est amené contre le plafond du local. Par cette disposition les ouvriers sont soustraits à l'atmosphère toujours un peu malsaine qui règne dans les séchoirs où les vapeurs se dégagent à l'intérieur même de la salle.

569. **Cheminées d'appel.** — La fabrication des chlorures de chaux se faisant généralement dans de grandes chambres où les ouvriers doivent pénétrer pour retirer les produits, il est essentiel que le local soit bien ventilé, afin que les hommes n'y rencontrent pas d'excédant de chlore. A cet effet, M. Schanks, chez M. M. Crossfield, à Sainte-Hélène, a fait pratiquer une communication des chambres avec la cheminée de l'usine. On ouvre la porte opposée, un courant s'établit et tout le chlore en excès est aspiré très-rapidement.

Dans les ateliers d'orfèvrerie, dans les salles d'argenture et de dorure galvaniques, on se débarasse des poussières, de l'hydrogène que dégagent les piles et des acides, à l'aide de cheminées de ventilation de tôle qui aspirent l'air près du plafond, ou bien on dispose les appareils nuisibles sous des hottes ou dans des cages mises en relation avec une grande cheminée ou avec un tuyau dans lequel brûle un fort bec de gaz.

570. **Respirateurs.** — Dans les fabriques de verre, les ouvriers occupés au broyage des matières premières, à la pulvérisation de l'émeri, et surtout à la composition des mélanges (chaux, sulfate de soude, arsenic, manganèse), se servent de *respirateurs* composés de toiles métalliques à mailles très-serrées, qui s'appliquent sur la bouche et le nez et garantissent contre les poussières de toute nature. Ces respirateurs et d'autres formés d'une couche mince de charbon de bois enfermé entre deux toiles métalliques à larges mailles sont très-usités en Angleterre, surtout à Birmingham. On se sert également des respirateurs dans le travail des égouts et le service des hôpitaux.

DESCRIPTION DES PLANCHES.

PLANCHE I, p. 42.

Fig. 1, 2 et 3, four à réchauffer de l'usine à fer de Couillet, près de Charleroy.
Fig. 1, coupe horizontale. N° 68.
Fig. 2, coupe verticale dans le sens de la longueur du four. N°ˢ 68 et 217.
Fig. 3, coupe transversale. N° 68.
Fig. 4, croquis représentant la disposition adoptée pour la prise totale des gaz d'un haut-fourneau à minette, établi à Pont-à-Mousson (France). N° 97.

PLANCHE II, p. 44.

Fig. 1 et 2, fourneau à réverbère de la fonderie de canons à Liége. N° 71.
Fig. 1, coupe horizontale.
Fig. 2, coupe verticale. N° 71.
Fig. 3, foyer à gaz de Siemens. N° 102.
Fig. 4 et 5, foyer des fours Ponsard.
Fig. 4, coupe verticale et fig. 5, coupe horizontale. N°ˢ 102 et 110.
Fig. 6, extrémité supérieure d'une cheminée de ventilation dans l'intérieur de laquelle est placée la cheminée d'un calorifère, pour activer le tirage. N°ˢ 229, 510 et 542.

PLANCHE III, p. 64.

Fig. 1 et 2, gazogène Brook et Wilson.
Fig. 1, coupe verticale.
Fig. 2, coupe horizontale. N° 106.
Fig. 3 et 4, gazogène Tessié.
Fig. 3, coupe verticale.
Fig. 4, coupe horizontale suivant AB, fig. 3. N° 105.
Fig. 5, manomètre disposé de manière à éliminer l'influence de la pression statique sur la dénivellation. N° 200.

PLANCHE IV, p. 80.

Fig. 1, 2 et 3, fours Smet employés à Seraing pour la fabrication du coke.
Fig. 1, coupe suivant l'axe d'un four.
Fig. 2, coupe verticale suivant l'extrémité gauche de l'axe de la batterie.
Fig. 3, coupe transversale, passant par les ouvertures a, fig. 1. N° 138.

Fig. 4, porte à double battant des fours Smet. N° 138.

Fig. 5, coupe du socle et des fondations d'une cheminée de 45 mètres de hauteur, construite à St-Nicolas, pour les fourneaux d'une machine de 300 chevaux. N° 215.

Fig. 6, chapiteau de la cheminée ci-dessus de St-Nicolas. N° 218.

Fig. 7, foyer fumivore de locomotive (système Beattie). N° 290.

PLANCHE V, p. 160.

Fig. 1, foyer Player à alimentation continue. N° 288.

Fig. 2, registre à contre-poids et à mouvement vertical. N° 222.

Fig. 3, registre mobile autour d'un axe vertical. N° 222.

Fig. 4, registre à clef. N° 222.

Fig. 5, ventilateur Guibal. N° 236.

Fig. 6, coupe verticale d'une école de dessin. N° 543.

Fig. 7, plan de la crèche établie dans la paroisse Saint-Ambroise, à Paris. N° 541.

PLANCHE VI, p. 192.

Fig. 1, coupe longitudinale du foyer Belpaire pour une locomotive à marchandises à six roues couplées. N°s 293 et 294.

Fig. 2, coupe transversale d'un paquet de barreaux de la grille du foyer fig. 1. N° 294.

Fig. 3, élévation d'un paquet de barreaux de la grille fig. 2. N° 294.

PLANCHE VII, p. 240.

Fig. 1 et 2, foyer à pétrole de M. Audouin et perfectionné par M. H. Sainte-Claire Deville.

Fig. 1, coupe verticale du foyer, suivant XY.

Fig. 2, plan suivant UT, fig. 1. N° 300.

Fig. 3, alambic. N° 352.

Fig. 4, appareil distillatoire de Cellier-Blumenthal, construit par Derosnes. N° 356.

PLANCHE VIII, p. 272.

Fig. 1 et 2, cheminée d'appartement qui chauffe par rayonnement de corps réfractaires portés au rouge par des flammes de gaz d'éclairage. N° 397.

Fig. 3 et 4, poêle-calorifère de d'Hamelincourt. N° 405.

Fig. 5, poêle à nervures de MM. Geneste et Herscher. N° 407.

Fig. 6 et 7, poêle à tubes réchauffeurs de Gold. N° 406.

PLANCHE IX, p. 288.

Fig. 1 et 2, calorifère à nervures et à tuyaux descendants de d'Hamelincourt. N° 425.

Fig. 3, appareil pour recueillir l'eau de condensation dans le chauffage à vapeur. N° 444.

Fig. 4. poêles à eau chaude de Duvoir-Leblanc. N° 452.

Fig. 5. Double cheminée pour la ventilation naturelle. N° 493.

Fig. 6, cheminée cloisonnée pour la ventilation naturelle. N° 493.

PLANCHE X, p. 304.

Fig. 1 et 2, calorifère à eau chaude de d'Hamelincourt.

Fig. 1, coupe verticale du foyer suivant ED, fig. 2, et élévation des tuyaux descendants et d'une partie des tuyaux de distribution de l'eau chaude.

Fig. 2, coupe horizontale suivant AB, fig. 1. N° 457.

Fig. 3, chaudière, pour circulation d'eau chaude. Échelle 1/50e. Nos 463 et 532.

Fig. 4, disposition des conduits pour la ventilation par en haut ou à niveau. N° 501.

Fig. 5. Disposition des conduits ponr la ventilation par en bas. N° 501.

Fig. 6. Salle chauffée par des poêles à eau chaude. N° 517.

PLANCHE XI, p. 320.

Chauffage et ventilation de la Prison cellulaire de Gand.

Fig. 1, plan d'une partie du souterrain de trois corps de bâtiments réunis en un groupe.

Fig. 2, plan du premier étage du même groupe.

Fig. 3, coupe verticale, suivant OO du plan fig. 1, d'un des trois bâtiments cellulaires du même groupe.

Fig. 4, coupe suivant NN, fig. 5.

Fig. 5, coupe suivant MM du plan, fig. 1.

Fig. 6, coupe, suivant QQ, fig. 5, de l'une des deux cheminées de ventilation du groupe.

Fig. 7, coupe verticale, suivant PP du plan fig. 2, de deux siéges d'aisances appartenant à deux cellules contiguës. Nos 534 et 535.

PLANCHE XII, p. 336.

Chauffage et ventilation du Palais de la Nation, à Bruxelles.

Fig. 1, plan du souterrain. N° 547.

PLANCHE XIII, p. 352.

Chauffage et ventilation du Palais de la Nation, à Bruxelles (n° 547).

Fig. 1, coupe suivant CD du plan fig. 1, pl. XII, p. 336.

Fig. 2, coupe suivant AB, du plan fig. 1, pl. XII, p. 336.

PLANCHE XIV, p. 368.

Assainissement des usines insalubres.

Fig. 1 et 2, chaudières pour la préparation de la gélatine, de la colle forte, des graisses, du suif, etc. N° 560.

Fig. 3, chaudière pour la fonte du suif. N° 563.

Fig. 4 et 5, chaudière à préparer les vernis. N° 564.

ERRATA.

Page 8, ligne 3, au lieu de : 100 volumes d'air contiennent 23,1 volumes d'oxygène et 76,9 vol. d'azote, lisez :

100 volumes d'air contiennent 20,80 vol. d'oxygène et 79,20 vol. d'azote.

Page 57, ligne 23, au lieu de : modéremment, lisez : modérément.

TABLE DES MATIÈRES.

CHAPITRE DEUXIÈME.

DE LA TEMPÉRATURE DE COMBUSTION.

Températures de combustion dans le cas d'une combustion incomplète.

Détermination expérimentale de la température des produits de la combustion.

CHAPITRE TROISIÈME.

CLASSIFICATION GÉNÉRALE DES APPAREILS DE CHAUFFAGE.

CHAPITRE QUATRIÈME.

DES PRINCIPAUX COMBUSTIBLES SOLIDES.

Des combustibles fossiles.

Des houilles.

De la tourbe.

Carbonisation de la houille.

SECTION DEUXIÈME.

DES CHEMINÉES ET DES MACHINES SOUFFLANTES.

CHAPITRE PREMIER.

DU MOUVEMENT DE L'AIR CHAUD DANS LES CHEMINÉES ET DANS LES
CONDUITS DE VENTILATION.

CHAPITRE DEUXIÈME

DÉTERMINATION EXPÉRIMENTALE DE LA VITESSE DE L'AIR DANS UNE CONDUITE.

Tube de Pitot

CHAPITRE TROISIÈME.

DE LA CONSTRUCTION DES CHEMINÉES.

CHAPITRE QUATRIÈME.

DES MACHINES SOUFFLANTES.

CHAPITRE CINQUIÈME.

DES DIFFÉRENTS MOYENS DE PRODUIRE LE TIRAGE.

SECTION TROISIÈME.

DES FOYERS.

SECTION QUATRIÈME

DES APPAREILS DE CHAUFFAGE.

CHAPITRE PREMIER.

DE L'ÉMISSION ET DE LA TRANSMISSION DE LA CHALEUR.

CHAPITRE DEUXIÈME.

PRINCIPALES FORMES DES CHAUDIÈRES A VAPEUR.

CHAPITRE TROISIÈME.

DE LA DISTILLATION.

CHAPITRE QUATRIÈME.

DE L'ÉVAPORATION.

CHAPITRE CINQUIÈME.

DU SÉCHAGE.

CHAPITRE SIXIÈME.

DU CHAUFFAGE DES LIQUIDES.

CHAPITRE SEPTIÈME.

DU CHAUFFAGE DE L'AIR.

ARTICLE PREMIER.

DES CHEMINÉES A FEU OUVERT OU CHEMINÉES D'APPARTEMENT.

ARTICLE DEUXIÈME.

DU CHAUFFAGE DE L'AIR PAR LES POÊLES.

ARTICLE TROISIÈME.

ARTICLE QUATRIÈME.

ARTICLE CINQUIÈME.

ARTICLE SIXIÈME.

CHAUFFAGE PAR L'EAU CHAUDE A HAUTE PRESSION.

ARTICLE SEPTIÈME.

CHAUFFAGE MIXTE A L'EAU ET A LA VAPEUR.

ARTICLE HUITIÈME'

DISPOSITION GÉNÉRALE DU CHAUFFAGE DANS LES LIEUX HABITÉS

SECTION CINQUIÈME.

CHAUFFAGE ET VENTILATION DES LIEUX HABITÉS.

CHAPITRE PREMIER.

VOLUMES D'AIR A RENOUVELER POUR L'ASSAINISSEMENT DES LIEUX HABITÉS.

CHAPITRE DEUXIÈME.

CHALEUR PRODUITE PAR LA RESPIRATION ET PAR LES APPAREILS
D'ÉCLAIRAGE.

CHAPITRE TROISIÈME.

DES DIVERS PROCÉDÉS DE VENTILATION.

ARTICLE PREMIER.

VENTILATION NATURELLE.

ARTICLE DEUXIÈME.

VENTILATION ARTIFICIELLE.

I. Ventilation par la chaleur.

CHAPITRE QUATRIÈME.

PUISSANCE A DONNER AUX APPAREILS DE VENTILATION.

CHAPITRE CINQUIÈME.

DISPOSITIONS PARTICULIÈRES ADOPTÉES POUR LE CHAUFFAGE ET LA VENTILATION DES DIFFÉRENTS ÉDIFICES.

I. — LOCAUX OCCUPÉS D'UNE MANIÈRE PERMANENTE.

1. — *Prisons cellulaires.*

2. — *Hôpitaux.*

II. — LOCAUX OCCUPÉS D'UNE MANIÈRE TEMPORAIRE.

1 . — *Crèches.*

2. — *Écoles.*

3. — *Salles diverses.*

4. — *Amphithéâtres.*

5. — *Salles des assemblées législatives.*

6. — *Églises.*

7. — *Théâtres.*

SECTION SIXIÈME.

DE L'ASSAINISSEMENT DES USINES INSALUBRES.

CHAPITRE PREMIER.

DE L'INFECTION DE L'ATMOSPHÈRE GÉNÉRALE.

CHAPITRE DEUXIÈME.

DES OPÉRATIONS INSALUBRES POUR LES OUVRIERS.

FIN DE LA TABLE DES MATIÈRES.

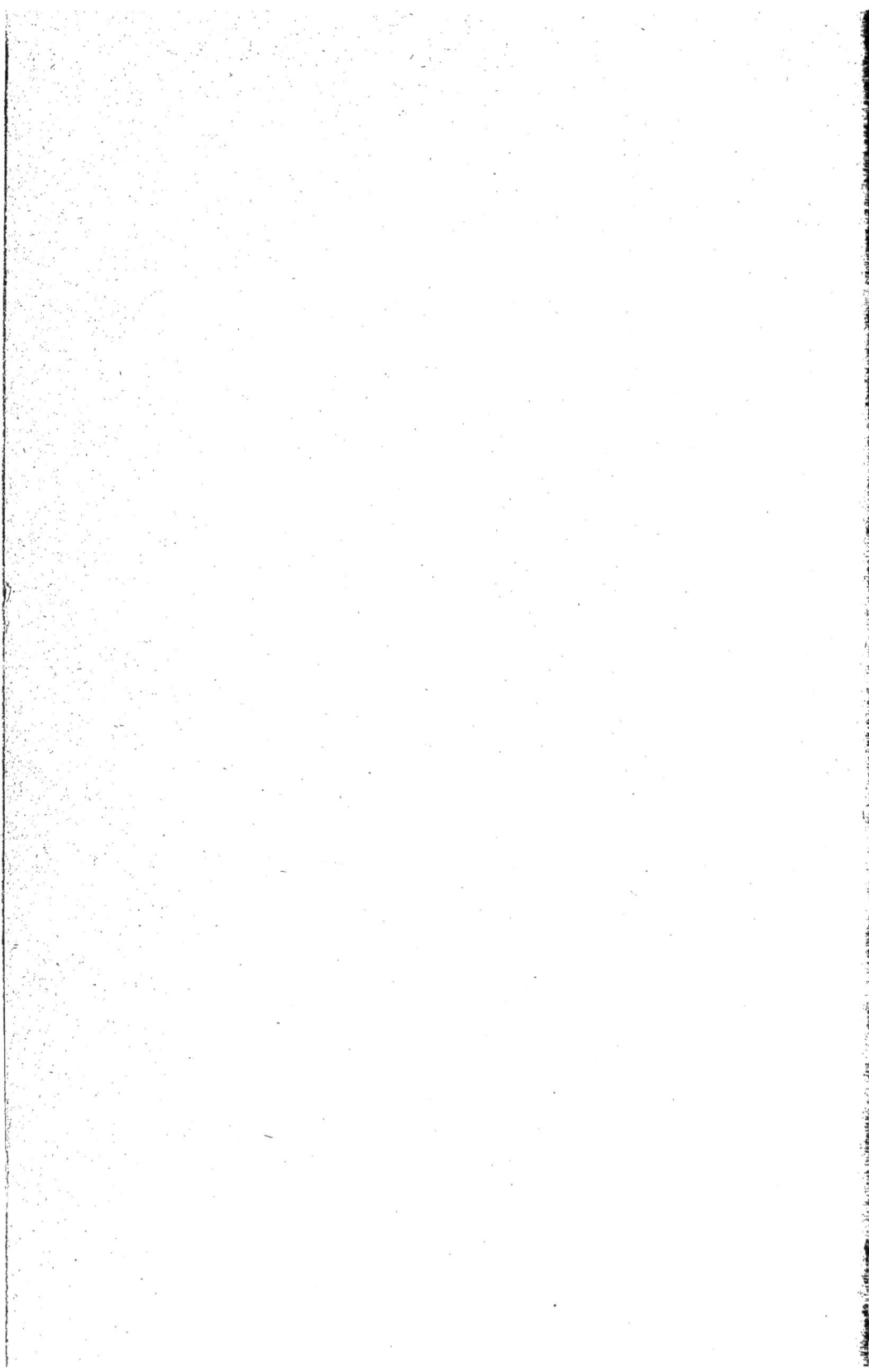

www.ingramcontent.com/pod-product-compliance
Lightning Source LLC
Chambersburg PA
CBHW060525220326
41599CB00022B/3424